Anthropologie – Technikphilosophie – Gesellschaft

Herausgegeben von
Klaus Wiegerling, Kaiserslautern, Deutschland

Die Reihe *Anthropologie – Technikphilosophie – Gesellschaft* fokussiert auf anthropologische Fragen unter dem Gesichtspunkt der technischen Disposition unseres Handelns und Welterschließens. Dabei stehen auch Fragen der zunehmenden technischen Erschließung unseres Körpers durch Bio- und Informationstechnologien zur Diskussion. Der Wandel des Selbst-, Gesellschafts- und Weltverständnisses durch die Technisierung des Alltags und der eigenen körperlichen Dispositionen erfährt in der Reihe eine philosophische und sozialwissenschaftliche Reflexion. Geboten werden bevorzugt Monographien zu Schlüsselproblemen und Grundbegriffen an der Schnittstelle von Anthropologie, Technikphilosophie und Gesellschaft.

Herausgegeben von
Klaus Wiegerling, Kaiserslautern, Deutschland

Weitere Bände in dieser Reihe http://www.springer.com/series/15203

Mathias Gutmann

Leben und Form

Zur technischen Form
des Wissens vom Lebendigen

 Springer VS

Mathias Gutmann
Universität Karlsruhe
Karlsruhe, Deutschland

Anthropologie – Technikphilosophie – Gesellschaft
ISBN 978-3-658-17437-8   ISBN 978-3-658-17438-5   (eBook)
DOI 10.1007/978-3-658-17438-5

Die Deutsche Nationalbibliothek verzeichnet diese Publikation in der Deutschen National-
bibliografie; detaillierte bibliografische Daten sind im Internet über http://dnb.d-nb.de abrufbar.

Springer VS

Lektorat: Frank Schindler

Gedruckt auf säurefreiem und chlorfrei gebleichtem Papier

Springer VS ist Teil von Springer Nature
Die eingetragene Gesellschaft ist Springer Fachmedien Wiesbaden GmbH
Die Anschrift der Gesellschaft ist: Abraham-Lincoln-Str. 46, 65189 Wiesbaden, Germany

für Martina

Danksagung

Die vorliegende Schrift ist das Resultat intensiver Auseinandersetzung mit einem –
zumindest mich – drängenden Problem, über das ich mir Klarheit verschaffen
wollte. Soweit dies gelang, ist es immer auch Ergebnis lebendiger Auseinandersetzung mit anderen, wofür ich hier meine Dankbarkeit ausdrücken möchte.

Mein besonderer Dank gilt dabei zunächst Sandra Bihlmaier, Julia Knifka,
Benjamin Rathgeber, Jens Salomon, Tareq Syed und Daniel Wenz, deren Kritik,
Ratschläge und Verbesserungen ich dort gerne annahm, wo es einerseits Fehler vermeiden half, wo es andererseits zur Klärung des Argumentganges beitrug. Christine
Hertler, Marcus Elstner, Peter Nick und Klaus Wiegerling danke ich für das geduldige Zuhören beim Entfalten des einen oder anderen Gedankensplitters – verbunden
mit der jederzeit notwendigen Aufmerksamkeit auf das, was nicht überzeugte.

Gregor Betz und Michael Schefczyk danke ich für ihre Kritik, ihre Kommentare und ihre Geduld auch in institutionellen Dingen, ohne die das Projekt seinen
Abschluss nicht befriedigend hätte finden können.

Rainer Zolk danke ich für das professionelle Lektorat und viele sehr hilfreiche
Hinweise.

Walter und Elfriede danke ich für ihre Geduld – und ihre Hilfe beim Korrigieren des Textes.

Einen sehr herzlichen Dank möchte ich an Daniel, Mattia, Nicolai, Laura und
Martin richten: Ihre Gastfreundschaft, die herzliche Aufnahme in Rom, der Stadt,
die mir Inspiration und Beruhigung zugleich war, ist notwendige Bedingung gewesen meines Umgehens mit dem Gegenstand und der Fertigstellung des Buches!

Karlsruhe, Sommer 2017 Mathias Gutmann

Inhaltsverzeichnis

Entwicklung des Problems und Gliederung der Studie 1

Die Aufgabe der vorliegenden Studie ist die Darstellung der Transformation von Lebens- und Formbegriffen beim Übergang zu deren lebenswissenschaftlicher Verwendung. Dabei wurde ein Weg vom Allgemeinen zum Besonderen beschritten, der gleichwohl notwendig auf das Resultat, die zu entwickelnde, besondere *Form* der Rede von Lebendigseiendem in den Lebenswissenschaften bezogen bleibt. Dieser Weg wurde, um den Überblick im Argumentgang zu erleichtern, grob in vier Abschnitte unterteilt, die allerdings nur Hinweise auf die Funktion der jeweiligen Kapitel enthalten, also nicht ihrerseits als Elemente der Argumentation zu verstehen sind. Dies ist insofern von Bedeutung, als der Anfang im ersten Teil in allgemeinen, gegenstandstheoretischen Erwägungen zwar für das Ziel der Arbeit notwendig erschien, gleichwohl als solcher auch andere Ausdeutungsmöglichkeiten erlaubt.

Der zweite Teil nimmt das für die hier ausgezeichneten argumentativen Zwecke relevante Verständnis von Prädikation und Satz auf und untersucht am historischen Beispiel die Folgen spezifischer Festlegungen von Lebens- und Formbegriffen. Die damit verbundene „Theorie der Biologie" zielt einerseits schon auf die *begrifflichen* Grundlagen der Lebenswissenschaften ab, ohne sich andererseits einfach an deren *faktisch* geübten methodischen Durchführungen zu orientieren.

Darum geht es vielmehr im dritten Teil, der hier als „theoretische Biologie" *auch* den Übergang in die Biologie selbst umfasst. Dies ist einer gewissen Ökonomie der Darstellung geschuldet, denn Übergänge haben es an sich, weder dem Veränderten noch dem zu Verändernden zuzugehören. Andererseits ist damit aber auch eine Verortung des „methodischen", wissenschaftstheoretischen Arguments verbunden, das notwendig auf die „wirkliche" Wissenschaft bezogen bleibt – oder bleiben sollte.

© Springer Fachmedien Wiesbaden GmbH 2017
M. Gutmann, *Leben und Form,* Anthropologie – Technikphilosophie – Gesellschaft, DOI 10.1007/978-3-658-17438-5_1

Der abschließende vierte Teil verlässt den engeren, durch die Fachwissenschaft gegebenen Rahmen wieder und unternimmt eine Deutung des evolutionstheoretischen Arguments als *metatheoretische* Reflexion der Lebenswissenschaften. Der Rückbezug auf den *Begriff* des Menschen erschien dabei selbstverständlich, denn das ausnehmend Besondere der Evolutionstheorie erzwingt ohnehin das Verlassen der engeren Grenzen lebenswissenschaftlicher Forschung. Durch die metatheoretische Reflexion wird zugleich der Zusammenhang zum Ausgangspunkt der lebenswissenschaftlichen Gegenstandskonstitution und Begriffsbildung wieder gewonnen, der insbesondere dann verloren geht, wenn nicht auf die Besonderheiten des Lebensbegriffs reflektiert wird, der darin prävaliert.

1.1   Die Form als Grundbestimmung des Lebendigseienden

Form und Leben sind Ausdrücke, welche uns täglich begegnen, und die neben allen offensichtlichen Unterschieden eine Gemeinsamkeit haben: Weder Form noch Leben sind Gegenstand *sinnlicher* Erfahrung. Es handelt sich vielmehr um *begriffliche* Bestimmungen an etwas Drittem, wie etwa an Lebendigseiendem.[1] Die Struktur beider Begriffe wollen wir im Laufe der Studie untersuchen, wobei sich einfach klingende Fragen stellen, wie etwa in welcher Weise das Lebendigsein Gegenständen zukomme oder um welche Art von Eigenschaft es sich dabei handele. Das solchen Fragen zugrunde liegende Problem wird deutlich, wenn wir versuchen, das Verhältnis zwischen dem performativen Aspekt des Vollzüglichen einerseits, dessen resultativer Darstellung andererseits zu bestimmen. Das Erstere findet in der *verbalen* Form seinen grammatischen Ausdruck ebenso wie das Letztere im resultativen „Getan*haben*" der nominalisierten Rede (Kap. 2, 3, 4, 5, 6 und 7). Weder das Verbum „leben" fungiert dabei in der von anderen Verben vertrauten Weise noch der Nominalausdruck „Leben". Denn wir werden die Tätigkeit des Lebendigseins wohl nur dadurch näher bestimmen können, dass wir uns auf *anderes* Tun beziehen, wie etwa Atmen, Bewegen oder Fortpflanzen – ohne dass damit Vollständigkeit behauptet wäre. Zugleich werden wir zwar für das Leben die resultative Vollzüglichkeit als Erläuterung angeben, jedoch etwa in dem „Geatmethaben" so wenig die Bestimmung dieses Resultats erblicken, wie in dem ciceronischen „Sie haben gelebt" das Tun der catilinarischen Verschwörer zum Ausdruck käme (Ἔζησαν; Plutarch, Cicero, 22.4). Vorläufig ließe sich Leben

---

[1]Hierzu Gutmann und Syed (2014).

als *Tätigkeit* auffassen, die sich an anderen Tätigkeiten *zeigt,* und deren Hervorbringen das Lebendigsein von etwas bestimmt.

Während wir aber immerhin zu „Leben" und „leben" noch alltägliche Bezüge herstellen können, scheint die Rede von der Form ein bloßes Homonym zu sein, was sich an der Divergenz der jeweiligen „Formen" des Sonatenhauptsatzes, eines Sonetts, einer Oinochoe oder eines Pferdes, schließlich an dem formvollendeten Spiel Glenn Goulds und an der Form historischer Verläufe hinreichend dokumentieren lässt.

Immerhin scheint es bei den gewählten Beispielen – aller Differenz zum Trotz – ein gemeinsames Moment zu geben, das in der Rede von *dem Formen* von etwas als verbaler Ausdruck einen gewissen Halt erfährt, – dass nämlich die Form als Resultat verstanden werden muss eben jenes Tuns. Ersichtlich tritt dabei aber die Tätigkeit des Formens, sei es nun das von Tönen, von Ton oder von Embryonen nicht *direkt* auf, sondern wieder nur mit Blick auf *anderes* Tun. Das *Formen* wäre damit immerhin zusammenfassend als die *Art und Weise des Hervorbringens* von etwas bestimmt. Die Form des Lebendigseins bestünde dann in der Art und Weise des Hervorbringens von solchen Tätigkeiten, in denen *sich* Leben als Resultat *zeigt* (Kap. 5 und 6).

Fragen wir weiter, *was* genau die Form eines Lebewesens sei, *worin* der Unterschied zu *Artefakten* bestehe, denen wir ebenfalls eine Form zusprechen würden, schließlich was denn eigentlich die *Form* eines Artefaktes bildete, dann sind wir verwiesen auf *Wissen,* von dem her wir *befriedigende* Antworten erwarten – unabhängig von den zahlreichen Möglichkeiten der Beantwortung.

Die Trivialität dieser Feststellung darf nicht darüber hinwegtäuschen, dass letztlich erst die *Art* des Wissens, das in Anspruch genommen wird und zu befriedigenden Antworten führt (oder führen kann), darüber zu entscheiden erlaubt, *was* unter der Form des infrage stehenden Gegenstands zu verstehen ist. So ließe sich sagen, die Form einer Maschine bestünde in der Anordnung ihrer Teile, womit erläuternd z. B. die *räumliche* Passung derselben im Blick wäre, die *dadurch* zu Teilen der Maschine werden, dass sie ein Ingenieur in dieser Weise *angeordnet hat.* Alle jene Maschinen, die dieselbe Anordnung der Teile aufweisen, wären danach formgleich – und hätten *dieselbe* Form. Eine andere Antwort könnte darin bestehen, auf das Antriebsaggregat einer Dampflok und einer Bergwerkspumpe zu verweisen mit der Feststellung, beide seien Maschinen derselben Form, nämlich Dampfmaschinen. Sie verfügten demnach über denselben *Mechanismus,* worin sich einerseits eine Gleichheit zum ersten Fall ausdrückt, da auch hier eine Äquivalenzrelation gebildet wird, worin andererseits aber auch der *Unterschied* liegt, denn die Äquivalenzrelation wird *materialiter* über eine andere Gleichheit gebildet. Natürlich ließe sich Form auch hinsichtlich geometrischer Eigenschaften der Kontur bilden, was einerseits einer gewissen Intuition entspricht, andererseits wieder nur *materialiter* von den anderen *Redeweisen* von Form unterschieden ist.

Nun könnten wir diese Formbestimmungen auf Lebewesen anwenden und etwa die *funktionelle* Anordnung ihrer Teile, deren Interaktion im Vollzug z. B. von *Bewegungen* oder eben wieder ihren *Kontur* als Form ansprechen (Kap. 8). Dies ist auch dann möglich, wenn wir einen wesentlichen *Unterschied* zur Grundlage der Formbestimmung nehmen, nämlich den *Modus* der Hervorbringung. Hier würden wir im einen Fall von einer Herstellungsform sprechen im anderen von einer Entwicklungsform. Die formale Gleichheit ist hier ebenso offenkundig wie die radikale Differenz, die sich *materialiter* einstellt.

Auch können wir auf der Grundlage dieser Formbestimmungen weitere Differenzen der bezeichneten Gegenstände herausarbeiten. Während nämlich Lebewesen „sich selbst" z. B. im Vollzug der Individualentwicklung hervorbringen, ist dies bei Maschinen in zwei wesentlichen Hinsichten anders:

1. Zum einen erfolgt die Herstellung bei Artefakten nach Maßgabe von Zwecken, die den verwendeten Materialien ebenso fremd sind, wie ihre Nutzung. Dies scheint bei Lebewesen selbst dann anders zu sein, wenn wir sie *qua* Züchtung oder Kultivierung bereitstellen und zu – dann üblicherweise menschlichen – Zwecken nutzen.
2. Zum zweiten gilt die Feststellung des ἄνθρωπος γὰρ ἄνθρωπον γεννᾷ (Aristoteles, *Physik,* 194b 13) in genau dem Sinn, dass ein hervorgebrachtes Lebewesen der Ausgangspunkt der Hervorbringung weiterer Lebewesen ist. Dies gilt für Maschinen nicht – denn zwar können Maschinen für die Produktion von Maschinen eingesetzt werden, diese müssen aber nicht von derselben Art sein (zu den damit verbundenen Aporien s. Kap. 11 und 12).

Während also Artefakte ihre Form *nur* insofern *an sich* zu haben scheinen, als diese auf die zugrunde liegenden Zwecke zurückbezogen werden kann, trifft das nicht für Lebewesen zu. Diese haben, so scheint es, ihre Form *schlechthin* an sich, was wohl, folgen wir diesem Gedanken, in zwei Hinsichten der Fall ist, nämlich zum einen als *Resultat* eines Vorgangs, der mit Leben bezeichnet, nur uneigentlich eine Tätigkeit ist. Insofern ein Gegenstand, von dem gilt, dass er lebt, *sich* hervorbringt, könnten wir zugleich sagen, dass die Art, *in die hinein er* sich hervorbringt, seine Form ist. Damit hätte Form für Lebewesen eine *resultative* Bedeutung, die sich im Ergebnis der Hervorbringung zeigt – z. B. dass wohlausgebildete Pferde vier Beine haben, Menschen hingegen zwei.

In einer zweiten Hinsicht gilt das An-sich-Haben der Form aber auch vollzüglich oder prozessual, was sich eben in dem *Hervorbringen selber* zeigt – nämlich dem Werden zu einem Wesen, das etwa als wohlausgebildetes Pferd über vier, als Mensch über zwei Beine verfügt. Wir könnten darin eine Bestätigung des angesprochenen Scheins erblicken, dass Artefakte ihre Form nur *für uns* an sich haben, während dies für Lebewesen schlechthin gelte. Doch verändert sich die epistemische Situation, wenn wir fragen, *woher* uns denn das benötigte Wissen um deren Form komme – nun zeigt sich, dass die Art und Weise der Hervorbringung der Form eines Lebewesens in der angedeuteten Doppelung von *Forma formans* und *Forma formata* wesentlich *bezüglich* ausgezeichneter Beschreibungen zur Darstellung kommt, in welche ein Wissen eingeht, das den *Status* des Formbegriffs festlegt.

Genau an dieser Stelle finden sich regelmäßig Versuche, bestimmte Erfahrungen, die wir im Umgang mit Bau, Nutzung oder Betrieb von Artefakten machen können, zur Grundlage von Beschreibungen des Lebendigseienden zu nehmen. Dies kann *direkt* geschehen, wie das Beispiel der aristotelischen Darstellungen zeigt, aber auch im Sinne des bloßen vergleichenden „Als-ob" der kantischen Überlegungen (Kap. 8 und 9). In beiden Fällen bleibt immerhin ein Moment erhalten, das wir vorausgreifend als *praktisches* bezeichnen wollen und das eben nicht auf die bloße *Beschreibung* von Lebendigseiendem unter Nutzung von Sprachstücken reduziert werden kann, die wir dem Bereich des Technischen entnehmen, sondern das auf den *tätigen Umgang* mit diesem Lebendigseienden selbst abzielt (Kap. 10 und 11).

1.2   Leben als Gegenstand in mittlerer Eigentlichkeit

Tatsächlich liegt in der Rede von Form schon dem Wortsinne nach ein *Wissen*, was zumindest dann zum Ausdruck kommt, wenn wir „εἶδος" als Form übersetzen – es ist dann zugleich die Nähe zum Sehen angezeigt. Über die *Art* des Wissens ist damit gleichwohl noch nichts gesagt, aber immerhin wird auf einen allgemeinen Kontext verwiesen, der für die weiteren Überlegungen von zentraler Bedeutung ist: Die Angabe der Form eines Lebewesens ist nämlich danach wesentlich eine Antwort auf eine Frage. Wir bewegen uns damit in einem *explanatorischen* Zusammenhang, der in dem Moment in den Hintergrund gerät, wenn wir nach der Form als solcher fragen, ohne den Antwortcharakter der Formangabe zu berücksichtigen.

Insofern wir unter der Form die *Explikation* eines Wissens verstehen, hinsichtlich dessen Gegenstände *Geformte* sind (sei es „sich selber" formende oder geformt werdende), zeigt sich, dass sich die epistemische Situation schon bei den Artefakten anders darstellt, als es die zunächst vorgeschlagene These wahrhaben wollte. Das Formhaben von – hier vor allem – Maschinen wurde bisher *lediglich* an die jeweilige Beschreibung gebunden. Es gilt aber auch hier, dass wir „Form" als Resultat der *Formung* eines Gegenstands bezüglich eines Wissens verstehen, das auf eine Frage *antwortet* – und sei es eben nur die Frage danach, worin das τί ἐστίν, das „Was" von „Diesem da", dem τόδε τι, bestehe.

Die Antwort wird nur in dem Maße *befriedigen,* in welchem sie auf die Frage *passt:* So wird das Wissen, bezüglich dessen sich die *kinematische* Geschlossenheit der arbeitenden Maschine darstellt, ein *anderes* sein als jenes, das auf ihre thermodynamischen Funktionsbedingungen zielt, auf die jeweiligen Bauprinzipien, die geometrische Beschaffenheit der Kontur oder auf die Art und Weise, in der die Teile, aus denen die Maschine besteht, zusammengefügt werden. Der epistemisch entscheidende Aspekt liegt darin, dass diese Angaben *auf etwas* referieren müssen, was wesentlich *auch* durch den Gegenstand – hier also die Maschine selbst – bestimmt ist. Denn die Funktionsform z. B. eines Getriebes wird unter den *nicht* beliebigen Bedingungen des Kraftschlusses gegeben sein, womit zugleich gesagt ist, dass wir zwar Maschinen – etwa Getriebe – zu vielerlei Zwecken konstruieren und verwenden können, nicht aber auf *beliebige* Weise.[2]

Das „Wassein" einer Maschine, in dem sich ihre jeweilige Form ausdrückt, ist also *einerseits* – und insofern gilt unsere anfängliche Intuition – durch *uns* bestimmt. *Andererseits* aber – und hier müssen wir unsere Intuition erweitern – nicht *nur,* da nicht jeder Zweck auf jede beliebige Weise realisierbar ist. Dies gilt sowohl für die Ebene der Nutzung der Maschine wie für die ihrer Verwendung, sodass also die Einheit, welche die Teile bilden, die „zur Maschine" gehören und die ihre Form angeben, durch die *Zwecke* ihrer Konstruktion und Nutzung, aber eben nicht *nur* durch diese bestimmt sind (Kap. 11).[3]

Für Lebendigseiendes lässt sich eine gleichsam spiegelbildliche Betrachtung anstellen, die ebenfalls auf das *Wissen* abzielt, das wir benötigen, um von der Form eines solchen Gegenstands sprechen zu können – und zwar in der Doppelung von „Formhaben" und „Formwerden". Denn selbst wenn wir konzedierten, dass die Einheit eines solchen Gegenstands von diesem selber abhänge, dann wäre doch zugleich der Bezug auf eine Beschreibung *sowohl* des Resultats *wie* des Vorgangs der Hervorbringung zu konzedieren. Dies gilt jedenfalls dann, wenn – wie im Falle des Artefakts – die Rede von der Form als Antwort auf Fragen zu verstehen ist. So wäre etwa der Besitz von vier Beinen als Antwort auf die Frage, was die Form eines Pferdes sei, als mögliche Angabe zu verstehen – zumindest

---

[2]Das gilt sogar für „sinnlose" Maschinen, wie die von Tinguely.

[3]Man könnte dann von „naturgesetzlichen" Grenzen sprechen, was insofern richtig ist, als funktionale Zusammenhänge *innerhalb* einer Maschine nicht „unter Verletzung" solcher Gesetzmäßigkeiten zu realisieren sind.

gälte dies in bestimmten Kontexten, etwa umgangssprachlich.[4] Fragen wir hingegen nach der Art und Weise, in der aus einer befruchteten Zygote von *Equus spec.* ein *Adultum* hervorgeht, so werden wir vermutlich auf eine Darstellung der relevanten Vorgänge unter Nutzung z. B. cytologischer, histologischer aber auch genetischer oder molekularbiologischer Prinzipien verwiesen.

Die *Funktionsform* desselben Lebewesens kann wiederum auf unterschiedliche Weise zum Ausdruck gebracht werden – jeweils in Abhängigkeit von der genutzten Beschreibungssprache. Doch sind damit nicht nur die Beschreibungen angesprochen, sondern auch jene *Praxen,* bezüglich welcher die jeweiligen sprachlichen Ausdrücke bereitgestellt werden und von welchen deren Bedeutung abhängt (Kap. 11, 12 und 13). Wir können damit zusammenfassend sagen, dass Lebendigseiendes weder *rein* eigentlich seine Form an sich selber hat, sie gleichsam beschreibungsinvariant mit sich führt, noch *rein* uneigentlich. Genau dies, die mehrfache Bestimmung des Zukommens der Form ist es, was wir durch die Rede vom Leben als Gegenstand in *mittlerer* Eigentlichkeit ausdrücken (Kap. 7, 8 und 11).[5]

1.3   Unterscheidungen von praktischem und theoretischem „Dieses"

Bei der Darstellung lebenswissenschaftlich relevanter Lebensbegriffe kommt ein Unterschied zum Tragen, der den hier eingenommenen pragmatistischen Standpunkt prägt, jener zwischen dem praktischen und dem theoretischen „Dieses-da" (τόδε τι).[6] Diesen Unterschied erläutert König – im Zusammenhang einer Kritik von Hartmanns Wirklichkeitslehre – zunächst vonseiten des theoretischen Dieses:

> Es ist ein Unterschied, bei dem man mit Gewinn an den Unterschied zwischen hic und talis im Lateinischen denkt. Das theoretische Dieses ist das Dieses *dieser Art*: z. B. unter diesen Umständen = unter Umständen dieser angebbaren Art oder auch unter *solchen* Umständen. Oder z. B. dieser Mann = ein Mann *wie dieser* = ein *derartiger* Mann (König 1978a, S. 89).

---

[4]Schon im *taxonomischen* Zusammenhang wird man eher von *Extremitäten* sprechen – vom Übergang zur homonymen Verwendung von „Bein" mit Blick auf Arthropoden ganz zu schweigen (Kap. 14).

[5]Zum Konzept selber s. Gutmann (2004).

[6]Tatsächlich verdeckt die lokative Rede vom „Da" das Moment des Situativen, *an dem* u. a. räumliche und zeitliche Unterschiede *gemacht* werden können.

Es kommt – wie wir sehen werden – alles auf das Verständnis des „wie ein" an. Jedenfalls ist das theoretische Dieses durch Sätze charakterisiert, die wesentlich dessen Diesessein bestimmen, und die wir als *theoretische* Sätze bezeichnen können. Im Gegensatz dazu steht das praktische Dieses, für welches gelte:

> Im Unterschied dazu ist das *praktische* Dieses sozusagen das *pure* Dieses: z. B. was ist *dies*, was da auf dem Tisch liegt? Dem praktischen Dieses ist es, wie dies Beispiel zeigt, *sogar akzidentell, was* es ist, ob es ein Buch, eine Katze oder Flecken auf dem Tischtuch ist (König 1978a, S. 89).

Wiederum sind wir zunächst mit *Sätzen* konfrontiert, die – in diesem Fall – das praktische Dieses kundgeben (den Unterschied zu theoretischen Sätzen werden wir in Kap. 7 behandeln). Wenn nun etwas zum Gegenstand einer Frage wird – so wie oben die Frage danach, ob es sich bei „Diesem" um eine Katze oder ein Buch handele – so findet der Übergang zu einem *theoretischen Dieses* statt. Die Form des „*Wie*-ein-Sein" bezeichnet das Herstellen von Beziehungen, die ihren Ausdruck in einem Vergleich finden – zumindest der Form nach, wiewohl wir diese Rede auch anders, nämlich exemplarisch verstehen können (Kap. 4, 6 und 8).

König erläutert die Relevanz dieser Differenz, indem er einen Kerngedanken Hartmanns aufgreift, jene These nämlich, dass ein Geschehen – beliebig welches – „ein Produkt vieler Ursachen oder gleichsam *eine* Wirkung *aus vielen* Wirkungen und d. h. eben gleichsam Schnittpunkt vieler Wirkungen ist", wie König (1978a, S. 76 f.) prägnant zusammenfasst. Die Darstellung des Gedankens beginnt mit dem Hinabrollen des Steines dort drüben von einem Abhang und der Frage nach dem Grund dafür. Folgt man Hartmanns Deutung, dann handelt es sich z. B. bei dem bewegenden Windstoß um ein „weitverzweigtes Ursachennetz meteorologischer Art" (König 1978a, S. 78). Die Aporien dieser Bestimmung des praktischen Dieses als eines *noch nicht* auf den Begriff gebrachten theoretischen Dieses werden deutlich in der Fortführung:

> Der Windstoß, der den Stein ins Rollen brachte, sowie das „weitverzweigte Ursachennetz meteorologischer Art" hinter ihm gehören dem Determinationstyp in der niedersten Schicht des Realen, also in Hartmanns Terminologie dem Typ der Kausalität, an. Der den Abhang hinuntergewehte Stein war die Versteinerung eines urzeitlichen Tieres, sagen wir eines Trilobiten. In die totale Bedingungskette des Hinabrollens geht also der spezifische Nexus des Organischen, kraft dessen dieses Tier entstand und lebte, mit ein. Der Stein entfiel einem Soldaten, der Material zum Ausbau der Kampfstellung vorbeitrug, denn es sei Krieg. Der Kriegszustand ist ohne Zweifel eine „Realbedingung" des Hinabrollens in Hartmanns Sinn, so daß der eigentümliche Nexus des geschichtlichen Seins in die totale Bedingungskette hineinragt. Das Land, dem der Soldat angehört, sei in sozialer Hinsicht so wenig fortschrittlich,

daß sich reiche Leute vom Kriegsdienst loskaufen können. Unser Mann ist also nur Soldat geworden, weil er arm war. Da taucht auch der Nexus des sozialen Seins auf, denn wäre der Mann nicht so arm gewesen, so würde ihm der versteinerte Trilobit nicht entfallen sein (König 1978a, S. 80 f.).

Es ist leicht, sich eine Fortsetzung dieser Darstellung auszudenken und dabei zugleich einzusehen, dass sie kein bestimmbares Ende haben wird (dies ist ein Einsatzpunkt von Thompsons Kritik am fregeschen Verständnis von Gegenständen, s. Kap. 5). Vielmehr bedeutet der Übergang zum theoretischen Dieses eine Transformation des *Gegenstandseins* von Gegenständen: Diese werden nun nämlich zu bloßen „Eines-von-Diesen" – und zwar im *theoretischen* Sinne. Die Substruktion des Theoretischen unter das Praktische zerstört zunächst die Möglichkeit, dass es sich beim praktischen Dieses um Gegenstände *sui generis* handelt (wir werden dieser Überlegung in der Form enthymematischen und endoxalen Redens in Kap. 3, 7 und 8 nachgehen). Zugleich aber geht ein wesentliches Moment verloren, welches für das praktische Dieses charakteristisch ist:

Das praktische Dieses nämlich ist offenbar wesentlich jemandes Dieses (…). Gesetzt nun, die *eine* Welt wäre jemandes Dieses, so würde notwendig denkbar bleiben, daß dieser selbe Jemand das gegenständliche praktische Dieses eines weiteren Jemand wäre und so in infinitum. Das praktische Dieses verträgt sich also wesentlich nicht mit den Gedanken eines *abgeschlossenen* Systems und einer als *eine ganze* Welt vorhandenen Welt (König 1978a, S. 111).

Dieser immanente Widerspruch der Adressierung des praktischen Dieses im Übergang zum theoretischen ist es, der ersteres als Möglichkeit von *Anfängen* wissenschaftlichen Tuns auszeichnet. Für die Lebenswissenschaften werden wir dies in Kap. 11 nutzen – und zugleich die Weiterführung solcher Anfänge der lebenswissenschaftlichen Theoriebildung bis in die Systembiologie und synthetische Biologie hinein verfolgen (Kap. 12 und 13).

Gleichwohl bleibt die Differenz zu bemerken, die unsere pragmatistischen Überlegungen von denen Königs nicht unwesentlich unterscheidet. Während dort der Unterschied zwischen praktischem und theoretischem Dieses als radikaler aufgefasst wird, wollen wir das eine Moment, das König selber bemerkt, die Adressierung des praktischen, in einer entscheidenden Hinsicht erweitern (Kap. 11). Wir werden nämlich diese Adressierung als Anzeige von *Umgängen* mit etwas auffassen, die es letztlich erst erlauben, das Dieses als ein solches zu verstehen und in seinen Eigenschaften zu bestimmen – hier naturgemäß beschränkt auf Lebendigseiendes. Damit wird aber das theoretische selbst Moment des praktischen – wiewohl ein ausnehmend besonderes.

Tatsächlich scheint dieses praktische Sein des theoretischen Dieses – in Umgängen nämlich, die ihrerseits *theoretische* sind, wie etwa im Labor – notwendige Bedingung dafür, Wissenschaft nicht als einfachen und einmaligen Übergang in eine Betrachtungsform zu verstehen, sondern als resultative Rede über einen Vorgang, der beständig zu neuen Formen des theoretischen Dieses führt. Wird das vergessen, dann erscheint eben auch das theoretische Dieses – wie etwa *diese* Knock-in-Maus da – nur noch als Eines-von-Diesen und nicht mehr (auch) als praktisches Dieses-da. Neue Erfahrungen können aber immer nur am praktischen und nicht am bloß theoretischen Dieses gemacht werden.[7]

Dies hat nun zwei epistemische Konsequenzen, die in den abschließenden metatheoretischen Reflexionen entwickelt werden (Kap. 14 und 15). Zum einen ist damit Wissenschaft ein Prozess der Transformation von Umgängen mit Lebendigseiendem, bei welchem die bloß subsumtive Tätigkeit, etwas als den *Fall* eines Allgemeinen zu betrachten, hinter den tätigen Umgang mit etwas als ein praktisches Dieses zurücktritt – wiewohl es regelmäßig umgekehrt erscheint. Zum anderen bestimmt aber die hier entwickelte und unaufhebbare Adressierung selbst des theoretischen Tuns Lebenswissenschaft als *eine* Form der Selbsttransformation des Menschen, der sich insbesondere evolutionsbiologisch als ein sich *in der Transformation* der Lebenswissenschaft selber bestimmendes Wesen versteht.

---

[7]So trivial dies erscheint, so wenig selbstverständlich findet es Berücksichtigung; denn allzu leicht wird ein Gegebenes (diese Maus da, diese Pflanze) *nur* unter dem Aspekt betrachtet, den der theoretische Umgang vorschreibt.

Gegenstandstheoretische Überlegungen

Grundform – das Fallen unter einen Begriff

Dass Gegenstände einzeln sind, als solche eine Einheit darstellen und ferner unter allgemeine Bestimmungen fallen, scheint einem weitgehenden Grundverständnis zu entsprechen. Raben *sind* schwarze Vögel, *weil* sie gewisse Eigenschaften besitzen, die sie einerseits mit einigen anderen Vögeln teilen, etwa mit Schwarzdrosseln, die sie andererseits von einigen unterscheiden, z. B. von Gänsen oder Eichelhähern. Die Verhältnisse werden auf den zweiten Blick komplizierter, denn einerseits gilt für einige Exemplare von Raben, dass sie nicht schwarz sein müssen und dennoch Raben sein können – etwa weil sie mit anderen Raben, die ihrerseits schwarz sein können oder nicht, erfolgreich reproduzieren[1]. Andererseits werden Raben wohl, trotz ihrer Farbe, verwandtschaftlich näher bei Eichelhähern angesiedelt sein als bei Amseln.

An dieser Stelle ist auf die Kontexte der Verwendung des Ausdrucks „Rabe" hinzuweisen, denn dieser kann sowohl als Bezeichnung für eine Sorte Vögel verstanden werden, als Trivialname für *Corvus corax,* wie auch als abkürzende Rede für Corvidae, also Rabenvögel. Gemeinsam ist der Rede vom Exemplar allerdings, dass es sich um ein Subsumtionsverhältnis zu handeln scheint. Dieser Vogel da wäre danach ein Rabe oder ein Rabenvogel oder auch *C. corax, weil* er unter den Begriff „Rabe" fällt, wie umgekehrt der Begriff „Rabe" durch diesen Vogel da exemplifiziert werden kann. Das „Rabesein" dieses Vogels da ist mithin zugleich etwas Allgemeines, denn er teilt es dadurch, dass er unter den Begriff Rabe fällt, mit andern Vögeln, wie es auch ein Besonderes ist, denn unstrittig handelt es sich bei diesem Raben um nichts anderes als um *einen* Vogel, besondert durch sein Rabesein, das zugleich ein Verhältnis darstellt zwischen diesem

---

[1]Hier verzichten wir noch auf das „sich" – dies wird als Anzeige des Verhältnisses von Einzelnem und Allgemeinen wieder relevant.

© Springer Fachmedien Wiesbaden GmbH 2017
M. Gutmann, *Leben und Form,* Anthropologie – Technikphilosophie –
Gesellschaft, DOI 10.1007/978-3-658-17438-5_2

Einzelnen, nämlich diesem Vogel da, und einem Allgemeinen, nämlich „dem" Raben.

Doch ist damit über die *Form* dieses Verhältnisses noch nicht viel gesagt, denn weder werden Vögel schon deshalb zu Raben, weil sie schwarz sind, noch kann das Rabesein *eines* Raben einfachhin die Eigenschaft *eines* Vogels sein, denn er ist dies wesentlich deshalb, *weil* er von anderen Vögeln hervorgebracht wurde, für die ebenfalls gilt, dass sie „Raben sind". Das Zukommen des Rabeseins ist dann also eine Bestimmung *bezüglich* der Hervorbringung durch andere Raben und mithin nicht die Eigenschaft *eines* Exemplars. Gleichwohl kann nicht bestritten werden, dass es – eben deshalb – *diesem* Vogel zukommt, ein Rabe zu sein, und insofern dies gilt, kann auch die Subsumtion unter den Begriff „Rabe" auf genau die gleiche Weise verstanden werden, wie etwa diejenige der durch die Ziffern 1, 2 und 3 dargestellten Zahlen unter die natürlichen Zahlen oder die Subsumtion der durch die Namen Ätna und Vesuv repräsentierten Erhebungen unter den Ausdruck „Vulkan". Die schlichte Tatsache der Subsumtion gibt also keine Auskunft darüber, aufgrund welcher Eigenschaften seitens des subsumierten Gegenstandes dies möglich ist.

2.1   Formen des Zukommens

So sehr gilt, dass sich das Rabesein als Fallen unter einen Begriff verstehen lässt, expliziert etwa durch das Haben gewisser *Eigenschaften,* so wenig erschöpft es sich darin. Vielmehr scheint schon immer klar zu sein, was es heißt, dass etwas ein Rabe ist, *bevor* wir uns daran machen *können,* das Fallen von jenem Vogel unter „Rabe" das von dem dieses Vogels unter „Gans[2]" zu unterscheiden. Man könnte die Differenz, um die es hier geht, dadurch zum Ausdruck bringen, dass Raben ihr Rabesein an sich haben, unabhängig von der Subsumtion, die wir vornehmen, indem *wir* sie in die Klasse der schwarzen Vögel subsumieren, zusammen mit Schwarzdrosseln, oder von dieser trennen, mit Verweis auf die jeweiligen Reproduktionsverhältnisse. Wir bringen dann zum Ausdruck, dass sowohl dieser Rabe als auch diese Schwarzdrossel „Eigenschaften haben", dass aber das *Zukommen* dieser Eigenschaften dieselbe Form habe, nämlich in diesem Fall das Haben von Farbe, wenn man denn gewillt ist, Schwarz als Farbe anzuerkennen. Der *Form* nach dasselbe Verhältnis ist wohl zugrunde zu legen, wenn wir

---

[2]Auch für den Ausdruck „Gans" gilt, dass er Verschiedenes bedeuten kann – etwa *Anser spec., Anseriformes* oder eben eine Sorte (z. B.) weißer Vögel.

stattdessen das bunte Gefieder des Eichelhähers betrachten; ihm kommen zwar *andere* Farben zu und insofern andere Eigenschaften, die *Art* des Zukommens ist aber vermutlich dieselbe.

Einen *formal ähnlichen* Fall finden wir, wenn wir als Eigenschaft den Besitz zweier Flügel ansprechen. Hier kann genau dies als Eigenschaft zugrunde gelegt werden und ebenso die Gleichheit unseres Raben zu anderen Vögeln, wie im Falle der Farbeigenschaft. In dieser rein formalen Hinsicht besteht zwischen beiden Formen des Eigenschaftenhabens wesentliche Übereinstimmung – wir haben lediglich ein anderes Prädikat genutzt, mit dem die ausgewählte Eigenschaft zum Ausdruck gebracht wird.

Ferner können wir eine Differenzbildung vornehmen, indem wir sagen, dass in dieser Eigenschaft Fliegen und Raben einander gleichen – wiewohl *die Art und Weise* des Flügelhabens sich deutlich unterscheidet. Dies alles ist schon ohne *wissenschaftliche* Untersuchung zu sehen und wird uns zum einen dazu führen, eine homonyme Verwendung von „Flügel" zu konstatieren. Zum anderen aber, und das unterscheidet diesen Fall vom vorherigen, werden wir sagen, dass es sich nicht einfach um eine andere Eigenschaft handelt, sondern um eine *als Eigenschaft* andere, was sich z. B. so ausdrücken ließe, dass eine Teil-Ganzes-Relation vorliegt. Während also die Farbe dem Vogel nicht so zukommt, dass er ohne sie kein Vogel mehr wäre gilt dies für die Eigenschaft des „Zwei-Flügel-Habens" nicht. Denn vermutlich wäre im Alltagsverstand ein Vogel ohne dieses kein solcher mehr.

An dieser Stelle könnten wir „wesentliche" von „unwesentlichen" Eigenschaften unterscheiden und hätten damit eine der ältesten und wirkmächtigsten Unterscheidungstraditionen aufgenommen, die aristotelische nämlich, die im Weiteren noch eine Rolle spielen wird. Auch diese erscheint in der *formalen* Struktur der vorherigen Prädikation, wobei *bestimmte* Eigenschaften als notwendig verstanden werden müssen, wenn gelten *soll,* dass es sich z. B. um einen Raben oder eine Gans handelt. Doch wird durch diese *formale* Gleichheit ein Unterschied verdeckt, den wir mit der Feststellung ausdrücken wollten, dass es sich bei wesentlichen Eigenschaften (wenn dies für Flügel zutreffen sollte) nicht einfach um andere, sondern um als Eigenschaft andere Eigenschaft handelt. Das sehen wir, wenn wir bestimmen sollen, in welchem Sinne Flügel dem Raben zugehören: Ersichtlich können wir die Flügel abtrennen, werden dann aber den Raben in einem erheblichen Maße an seiner weiteren Lebensbewältigung hindern.

Dies ist ein wichtiger Unterschied zum „Eigenschaftsein" im ersten Beispiel, wenn etwa die Entfernung der Farbe oder das Abtrennung von Teilen, welche die Farbe selber tragen – also z. B. der Federn – keinen wesentlichen Eingriff in die Lebensbewältigung bedeutete. Wie wir an der Mauser sehen können, vermögen Vögel auch ohne Federn (oder jedenfalls einen nicht unerheblichen Teil derselben) bis zu einem gewissen Grade zu persistieren, nicht jedoch ohne Flügel – in Abhängigkeit von der Art der Entfernung. Wir könnten dieses Zukommen noch weiter präzisieren, indem wir etwa darauf hinweisen, dass zwar allen Vögeln das Zwei-Flügel-Haben üblicherweise zukommt, dies aber gleichwohl auf je besondere Weise, etwa unseren Raben mit einem Pinguin oder einem Emu vergleichend. Wir hätten dann die Möglichkeit, in ähnlicher Weise über die Verschiedenheit des Flügelhabens zu sprechen, wie vorher über das Farbehaben, denn auch hier läge dieselbe Bestimmung zugrunde, nur dass die jeweiligen Formen unterschiedlich wären.

Ein weiteres Beispiel einer Prädikation sei angeführt, um das Problem zu plausibilisieren, nämlich dass die Art und Weise des Zukommens grammatisch nivelliert wird, wenn wir unterstellen, es ließe sich eine Form der Prädikation auszeichnen, an der die anderen möglichen gemessen werden können (s. Kap. 6). So ließe sich die Aussage „Der Rabe lebt" verstehen als Ergänzung einer Aussageform „x ist lebendig", und zudem könnte die Auffassung vertreten werden, dies sei eine der Bedeutung nach identische Rede zu „x ist ein Lebendiges". Ersichtlich ist das Lebendigsein ein anderes Zukommen als das Farbigsein oder das Zwei-Flügel-Haben. Es scheint jedenfalls keines der bisher vorgestellten Modelle zu passen, denn weder lässt sich „das Leben" eines Lebewesens im Zukommen von Farben oder Federn noch in dem von Flügeln oder anderen (wesentlichen) Teilen verstehen, wiewohl wir umgekehrt *üblicherweise erwarten* werden, dass von einem lebenden Vogel gilt, er habe Flügel, Federn und Farbe. Dies zugestanden, bleibt die Frage bestehen, wie genau wir dieses Zukommen aufzufassen haben, denn formal gilt dasselbe wie im Falle der schwarzen Farbe: Die Form der Prädikation gibt keine Auskunft über die Form des Zukommens einer Eigenschaft auf der Seite des Gegenstandes. Frege verweist auf einen Aspekt dieses Problems, das sich aus der Verwechslung von „unter einen Begriff fallen" und „Unterordnung eines Begriffes unter einen Begriff" zeigt. Beides lässt sich durch die „Beziehung von Subjekt zu Prädikat" zum Ausdruck bringen:

> Am besten wäre es daher, die Wörter „Subjekt" und „Prädikat" ganz aus der Logik zu verbannen, da sie immer wieder dazu verführen, die beiden grundverschiedenen Beziehungen des Fallens eines Gegenstandes unter einen Begriff und [der] Unterordnung eines Begriffes unter einen Begriff zu vermengen (Frege 1990, S. 28).

Nur im ersten Fall läge eine solche Prädikation vor, wie sie durch den Satz „Dieser Vogel ist schwarz" repräsentiert wird. „Dieser Vogel" wäre danach Subjekt, „schwarz" wäre Prädikat und „ist" die Kopula („gehörte" also zum Prädikat).

Ganz anders sei dies für den Fall, bei welchem nicht von Eigenschaften von Gegenständen, sondern von Merkmalen von Begriffen die Rede ist; so könnte ein Gegenstand G unter den Begriff P fallen, womit nichts anderes gesagt wäre, als dass G die Eigenschaft P *habe*. Kämen diesem zudem die Eigenschaften X und Y zu, dann könnten die Eigenschafen P, X und Y zu O „zusammengefasst werden", und diese bildeten dann einerseits die Merkmale von O und zugleich die Eigenschaften von G:

> Nach meiner Redeweise kann etwas zugleich Eigenschaft und Merkmal sein, aber nicht von demselben (Frege 1986a, S. 76).

Beide Ausdrücke sind nicht als Bestimmungen von etwas zu verstehen, die z. B. Auskunft darüber geben können, *worin* die Eigenschaft besteht, zwei Flügel zu haben, vielmehr sind sie nur „Bezeichnungen von Beziehungen in Sätzen" (Frege 1986a, S. 76). Es ist instruktiv an dieser Stelle auf Freges sehr kurze Behandlung des Ausdrucks Pferd zu verweisen. Denn dass etwas Venus ist oder grün, scheint etwas anderes zu sein, als dass etwas ein Pferd ist – ein Beispiel, das Kerry dafür anführte, dass etwas *zugleich* Begriff und Gegenstand sein könne, also gerade jene Verbindung, welche die fregesche Unterscheidung ausschließt. Der Streitgegenstand besteht in der Frage nach dem von Frege gegebenen (grammatischen) Kriterium für den Unterschied von Begriff und Gegenstand. Während Begriffe im Singular durch den unbestimmten Artikel angezeigt werden, leiste dies bei Gegenständen der bestimmte Artikel. Pferd – so führt Kerry aus – könne sowohl („leicht gewinnbarer", Frege 1986a, S. 69) Begriff als auch Gegenstand sein, und Frege sucht die Sachlage durch entsprechende Zeichensetzung zu klären:

> Und dieser Unterschied würde auch dann nicht verwischt werden, wenn es wahr wäre, was *Kerry* meint, daß es Begriffe gebe, welche auch Gegenstände sein können. Nun gibt es wirklich Fälle, welche diese Ansicht zu stützen scheinen. Ich habe selbst darauf hingewiesen (...), daß ein Begriff unter einen höheren fallen könne, was jedoch nicht mit der Unterordnung eines Begriffes unter einen anderen zu verwechseln sei. *Kerry* beruft sich hierauf nicht, sondern gibt folgendes Beispiel: „der Begriff ‚Pferd' ist ein leicht gewinnbarer Begriff", und meint, der Begriff „Pferd" sei Gegenstand, und zwar einer der Gegenstände, die unter den Begriff „leicht gewinnbarer Begriff" fallen. Ganz recht! Die drei Worte „der Begriff ‚Pferd'" bezeichnen einen Gegenstand, aber eben darum keinen Begriff, wie ich das Wort gebrauche. Dies stimmt vollkommen mit dem von mir gegebenen Kennzeichen (...) überein, wonach beim Singular der bestimmte Artikel immer auf einen Gegenstand hinweist, während der unbestimmte ein Begriffswort begleitet (Frege 1986a, S. 69).

Damit wäre das *In-einen-Begriff-Fallen* eines Begriffs zwar ein Beispiel dafür, dass es ein Einordnungsverhältnis geben kann, nicht jedoch, dass es sich dabei um das Fallen eines Gegenstandes unter einen Begriff handelt.[3] Nun besteht Frege auf der Geltung des Kriteriums nur im Singular, während dies im Plural anders sein könne,[4] was die weitere Erläuterung mit dem Vergleich der Aussagen „Der Türke belagert Wien" und „Das Pferd ist ein vierbeiniges Tier" verdeutlicht (Frege 1986a, S. 70). Die erste verwende einen Eigennamen, die

---

[3]In einem sehr einfachen Sinn wird damit ja nicht mehr behauptet, als dass durch Setzung der Anführung „der Begriff ‚Pferd'" die Funktion eines Gegenstands im Sinne Freges gesetzt wird. Denn von diesem Ausdruck kann seinerseits prädiziert werden (z. B. mit „ist leicht gewinnbar"), ohne dass er *zugleich* prädizierend verwendet würde. Erschwert wird die Auseinandersetzung durch die Schwierigkeiten, die sich bekanntermaßen mit der Auflösung generischer Singulare verbinden. Mit Kerry wäre darauf zu verweisen, dass das Wort „Pferd" in einem Kontext als Gegenstand fungiert und in einem anderen als Begriff. Dies gilt zumindest für den Unterschied von „dieses Pferd" zu „das Pferd". Denn „dieses Pferd" mag z. B. braun oder weiß sein, „das Pferd" ist weder das eine noch das andere (wiewohl beides *möglich* ist) – ganz unabhängig davon, ob der Begriff „das Pferd" (zumindest im Sinne von „*Equus spec.*") *tatsächlich* leicht zu gewinnen ist oder nicht. In der Tat scheint dabei die eigentümliche Metaphorik des „Fallens unter" keine weiteren Probleme zu bereiten – was nichts daran ändert, dass es sich um eine Metapher handelt.

[4]Wir werden auf den Unterschied von „Begriff" und „Gegenstand" zurückkommen. Wir können ihn mit Frege als eine *funktionale* Unterscheidung aufnehmen, sodass allerdings Begriff und Gegenstand „vertauscht werden" können: „Wir sagen, ein Gegenstand a sei gleich einem Gegenstande b (im Sinne des völligen Zusammenfallens), wenn a unter jeden Begriff fällt, unter den b fällt, und umgekehrt. Wir erhalten etwas Entsprechendes für Begriffe, wenn wir Begriff und Gegenstand ihre Rollen vertauschen lassen. Wir könnten dann sagen, die oben gedachte Beziehung findet zwischen dem Begriffe Φ und dem Begriffe X statt, wenn jeder Gegenstand, der unter Φ fällt, auch unter X fällt und umgekehrt. Hierbei lassen sich freilich wieder die Ausdrücke ‚Der Begriff Φ' ‚der Begriff X' nicht vermeiden, wodurch der eigentliche Sinn wieder verdunkelt wird" (Frege 1990, S. 28 f.). Auf die damit verbundenen Probleme weist u. a. Kemmerling (2004) hin. Reduziert man aber das Ziel der Betrachtung auf die *formale* Beziehung der Ausdrücke „Gegenstand" und „Begriff", so dürfte die Vertauschung viel an Ominösen verlieren. Der Funktionswechsel von (grammatischem) Prädikat und Subjekt kann jedenfalls an „ist rot" in der Verbindung mit „das grammatische Prädikat ‚ist rot'" recht gut plausibilisiert werden, denn von diesem wird ja gesagt, dass es „zum Subjekt gehöre" und damit kein Prädikat mehr wäre (Frege 1986a, S. 71). Sehen wir von dem notorischen Problem ab, dass bei völligem Zusammenfallen eben keine *zwei* Gegenstände mehr vorliegen (wie dies die Identität von Morgen- und Abendstern erläutern mag, womit allerdings gilt, dass es eben nie zwei waren etc.), so zeigt die Stelle deutlich, dass Vertauschen der Rollen eine funktionale Differenz der Verwendung zum Ausdruck bringt. Damit wäre gezeigt, dass nicht *zugleich* (in einem einfachen analytischen Sinne) ein Ausdruck Begriff und Gegenstand sein kann.

zweite aber sei als Ausdruck eines allgemeinen Urteils wie folgt charakterisiert: „,(…) alle Pferde sind vierbeinige Tiere', oder ,alle wohlausgebildeten Pferde sind vierbeinige Tiere'". Das „Oder" scheint allerdings notwendig, denn selbst wenn gelten sollte, dass Pferde vierbeinige Tiere sind, ist dies doch nur „üblicherweise" der Fall; wir werden diese „endoxale" Rede im Zusammenhang der Enthymeme näher untersuchen (Kap. 3, 7 und 8). Aus der Tatsache, dass Pferde üblicherweise über vier Beine verfügen, folgt jedoch keineswegs, dass *jedes* Pferd über vier Beine verfügt; das Fallen unter „Pferd" erweist sich also sogar gegenüber dem Fehlen von (vermutlich) wesentlichen Eigenschaften als stabil.

2.1.1   Pferde, Städte und Vulkane

Das ausnehmend Besondere der Rede vom Pferd wird deutlich durch die folgende Gegenüberstellung, die sich an die als „sprachliche Härte" apostrophierte Feststellung anschließt, dass „der Begriff *Pferd*" *kein* Begriff sei, „während doch z. B. die Stadt Berlin eine Stadt und der Vulkan Vesuv ein Vulkan ist" (Frege 1986a, S. 71). Gezeigt werden sollte ja die Besonderheit des Wortes „Pferd" hinsichtlich seiner *Funktion* – also als gegenstands- oder als begriffsanzeigender Ausdruck. Damit kommt für die weitere Klärung alles auf die Zergliederung an, denn zunächst wurde ja nicht behauptet, dass „Pferd" kein Begriff sei, sondern nur, dass die Aussage „der Begriff ,Pferd'" sei kein Begriff eine gewisse sprachliche Härte darstelle. Vielmehr bezeichne der Ausdruck „der Begriff ,Pferd'" einen Gegenstand, von dem z. B. gilt, dass er aus drei Wörtern besteht:[5]

> Wenn wir festhalten, daß in meiner Redeweise Ausdrücke wie „der Begriff F" nicht Begriffe, sondern Gegenstände bezeichnen, so werden die Einwendungen *Kerrys* schon größtenteils hinfällig (Frege 1986a, S. 73).

Doch ist der Verweis auf die Ausdrücke „Berlin" und „Vesuv" interessant, weil beide als Eigennamen fungieren und der Ausdruck „Die Stadt Berlin ist eine

---

[5]Kemmerling weist auf die Auflösung hin, dass der Ausdruck „der Begriff … ist ein Begriff" als Prädikat und „Pferd" als Begriff erster Stufe auftritt (Kemmerling 2004, S. 50). Der Vorteil dieser Lösung besteht darin, dass das Begriffsein von „Pferd" erhalten bleibt. Damit sagen wir allerdings nichts über Pferde, sondern über Begriffe. Dann erscheint aber die angezeigte Korrektur nicht notwendig, da ohnedies über das gesprochen wurde, worüber wir sprechen wollten (oder sollten), „nämlich über die Begriffe selbst (und nicht über sie ,vertretende' Gegenstände"; Kemmerling 2004, S. 47).

Stadt" mithin nichts anderes sagt, als „Berlin ist eine Stadt". Soll gesagt werden, dass Berlin eine Stadt ist, dann ergibt sich zunächst eine gewisse Gleichheit zu „Rosi ist ein Pferd". Es verbleibt aber in der jetzigen Lesart eine Asymmetrie, denn der Ausdruck „Pferd" kann als Begriff fungieren – unter den u. a. Rosi fällt –, was sich vermutlich mittels deiktischer Gebärden exemplarisch bestimmen lässt. Frege weist gelegentlich auf diesen Sachverhalt hin, den er als Problem natürlicher Sprache identifiziert, ohne der Frage näher nachzugehen, um welche Art von Begriff es sich hier eigentlich handelt:

> „Das Pferd" kann ein Einzelwesen, es kann auch die Art bezeichnen, wie in dem Satze: „Das Pferd ist ein pflanzenfressendes Tier." Pferd kann endlich einen Begriff bedeuten, wie in dem Satze: „Dies ist ein Pferd" (Frege 1986b, S. 92).

Dabei bleibt das Verhältnis von Einzelwesen und Art einerseits, das von Art und Begriff andererseits unbestimmt. Es ließe sich zum einen einwenden, dass mit der Aussage „Rosi ist ein Pferd" eben nie ein Einzelwesen (allein) bezeichnet werden kann, da das Pferdsein Rosi nur uneigentlich als Einzelwesen zukomme – hier würde also dasselbe gelten wie von unseren Vögeln. Zum anderen könnte man geneigt sein, die Bezeichnung der Art als eben genau den Fall anzusehen, in dem von dem *Begriff* Pferd die Rede ist. Wir hätten also eine Wahrnehmungssituation auszuzeichnen, der zufolge z. B. „dieses da" dasjenige bestimmt, was mit Pferd gemeint ist.[6] Dies gelingt aber nicht in *derselben Weise* bei Berlin. Danach könnte etwa gesagt werden: Der Ausdruck „die Stadt Berlin" bezeichnet eine Stadt genau dann, wenn der mit „Berlin" bezeichnete Gegenstand eine Stadt ist. Allerdings bleibt unklar, worin das „Stadtsein" von Berlin eigentlich bestehen soll – jedenfalls dann, wenn der Eigenname in *derselben* Weise verstanden wird wie z. B. „Julius Caesar" oder „Venus".

Hingegen ergeben sich große Ähnlichkeiten zum Ausdruck „Vesuv" als Name eines Vulkans. Es spräche allerdings wenig dagegen, verschiedene Arten von Gegenständen zuzulassen, wenn wir denn vermuten wollten, dass „Berlin" in dem Sinne der Name einer Stadt sei wie Julius Caesar der Name des Gaius aus dem Hause der Julier ist, genannt Caesar. Unstrittig ist der Ausdruck „Stadt"

---

[6]Dies entspricht der Einführungssituation von Typenexemplaren – mit Fixierung der Token(!)-Identität. Tugendhat (1987, S. 193 ff.) verweist auf den extensionalen Ansatz bei Frege, sodass alle Bemühungen darum, wie Ausdrücke als Begriffe überhaupt eingeführt werden können, von vornherein als Missverständnis seines Anliegens gelten können. Es liegt nahe, dass „Fallen unter" einen Begriff als „logische Grundbeziehung" unerläutert bleibt (Tugendhat 1987, S. 195 f.).

als Begriff aufzufassen, wie eben „Pferd" so aufgefasst werden kann; aber möglicherweise sind es erst die durch den Begriff „Stadt" bereitgestellten Kriterien, die es uns erlauben eine Reihe von Häusern, Straßen und den darin befindlichen Personen und Automobilen „als Berlin" anzusprechen oder „herauszugreifen". Diese Metapher, die auch für den Inferentialismus angemessen ist, weist gleichwohl darauf hin, dass es nicht um ein einfaches Sortieren des schon Vorhandenen zu tun ist, sondern dass das Sprechen als ausnehmend besonderes Handeln die *Bestimmung* von Gegenständen ermöglicht (dazu Kap. 6, 7 und 11). Genauer ist der Ausdruck „Stadt" danach ein Begriff, der die Form des Redens über Häuser, Straßen etc. so *organisiert,* dass wir über Berlin „als Stadt" sprechen können – und indem wir dies tun, werden wir gewisse Verpflichtungen der Verwendung dieses Ausdrucks übernehmen.

Wir wollen diesen Pfad anhand einer inferentialistischen Lesart des Behauptens bei Brandom weiterverfolgen. Hier sei nur darauf verwiesen, dass der eigentümliche Status des *Gegenstandes,* der die *Bedeutung* des Namens ist, nämlich Berlin, keinesfalls trivial ist. Dies zeigt sich an einem Vergleich mit Athen vor und nach dem Auszug der Bevölkerung nach Salamis. Wird nämlich das „Stadtsein" von Athen an der Zusammenkunft der Bürger (und zwar als Bürger[7]) definiert, so ist Athen nach dem Auszug eben keine Stadt mehr – diese befände sich nun ohne Gebäude und Straßen auf Salamis. Das Umgekehrte ließe sich von Rom vor und nach dem Auszug des größeren Teiles des Senats mit Pompeius vor dem anrückenden Caesar sagen: Hier zeigte sich, dass mit dem Verlassen der Stadt das Selbstverständnis des Senats als „eigentlicher Stadt" verbunden werden konnte, während der in der Stadt verbliebene Rumpfsenat zusammen mit den verbliebenen Institutionen der Restbürgerschaft sich auf das *pomerium* hätte berufen können.

Für aktuelle Verwendungen von „Stadt" ließen sich Invarianzen anderer Form angeben, etwa „Verwaltungseinheit", „ökonomische Einheit" etc., bezüglich derer der z. B. mit Berlin bezeichnete Gegenstand begrifflich so bestimmt wird, dass sich erst mit Blick auf diese Bestimmungen seine Einheit als *Dieses* ergibt. Ähnlich eigentümlich scheint der Ausdruck „Vulkan" zu fungieren, den wir oben mit dem Namen Vesuv belegten, sodass ein vermutlich jedermann verständlicher Satz entsteht: „Vesuv ist ein Vulkan". Nun verweist der unbestimmte Artikel bei Vulkan gerade auf die *begriffliche* Nutzung dieses Ausdrucks, sodass sich die Frage stellt, was genau gemeint war, wenn jemand äußert, er habe „einen Vulkan bestiegen".

---

[7]Diese Ergänzung ist wichtig, weil nicht einfach das Gesamt der „Leute", die in Athen leben, die Stadt ist, sondern die Gesamtheit der *Bürger* – und diese *sind* die Stadt selbst in der *Form* der Individuen.

Das Problem der Exposition der Frage beginnt schon mit dem Ausdruck „Vulkan", denn es ist wie bei „Berg" zu sagen, worin das Vulkansein eines Vulkans eigentlich besteht, *bevor* wir die Merkmale des Begriffs kennen (können), dessen Eigenschaften die Subsumtion von etwas darunter erlauben. Es scheint naheliegend zu sein, das Vulkansein als *Vorliegen* einer Einheit zunächst durch das Bergsein zu charakterisieren, was allerdings die Probleme nur auf die des Bergseins als einer Einheit verschöbe. Denn einerseits sind nicht alle Berge Vulkane, andererseits ist die Grenzziehung *eines* Berges (und insofern eines Vulkans) wesentlich von Bedingungen abhängig, die jenseits der lebensweltlichen Rede liegen – man denke exemplarisch an die die Plattentektonik erzeugenden Kräfte.

Lässt man dieses Merkmal außer Betracht, dann wäre darauf zu verweisen, dass Vulkane jedenfalls dadurch charakterisiert werden können, dass sie – gelegentlich – Städte vernichten. Doch bei genauerer Betrachtung zeigt sich, dass eben dieses keine Eigenschaft von Vulkanen ist, sondern vielmehr der Asche oder der Lava, die ihnen entströmt, oder der begleitenden Erdbeben. Erinnern wir uns an die namengebende Person (dem lateinischen Äquivalent von Hephaistos), so erhält die Rede von den „truncated persons", mit denen wir – in gewisser Hinsicht verkürzend – die Natur bereichern, weitere Plausibilität (Sellars 1963). Denn sicher ist – abgesehen von der Intervention des Hephaistos – das Erzeugen von Erdbeben weder eine direkte noch eine indirekte Wirkung *von Vulkanen*. Allerdings gilt dies auch von den beiden erstgenannten Wirkungen, denn – der lebensweltlichen Rede zum Trotz – *speit* ein Vulkan weder Asche noch Lava, und wiederum wäre auf Vorgänge und Kräfte zu verweisen, die mit der z. B. kegelförmigen Kuppel des Hügels, den wir „einen" Vulkan nennen, wenig zu tun haben. Die Klärung der Frage, was genau ein Vulkan eigentlich tue, wenn er Städte vernichtet, zeigt zweierlei:

1. Der Ausdruck „Vulkan" ist ersichtlich lebensweltlich verwendbar. Die Nutzung als Begriff („ein Vulkan") erzwingt aber sogleich das Verlassen des lebensweltlichen Sprachspiels, in dem sowohl die Eigenschaften des Vulkans recht eindeutig bestimmbar wie auch seine Identifikation im Sinne des Vesuv-Beispiels möglich sind.
2. Verstehen wir andererseits „Vulkan" als Begriff *innerhalb* eines *wissenschaftlichen* Kontexts, dann sind eben diese lebensweltlichen Eigenschaftszuschreibungen in höchstem Maße fragwürdig; denn mit dem Ausdruck „Vulkan" wird sehr viel mehr und durchaus anderes verbunden. Nicht nur erzeugt er keinen Lavastrom oder Ascheregen – wiewohl er in dessen Verlauf definierbare (und wiederum kontextabhängige) kausale Rollen spielen wird. Vielmehr ist schon die *Abgrenzung* des *Individuums* „dieser Vulkan" seinerseits von der

jeweiligen wissenschaftlichen Fragestellung, den investierten Beschreibungen und möglicherweise auch Theorien abhängig.

Einerseits spricht dies alles nicht gegen die von Frege vorgeschlagene Unterscheidung von Subsumtion und Subordination. Denn mit dem genannten Unterschied ist wesentlich nur verbunden die Unterscheidung von Eigenschaftszuschreibungen unter der Bedingung, dass das in Rede stehende Einzelne mit dem jeweiligen Ausdruck *angemessen* bezeichnet ist. Andererseits aber stellt sich eine eigentümliche Spannung ein, zwischen der Subsumtion und der Rede von einem Einzelnen, insofern es nicht Element einer Menge oder Klasse ist. Im Gegensatz jedenfalls zu Rosi, Julius Caesar oder Venus ist der Gegenstand, der die Bedeutung von „Vesuv" hat, anderer Art. Wir können – wie im Falle des Gegenstandes, der durch den Namen Berlin bezeichnet und unter den Begriff „Stadt" fallen soll – jedenfalls festhalten, dass dessen *Einheit* nicht durch die aufgeführten Kriterien *alleine* gegeben werden kann.

2.1.2 Lebende und andere Gegenstände

Nun ergeben sich für „Pferd" in mehrerlei Hinsicht sowohl Ähnlichkeiten wie Differenzen zu „Stadt". Denn je nach Auflösung des inkriminierten Satzes wird Verschiedenes gelten:

1. „Pferd" kann in einem Kontext als Begriff, in einem anderen als Gegenstand aufgefasst werden.
   1.1. Im ersten Fall müsste die fregesche Entgegnung aufgefasst werden als Feststellung darüber, dass die drei Worte „der Begriff ,Pferd'" einen Gegenstand bezeichnen und insofern ist es richtig, hier nicht von einem Begriff zu sprechen.
   1.2. Im zweiten Fall würde nur gesagt, dass der Ausdruck „Pferd" einen Begriff bezeichnet – und von diesem kann nicht bezweifelt werden, dass er ein solcher ist – was u. a. Kemmerlings Einspruch berücksichtigt.
2. Hingegen scheint „Berlin" einerseits als Gegenstand gelten zu können, aber andererseits nicht im selben Sinne wie „Rosi". Fragt man nämlich danach, welche Art von Gegenstand „Berlin" denn bezeichnen soll, dann ergibt sich folgende Situation:
   2.1. Entweder ist Berlin im selben Sinne Gegenstand wie Rosi. Es ist dann durchaus korrekt, von Rosi zu sagen, sie falle unter „Pferd", wie von

Berlin, es falle unter „Stadt". Im Unterschied zu Rosi[8] lässt sich Berlin aber nicht exemplarisch, durch Beispiel oder Gegenbeispiel, einführen.

2.2. Oder Berlin ist eine Stadt nur insofern, als der Begriff Stadt es uns ermöglicht, Gegenstände der Art wie Berlin zu bilden. Es wäre dann zwar durchaus ein Gegenstand, aber ein solcher, der erst durch den Begriff bestimmt ist.

Insbesondere der Fall 2.2 gibt zu denken – denn damit verbindet sich nicht nur, dass die Differenz von Gegenstand und Begriff nicht als bloße *Ausschließung* aufgefasst werden kann. Vielmehr sind es eben – gelegentlich – Begriffe, die es überhaupt erst ermöglichen, von einem Gegenstand als einem Einheit-Habenden oder -Seienden zu sprechen (dazu Kap. 6 und 11). Die weitere Thematisierung dieses Problems bei Frege ist insofern hilfreich, als dort zwar nicht von Pferden, wohl aber von Säugern, Rotblütern und Landbewohnern die Rede ist (Frege 1986a, S. 71 ff.). Im ersten Fall wird die prädikative Natur des Begriffs durch Rephrasierung von „Alle Säugetiere haben rotes Blut" zu „Was Säugetier ist, hat rotes Blut" verteidigt. Lassen wir den Status des Ausdrucks „Blut" wieder auf sich beruhen und rephrasieren weiter zu „Alle Säugetiere sind Rotblüter". Dies lässt sich durch Verneinung auf dieselbe Struktur bringen wie die Verneinung des Satzes „Alle Säugetiere sind Landbewohner", denn hier gilt dass „nicht alle …" etc.

Nun folgt aber für den zweiten Fall, dass es sich nicht um das Fallen unter einen Begriff handelt, sondern um eine Unterordnung des Begriffs „Säugetier" zu „Landbewohner" (allerdings eine falsche). Im ersten Fall hingegen zeige sich die prädikative Natur des Begriffs, denn tatsächlich gilt, „wenn xS dann xR" – es liegt also „im Begriff" von Säuger, dass sie Rotblüter sind.

Damit ist aber noch nicht gesagt, wie es sich denn nun mit dem „Pferdsein" verhält. Bei dieser Erläuterung ist der Text wenig hilfreich, und wir erfahren lediglich, dass für Pferde dann die Vierbeinigkeit gilt, wenn sie „wohlausgebildet" sind. Dies wird ähnlich von der Zweibeinigkeit der Menschen gelten – also auch von Sokrates. Dessen Verhältnis zu „Mensch" ist nach dem bisher Gesagten als ein Fallen unter den Begriff zu verstehen, ohne dass wir damit schon wüssten,

---

[8]Wir sehen davon ab, dass eine rein *ostensive* Einführung auch hier kaum gelingen wird. Lässt man hingegen „Umgänge" mit dem Gegenstand zu, dann ist dies möglich. Das zugrunde liegende Problem scheint rein praktischer Natur zu sein – und in der Tat hängt es mit der Unbestimmtheit des Ausdruckes „Einführung" zusammen. Wir wollen dies in Auseinandersetzung mit der Wahrnehmungssituation als Verifikationsbedingung für Prädikate wie für singuläre Ausdrücke weiter unten wieder aufnehmen (Kap. 4).

wie die Zwei-/Vierbeinigkeit aufzufassen sei. Unproblematisch dürfte das Verhältnis von Mensch zu Säuger sein – und ebenso auch das Verhältnis von Pferd zu Säuger; und es wird zudem zutreffen, dass Sokrates zwei und dieses Pferd da vier Beine hat.[9] Offen aber bleibt dabei, ob „das Pferd" ebenfalls vier Beine hat. Die Rede von der „Wohlausgebildetheit" bleibt unaufgelöst, sie wird an ein allgemeines Urteil adressiert, das seinerseits nichts anderes enthalten kann als etwa „das Fallen unter einen Begriff".

2.2   Wissen als Wahrnehmen

Das Wissen aber, *ob* einem Gegenstand gewisse Eigenschaften zukommen, auf welche das Urteil sich stützen muss, stammt letztlich – oder anfänglich – aus der Wahrnehmung. Zugrunde liegt dabei die Vermutung, dass das Wissen von der Außenwelt durch Vermittlung von Zeichen zustande komme:

> Unsere Aufmerksamkeit ist von Natur nach außen gerichtet. Die Sinneseindrücke überragen die Erinnerungsbilder an Lebhaftigkeit so sehr, daß sie den Verlauf unserer Vorstellungen zunächst wie bei den Tieren fast allein bestimmen (Frege 1986b, S. 91).

Lassen wir im Moment die Geltung der getätigten Aussagen auf sich beruhen – wir wollen sie als eine Folge begrifflicher Strategieentscheidungen verstehen. Die Tierähnlichkeit jedenfalls, so fährt Frege fort, werde dort durchbrochen, wo sie gleichsam zwischen den empfindenden Menschen (der in dieser Hinsicht dem Tiere gleicht) und das empfundene Zeichen tritt. Diese haben nicht nur im Sinne der *intentio recta,* als Auf-etwas-gerichtet-Sein, eine externe Referenz, sondern auch eine Art „Binnenstruktur", die nach innen gerichtet ist:

> So dringen wir Schritt für Schritt in die innere Welt unserer Vorstellungen ein und bewegen uns darin nach Belieben, indem wir das Sinnliche selbst benutzen, um uns von seinem Zwange zu befreien (Frege 1986b, S. 91 f.).

Zeichen, die sich – ursprünglich am Außen orientiert – nach innen richten, werden von Frege ausdrücklich mit dem Segeln vor dem Wind verglichen, eine

---

[9]Genau genommen haben beide vier *Extremitäten* (*morphologisch* vergleichbarer Form) – alles weitere ist der nivellierenden Struktur lebensweltlicher Rede geschuldet.

Technik, die es ermögliche, „gegen" die Windrichtung zu segeln (Frege 1986b, S. 92). Es steht also die repräsentative Beziehung von Zeichen und Gegenstand außer Frage – nur werde diese Beziehung genutzt, um nun gleichsam im *„Sich-Zurückbiegen* des Spatens" nicht mehr nach außen, sondern nach innen zu wirken. Das Innen wird ein abgeleitetes Außen, wobei die repräsentative Beziehung von Ding und Zeichen erhalten bleibe:

> Indem wir nämlich verschiedenen, aber ähnlichen Dingen dasselbe Zeichen geben, bezeichnen wir eigentlich nicht mehr das einzelne Ding, sondern das ihnen Gemeinsame, den Begriff. Und diesen gewinnen wir erst dadurch, daß wir ihn bezeichnen; denn da er unanschaulich ist, bedarf er eines anschaulichen Vertreters, um uns erscheinen zu können. So erschließt uns das Sinnliche die Welt des Unsinnlichen (Frege 1986b, S. 92).

Die Gewinnung des Begriffs sei hier an das gebunden, was als Unanschauliches grundsätzlich der Sinnlichkeit entzogen wäre, *gleichwohl* im Sinnlichen ausgewiesen werden könne (zu einer davon unterschiedenen hermeneutischen Lesart dieses Sachverhalts s. Kap. 6). Genau genommen kann nur auf diese Weise ein Allgemeines überhaupt gewonnen werden – als welches der Begriff jedenfalls *auch* zu gelten hat. Dieses Allgemeine hat eine *notwendige* Beziehung zu dem Einzelnen, als welches das Sinnliche ebenso notwendig – jedenfalls auch – erscheinen können muss. Die Beziehung zwischen beiden herzustellen, bedürfe aber nach Frege der „Vorstellung" – denn diese sei einerseits schon bei Tieren vorhanden, der Umgang damit erlaubte andererseits, die Differenz zu Tieren zu bestimmen.

An anderem Ort geht Frege auf dieses Problem ein, indem er den Unterschied von Sinn und Bedeutung erläutert, beide seien nämlich von der „mit ihnen verknüpften *Vorstellung* zu unterscheiden" (Frege 1986c, S. 43). Gleichwohl könne im Falle eines „wahrnehmbaren Gegenstand(es)" Genaueres über dessen Vorstellung gesagt werden, da es sich nämlich um „ein aus Erinnerungen von Sinneseindrücken (…) und von Tätigkeiten (…) entstandenes inneres Bild" handele (Frege 1986c, S. 43). Wesentlich an diesem Bild sei dessen Variabilität, die sowohl bei ein und demselben wie bei mehreren je unterschiedlich ausgeprägt sein könne:

> Ein Maler, ein Reiter, ein Zoologe werden wahrscheinlich sehr verschiedene Vorstellungen mit dem Namen „Bucephalus" verbinden (Frege 1986c, S. 44).

Gesagt werden soll, dass Vorstellungen etwas „Subjektives" seien, von dem als einem solchen nichts weiter bestimmt werden kann – sehen wir von der grobpsychologischen Kompositionsthese oben ab. Gleichwohl ist die nun eingetretene

Verschiebung wichtig, denn es ist ja jetzt von in Praxen eingeübten Menschen die Rede, die zudem über die entsprechenden Redemittel verfügen, während oben Tiere mit ihren Vorstellungen in *dieser* Hinsicht wesentlich mit Menschen gleichgesetzt wurden. Jedenfalls kann gegenüber Vorstellungen von Sinn und Bedeutung festgehalten werden, dass beide ein Nichtsubjektives bezeichnen; für den Sinn gelte sein öffentlicher Charakter, denn dieser könne „gemeinsames Eigentum von vielen sein" und mithin nicht „Teil oder Modus der Einzelseele" (Frege 1986c, S. 44). Für die Weitergabe des Sinns nennt Frege dann eine Metapher, die einerseits dem öffentlichen Charakter entspricht, andererseits aber immer noch ein kontingentes Moment (des Sinns) bezeichnet, das darin besteht, „daß die Menschheit einen gemeinsamen Schatz von Gedanken hat, den sie von einem Geschlechte auf das andere überträgt" (Frege 1986c, S. 44). Eine Explikation der Vererbungs-Metapher werden wir im Rahmen des Inferentialismus kennenlernen (s. Kap. 3). Es liegt aber jedenfalls nahe, der Vieldeutigkeit des Ausdrucks „Sinn" durch Indizierung der zeitlichen und räumlichen Momente zu Leibe zu rücken – immerhin ist ein objektives Moment gegeben, das seinen Ausdruck in der Bedeutung findet, denn diese ist – etwa im Falle des Eigennamens – der Gegenstand. Die Bedeutung ist mithin die objektive Wirklichkeit des Sinns, der die objektive Wirklichkeit der subjektiven Vorstellung ist. Da aber andererseits die Vorstellung mit der Sinnlichkeit in Kontakt steht, kann auch dieser das Objektive nicht abgesprochen werden – vielmehr ist es ja gerade das Objektive der Bedeutung, welches es erst erlaubt, von der *Identität* verschiedener Vorstellungen sprechen zu können. Frege nimmt in der Tat diese Objektivität in Anspruch, denn für die drei „Stufen der Verschiedenheit" gelte ihr Abstand von der Vorstellung, wobei die erste Beziehung, die der Vorstellung auf Wörter, Ausdrücke oder Sätze, durch eine „unsichere Verbindung" bestimmt sei:

> Der Unterschied der Übersetzung von der Urschrift soll eigentlich die erste Stufe nicht überschreiten (Frege 1986c, S. 45).

Gleichwohl ist die strenge Objektivität der Bedeutung, wenn sie denn tatsächlich auf dem Weg über die Vorstellung zustande gekommen sein sollte, nur in Anspruch zu nehmen, wenn die „Übersetzung von der Urschrift" kontrolliert werden kann. Gelingen wird dies aber wohl nur, wenn wir die „Urschrift" schon kennen – und zwar mit Blick auf das objektive Moment der Bedeutung. Liegt diese in der Form der *Begriffe,* unter welche Gegenstände zu subsumieren seien, dann kann das Wissen über diese Gegenstände, welches erst die Subsumtion erlaubte, nicht wieder aus dieser stammen.

Enthymeme und das Problem materialer Inferenz 3

Die an Frege entwickelte Unterscheidung von Gegenstand und Begriff hatte deutlich werden lassen, dass die Funktion eines Ausdrucks von der Art der Zergliederung der Sätze abhängt. Zugleich wurde deutlich, dass die uns eigentlich interessierende Aufgabe schon geleistet sein musste, um eine solche Rollenanalyse zu erlauben: Wir müssen eben schon *wissen, was* es heißt, dass etwas „unter einen Begriff" fällt, also z. B. ein Rabe sei oder ein Lebendiges. Doch musste ersichtlich noch mehr in Anspruch genommen werden – ein Aspekt, auf den Thompson hinweist (s. unten) und der bei der Auseinandersetzung Freges mit Kerry deutlich wurde –, nämlich ein dezidiertes Wissen um die „normale" Konfiguration der Gegenstände, damit sie als unter Begriffe fallend bestimmt werden können. Die Vierbeinigkeit des Pferdes war dabei genauso in Anspruch zu nehmen wie der Besitz roten Blutes bei Säugern etc.

Die Rede vom „allgemeinen Urteil" verdeckt den Zugang zu solchem Wissen, das wir in einem ersten Zugriff als lebensweltlich bezeichnen können und das wesentlich auf Üblichkeiten abzielt. Einerseits sind wir vertraut mit der Tatsache, dass „meistens" oder „üblicherweise" Pferde vier Beine haben, andererseits kennen wir – möglicherweise aus dem Bericht durch andere – auch Fälle, bei denen dies anders ist, sei die Ursache dafür nun Unfall oder Missbildung. Sellars weist auf solche enthymematischen Redeformen hin, in welchen auf *Üblichkeiten* abzielend, wie etwa „Wenn es regnet, wird die Straße nass" oder „Wer andern eine Grube gräbt, fällt selbst hinein", sich „allgemeine Urteile" ausgedrückt finden, die der eigentlichen formalen Analyse *zugrunde* liegen und die mit der „Kraft" von Behauptungen in einem direkten Zusammenhang stehen. Für die Bestimmung des Verhältnisses materialer und formaler Inferenzen entwickelt Sellars eine grobe Typologie in der stilisierten Auseinandersetzung mit dem „Metaphysicus" einerseits, der für materiale Inferenzen eine eigene Form von

© Springer Fachmedien Wiesbaden GmbH 2017
M. Gutmann, *Leben und Form,* Anthropologie – Technikphilosophie – Gesellschaft, DOI 10.1007/978-3-658-17438-5_3

Notwendigkeit behaupte, und dem „empirically minded philosopher" andererseits, der diesem widerspreche, mit Verweis auf die Tatsache, dass es sich lediglich um eine Verbindung von Sätzen handele, die ihre Geltung auf „purely formal principles" stütze:

> In effect, then, we have been led to distinguish the following six conceptions of the status of material rules of inference:
>
> (1) Material rules are *essential to meaning* (and hence to language and thought) as formal rules, contributing the architectural detail of its structure within the flying buttresses of logical form.
> (2) While not essential to meaning, material rules of inference have an *original authority* not derived from formal rules, and play an *indispensable* role in our thinking on matters of fact.
> (3) Same as (2) save that the acknowledgement of material rules of inference is held to be a *dispensable* feature of thought, at best a matter of convenience.
> (4) Material rules of inference have a *purely derivative authority,* though they are genuinely rules of inference.
> (5) The sentences which raise these puzzles about material rules of inference are *merely abridged formulations of logically valid inferences* (…).
> (6) Trains of thought which are said to be governed by „material rules of inference" are actually *not inferences at all,* but rather activated associations which mimic inference, concealing their intellectual nudity with stolen „therefores" (Sellars 1980a, S. 265).

In der Diskussion der daran anschließenden Unterscheidung zwischen P-Rules (P für physical) und L-Rules (L für logical) prävaliert die Kritik an Carnap, die Sellars zur Zurückweisung insbesondere der Positionen 4 und 3 führt. Ohne damit zugleich für 1 optieren zu müssen, rekonstruiert Sellars zunächst den Ausdruck „Regel" als Gestattung oder Erlaubnis für gewisse Handlungen unter gewissen Umständen. In Abhängigkeit von der Form der Handlung lassen sich *Formen* von Regeln unterscheiden mithin verschiedene Weisen des Redens über „ought", sodass die gegenseitige Irreduzibilität modaler, normativer und psychologischer Terme gefordert werden kann (Sellars 1980a, S. 284). Sellars' eigener Vorschlag wird aus dem Zusammenhang sprachlicher und nichtsprachlicher Momente entwickelt, ausgehend von der Frage, was genau es bedeuten kann, dass ein Satz B aus einem Satz A folge:

> Roughly, that it is permissible to assert B, given that one has asserted A, whereas it is not permissible to assert not-B, given that one has asserted A (Sellars 1980a, S. 278).

Es wäre zudem zuzugeben, dass P-Rules notwendige Bestandteile jeder Sprache sind, die nichtlogische oder beschreibende Ausdrücke enthält (Sellars 1980a, S. 284). Damit scheint aber die *logische* Form von Begriffen einerseits und deren Gehalt andererseits wieder auseinanderzufallen, mit der Folge, dass für die ersteren bloße logische Regeln gelten, während die letzteren dem vagen Bereich der Erfahrung zugeordnet sind, aus welchen sie „abgeleitet seien" („derived"; Sellars 1980a, S. 285). Der Zusammenhang könne aber hergestellt werden, wenn wir schon den *Umgang* mit materialen Inferenzen als *Resultat* eines regelgeleiteten Verhaltens auffassten. Der Versuch hingegen, Erfahrung als ein Komposit zu verstehen, in welchem auf die „apprehension of universals and connexions" die Auswahl passender Regeln folgte („choosing rules"), scheiterte danach notwendigerweise. Vielmehr sei schon die „apprehension of universals" selbst nichts anderes, als Ausdruck eines „regelgeleiteten Verhaltens", wobei diese Regeln letztlich nur zum Ausdruck gebracht, nicht aber oktroyiert werden könnten. In bestimmten Ausdrücken, die den Gehalt von P-ableitbaren Ausdrücken bilden, kämen diese Regeln selber zum – sprachlichen – Ausdruck, sodass Sprache mit ihren beiden Funktionen (die sich in der L- und der P-Ableitbarkeit ausdrücken) als Resultat eines Anpassungsgeschehens modelliert werden müsse:

> The role of the given is rather to be compared to the role of the environment in the evolution of species; though it would be misleading to say that the apparent teleology whereby men „shape their concepts to conform with reality" is as illusory as the teleology of the giraffe's lengthening neck (Sellars 1980a, S. 285).

Die lamarckistische Metapher wird nicht weiter aufgelöst, aber durch eine dem darwinschen Denken angemessenere Marktmetapher substituiert. Denn in gewissem Gegensatz zum Metaphysicus der ersten und zweiten Position versteht Sellars Sprache als ein „system of formal and material rules" (Sellars 1980a, S. 285) welche *gleichermaßen* Kandidaten seien „for adoption by the animal which recognizes rules":

> They must compete in the market place of practice for employment by language users, and be content to adopted haltingly and schematically (Sellars 1980a, S. 285).

Insofern diese Analyse trifft, kommt Enthymemen eine wesentliche, nicht nur kontingente und bezüglich der eigentlichen Syllogismen redundante Funktion zu. Es ist danach nicht möglich, Enthymeme durch logische Simulation zu ersetzen. Wir können diesen Sachverhalt in eine etwas andere Form bringen, die es uns erlaubt, eine Erweiterung vorzunehmen, die wir für unsere Darstellung von Enthymemen benötigen: Es handelt sich danach nämlich um *Sätze,* die *nicht* in beschreibender Perspektive geäußert, ein *situatives* und *umgängliches* Wissen zum Ausdruck bringen. Sellars' eigene Darstellung dieses Wissens folgt im Wesentlichen dem aristotelischen Schema (dort allerdings vor allem mit Blick auf die eigentlichen Syllogismen, die Aristoteles als einen Redundanztheoretiker der Enthymeme auszuweisen scheinen – siehe aber unsere Rekonstruktion Kap. 8), denn zumindest für einige Prädikate gelte der direkte Bezug auf Wahrnehmungssituationen und die in diesen stattfindende Abrichtung:

> Fortunately, these questions admit of a straightforward answer. In the first place, knowing a language is a knowing *how;* it is like knowing how to dance, or how to play bridge. Both the tyro and the champion know how to dance; both the duffer and the Culbertsons know how to play bridge. But what a difference! Similarly, both you and I, as well as the theoretical physicist, can be said to manipulate an axiomatic system; but we are clearly at the duffer end of the spectrum. Again, in answering the second question we need only note that the identity of the empirical events used as symbols is at best a necessary and by no means a sufficient condition of the identity of a language. In a perfectly legitimate sense one language can change into another even though the noises and shapes employed remain the same (Sellars 1980b, S. 151).

Der Erwerb von Sprache ist ein Erwerb von Wissen *um* (vielleicht nicht notwendig *über*) den Gebrauch von Ausdrücken, worin sich zugleich „regelorientiertes" Verhalten zeige (dazu im Detail Sellars 1980c). Tatsächlich wird der Erwerb solcher Regeln häufig in der Form von asymmetrisch strukturierten Erziehungsgeschichten präsentiert (etwa Lorenzen 1969) oder – unter Wahrung der Asymmetrie – als entwicklungsbiologische (etwa Tomasello 2006) oder verhaltenswissenschaftliche, wie dies ja oben schon für Sellars angedeutet wurde. Damit geht aber ein Moment von Enthymemen verloren, auf das es uns im Weiteren ankommen wird, dass sie nämlich *Ausdruck* eines *umgänglichen* Wissens sind, welches zwar Anfänge bereitstellt für verschiedene Unternehmungen – wie z. B. das Erklären –, das aber nur κατὰ συμβεβηκός die Form von Sätzen annimmt.

3.1   Objektiver Aktualismus

Im Wesentlichen folgt Brandom den Überlegungen Sellars, denn auch hier liegt eine Asymmetrievermutung für das Verhältnis von materialen und formalen Inferenzen zugrunde:

> Eine wichtige Überlegung lautet, daß sich das Konzept formal gültiger Inferenzen ganz unproblematisch aus dem der material richtigen Inferenzen definieren läßt, wohingegen es den umgekehrten Weg nicht gibt (Brandom 2001, S. 79).

Die Rechtfertigung dieser Überlegungen führt auf die Differenz von privilegiertem und nicht privilegiertem Vokabular, woraus sich einerseits stabile Substitutionsverhältnisse ergeben (nämlich vokabularspezifisch[1]), andererseits die schon von Sellars her gekannte Vielzahl der „Sprachen". Auch Brandom versteht Enthymeme nicht als unvollständige Syllogismen, sodass *normatives* Vokabular dargestellt oder verstanden werden kann als Explikation der „Billigung materialer Richtigkeiten" im Zusammenhang „praktischen Begründens" (Brandom 2001, S. 118).

Spätestens an dieser Stelle wird der Übergang zu eigentlichen Enthymemen vollzogen, sozusagen implizit, denn nun ist der Bezugspunkt des „Wahrscheinlichen" das Handeln selbst[2] – wie das Beispiel des Bankangestellten zeigt, der erwägt, ob er in einem Clownskostüm auftreten soll oder nicht (Brandom 2001, S. 119). Dies ist insofern wichtig, als die Frage ja noch nicht entschieden ist, ob etwa der Begriff „Bankangestellter" denselben oder auch nur analogen Status beanspruchen könne, wie der von „Regen", der bekanntermaßen, wenn er fällt, die Straße nässt. Wir hätten es zwar in beiden Fällen mit „lebensweltlichen" Üblichkeiten zu tun, würden aber vermutlich dem ersten eine andere Wissensform zusprechen als dem zweiten. Diese Differenz wird sichtbar, wenn wir den lebensweltlichen Zusammenhang verlassen und den wissenschaftlichen betreten. Für Brandom besteht die Aufgabe in der Explikation jener *Gehalte,* die in Endoxa wie in Enthymemen[3] zur Sprache kommen:

> Der hier vertretene Pragmatismus möchte das Behaup*tete* anhand des Behaupt*ens* erklären, das Beanspruch*te* in Begriffen des Beanspruch*ens,* das Geurteil*te* anhand des Urteil*ens* und schließlich das, wovon jemand *überzeugt ist,* durch die Rolle, die das *Überzeugtsein* spielt (ja, man könnte sagen: Das, was ausgedrückt wird, soll anhand der Akte erklärt werden, die es ausdrücken). Allgemein formuliert: Der Gehalt wird durch den Akt erläutert und nicht andersherum (Brandom 2001, S. 13).

Wir werden weiter unten sehen, in welchem Sinne die Regeln des Gebrauchs von Sprachstücken in den Praktiken *enthalten* sind.[4] Hier ist nur festzuhalten, dass die Regeln ausgehend von gewissen Praktiken, die insbesondere mit dem Behaupten

---

[1]Wir werden sehen, dass die *Bereitstellung* solcher Vokabulare eines der offenen Probleme des Ansatzes bleibt; hier wäre nämlich die Einführungssituation selbst zum Gegenstand der Reflexion zu nehmen.

[2]Zur besonderen Form dieser Schlüsse ἐξ εἰκότων s. Kap. 7 und 8.

[3]Zu Beidem s. Kap. 7 und 8.

[4]Mit Frege würden wir darauf beharren, dass es wesentlich an der Form der Analyse hängen wird, *was* da enthalten ist. Anders gesagt ist das Enthaltene nicht darstellungsinvariant.

verbunden sind, gleichsam die Gelenkstelle zwischen dem sind, *was* behauptet wird, und dem, *wie* etwas behauptet wird. Dabei kommt dem *tatsächlichen* Tun oder dem Vollzug eine zentrale Rolle zu, denn so ist zu verstehen, dass das „Behauptete anhand des Behauptens" und das „Beanspruchte in Begriffen des Beanspruchens" und schließlich das „Geurteilte anhand des Urteilens" bestimmt werde (Brandom 2001, S. 13).

3.2 Das Konto als Form der Form

Die zentrale Metapher, in der Brandom sein Projekt beschreibt, ist die der Kontoführung („score keeping").[5] Dabei ist *vorausgesetzt,* dass der Behauptung die zentrale Stelle im Spiel des „Verlangens[6] und Gebens von Gründen" zukommt. Die Aufgabe der Darstellung dessen, was es heißt, etwas zu behaupten, oder auch die Ansprüche identifizieren zu können, die sich mit einer Behauptung verbinden, besteht darin, die Inferenzen zu identifizieren, die sich (sei es als Konklusionen oder als Prämissen) *mit dem und durch das* Behaupten von etwas ergeben. Propositionale Gehalte sind daher durch die soziale Praxis des Behauptens bestimmt – dies löste in der Tat die These ein, dass der Inferentialismus das Behauptete durch das Behaupten (von etwas) ersetzen könne. Es gilt jedenfalls, dass, was immer das Verlangen und Geben von Gründen sonst sein mag, es mit dem „Anerkennen zumindest zweierlei normativer Status – *Festlegungen* und *Berechtigungen*" verbunden ist (Brandom 2001, S. 245).[7] Der propositionale Gehalt wird daher explizit durch die Strukturen *erzeugt,* die sich aus den sozialen Praktiken ergeben (Brandom 2001, S. 245 f.).

---

[5]Wir nutzen hier gleichwohl die Rede von der Kontoführung – denn dieses Metapher unterstreicht besser als die sportliche, dass die Funktionsfähigkeit eines Kontos nur durch Äquivalenzen sichergestellt werden kann, die außerhalb dessen liegen, *worüber* Konto geführt wird. Im Falle von Banken handelt es sich z. B. um Währungen.

[6]Dieses unterscheidet sich vom λόγον διδόναι καὶ λαμβάνειν ἢ δέχεσθαι insofern, als „Geben" und „Nehmen" oder „Empfangen" weder notwendigerweise Umkehroperationen sind, noch direkt aufeinander rückführbar. Es scheinen eher „Aushandlungsprozesse" vorzuliegen, die wir im Zusammenhang der biologischen Modellierung näher untersuchen werden (Kap. 11 und 12).

[7]Dies würde noch nicht implizieren, dass diese mehr als *notwendige* Bedingungen des Verlangen-Geben-Sprachspiels darstellen. Wir werden in der Tat sehen, dass die Schwäche des vorgeführten Inferentialimus in der Vernachlässigung dessen besteht, was jenseits des Behauptens und der damit verbundenen progressiven oder regressiven Inferenzen liegt.

Um die Objektivität als eine besondere Form der Signifikanz darstellen zu können, sind zunächst alle Sätze in zwei Klassen eingeteilt, die der zum Behaupten zugelassenen und jene, für welche das nicht gilt. Die Sätze werden durch Spielsteine vertreten, sodass sich aus der Zahl der Steine das Konto des Spielers zusammensetzt. Das Konto umfasst also ein „Stammkapital", von dem einzelne Steine abgebucht werden können:

> Indem man einen neuen Spielstein ausspielt, indem man also eine Behauptung aufstellt, ändert man sein eigenes Punktekonto – und vielleicht auch das von anderen. Brandom (2001, S. 246).

Allerdings muss die vorsichtige These Brandoms verschärft werden – in jedem Fall nämlich ist die *Veränderung* des eigenen Kontos mit dem Konto eines anderen Spielers *verknüpft* (abgesehen von dem Fall, dass der andere „nicht wirklich Spieler" ist – also z. B. aus betrügerischer Absicht handelt). Denn wenn andere nicht Konten *derselben* Struktur besitzen wie der originale Kontoinhaber, dann kann auch dieser keines besitzen. Die Rede vom Konto impliziert eine schon existierende Rahmenstruktur, die z. B. solche Dinge umfasst wie Währungen oder Valuta und Wechselkurse. Das *Spiel* kann also nur dann stattfinden, wenn tatsächlich die Änderung beim originalen Kontoinhaber mit einer Änderung bei allen anderen Kontoinhabern verbunden ist, weil sonst die Wertigkeit einzelner Spielsteine nicht mehr feststeht – es könnte z. B. unbemerkt zur Erzeugung oder Vernichtung von Währungseinheiten kommen, ohne dass deren Deckung bekannt ist. Brandom löst seine Metapher wie folgt auf:

> Damit solch ein Spiel oder eine solche Menge von Spielpraktiken als eine Menge von Praktiken zu erkennen ist, zu der Behauptungen gehören, muß gelten, daß das Ausspielen eines Spielsteins oder das ihn anderweitig seinem Punktekonto Hinzufügen einen Spieler darauf *festlegen* können, andere Spielsteine auszuspielen oder sie seinem Konto hinzuzufügen. Wenn man behauptet „Das Stoffmuster ist rot", so *sollte* man seinem Konto ebenfalls die Behauptung „Das Stoffmuster ist farbig" gutschreiben. Indem man den einen Zug macht, *verpflichtet* man sich auf die Bereitschaft, den anderen gleichfalls zu machen. Damit soll nicht gesagt werden, daß alle Spieler tatsächlich die Dispositionen *haben*, die sie haben sollten (Brandom 2001, S. 246 f.).

Die Sätze werden also vertreten durch jene Regeln, die sich mit ihren Äußerungen verbinden; im Beispiel etwa die Behauptung „x ist rot", welche die Behauptung „x ist farbig" nach sich zieht – oder nach sich ziehen sollte.[8] Lassen wir die

---

[8]Zur exemplarischen Analyse s. Barth (2011).

Fragen im Moment noch offen, *wie* die Inferenz zustande kommt, so lässt sich die *Funktion* der Kontometapher soweit darstellen, dass die kontoführende Institution (das muss, wenn man an *formal* äquivalente Situationen bei sportlichen Spielen denkt, keine Bank sein) die Inferenzen selber verwaltet. Auf diesem Hintergrund ist es dann auch nachvollziehbar, dass Behauptungen „objektiviert" werden können, indem die Züge anzugeben sind, die einerseits die Gründe für die Inferenz liefern, andererseits aber die Züge bestimmen, zu denen der Behauptende sich selbst *eodem actu* festlegt. Auch das Überprüfen von erhobenen Ansprüchen ist auf diese Weise möglich, sodass sich zusammenfassend eine normative Struktur im Sprachspiel ergibt:

> Denn damit das Setzen eines Satzes auf eine Liste oder das ihn in eine Schachtel Legen als ein Behaupten oder Glauben verstehbar wird, muß ein solches Tun zumindest die Signifikanz einer Festlegung oder Verpflichtung darauf haben, andere Züge ähnlicher Art zu machen, und zwar mit Sätzen, die (damit) als inferentiell mit dem Original verbunden gelten. Ohne solche konsequentiellen Festlegungen fehlt dem Spiel die rationale Struktur, die notwendig ist, damit wir die in ihm gemachten Züge als das Aufstellen gehaltvoller Behauptungen verstehen können (Brandom 2001, S. 249).

Das Spielen entspricht damit dem eigentlichen Handeln *sensu stricto,* das „Sprechen", *insoweit* es ein Verlangen und Geben von Gründen ist, bildet den Markt, auf dem – nach gesetzten Regeln – die Werte getauscht werden. *Argumentieren* ist mithin als eine Folge von Zügen beider Parteien darstellbar, wozu es notwendig ist, die Kontometapher in eine echte „doppelte Buchführung" zu erweitern:

> Das Konto, das wir über diejenigen führen müssen, die sich an solchen Begründungspraktiken beteiligen, besteht aus zwei Unterkonten: Wir müssen darüber auf dem laufenden sein, worauf sie sich *festgelegt* haben, und auch darüber, zu welchen dieser Festlegungen sie *berechtigt* sind (Brandom 2001, S. 253).

Allerdings liegt hier eine erste Unterbestimmung der Metapher, denn zum einen wird auf etwas verwiesen, was weder Gegenstand der weiteren Durchführung ist, zum anderen bleibt offen, *wie* das eigentliche Geschäft der *Kontoführer* aussieht, also: das Sprechen (als Verlangen und Geben von Gründen). Dies wird aber jedenfalls dann zum Problem, wenn Bedingungen der *Kontoführung* selbst verhandelt werden sollen. Es gilt zwar nach Brandom zunächst das Folgende:

> Wenn man eine Behauptung aufstellt, anerkennt man implizit, daß das Verlangen von Gründen, die Bitte um Rechtfertigung des Anspruchs, den man bekräftigt hat, bzw. der Festlegung, die man eingegangen ist, wenigstens unter gewissen Umständen

angemessen ist. Neben der *festlegenden* Dimension der Behauptungspraxis gibt es auch noch die *kritische* Dimension, nämlich den Aspekt der Praxis, bei dem es um die Beurteilung der Richtigkeit jener Festlegungen geht. Abseits dieser kritischen Dimension findet das Konzept der Gründe keinen Halt (Brandom 2001, S. 250).

Das Verlangen von Gründen kann aber nur dann *innerhalb* der Praxis des Sprechens sinnvoll auftreten, wenn *schon gilt,* dass der, der die Gründe verlangt, auch dazu *berechtigt* ist. Dabei interessiert weniger die z. B. für diskurstheoretische Konzepte leitende Frage nach der Zugehörigkeit zu den Diskursteilnehmern als vielmehr der *Erwerb* jener Sätze, die als Spielsteine das „Kapital" für die Kontoeröffnung bilden. Wir haben es also mit zwei Formen von Spielen (des Gebens und Verlangens von Gründen) zu tun, von welchen eines im besten sprachpragmatischen Sinne *funktioneller,* das andere *generischer* Natur ist.

Es handelt sich im ersten Fall um das von Brandom analysierte Verlangen und Geben nach den Regeln der Kontoführung (etwa der Reihenfolge der Züge im Spiel, der Ein- und Austrittsregeln) also dem Nutzen der Sätze über die man verfügt, nach Maßgabe der „Kraft des behauptenden Sprechaktes" (Brandom 2001, S. 250). Die *zweite* Form des Gebens und Verlangens bestünde hingegen in der *Bereitstellung* der genannten Bedingungen selber – es wäre eine Art „generisches" Spiel, das zwar jederzeit auf das funktionelle bezogen bliebe, in dieses aber nicht aufginge (außer unter Zulassung direkter Selbstbezüglichkeit).

Tatsächlich wäre es erst diese zweite Form des Spieles, von der her die erste ihre eigene Rechtfertigungsmöglichkeit erhielte. Exemplarisch kann dies an der eigentümlichen Rede von der „Kraft" des Sprechakts (hier vornehmlich oder fast ausschließlich des Behauptens) gezeigt werden. Die Behauptung steht im Zentrum der Rekonstruktion; von diesem Sprechakt muss sich also auch die *Kraft* dessen ableiten lassen, was behauptet wird. Nun konzediert Brandom selbst, dass die Kraft des Behauptens *von etwas* herrühren muss, da ja gelten soll:

> Die Behauptung lautet also im ganzen, daß der Sinn von Billigung, der die Kraft eines behauptenden Sprechaktes bestimmt, wenigstens eine Art von *Festlegung* einschließt, wobei die *Berechtigung* zu dieser Festlegung seitens des Sprechers jederzeit zur Debatte stehen kann (Brandom 2001, S. 250).

Infrage stehen kann also nur die Berechtigung eines Sprechers zu einer Festlegung – nämlich innerhalb des von uns als funktionell bezeichneten „Gründe-Sprachspiels". Erst von der Billigung von Festlegungen wird die Kraft des Sprechakts des Behauptens bestimmt (was immerhin nicht bedeutet, dass sie *erzeugt* wird: Dies ließe sich wohl überhaupt nur *qua* weiterer Festlegung sagen und in weiterer Berechtigung einfordern). Die *Kraft,* welche bestimmt wird, kommt also nicht dem Sprechakt selbst zu, sondern dieser *erhält* sie aus der Art der Organisation seiner inferentiellen Rolle. Die Kraft selbst aber wird nicht weiter bestimmt; sie erleidet in gewisser Hinsicht das Schicksal der physikalischen Konzeption, die sich als abgeleitete Größe konstruieren ließ und mithin ihren grundlegenden Charakter einbüßte, den sie bei Newton noch hatte (s. Newton 1952; Jammer 1957).

Dies geschieht bei Brandom allerdings nur indirekt, insofern es nämlich die *Struktur* der Inferenzen ist oder sein soll, die dem Akt seine Kraft verleihen. Eine Antwort, *worin* diese Inferenzen selber gründen gibt Brandom wiederum indirekt:

> Die behauptbaren Gehalte, die von Aussagesätzen ausgedrückt werden, deren Äußerung diese Art von Kraft besitzen kann, müssen dementsprechend in beiden normativen Dimensionen inferentiell gegliedert sein. Sie müssen, sozusagen stromabwärts, inferentielle *Konsequenzen* haben, wobei sich die Festlegung auf diese Konsequenzen infolge der Festlegung auf den ursprünglichen Gehalt ergibt. Und sie müssen, stromaufwärts betrachtet, inferentielle *Vorgänger* haben, also Beziehungen zu Gehalten, die als Prämissen fungieren können, von denen die Berechtigung zum ursprünglichen Gehalt geerbt werden kann (Brandom 2001, S. 250).

Die zentrale Metapher ist nun die der *Vererbung,* die sowohl die Verpflichtungen („inheritance of commitments") als auch die Berechtigungen („inheritance of entitlements") strukturiert (im Detail Brandom 1994, S. 168 ff.). Das Wort erscheint zunächst einfach als – bildliche – Darstellung des (geforderten) ungebrochenen Zusammenhangs inferentieller Beziehungen, ausgehend von einer Behauptung: in Richtung auf die Prämissen „zu den Vorfahren", in Richtung auf die Konsequenzen „zu den Söhnen". Der „behauptbare Gehalt" erhält seine *Behauptbarkeit* genau genommen nicht von der inferentiellen Struktur einer Behauptung („Es ist der Fall, dass x …"), sondern aus *deren* inferentieller Einbindung. Diese aber ist nichts anderes als eine inferentielle Struktur – die man zur besseren Verdeutlichung als eine „vergangene" bezeichnen könnte, sozusagen eine der Väter. Für diese also gilt *dasselbe* wie für den zu einem beliebig gesetzten Zeitpunkt t = 0 geäußerten Satz,[9] sodass wir nun von den Vätern zu den Vorvätern übergehen und so fort.

Die Vererbung übergreift dabei drei Dimensionen von inferentiellen Relationen, nämlich permissive („entitlement-preserving"), kommunikative und autoritative (Brandom 1994, S. 168 ff.).

---

[9]Nur zur Sicherheit: Es geht nicht um die *zeitlichen* Wahrheitsbedingungen von Sätzen, sondern um die Tatsache, dass die Auflösung der Metapher der Vererbungsrelation misslingt, wenn diese nicht als *Verlauf* verstanden wird.

- Die erste Dimension der Vererbung wird durch „induktive empirische" Inferenzen dargestellt, wie etwa vom Vorliegen eines trockenen, „gut hergestellten" Streichholzes auf dessen Entzündbarkeit schließen zu können.
- Die kommunikative Dimension bezeichnet die sozialen Konsequenzen, die sich aus der Äußerung von Behauptungen gegenüber anderen ergeben, die dieselben jenen zugänglich machen und es ihnen erlauben, sich auf die daraus resultierende Verpflichtung zu beziehen.
- Die dritte Dimension der Vererbung zielt auf die Verbindung von „diskursiver Autorität" und der dieser entsprechenden Verantwortung ab.

Der Ausdruck „Vererbung" ist also eine Metapher, die lediglich auf die *linguale* Praxis selbst abzielt – was sich in der Analyse anaphoretischer Ketten explizit zeigt:

> Anaphora permits the formation of *chains* of tokenings, anchored by antecedents that can be deictic and therefore strictly unrepeatable. *These chains of unrepeatables are themselves repeatables and play the same role in substitution inferences that sets of cotypical tokenings play of repeatable expressions such as proper names and definite descriptions.* It is by means of anaphora, then, that substitution-inferential potential can be inherited by one expression from an unrepeatable tokening. In virtue of this mechanism, unrepeatable tokenings such as uses of demonstratives become available for service as premises in inferences. In this way they acquire an *inferential* significance and so can be understood as expressing a *conceptual* content (Brandom 1994, S. 621).

Die inferentielle Bedeutung kommt den Ausdrücken also nur dadurch zu, dass deren Rolle innerhalb der lingualen Praxis selbst bestimmt wird. Dieses rein funktionale Konzept muss allerdings die Bestimmung der *Anfänge* dieser Ketten offenlassen – den Ort also, wo der *ursprüngliche* Gehalt selber steht, sozusagen der „Ur-Gehalt", der notwendig *außerhalb* der Vererbung angesiedelt sein muss (siehe dazu Kap. 2). Die linguale Immanenz wird noch deutlicher in der Funktionsweise der beiden Zuschreibungsformen: *De-re-* und *De-dictu-Aussagen.*

3.3 Substitutionen

Eine *De-dictu-Aussage* ist in eine *De-re-Aussage* verwandelbar dadurch, dass der singuläre Terminus aus dem behauptenden *dass-Teil,* durch ein Pronomen ersetzt und in einen *von-Teil* integriert, vor den *dass-Teil* gezogen wird:

Somit wird aus der *de dicto* Form
S glaubt, daß φ(t)
die *de re*-Form
S glaubt von t, daß φ(es) (Brandom 2001, S. 223)

In dieser Form kann die Zuweisung von repräsentationalem Gehalt durch Ausweis der nichtrepräsentationalen Begriffe und ihrer Verwendung geschehen. Wir wissen dann *wie* das ist, *von* dem etwa gesagt wird, dass S *es* glaubt. Um zu zeigen, dass wir nun *auch* wüssten, *was* dieses sei, kann Brandom auf Beispiele verweisen, bei denen sich etwa aus den schon eingegangen eigenen Verpflichtungen gewisse weitere Verpflichtungen ergeben, die – gesetzt, die erstgenannten werden verantwortlich gehandhabt – nicht mehr allein in unserem Ermessen stehen. So etwa in dem von Brandom angeführten Beispiel, dass der, der glaube, Kant habe Hamann verehrt, auch (in einem technischen Sinne) glauben muss, Kant habe den *Magus* des Nordens verehrt.

Diese Züge werden im Sprachspiel dann möglich, wenn eine Sprache über Ausdrücke verfügt, die „einstellungszuschreibend" sind, wie etwa „glauben, dass" oder „behaupten, dass". Um aber überprüfen zu können, *was* der Billigung zukommt und *was nicht,* ist derjenige, der zur Billigung einer Behauptung aufgerufen ist, nach Brandom auf zwei mögliche Perspektiven verwiesen, von denen her sich die Hilfshypothesen verstehen lassen, die zur Identifikation notwendig sind. Es handelt sich – wie im Falle der nichtrepräsentationalen Gehalte – um die *Rolle* desjenigen, dem eine Behauptung zugeschrieben wird, und desjenigen, der sie zuschreibt (Brandom 2001, S. 231).

Nun lassen sich die Regeln explizieren, die auf die Verwendung jener Ausdrücke abzielen, die in der Behauptung eine funktionelle Rolle haben. Gesetzt etwa, es bestehe eine Beziehung zwischen t und t' – was Brandom durch die Verwendung desselben Zeichens (t) andeutet –, dann kann aus der Behauptung φ(t) seitens B von A geschlossen werden: „B behauptet von t', daß φ(es)" (Brandom 2001, S. 232).

Ein Beispiel mag gleichwohl verdeutlichen, dass Brandoms Überlegungen einerseits den „bloß semantischen" Rahmen des „Redens über" verlassen (denn es geht explizit um Sachverhalte in der Welt), andererseits aber in diesem Rahmen verbleiben müssen:

Er glaubt, gegen Malaria könne man sich schützen, indem man den aus dieser Baumrinde gewonnenen Trank zu sich nimmt (…) (Brandom 2001, S. 233).

Dies ist zunächst als *De-dictu*-Aussage aufzufassen, deren *Wahrheit* unter Umständen nicht beurteilt werden könne (Brandom 2001, S. 233), und die zur *De-re*-Aussage wird, wenn wir sie reformulieren zu: „Er glaubt von Chinin, daß es gegen Malaria schützt" (Brandom 2001, S. 233), deren *De-re*-Charakter wie folgt erläutert wird:

> (…) denn „Chinin" ist ein Ausdruck, der reichlich inferentielle Verbindungen zu anderen Ausdrücken unterhält, von denen ich weiß, wie sie anzuwenden sind (Brandom 2001, S. 233).

Die Frage aber, *woher* eigentlich die „Inferenzen" kommen, die der *Ausdruck* „Chinin" zu anderen Ausdrücken *unterhält,* bleibt offen.

Das nächste Beispiel bringt ein wenig Licht in das Dunkel, denn hier wird die Identität des Referenten der Phrasen „Der siebte Gott ist aufgegangen" und „Die Sonne ist aufgegangen" dazu genutzt, eine Übersetzung der ersten Phrase durch die zweite vorzunehmen, sodass wiederum das vom Schamanen Gesagte als eine – vermutlich zutreffende – Behauptung *de re* gelten kann. Diese Identität wird wie folgt kommentiert:

> Das (also die zweite Phrase, MG) ist nun eine Formulierung, der ich *Informationen* entnehmen kann, die ich also zur Erzeugung von Prämissen verwenden kann, mit denen ich überlegen und schlußfolgern kann (Brandom 2001, S. 234).

Die Adäquatheit von *De-re*-Aussagen hängt also wesentlich an der Fähigkeit desjenigen, der gewisse Aussagen tätigt, diesen gewisse Informationen zu entnehmen. Nun ist „Information" ein vieldeutiger Terminus und es ist für unsere Fragestellungen nur von Relevanz, dass das, was *als Information* gelten kann, von dem jeweiligen *Wissen* abhängt, das dem, der Informationen gewinnt, zur Verfügung steht (zum Verhältnis von Datum, Information und Wissen s. Janich 2006; Hesse et al. 2010). Man könnte dieses Wissen an die jeweiligen Kontexte binden, bezüglich deren eine Aussage als eine solche *de re* verstanden wird. Es ist dann wesentlich die *Kenntnis* dieser *Kontexte,* die dafür sorgt, dass ein eine Phrase Aufnehmender das versteht, was *als* Information in ihr „enthalten" ist. Für diese Kontexte gilt aber, dass sie – insofern in ihnen „über" etwas gesprochen wird –, das *Worüber* invariant adressieren:

> Dadurch, daß ich identifizieren kann, worüber gesprochen wird, wird es mir möglich, über eine doxastische Kluft hinweg Informationen zu entnehmen (Brandom 2001, S. 234).

Da der Informationsbegriff selbst nicht eingeführt wird, besteht das Problem, die diesem Begriff einwohnende Adressierung mit der Kontextinvarianz des Worüber in Einklang zu bringen. Damit *aus Daten* Informationen *gewonnen* werden können, muss ein *Wissen* vorliegen, bezüglich dessen die „Informationsgleichheit" zu bestimmen ist (dazu Hesse et al. 2010). „Gegeben" sein können die Daten, von welchen ausgehend Informationen über das Worüber gewonnen werden, zudem nur in Kontexten[10] – wobei auf die Frage, woher diese Kontexte selber stammen, mehrere Antworten möglich sind:

1. Die Kontexte liegen insofern einfach vor, als lediglich die Annahme möglich sein muss, dass *überhaupt* ein Wissen verfügbar ist, hinsichtlich dessen die Wahrheit von Aussagen als Behauptung gelten kann.
2. Auch die Konstitution oder Erarbeitung dieser Kontexte verweist auf die korrekte Verwendung von Ausdrücken, die es uns erlauben, dasjenige Wissen überhaupt erst zu erarbeiten, welches dann „kontextuell" die Möglichkeit liefert, eine Aussage als *De-re*-Behauptung bestimmen und z. B. als wahr beurteilen zu können.
3. Für die *Erarbeitung* des kontextuellen Wissens wird mehr oder anderes Wissen benötigt als das unter 1 und 2 angesprochene und noch zu spezifizierende. Es ist ein Wissen, das zu dem genannten hinzukommt und jederzeit – auch – von diesem Gebrauch macht.

Die Position 1 ließe sich mit den Überlegungen Freges in Übereinstimmung bringen, der auf „allgemeine Urteile" verweist, in deren Gefolge es uns möglich ist, z. B. von einem Pferd zu sprechen – insbesondere, was den Unterschied eines wohlausgebildeten Pferd von einem solchen anbelangt, für welches das nicht gilt (s. oben). Die Grenzen des Modells bestehen u. a. darin, dass die *Erarbeitung* des Wissens, das einerseits die Kontexte der Verwendung gewisser Ausdrücke bestimmt – oder konstituiert –, andererseits die *Identifikation* der Kontexte selber, nicht Gegenstand der Klärung ist, sondern schlicht vorausgesetzt werden muss. Insofern hat Frege ganz recht, wenn er an anderem Ort darauf hinweist, dass „Pferd" eben verschieden verwendet werden kann, nämlich als Bezeichnung, Prädikat oder Begriff. Liegt dieses Wissen vor – das immer *auch* ein Wissen *de re* sein muss, da sonst u. a. der Unterschied von Pferd und *wohlausgebildetem* Pferd nicht zu machen wäre –, dann kann alles weitere mit Blick auf „Behaupten" als wesentlichem Sprechakt vorgetragen werden, denn dann würde ja erst *durch*

---

[10]Zu den Konstitutionsbedingungen von „Information" s. Janich (2006); Dreyfus (1992).

das Behaupten jenes Spiel eröffnet, das Brandom als „Verlangen und Geben von Gründen" verstand.

Dies führt uns zur zweiten These, welche die erste erweitert, denn hier geht es nicht mehr *nur um* die bloße *Verwendung* von Ausdrücken, über die dann die gesuchten Regeln gemäß der Kontexte als diese einschlägig regierende rekonstruiert werden könnten. Vielmehr besteht nun die These darin, dass auch die *Erarbeitung* des Wissens, das in den Kontexten zur Verfügung steht, auf die *Kraft* der Behauptung als wesentlicher Sprechakt angewiesen ist. Dies würde mit dem bisher Ausgeführten noch übereinstimmen, ja sowohl die eher lebensweltlichen als auch die mehr oder minder wissenschaftlichen Kontexte betreffen, wie das Chinin- oder das Pferdebeispiel. Die Tatsache also, dass „wohlausgebildetes Pferd" expliziert werden muss etwa als vierbeiniges Pferd, ist danach wesentlich auf Behauptungen angewiesen. Wieder können die Züge angegeben werden, die es ermöglichen, ein wohlgebildetes Pferd von einem solchen zu unterscheiden, für welches das nicht gilt. Damit ist gegenüber Fall 1 ein gewisser Grad an Explizitheit gewonnen. Immerhin können wir jetzt das *Gewinnen* der Regeln, die die Verwendung von Ausdrücken leiten – wie etwa „Pferd" – in *derselben* Weise beschreiben und in das Konto als Unterkonto eintragen.

Jedoch bleibt immer noch die Frage, woher denn das, was *im Kontext* als *einschlägige* Verwendung behauptet wurde, selbst seine behauptende *Kraft* bezieht. Anders formuliert steht also infrage, ob das Treiben von Wissenschaft oder auch nur das Etablieren eines Wissens in dem *Behaupten* von Sachverhalten *aufgehe* oder ob dazu nicht vielmehr noch andere Arten von Wissen benötigt werden. Rein formal scheint sich ja so etwas einzustellen wie die Iteration der vorherigen Figur. Betrachten wir die Aussage „Er glaubt von Chinin, dass es gegen Malaria schützt", dann hätten wir jetzt die Behauptung hinzugefügt, dass die Inferenzen, die der Ausdruck „Chinin" zu anderen Ausdrücken *habe,* in einem z. B. medizinischen Sprachspiel so *zustande kam, dass* Weiteres behauptet *wurde* – mit Bezug etwa auf gewisse Studien, deren Resultate die biozide Wirkung des Stoffes Chinin zeigen. Zudem ließe sich ein *chemisches* Sprachspiel etablieren, in welchem etwa *qua* Stoffklassengleichheiten Aussagen über Wirkungsgleichheiten möglich sind – evtl. sogar im Sinne von Implikationen.

Dies alles mag der Fall sein, doch spätestens, wenn wir fragen, *wie* denn die Studie zustande kam, wird uns der Verweis auf die Rolle des Behauptens alleine kaum zufriedenstellen. Unstrittig ist dies auch in einem solchen Kontext wieder relevant und hinsichtlich des Berichts der Resultate hinreichend. Doch ersichtlich geht das Anfertigen von Studien nicht in das Aufstellen von Behauptungen auf – wir wollen es für den medizinischen Fall zumindest hoffen. Dies hieße aber bezüglich der Kontoführungsmetapher, dass die *Kraft* einer Behauptung im Zusammenhang des *Zustandekommens* von Wissen, welches die inferentielle Analyse von Ausdrücken des Falles 1 regierte, ebenfalls *nicht nur* Gegenstand der Kontoführung sein kann. Vielmehr verweisen die Einträge im Unterkonto des Kontos nun auf etwas anderes. Damit sind wir (wenn wir nicht weiter zu iterieren gewillt sind) bei der dritten der oben unterschiedenen Möglichkeiten angekommen, der These nämlich, dass ein Wissen benötigt wird, das *nicht einfach* in Behauptungen aufgeht – und möglicherweise sogar von Behauptungen in einem genauen Sinne unabhängig ist.

Der beste Kandidat für ein solches Wissen ist sicher das als Herstellungs-, Manipulations- und Bewirkungswissen anzusprechende, das überall dort vorliegt, wo Aufforderungen zum x-Tun *gefolgt* werden kann. Das daran anzuschließende Regelwissen wollen wir hier nicht weiter explizieren (s. Kap. 11). Es ist aber jedenfalls festzuhalten, dass dieses Wissen weder durch bloße Aufforderung und entsprechend bloßes Behaupten zustande kommt noch dass dessen *Geltung* auf diese Weise ermittelt werden kann. Der Grund liegt in dem, was wir zusammenfassend als Moment der Widerständigkeit bzw. des Widerfahrnisses ansprechen können. Exemplarisch lässt sich dies an dem bei Aristoteles immer wieder herangezogenen handwerklichen Tun erläutern. Erst innerhalb dessen, was ein x-Tun ist, lässt sich von etwas, z. B. vom Holz eines Baums sagen, *wozu* es taugt und wie es auf gewisse Eingriffe reagiert – ob es etwa biegesteif ist oder nicht, in welchem Ausmaß etc. Gleichwohl lässt sich – *nach Erwerb solchen Herstellungswissens* – im Rahmen von Behauptungen ein inferentielles Regelwerk etablieren, das es dann auch gestatten *sollte*, Gegenstände damit bereit- oder herzustellen, zu gebrauchen und entsprechend zu charakterisieren.

3.4   Materiale Inferenzen

Diese Ausblendung des *tatsächlichen* Herstellens bringt uns wieder zurück zum Verhältnis materialer und formaler Inferenzen. Während nämlich formale Inferenzen ohne wesentlichen Bezug auf *De-re*-Aussagen auskommen, ist dies bei materialen Inferenzen anders – wiewohl auch nichtinferentielle Berichte inferentiell gegliedert sein müssen (Brandom 2001, S. 70), was nicht den Primat formaler vor materialer Inferenz behauptet. Der Versuch, Enthymeme auf ihre logische Struktur zu reduzieren, habe – so folgt Brandom Sellars Darstellung – zur Konsequenz, dass materiale Inferenzen überhaupt nur noch als Variante des logischen vorkommen:

Legt man sich die Dinge auf diese Weise zurecht, so gibt es so etwas wie materiales Folgern schlichtweg nicht. Diese Sichtweise, der zufolge mit „gute Inferenz" eigentlich „formal gültige Inferenz" gemeint ist und die die wenn nötig implizite Prämisse postuliert, läßt sich als ein formalistischer Zugang zur Inferenz bezeichnen, der die ursprüngliche Güte der Inferenz gegen die Wahrheit von Konditionalen eintauscht (Brandom 2001, S. 77).

Hingegen führe die Anerkennung spezifisch materialer Inferenzen zur Umkehrung der „formalistischen" Reihenfolgen; denn hier sei es möglich, an materiale Inferenzen andere, etwa logischer, ästhetischer oder theologischer Art, anzuschließen bzw. diese aus jenen zu gewinnen – je nachdem, welche Form „herausgegriffen" wird:

> Wenn es die *logische Form* ist, die von Interesse ist, dann muß man zuvor in der Lage sein, ein Teil des Vokabulars als speziell logisches auszuzeichnen. Ist dies geschehen, dann führt Freges semantische Strategie, die ja nach inferentiellen Merkmalen Ausschau hält, welche ersetzungsinvariant sind, zu einem Begriff *logisch* gültiger Inferenzen. Wenn man aber *theologisches* (oder ästhetisches) Vokabular als bevorzugtes herausgreift, dann wird man Inferenzen erhalten, die aufgrund ihrer *theo*logischen (oder ästhetischen) Form in Ordnung sind, wenn man sich anschaut, welche Substitutionen von nichttheologischem (oder nichtästhetischem) durch nichttheologisches (nichtästhetisches) Vokabular die materiale Güte der Inferenz bewahren (Brandom 2001, S. 79).

Die *materiale Inferenz* erhält einen *bevorzugten* Platz, weil sie nämlich letztlich die Geltung der anderen Inferenzen verbürgt. Es ist dann aber *schon immer klar,* was unter der Form der jeweiligen Inferenz zu verstehen ist; wir benötigen jedenfalls den Bereich, aus dem wir etwas (hier ein Vokabular) „herausgreifen", wie ein naturwissenschaftlich-technisches Beispiel zeigt:

> Die Metallurgin versteht den Begriff *Tellurium* besser als ich, denn sie beherrscht aufgrund ihrer Ausbildung die inferentiellen Feinheiten seiner Anwendung auf eine solch meisterhafte Weise, von der ich ziemlich weit entfernt bin. Dieser inferentialistischen Betrachtungsweise zufolge ist klares Denken eine Sache des Wissens, worauf man sich selbst mit einer bestimmten Behauptung festgelegt hat und was einen zu dieser Festlegung berechtigen würde (Brandom 2001, S. 89).

Das Tun der Metallurgin unterscheidet sich von dem eines inferentialistischen Logikers also eigentlich nur durch die *besonderen* Regeln, die das Beherrschen der Ausdrücke erlauben, welche für ihren Bereich einschlägig sind. Tatsächlich ist von hier aus der Weg etwa zur Konzeption der gentzenschen Tafelmethode nicht weit, worauf auch Brandom hinweist (Brandom 2001, S. 87 ff.). Wesentlich sind danach vor allem die *Umstände* der Äußerung von Sätzen einerseits und die *Folgen,* die sich aus der Anwendung eines Begriffs ergeben andererseits (Brandom 2001, S. 95). Während für *faktisch geübte* Naturwissenschaft die Einführung *neuer* Inferenzen als üblich zugegeben wird, erzeugten diese in der Logik Schwierigkeiten. Für die Einführung im ersten Zusammenhang gilt:

> Der Begriff der Temperatur wurde mit bestimmten Kriterien oder Bedingungen der angemessenen Anwendung und entsprechend angemessenen Folgen eingeführt. Mit der Einführung neuer Methoden zur Temperaturmessung und der Übernahme neuer theoretischer und praktischer Konsequenzen solcher Messungen entwickelt sich die komplexe inferentielle Festlegung, die die Signifikanz des Gebrauchs des Temperaturbegriffs bestimmt (Brandom 2001, S. 98).

Dabei ist aber der *Begriff* der Temperatur das Wesentliche, das, *was* getan wird und *wie* es getan wird, spielt für Brandom insofern *keine* Rolle, als es ja nur dazu dient, gleichsam die Inferenzen zu speisen, mit denen die expressive Analyse durchgeführt wird. *Ob es* sich dabei aber um ein Tun handelt, das auf mehr zurückzugreifen hätte als auf gewisse Regeln der Verwendung von Ausdrücken einerseits und gewisse Umstände andererseits, bliebt offen. Daher besteht die *Bewertung* einer Inferenz auch nicht in der Frage danach, ob sie gebilligt wurde oder wird:

> Die richtige Frage lautet vielmehr, ob es sich bei dieser Inferenz um eine handelt, die gebilligt werden *sollte.* Das Problem mit „Boche" oder „Nigger" besteht nicht darin, daß sich ein solcher Ausdruck als neu herausstellt, sobald wir ihn explizit mit der material-inferentiellen Festlegung konfrontiert haben, die ihm seinen Gehalt verleiht. Vielmehr kann ein solcher Ausdruck dann als unvertretbar oder unangemessen gesehen werden – als eine Festlegung, zu der wir nicht berechtigt werden können (Brandom 2001, S. 98).

Das Problem, woran sich das „sollen" der Billigung bemisst, ist mit Hinweis auf die „Harmonie zwischen Umständen und Folgen" der Verwendung von Ausdrücken zu klären (Brandom 2001, S. 98). Diese Harmonie bezieht sich aber explizit lediglich auf die Inferenzen, die den Gehalt von *Ausdrücken* regeln. Das Verlangen und Geben von Gründen bezüglich der Behauptbarkeit von „x" ist damit betroffen (ob es getroffen ist, sei dahingestellt), nicht aber die Frage nach der *Herkunft* dieses Wissens beantwortet. Entsprechend verwundert auch nicht, dass die eigentlichen Fortschritte dieses Modelles sich nicht etwa auf die Darstellung der Herkunft der „ursprünglichen" Begriffe (Brandom 2001, S. 101) beziehen, sondern lediglich auf die Beseitigung der „Dissonanzen":

Soweit aber eine Theorie der semantischen oder inferentiellen Harmonie überhaupt sinnvoll ist, muß sie die Form einer Untersuchung des fortlaufenden Klärungsprozesses annehmen, also der „sokratischen Methode" des Entdeckens und Verbesserns dissonanter Begriffe, die allein dafür sorgt, daß der Begriff der Harmonie überhaupt zu einem Gehalt kommt. Diesen erhält er nur durch den Prozeß der Harmonisierung von Festlegungen, aus denen er abstrahiert wird. In Sellars' Charakterisierung der expressiven Rationalität kommt modalen Behauptungen die expressive Rolle von Folgerungslizenzen zu, die eine Festlegung explizit machen, welche implizit im Gebrauch begrifflicher Gehalte enthalten ist, die ihrerseits bereits im Spiel sind (Brandom 2001, S. 102 f.).

Dies führt zur Anschlussfrage danach, *wodurch* eigentlich die *Einheit* der Gegenstände bedingt ist, die sich der Behauptung gemäß ja aus der Einheit des „Redens über" ergeben sollte.

3.5 Handlungen

Die Überlegungen Brandoms lassen sich in Form eines klassischen Black-Box-Zusammenhangs darstellen, der das Verhältnis von Wahrnehmung und Handeln betrifft:

1. Beobachtung (eine diskursive *Eingangs*schwelle) hängt von verläßlichen Dispositionen ab, unterscheidend auf die verschiedensten Sachverhalte zu reagieren, indem bestimmte Arten von Festlegungen anerkannt werden, d. h. indem deontische Einstellungen übernommen werden und auf diese Weise der Kontostand verändert wird.
2. Handlung (eine diskursive *Ausgangs*schwelle) hängt von verläßlichen Dispositionen ab, unterscheidend auf das Anerkennen bestimmter Arten von Festlegungen zu reagieren, also auf die Übernahme deontischer Einstellungen und die daraus folgende Veränderung des Kontostandes, indem die verschiedensten Sachverhalte herbeigeführt werden (Brandom 2001, S. 110).

Handlungen als Output ergeben sich also aus Wahrnehmungen als Input – dies ist ein dem sellarsschen Vorgehen analoger Zug, der in einem gewissen Umfang auch die Identität der Kontexte verbürgt, innerhalb deren von Daten zu Informationen übergegangen werden kann – allerdings eben immer nur *bezüglich* eines Wissens, das schon als etabliert gedacht ist. Die Grundstruktur bilden *praktische* Syllogismen, an denen sich die jeweiligen Festlegungen explizieren lassen, wobei „formal gültige" Inferenzen, die zur *Begründung* von Handlungen genutzt werden können, aus materialen Inferenzen abzuleiten sind. Eine formal korrekte

Inferenz ergibt sich aus materialen Inferenzen, wenn die in bestimmter Weise vorgenommene Ersetzung transformationsinvariant zur Güte der materialen Inferenz ist.

Damit sind letztlich *Berichte* über Handlungsvollzüge mehr oder minder offener Geltung die *Grundlage* von materialen Inferenzen. Erkennt man solche Inferenzen an, dann lässt sich eine Analogie formulieren zwischen „normativem Vokabular" einerseits und der Billigung materialer Richtigkeit andererseits. Genauer wäre normatives Vokabular dasjenige sprachliche Rüstzeug, das die *materiale* Richtigkeit praktischer Begründungen zu explizieren erlaubt. Konditionalen im Zusammenhang theoretischen Wissens entspricht das normative Vokabular auf der Seite praktischen Wissens, womit die „Konservativität" des Ansatzes explizit gemacht ist; denn letztlich kann die expressive Analyse immer nur vor dem Hintergrund schon *existierender materialer Inferenz* möglich sein. Das Grundmodell orientiert praktische Festlegungen explizit am Modell der doxastischen – und gerade dadurch lässt sich von Wahrnehmungen (bezogen auf Äußerungen von Sprechakten) zu Gründen übergehen. Dies impliziert allerdings, retrograd, dass es sich im doxastischen Modell genauso ergibt:

> Kontoführern ist es gestattet, aus unseren intentionalen Handlungen (im Handlungsverlauf) und auch aus unseren Sprechakten auf unsere Überzeugungen zu schließen (Brandom 2001, S. 122).

Die Analogie zwischen Wahrnehmung und Handlung wird weiter expliziert, indem das kantische Modell wie folgt übersetzt wird:

> Ich schlage vor, „Vorstellung von einem Gesetz" durch „Anerkennung einer Festlegung" zu ersetzen (Brandom 2001, S. 123).

Demzufolge ließen sich Handlungen nach dem Modell der Wahrnehmung konstruieren und entsprechend gilt:

> Das Haben eines rationalen Willens kann dann als das Haben der Fähigkeit verstanden werden, verläßlich auf die eigene Anerkennung einer Festlegung (einer Norm, die einen bindet) zu reagieren, indem man unterscheidend Performanzen hervorbringt, die dem Gehalt der anerkannten Festlegung entsprechen. Auf der Input-Seite passiert nun aber bei der Wahrnehmung etwas, das dazu strikt analog ist. Denn Wahrnehmen ist eine Fähigkeit, unterscheidend auf das Vorhandensein etwa roter Dinge zu reagieren, indem man eine Festlegung mit einem entsprechenden Gehalt anerkennt (Brandom 2001, S. 123).

Die Differenz rationaler und nichtrationaler Wesen liegt dann darin, dass im Falle ersterer *diskursive* Festlegungen für das Tun relevant sind. Dies wirft ein gewisses Problem auf, denn zumindest für den zweiten Fall wird man vermuten, dass regelmäßig eine statistische Verteilung vorliegt, da „Papageien" zu x % auf „rot" mit Reaktion „R" reagieren, und nicht ein Papagei *qua* Papageisein.[11] Dies kann als *Abweichung* verstanden werden, andererseits aber als *Erweiterung* dessen, was es heißt, ein Papagei zu sein. Für diesen Fall gibt es auf der „Sollte-Seite" des Gesetzes (im Sinne des Doxastischen) noch keine rechte Entsprechung:

> In dieser Form erweist sich die Möglichkeit inkompatibler Absichten als kein bißchen mysteriöser als die inkompatibler Behauptungen (oder, was das betrifft, inkompatibler Versprechen). (Hier haben wir es im übrigen mit einem Beispiel für einen charakteristischen Vorteil zu tun, den ein *normativer* Funktionalismus gegenüber einem *kausalen* Funktionalismus für sich in Anspruch nehmen kann.) (Brandom 2001, S. 125).

Mithin wäre die Frage zu klären, *wie* wir nach Brandom zu Naturgesetzen gelangen sollten – unter Nutzung der doppelten Buchführung *alleine*. Die Schwierigkeiten zeigen sich exemplarisch in der Auseinandersetzung mit verlässlichkeitsorientierten Epistemologien einerseits, bei denen die wahren Überzeugungen gelegentlich eine wichtige Rolle für das Vorliegen von Wissen spielen, und naturalistischen Erkenntnistheorien andererseits. Im Falle der als Beispiel für den ersten Aspekt angeführten Expertin für aztekische Keramik geht es daher im wesentlich um die Rolle als verlässlicher *Berichterstatterin* des jeweils Wahrgenommenen, das hier eine wichtige Wissensquelle darstellt. Das letztlich entscheidende Moment besteht in der Zuordnung von Wahrnehmungen zu dem mit „aztekisch" Bezeichneten. Es scheint sich um ein Beispiel für die Funktion von nichtinferentiell erworbenen Überzeugungen zu handeln, wobei die Differenz über die Handhabung gewisser z. B. chemischer oder physikalischer Methoden zur Gewinnung von Kriterien der Klassifizierung gebildet wird (Brandom 2001, S. 129):

> Bevor sie also ihren Kollegen davon berichtet oder Forschungsergebnisse veröffentlicht, die sich etwa darauf stützten, daß einige der Scherben toltekisch, nicht aber aztekisch sind, führt sie mikroskopische oder chemische Analysen durch, die ihn solide inferentielle Belege für ihre Klassifikation an die Hand geben. Das bedeutet,

---

[11]Aristotelisch könnte dies ausgedrückt werden, durch die Ergänzung κατὰ δύναμιν – das verdeckt aber gerade die Differenz des Grundverständnisses von „Papagei" im Sinne von „Exemplar einer Art" (dazu im Detail Gutmann u. Janich 1998).

sie hält sich selbst nicht für eine verläßliche nichtinferentielle Berichterstatterin mit Blick auf toltekische und aztekische Scherben und hält daran fest, ihre auf nichtinferentiellem Wege zustande gekommenen Überzeugungen über diese Dinge durch Belege zu bestätigen (Brandom 2001, S. 129).

Die eigentliche *Bestätigung* wird also durch die z. B. chemische Analyse bereitgestellt, im Gegensatz zur Inspektion durch bloße Inaugenscheinnahme. Ersteres Wissen scheint verlässlicher zu sein als letzteres, und insofern kann es dann zu Fällen kommen, bei denen die *nachträgliche* Überprüfung von Urteilen des ersten durch solche des zweiten Typs das Resultat der Übereinstimmung ergibt. Die Expertin hätte dann etwas geglaubt, obwohl sie es – im Lichte des zweiten Ansatzes – nicht notwendig wusste. Die Bewertung im Lichte des Rechtfertigungsinternalismus oder -externalismus wollen wir auf sich beruhen lassen. Wichtig ist nur die folgende Unterscheidung:

> Die Verläßlichkeitsformel charakterisiert solche Wissensquellen wie Wahrnehmung, Erinnerung und Zeugnis – die ja allesamt nicht unmittelbar oder augenscheinlich inferentieller Natur sind – mindestens ebensogut und vielleicht sogar besser, als es eine Charakterisierung zu tun vermag, die in Begriffen von *Gründe*-liefernden Sinneseindrücken, Erinnerungen oder Zeugnissen abgefaßt ist. Denn *tatsächlich* liefern solche Quellen hinreichende Gründe für Wissen *bestenfalls* in den Fällen und unter den Umständen, in denen sie verläßlich sind. Nichtverläßliche Wahrnehmungen, Erinnerungen und Zeugnisse bilden *keine* hinreichenden Wissensgrundlagen (...) (Brandom 2001, S. 131).

Es ergibt sich nun eine Juxtaposition zu einem verlässlichkeitsorientierten Ansatz, der an die Stelle von gründeerzeugenden Wahrnehmungen (und anderen nichtinferentiellen Wissensquellen) verlässlichkeitserzeugende Wahrnehmungen stellen will. Tatsächlich weist Brandom die Fixierung auf Verlässlichkeit anstelle von Begründbarkeit zurück – dies lässt aber die „nichtinferentielle" Natur z. B. von Wahrnehmungen unberührt. Die Differenz zwischen beiden Begründungsstrategien von Wissen ließe sich daher aufheben, wenn zu den „durch nichtinferentielle Wahrnehmungsmechanismen" (Brandom 2001, S. 135) erworbenen Überzeugungen, der Glaube an die Verlässlichkeit der Expertin an ihre Expertise hinzutritt – denn dies ist ein Grund für ihre Überzeugung, der genau darin liegt, dass nichtinferentielle Überzeugungen ihrerseits durch inferentielle *gerechtfertigt* wären.

Der Grund aber für diese letztere Überzeugung kann sicher nicht wieder in Wahrnehmungen allein gefunden werden, sondern vermutlich in einem Wissen um den Umgang mit Wahrnehmungen, einem Wissen also, dass es Experten z. B.

gestattet, bestimmte Merkmale so zuzuordnen, dass diese dem Katalog der aztekischen Keramik entsprechen. Doch ist damit nur ein Teil der Wissensverhältnisse abgedeckt, jener aber ausgeblendet, der sich an dem Ausdruck „aztekisch" orientiert. Ganz offenkundig reicht es nicht, jemanden an Keramiken auf die Identifikation gewisser Merkmale zu trainieren und diese dann dem Wort A zuzuordnen; vielmehr muss der *Begriff* A (z. B. aztekisch) schon vorhanden sein, *bevor* es überhaupt als sinnvoll angesehen werden kann, gewisse Wahrnehmungsurteile heranzuziehen. *Danach* ließe sich dann sogar eine Maschine mit hinreichender Kapazität für Mustererkennung denken, die diese Aufgabe – vermutlich besser als unsere Expertin – erledigte (dies wäre das funktionale Äquivalent für den Thermostaten). Durch das Ausblenden des notwendigen Bezogenseins von Wahrnehmungen auf etwas entsteht der Eindruck, es handle sich beim Wahrnehmen um das einfache Registrieren von Merkmalen – was es vermutlich immer *auch* ist – und nicht um eine Form der Beurteilung von etwas *als etwas* (s. Kap. 8). Dieses aber, das Etwas, ist jederzeit schon als *bekannt* vorauszusetzen.

Tatsächlich verläuft die weitere Befassung mit der Differenz von Verlässlichkeit und Begründung (bzw. deren Gemeinsamkeit) unter der generellen Prämisse der Nichtinferentialität von Wahrnehmungen – was diese auf sensorische Rezeption reduzierte (s. o. und Kap. 2). Unterschätzt wäre also, so unsere bisherige Analyse, dass schon die *Identifikation* von Merkmalen das *Machen* von Unterschieden bedeutet, die notwendig inferentiell gegliedert sind. Die *Herkunft* aber der Unterschiede ergibt sich eher aus der Befassung mit den Gegenständen selbst und deren Handhabung – wir kommen für Lebendigseiendes darauf zurück (s. Kap. 11). Jedenfalls ist der Begriff des Kükens (dessen Geschlechtserkennung ein weiteres Beispiel bildet) weder auf Wahrnehmungen *zurückzuführen* noch *lediglich* durch Redenormierung zu *gewinnen*. Für Brandom bildet gleichwohl die Wahrnehmungssituation das Eingangsglied unterhalb inferentieller Strukturierung, was im Grundsatz dem bei Frege nur skizzierten, bei Sellars ausgeführten behavioralen Modell folgt:

> Behandelt man solche Beispiele, wie die gerade skizzierten, als inkohärent, so läuft das darauf hinaus, diese Forderung in die Definition von „Überzeugung" einzubauen – so daß es sich bei dem, was man erworben hat, um keine Überzeugung handeln kann, solange man nicht in der Lage ist, zumindest irgendeine Art von Grund für sie vorzubringen. (…) Tatsächlich verhält es sich aber anders, denn es ist rein gar nichts unverständlich daran, Überzeugungen zu haben, für die wir keine Gründe geben können. Der Glaube – weitgehend verstanden als das Eingehen von Festlegungen, ohne die entsprechenden Berechtigungen in Anschlag zu bringen – ist mit Sicherheit kein inkohärentes Konzept (Brandom 2001, S. 139).

Wir hätten dann nämlich eine im Grunde asymmetrische Situation, in der zwar Festlegungen vorliegen (ich bestimme das Küken *als* männlich), nicht aber notwendig die dazu gehörigen *Berechtigungen.*

Die Vorordnung des Gründegebens vor der Verlässlichkeit bleibt für Brandom zwar auf diese Weise jederzeit gewahrt; ihr *Erwerb* bleibt aber im Dunkeln – was andererseits wegen des primär funktionalen Zuschnitts seines Projekts auch nicht überrascht. Denn für diese kann ein Natursachverhalt in Anspruch genommen werden, jener der „verläßlichen Disposition"[12] – was keinen Sonderstatus konstituiere, da die Welt voll von solchen Dispositionen sei:

> Eisenstücke rosten in feuchter, nicht aber in trockener Umgebung. Landminen explodieren, wenn sie durch etwas belastet werden, das ein bestimmtes Gewicht überschreitet. Stiere gehen auf rote, flatternde Stoffetzen los. Und so weiter. Die verläßlichen Dispositionen dieser Dinge bzw. Tiere, auf Reize unterscheidend zu reagieren und auf diese Weise die Reize zu klassifizieren, gelten nicht als *kognitiv,* weil es sich bei den verläßlich-unterscheidend ausgelösten Reaktionen nicht um Anwendungen von *Begriffen* handelt, nicht um die Bildung von *Überzeugungen* (Brandom 2001, S. 143).

Das *Bilden* dieser Unterschiede ist nichtinferentiell und daher nicht als *kognitive* Leistung anzusehen – mit Blick auf die *inferentielle* Gliederung einer Reaktion. Diese wird damit zu einem Analogon des Nichtkognitiven oder Nichtinferentiellen. Lassen wir im Moment außer Acht, dass dies selbst eine These ist, die nicht wieder mit Verweis auf das Vorliegen nichtinferentieller Zustände *begründet* werden kann, dann zeigt sich jedoch eine Schwierigkeit bei der funktionalen Identifikation von Papagei und Thermostat, genauer: Die scheinbar legere Rede davon, dass Tiere oder Dinge auf Reize *unterscheidend* reagieren, muss ohne Ausweis des Beobachters auskommen. Nur so ist es verstehbar, dass Tiere z. B. „klassifizierten" (s. o.). Diese Lässigkeit der Rede erweist sich aber als *konstitutiv,* denn nun kann *ohne* Ausweis eines etwa nach behavioristischen Konzepten verfahrenden *Verhaltensforschers* die Parallelität des Gebens von Gründen einerseits und die (nichtinferentiell gegliederte) Reaktion des Papageien auf Reize andererseits investiert werden. Diese Investition erbringt den Gewinn, dass weder die *Herkunft* der inferentiellen Gliederung ausgewiesen, noch dass z. B. nach der *Zweckmäßigkeit* der Klassenbildung in der Rede über Reaktionen und Reize gefragt werden

---

[12]Der Status dieser Rede bleibt unbelegt; er ist für Brandom nicht erheblich, denn er würde wiederum nur einen Hinweis auf die Vorordnung von Gründen vor Verlässlichkeit darin erblicken. Damit bleibt aber der *Geltungsausweis* dieser Rede offen. Den Ausweg, den Wissensbegriff selber zu differenzieren, beschreitet Brandom nicht.

muss. Unterschiede *sind* in der Welt unabhängig davon, ob und zu welchen Zwecken sie *gemacht* werden.

3.6   Ist das Inferentielle eine Spielart des Nichtinferentiellen?

Diese Überlegungen führen uns zurück zum Anfang: Durch die Reduktion auf das Begriffliche im explizierten Sinne wird eine grundsätzliche Entscheidung getroffen, die zum einen die Rede vom Begriff einengt – genauer genommen verkürzt – und die zum anderen (evtl. in Abhängigkeit davon) die Frage offen lässt und lassen muss, ob nicht doch noch andere Formen des Wissens verfügbar sein müssen, wenn das Begriffliche (als solches im gleich zu explizierenden Sinne) in den Blick kommen soll. Brandom ist sich der Problematik bewusst und skizziert daher den Ort seines eigenen Programms zunächst als grundlegend am Gegenstand orientiert:

> Eine Gabelung auf dem beschrittenen methodologischen Weg betrifft den jeweiligen Vorrang, der dem *Gemeinsamen* bzw. dem *Trennenden* zwischen diskursiven und nichtdiskursiven Wesen gewährt wird: den Ähnlichkeiten und den Unterschieden zwischen den Urteilen und Handlungen von Begriffsverwendern einerseits und dem Aufnehmen von Umweltinformationen und den instrumentellen Interventionen durch nichtbegriffliche Organismen und Artefakte andererseits (Brandom 2001, S. 11).

Wichtig ist hierbei nicht so sehr die von Brandom selbst formulierte Frage nach der Trennschärfe der Unterscheidung, die in der einen oder anderen Form immer überall dort eingeschränkt sein wird, wo Unterscheidungen im Spiel sind. Vielmehr ist es charakteristisch, dass Artefakte und Organismen in ihrer Umweltinteraktion gleichermaßen zusammenzunehmen und beide unter dem *Rubrum* des Instrumentellen zu begreifen sind.

Unabhängig von der Vollständigkeit der Unterscheidung ist nach Brandom die Möglichkeit der *begrifflichen* Darstellung im genannt eingeschränkten Sinne jedenfalls gegeben, *ohne* dass die Frage nach dem Anfang zu stellen wäre:

> Und es kann durchaus sein, und zwar mehr oder weniger unabhängig davon, wie die Antwort auf diese Frage ausfällt, daß Theoretiker dahingehend unterschiedlicher Auffassung sind, ob mit dem Gemeinsamen zu *beginnen* und von da aus fortzufahren sei, die Unterschiede auszuarbeiten (egal ob in qualitativer Hinsicht oder in Begriffen irgendeiner quantitativen Ordnung, aufgrund einer bestimmten Art von

Komplexität), oder ob man im Gegensatz dazu zunächst das Spezifische des Begrifflichen beschreiben sollte, das erst danach in einen größeren Rahmen eingepaßt wird, der dann auch die Aktivitäten weniger kompetenterer Systeme einschließt (Brandom 2001, S. 11).

Der Einschluss „weniger kompetenter Systeme" ist jedenfalls möglich, sei es, dass bei ihnen angefangen oder dass zu ihnen fortgeschritten werde. Die Differenz ist dann eine solche der Richtung, wobei entweder der Begriffsgebrauch den Standard für die Beurteilung „nichtdiskursiver Wesen" abgäbe oder umgekehrt ersterer eine Domäne innerhalb der letzteren bildete – wiewohl eine jederzeit besondere. Das eigene Projekt ist danach dem zweiten Typs der Theorien zugeordnet, die also nicht auf generische Ähnlichkeiten (zwischen begrifflichen und unbegrifflichen Wesen) abzielen, sondern auf die *Differenzen:*

> Im Vordergrund stehen *Dis*kontinuitäten zwischen dem Begrifflichen und dem Nicht- oder Vorbegrifflichen. Den Ausgangspunkt der Diskussion bildet dabei die Beschäftigung mit der Frage, was das Besondere oder Charakteristische des Begrifflichen als solchem ist. Ich interessiere mich also mehr für das Trennende zwischen denjenigen, die Begriffe verwenden, und denen, die das nicht tun, als für das, was sie verbindet. Das unterscheidet mein Projekt sowohl von vielen zeitgenössischen semantischen Theorien (wie etwa die von Dretske, Fodor oder Milikan) als auch vom klassischen amerikanischen Pragmatismus und vielleicht auch vom späten Wittgenstein (Brandom 2001, S. 12).

Mit Sellars befürwortet Brandom im Gefolge der Verschärfung dieser Differenz zudem, dass selbst „nichtinferentielle Berichte *inferentiell* gegliedert sein müssen" (Brandom 2001, S. 70). Dabei referieren nichtinferentielle Berichte auf etwas, das sich nicht vollständig inferentiell reduzieren lässt – daher hier der Bezug auf Sätze wie „Dieser Ball ist rot". Der Unterschied ist deshalb für das Projekt zentral, als nur *dadurch* sichergestellt werden kann, dass die bloße Schallerzeugung, welche für einen über inferentielle Mittel verfügenden Berichterstatter *wie der Satz klingt* „Das ist rot", unterschieden werden kann *von dem Satz* „Das ist rot":

> Was also ist der entscheidende Unterschied zwischen einem Thermostat, der die Heizung anwirft, sobald die Temperatur unter 15 °Celsius fällt, oder einem entsprechend trainierten Papagei, der immer dann „Das ist rot" sagt, wenn rote Dinge gegenwärtig sind, auf der einen und einem echten nichtinferentiellen Berichterstatter dieser Umstände auf der anderen Seite? In allen drei Fällen werden einzelne Reize als einer allgemeinen Art zugehörig klassifiziert, derjenigen nämlich, die eine ganz bestimmte widerholbare Reaktion auslöst (Brandom 2001, S. 70).

Wir haben es also mit zwei Typen von Berichten zu tun, inferentiellen und nichtinferentiellen, wobei die letzteren ihrerseits zumindest einige begriffliche Momente der ersten benötigen. Ununterscheidbar wären die „Berichte" des Papageien und eines begrifflichen Wesens genau in dem Sinne, dass wir im zweiten Fall vom Gebrauch begrifflicher Inferenzen sprechen würden, im ersten nicht. Hingegen wäre identisch für beide Fälle das Vorliegen von „verläßlichen Dispositionen" (Brandom 2001, S. 70), denn immerhin *wissen* wir schon, dass in allen diesen Fällen *feste* Korrelationen zwischen Reizen und Reaktionen bestehen, sodass das Folgende gilt:

> Im gleichen Sinne könnte man natürlich auch sagen, daß ein Stück Eisen seine Umwelt stets als einer von zwei Arten zugehörig einteilt, je nachdem, ob es auf sie mit Rosten reagiert oder nicht (Brandom 2001, S. 70 f.).

Halten wir also fest, dass die Disposition von Eisen zur Unterscheidung seiner Umwelt darin besteht, verlässlich auf gewisse Umstände derselben zu reagieren.[13] Halten wir ferner fest, dass diese Dispositionen tatsächliche Eigenschaften des Gegenstandes sind – hier also *eines* Stoffes – und nicht genau genommen Eigenschaften der Interaktionen (mindestens) zweier Stoffe. Wichtig ist daher, dass zwar ein *Unterschied* zwischen inferentiellem und nichtinferentiellem Berichterstatter besteht, dieser aber nur ein Unterschied der *Disposition* ist und nicht der Disposition *als solcher* – eine Nivellierung, die es Brandom erlaubt, im nächsten Schritt den Bezug auf „Bewusstsein" als Ausdruck des gesuchten Unterschieds zu vermeiden:

> Zu sagen, es sei das Bewußtsein der Berichterstatter, was sie von verläßlichen Reagierenden unterscheidet, wäre ein leichter, aber uninformativer Zug. Der Begriff ist in dieser Verwendungsweise an das Verstehen gekoppelt: der Thermostat und der Papagei verstehen ihre Reaktionen nicht, die Reaktionen bedeuten nichts für sie, obgleich sie etwas für uns bedeuten können. Wir können an diesem Punkt hinzufügen, daß es sich bei der gesuchten Unterscheidung um die zwischen bloß responsiver Klassifikation und spezifisch *begrifflicher* Klassifikation handelt (Brandom 2001, S. 71).

Genau genommen ist mit der Unterscheidung von begrifflicher und nichtbegrifflicher Klassifikation der *notwendige* Zusammenhang zu einer *Beschreibung*

---

[13]Tatsächlich liegen die Verhältnisse hier schon sehr viel komplizierter, und wir haben unmerklich den Bereich der Endoxa verlassen: Denn nicht notwendig wird Eisen auf jede Umwelt so reagieren, z. B. für den Fall, dass Sauerstoff fehlt, oder Wasser.

hergestellt, die ihrerseits immerhin in *Geltung* sein muss, *bevor* die Reaktion z. B. von Eisen auf die Umgebung *als* Klassifikation bestimmt werden kann.[14]

Diese Abhängigkeit von einer geltenden (also mindestens adäquaten) Beschreibung verdeutlicht den Status der Unterscheidung selbst, auf den es uns ankommt. Denn jederzeit würde von Brandom zugestanden, dass es sich bei nichtbegrifflicher Klassifikation um eine andere Klassifikation handele als bei begrifflicher, ersichtlich aber nicht um eine *als* Klassifikation andere. Dadurch, dass Brandom lediglich eine andere Form der Klassifikation fordert, wird zwar auch „Bewusstsein" zurückgespielt auf das Beherrschen inferentieller Zusammenhänge, sodass tatsächlich gesagt werden kann, dass *nur* dort, wo das Verlangen und Geben von Gründen beherrscht werde, inferentielle Berichterstatter von nichtinferentiellen unterschieden werden können – und zwar durch inferentielle Berichterstatter:

> Der Berichterstatter muß, anders als Papageien oder Thermostate über den *Begriff* der Temperatur oder der Kälte verfügen (Brandom 2001, S. 71).

Gleichsam analog zum angezeigten Ungenügen einer nur inferentiellen Beherrschung nichtinferentieller Momente, ergibt sich aber ein *methodisches* Problem: Es wäre nämlich die Besonderheit inferentieller Reaktionen auf gegebene Reize nichts anderes als eine nichtinferentielle Disposition, die ihrerseits zur *Begründung*[15] inferentieller Disposition herangezogen wird. Etwas anders formuliert besteht letztlich nur in der Disposition der Berichterstatter, auf Reize der Umgebung nicht nur reaktiv, sondern im genannten Sinne responsiv zu reagieren, der Unterschied zum genannten Stück Eisen. Nun ist der Satz „A reagiert inferentiell auf ‚Dies ist rostiges Eisen'" sicher inferentiell gegliedert; es bleibt das Behauptete gleichwohl ein *nichtinferentieller* Sachverhalt. Dieser hat aber als solcher keinen anderen Status als die bloße Reaktion des Eisens; das Verlangen und Geben von Gründen ist damit in der Disposition *begrifflicher* Wesen zu bestimmten Umweltreaktionen fundiert, also seinem methodischen Status nach nichts anderes als der Rost, der sich aus der Disposition des Eisens in Reaktion auf die Umwelt ergibt. *Als solche* kann sie gerade nicht inferentiell in Anspruch genommen werden – sie ist vielmehr hinzunehmen. Wird die Disposition begrifflicher Wesen

---

[14]Solche nivellierenden Redeformen sind allerdings innerhalb wissenschaftlicher Disziplinen üblich, wie etwa in der theoretischen Biologie (s. Kap. 12).

[15]Selbst diese wäre inferentiell; ihre Grundlage wäre aber nicht *begrifflicher,* sondern *nichtbegrifflicher* Natur und es wiederholte sich das gezeigte Spiel. Damit verbleibt die Unterscheidung von begrifflich vs. nichtbegrifflich letztlich im Nichtbegrifflichen.

hingegen als bloßer Ausdruck des Soseins begrifflicher Wesen verstanden, dann riskierte eine *begründende* Inanspruchnahme unkontrollierbarer Selbstbezüglichkeiten.[16]

Sähe man hingegen davon ab, dann wäre es eben *nur* das Verlangen und Geben von Gründen, welches es erlaubte, von inferentiellen Berichterstattern zu reden. Das *Wissen* aber um das nichtinferentielle Moment – des Eisens ebenso wie des Menschen – ist, nehmen wir den oben entwickelten Einspruch hinzu, nicht mehr nur alleine auf das Verlangen und Geben von Gründen, sondern auf interventionale Praxen zu beziehen.

Wir wollen dieses Problem, die Darstellung des „Vernunftvermögens" als Naturtatsache erst sehr viel später, nämlich bei der Rekonstruktion der Ambiguität des kantischen Naturbegriffs wieder aufnehmen. Den ersten Punkt hingegen, dass es weiterer, nicht nur sprachlicher Verrichtungen bedarf, um zu verlässlichen Festlegungen auch nichtinferentieller Momente und damit letztlich materialer Inferenz zu gelangen, wollen wir weiter verfolgen.

---

[16]Dies ist bei streng holistischen Ansätzen vermutlich kaum vermeidbar.

Zusammenhang von Gegenstand und Begriff 4

Sowohl in der fregeschen Darstellung, wie im inferentialistischen Ansatz blieb der Zusammenhang von Gegenstand als ein Worüber von Aussagen einerseits, und dem Begriff als *Form* dieses Worüber opak. Der Weltbezug schien auf diese Weise ganz und gar in die Form des Sprechens zurückgenommen zu sein. Dies ist aber nicht notwendig die Folge der Vermutung, dass die Explikation dessen, was es heißen kann, ein Gegenstand zu sein, auf Sätze und deren Analyse Bezug nimmt. Diese Einsicht kann bewahrt werden, zugleich mit jener in den grundlegend differenten *funktionalen* Charakter begrifflicher und gegenständlicher Rede, ohne die *Relevanz* bestimmter und bestimmender Bezüge auf wirkliches Tun in Abrede stellen zu müssen. So weist Tugendhat auf die enge Beziehung von universellen Termen – Prädikaten – einerseits und singulären Termen – Eigennamen – andererseits hin. Die Beziehung ergibt sich dadurch, dass beide Elemente *innerhalb* satzförmiger Gebilde sind, mit je bestimmbaren Funktionen. Auf der Grundlage des Verständnisses der Bedeutung prädikativer Sätze können danach beide

> … wechselseitig aufeinander und beide auf die Wahrheit der mit ihnen gemachten Behauptungen [bezogen werden], so daß wir erwarten können, daß mit der Aufklärung der Verwendungsweise der Prädikate und der der singulären Termini zugleich die Verwendungsweise der ganzen prädikativen Sätze und damit auch der Sinn des Wortes „wahr" in seiner elementaren Verwendungsweise seine Aufklärung finden müßte (Tugendhat 1987, S. 329).

Wir wollen das Programm im Weiteren nur kurz skizzieren, um die Gegenstandsauffassung entwickeln zu können, die das sprachanalytische Projekt Tugendhats von dem Brandoms unterscheidet, das ebenfalls für sich in Anspruch nehmen kann, eine *Weiterführung* des fregeschen Begriffsverständnisses zu sein. In Bezug auf Aussagesätze lässt sich die Funktion von Prädikaten zunächst

© Springer Fachmedien Wiesbaden GmbH 2017
M. Gutmann, *Leben und Form,* Anthropologie – Technikphilosophie – Gesellschaft, DOI 10.1007/978-3-658-17438-5_4

festlegen als Charakterisierung eines Gegenstandes eines singulären Terminus (Tugendhat 1987, S. 178). Im Gegensatz zur kritisierten „gegenstandstheoretischen" Deutung „stehen" Prädikate nicht einfach „für etwas" sondern erlauben eine *Bestimmung* des Gegenstandes (eines singulären Terminus), indem durch ihre Verwendung „klassifiziert" wird (Tugendhat 1987, S. 183). Die Bedeutung von Prädikaten wird mit Wittgenstein bestimmt als das, was „die Erklärung der Bedeutung erklärt", wobei „erklären" als Ausweisen der Form seiner richtigen Verwendung zu verstehen ist (Tugendhat 1987, S. 187). Hierbei kommt der exemplarischen Einführung eine besondere Bedeutung zu, denn *mittels* dieser lassen sich durch Beispiele und Gegenbeispiele die Verwendung von Wörtern so erläutern, dass deren prädikative Funktion deutlich wird (Tugendhat 1987, S. 188). Im Anschluss an Lorenzen ist eine *intensionale* Bestimmung des Verhältnisses von Prädikat und Begriff möglich, indem die Verwendungsregeln invariant gesetzt werden und der „Begriff" über die jeweiligen Prädikate eingeführt. So wäre etwa Bedeutung von „black", „noir" und „schwarz" dieselbe, denn sie stellen denselben Begriff dar (Tugendhat 1987, S. 195).

Da die Einführung der singulären Termini schon auf die Prädikation zurückgreifen muss und beides auf ein Verständnis des Satzes *als* assertorischen, kann das Verständnis der Verwendungs- und Verifikationsregeln auf die Wahrheitsbedingungen von Sätzen zurückbezogen werden. Zunächst gilt hier, dass die Verifikationsregeln des Satzes auf den Verifikationsregeln der Prädikate und der singulären Termini beruhen (Tugendhat 1987, S. 329). Um die Verifikationsregel eines Satzes klären zu können, muss also zweierlei sichergestellt sein:

> … dass a) gewußt wird, wie festgestellt wird, für welchen Gegenstand beliebiger Prädikationen der singuläre Terminus „---a" steht, und b) gewußt wird, wie festgestellt wird, dass das Prädikat „F---" auf einen beliebigen Gegenstand zutrifft (Tugendhat 1987, S. 329).

Wir lassen alle mit dem Ausdruck „Verifikation" verbundenen methodischen Schwierigkeiten hier außer Acht und beziehen dies im Moment lediglich auf gewisse *Situationen,* die als *Wahrnehmungssituationen* gekennzeichnet sind. Denn die Verifikation findet explizit durch Geben von Beispielen und Gegenbeispielen statt, in welchen der Ausdruck „positiv und negativ verwendet wird" (Tugendhat 1987, S. 331). Die Einführung der Verwendung erlaubt also die Bestimmung der Verwendungs- wie auch die der Verifikationsregeln:

> Wenn die Erklärung des Wortes „rot" durch exemplarische Verwendung in passenden Wahrnehmungssituationen so verstanden wird, dass derjenige, dem es erklärt wurde, es nun seinerseits in denselben Wahrnehmungssituationen und nur in ihnen

verwendet, also dann und nur dann, wenn er etwas Rotes wahrnimmt, dann hat er das Wort als Quasiprädikat verstanden; hingegen hat er dieselbe Erklärung des Wortes durch exemplarische Verwendung in passenden Wahrnehmungssituationen als Erklärung des Prädikates „rot" verstanden, wenn er es auch außerhalb der Wahrnehmungssituation in einer Weise verwendet, dass er verstanden hat, dass das, was ihm erklärt wurde, nicht die Verwendungsregel, sondern die Verifikationsregel des Prädikats ist (Tugendhat 1987, S. 332).

Daran ist zunächst zu sehen, in welchem Ausmaß das *Verstehen* von Prädikaten eine Leistung der als solche auszuzeichnenden *Wahrnehmungssituationen* ist, die ihrerseits jeweils als solche zu kennzeichnen sind – was unstrittig mit ihrem Verständnis in einer gewissen Form einherzugehen hat. Denn die Verwendungsregeln erbrächten nur Quasiprädikate, die situationsgebunden seien, während die Situationsinvarianz den Übergang zu Prädikaten erlaube. Deren Verwendung sei gleichwohl noch an „passende Wahrnehmungssituationen" gebunden; komme aber die Fähigkeit zur *Erklärung* der Verwendung außerhalb der ursprünglichen Wahrnehmungssituationen hinzu, dann hätten wir es mit Verifikationsregeln zu tun. Die Erläuterung der hier grundlegenden Differenz von Quasiprädikaten und Prädikaten wird signifikanterweise an einer Erziehungsgeschichte orientiert, ausgehend von einer rein deiktischen Sprache, welche die Verwendungsregeln des Ausdrucks „Fa" als Konditionalregeln auffassen lässt. Der Übergang zur prädikativen Vollform wäre daran gebunden, dass die Nutzung des Ausdrucks auch mit anderen „Ergänzungsausdrücken" erfolgt, „in Verbindung mit welchen es uns nicht erklärt wurde" (Tugendhat 1987, S. 334). Denn diese Verwendung mit anderen Ergänzungsausdrücken stelle sicher, dass wir nicht nur „etwas anderes … sagen als mit ‚dies ist F'". Wir seien nun vielmehr in der Lage „aus einer anderen Situation heraus dasselbe zu sagen" (Tugendhat 1987, S. 334). Damit wird die *Substituierbarkeit* der mit deiktischen Ausdrücken wie „dies da" bezeichneten Gegenstände, für welche singuläre Termini stehen, zu einem entscheidenden Kriterium für die Differenz von Quasiprädikaten und Prädikaten:

> Und wenn nun Prädikate Ausdrücke sind, die durch singuläre Termini zu Elementarsätzen ergänzbar sind, dann ist „F" nicht schon dann ein Prädikat, wenn es in der Erklärungssituation durch „dies ist …" ergänzt wird, sondern nur dann, wenn es durch „dies ist …" so ergänzt wird, dass „dies" durch andere Ausdrücke mittels Verwendung des Identitätszeichens ersetzt werden kann (Tugendhat 1987, S. 334).

Die Situationsinvarianz solcherart eingeführter Prädikate ergibt sich durch die – allerdings immer noch an *Wahrnehmung* gebundene – Variation der bezeichneten Gegenstände einerseits, der – allerdings *passenden* – Situationen andererseits. Die Verifikationsregel besteht nun gerade darin, dass dies möglich sein muss, wenn ein Ausdruck *als* Prädikat verwendet wird – es handelt sich also um eine *Forderung,* nicht um eine Beschreibung. Die Einführung von „Prädikat" und „singulärer Terminus" erlaubt es, sagen zu können, die Wahrheit einer Behauptung „hänge sowohl davon ab, für welchen Gegenstand der singuläre Terminus steht, als auch davon, ob das Prädikat auf diesen Gegenstand zutrifft" (Tugendhat 1987, S. 339). Die *Asymmetrie* bestünde darin, dass zwar die erste Teilbehauptung unabhängig von der zweiten möglich sei, nicht aber umgekehrt die zweite unabhängig von der ersten (Tugendhat 1987, S. 339).

Damit erhält die Kenntnis des Gegenstandes eine ausgewiesene Funktion, denn letztlich kann nur diese eine Einführungssituation konstituieren. Dies scheint auf den ersten Blick für die in Rede stehenden Situationen kaum strittig, denn es soll sich ja ausdrücklich um „Wahrnehmungssituationen" sehr elementarer Form handeln – daher der Verweis auf die Erziehungsgeschichten auch nicht von ungefähr kommt. Gleichwohl wird durch die Entscheidung, die Wahrnehmung zum relevanten Bezugspunkt für den Umgang mit Gegenständen, bezogen auf diese für die Klärung der Verwendung von Ausdrücken und schließlich für die Verifikation von Prädikaten zu nehmen, explizit die „Mitteilung" selber als Form solcher Klärungen ausgeschlossen. Diese erschient nämlich auch hier nur in der Weise des stilisierten Dialogspiels.[1] Erst so ließen sich die erlaubten Züge und die jeweils geltenden Folgen für die Verwendungen von Ausdrücken mitsamt der Erlaubnisse und Verpflichtungen auszeichnen (Tugendhat 1987, S. 253 ff.).

4.1 Einführung und Verwendung

Ein wesentlicher Grund für die Asymmetrie von Einführung und Verwendung besteht darin, dass nur auf diese Weise die *Unabhängigkeit* des „Herausgreifens" von Gegenständen von *kommunikativen* Akten sichergestellt werden kann. Dies ist in zwei Hinsichten wichtig, die beide die Einführungssituation betreffen: Zum einen nämlich kann eine Einführung überhaupt nur gelingen, wenn es mindestens einen kompetenten Sprecher gibt, der über das nötige Wissen von Gegenständen und das auf sie Zutreffende verfügt. Hier zeigt sich eine weitere Übereinstimmung zwischen dem sprachanalytischen Projekt Tugendhats einerseits und dem konstruktiven andererseits jedenfalls insofern, als der „üblichen" Redeweise des *vorphilosophischen* Wissens eine herausragende Rolle zuerkannt wird – das also, was im inferentialistischen Ansatz unter dem Begriff des Enthymems gefasst wurde:

---

[1]Das ist ein der Dialogmethode des konstruktiven Ansatzes oder des oben dargestellten „Score-Keepings" im brandonschen Inferentialismus vergleichbares Vorgehen.

> Ebenso wie die Ontologie die Rede vom Seienden nicht im Sinn eines metaphysischen Konstrukts meinte, sondern danach fragte, was *das Seiende,* mit dem wir es vorphilosophisch zu tun haben, *als Seiendes* ist, so kann auch für die analytische Philosophie die Rede von der Bedeutung nicht ein metaphysisches oder wissenschaftliches Konstrukt sein, sondern wenn wir philosophisch fragen, wie wir sprachliche Ausdrücke verwenden, so fragen wir nach demselben, wonach wir fragen, wenn wir vorphilosophisch fragen, wie ein einzelner Ausdruck verwendet wird, nur dass es jetzt um die Verwendungsweise als solche geht, in formaler Allgemeinheit (Tugendhat 1987, S. 198 f.).

Diese Bindung an die Grenzen des „vorphilosophischen" Verständnisses hing für das konstruktive Projekt allerdings mit der Auszeichnung von *Anfängen* zusammen; dies schließt – wie wir noch sehen werden – keinesfalls die Transzendenz dieser Grenzen aus. Für das tugendhatsche Projekt hat dieser „Grundsatz der analytischen Philosophie" allerdings weitreichende Folgen; denn zwar können damit gewisse szientistische Verkürzungen vermieden werden: Es ist ja jetzt das *vorphilosophische* Fragen wesentlich die *Norm,* an der sich das philosophische auszurichten hätte – dieses im Sinne formaler Semantik lediglich verschärfend und damit klärend. Zugleich aber bleibt die *Begründung* offen und es besteht damit die Gefahr, dass einerseits in die Alltagssprache abgesunkene Redeweisen für „vorphilosophische" genommen werden, wie andererseits die Möglichkeit ausgeblendet wird, sei es überlappende, sei es ausschließende Verwendungsweisen für Ausdrücke finden zu können. Die Relevanz dieser Einschränkungen zeigt sich exemplarisch, wenn die Möglichkeit einzuräumen ist, *neue* Gegenstände einzuführen – was dann der Fall wäre, wenn die Prädikation auch im wissenschaftlichen Zusammenhang die relevante Form des Redens darstellt.[2]

In diesem Fall entstünde die eigentümliche Situation, dass zwar ein Sprecher als kompetent ausgewiesen sein muss, aber *noch* nicht über das Wissen im engeren Sinne verfügen kann, Verifikationsregeln für die Prädikation anzugeben. Um diese Situation noch etwas klarer zu fassen, ist es wichtig, die Bindung der Einführungssituation an Erziehungszusammenhänge fallen zu lassen. Dann wäre nämlich „Einführung" als *Operation* zu verstehen, die immer wieder aufs neue stattfinden könnte – auch für Gegenstände, die „noch nicht" bekannt sind dergestalt, dass wir an ihnen die Verwendung von Prädikaten kontrollieren könnten. Solche Situationen lassen sich als charakteristisch für Wissenschaftssprachen und deren Aufbau nachweisen: Tatsächlich könnte gerade hier die Mitteilung in einem elementaren Sinne das wesentliche Medium der Aushandlung dessen sein, was von

---

[2]Ganz abgesehen davon, dass die *Veränderung* sprachlicher Gewohnheiten auch im Vorwissenschaftlichen gelegentlich vorkommen soll.

einem Gegenstand gesagt werden kann, was also ihm zu- oder abgesprochen wird (s. dazu Kap. 7).

Doch dürfte sich dies gar nicht auf Wissenschaften beschränken – wenn man von der außerordentlich besonderen Situation einer bloßen Asymmetrie in elementaren Lehrformen absieht, scheint vielmehr regelmäßig die Rolle des Bestimmungen Einführenden und des diese Nachvollziehenden zu wechseln. Dieses Moment wurde bei Brandom durch die doppelte Buchführung unter der Metapher des Kontos aufgenommen. Tatsächlich ergibt sich die eigentümlich „ontologische" Perspektive der tugendhatschen Überlegungen aus der scharfen Trennung von Einführung und Verwendung – was dem Interesse an einer Klärung der logischen Struktur von Prädikation einerseits, singulären Termini andererseits geschuldet ist, die gewisse Einschränkungen der strawsonschen Position vermeidet (Tugendhat 1987, S. 208 f.).

Bedenken wir allerdings, dass jede Einführung trivialerweise zugleich eine *Verwendung* sein muss, wohingegen das Umgekehrte nicht gilt, dann ließe sich eine etwas andere Position gewinnen. Wir könnten nämlich darauf hinweisen, dass der Unterschied von Einführung und Verwendung *innerhalb* der Verwendung vollzogen wird – im Sinne der „normalen", die ja zugleich auch den *normativen* Standard der Einführung bildet. Damit wäre aber verdeutlicht, dass es sich bei dem Verwenden von Prädikaten (oder Quasiprädikaten in der besonderen Verwendung durch Einführung) um Formen des Mitteilens handelt – und zwar des Miteinanderteilens von Sätzen in Situationen. Der von Tugendhat beschrittene Weg versucht aber, bei Wahrung der Relevanz der Form von Sätzen, einen Anschluss letztlich an physikalistische Verständnisse der Situativität von Äußerungen zu gewinnen.

4.2 Wahrnehmung und Sprechen

Tugendhat räumt nämlich die von Strawson betonte Relevanz raumzeitlicher Strukturen für die Möglichkeit der Spezifikation durchaus ein – unter einer wesentlichen Ergänzung:

> Was Strawson übersehen hat, ist, dass das System raumzeitlicher Relationen nicht nur demonstrativ-perzeptiv *verankert* ist, sondern ein *System möglicher Wahrnehmungspositionen* und d. h. ein *System von demonstrativen Spezifizierungen* ist (Tugendhat 1987, S. 415).

Nicht so sehr also, *dass* ein Wahrnehmungskontext die Möglichkeit böte, Gegenstände durch singuläre Termini herauszugreifen, wäre die eigentliche Bedeutung raumzeitlicher Relationen, als vielmehr, dass durch raumzeitliche Relationen ein *System* eindeutig miteinander verbundener Zeiger etabliert werden kann. Diese Zeiger verweisen auf nichts anderes als die kontextuell als wahrnehmbar bestimmten Gegenstände – und dies werde durch Wahrnehmungsprädikate geleistet, welche die Verifikationssituation angeben, „an der die Verifikationsregel des Prädikats zur Anwendung zu bringen ist" (Tugendhat 1987, S. 416). Als „Zeiger" haben wir diese Elemente der Raum-Zeit-Struktur von Wahrnehmungskontexten deshalb bezeichnet, weil diese jeweils den *Übergang* in (alle) anderen Wahrnehmungskontexte ermöglichen:

> Daß es wahrnehmbare einzelne Gegenstände gibt – d. h. wahrnehmbares Klassifizierbares so, dass jeweils eines von allen herausgegriffen werden kann – hängt in einer noch aufzuklärenden Weise mit der Tatsache zusammen, dass es eine Mannigfalt von Wahrnehmungssituationen gibt, dergestalt, dass man sich aus jeder Wahrnehmungssituation auf jede andere beziehen kann und so von jeder angeben kann, welche von allen es ist. Auf diese Weise wird es möglich, einzelnes Wahrnehmbares als Wahrnehmbares zu spezifizieren, und d. h. zu identifizieren. Damit zugleich ist es dann aber auch möglich, generelle Einzigkeitsaussagen zu machen und d. h. etwas als solches zu spezifizieren, dem als einzigem ein relatives oder absolutes Merkmal zukommt. Und wenn etwas in dieser Weise spezifiziert wird, kann dann auch immer, braucht aber nicht, gefragt werden, wie es zu identifizieren ist (Tugendhat 1987, S. 422 f.).

Die Kontextinvarianz des durch den singulären Terminus bestimmten Gegenstands würde also gerade durch die *Objektivität* des Systems der raumzeitlichen Relationen sichergestellt. Zugleich ist das Verhältnis von Spezifikation und Identifikation nicht als Gegensatz bestimmt, sondern kann als eine Unterscheidung *innerhalb* der Spezifikation aufgefasst werden. *Identifikation* wäre also immer schon *Spezifikation,* nicht aber notwendig umgekehrt. Die raumzeitliche Identifikation ermöglicht es (oder soll es ermöglichen), den *expliziten* Übergang von den jeweils subjektiven Situationen der Identifikation, die an demonstrative singuläre Termini gebunden sind, zu solchen zu vollziehen, für die das nicht gelte. Es komme also darauf an „unter demselben methodischen Gesichtspunkt die Interdependenz zwischen den demonstrativen und den objektiv lokalisierenden singulären Termini in ihrer Funktion für die Identifizierung wahrnehmbarer Gegenstände aufzuklären" (Tugendhat 1987, S. 426). Raum- und Zeitstellen lassen sich *als* Gegenstände bestimmen (hier wieder Frege folgend), dann, wenn es dafür singuläre Termini gibt, welche sich in den Ausdrücken „hier" und „jetzt" finden. Mittels dieser lassen sich „einzelne Raumzeitstellen" bestimmen oder

„herausstellen", die dann allerdings ergänzt werden müssen etwa zu „hier und jetzt ist es heiß" (Tugendhat 1987, S. 427). Wiederum gilt auch schon für die spezifizierende Situation ein „Holismus", der sich analog zur Einführungssituation durch den Lehrer[3] ergibt und nun bezogen wird auf deiktische Ausdrücke der genannten Weise:

> Man kann, auch innerhalb der Situation, diese Situation nur spezifizieren, und d. h. (…) sie als die gegenüber anderen Situationen gemeinte herausstellen, wenn man bereits auf andere Situationen bezugnimmt und die gegenwärtige Situation als eine solche bezeichnet, die auch aus der Perspektive anderer Situationen als dieselbe bezeichnet werden kann (Tugendhat 1987, S. 433).

Der resultierende Holismus ist bedingt durch die Konzeption der raumzeitlichen Objektivität der Stellen, die selber Gegenstände sind, welche durch singuläre Termini – nämlich objektiv – bestimmt werden können. Dabei sei das Problem, dass es „keine absolute Zeit und keinen absoluten Raum" gebe (Tugendhat 1987, S. 437) nicht weiter von Bedeutung. Denn es wäre hinreichend, dass sich jederzeit eine „geeignete Anzahl der uns umgebenden räumlichen Gegenstände in ihren räumlichen Relationen zueinander invariant" ausweisen ließen (Tugendhat 1987, S. 437). Dies konzediert, bliebe schlicht zu *fordern,* dass auf der Grundlage der Objektivität der Raum-Zeit-Verhältnisse jederzeit ein System von subjektiven Situationen bestimmbar ist, welche die einzelnen Raum- und Zeitpunkte repräsentieren. Eine solche Spezifizierungssituation verweist damit wie ein Zeiger (s. oben) auf alle anderen, mit denen sie verbunden ist. Genau genommen liegt ein *System* solcher Situationen vor:

> Aber der subjektive Koordinatennullpunkt ist für die Identifizierung ebenso unentbehrlich wie der objektive. Wenn ein Sprecher seine eigene Stelle in dem objektiven raumzeitlichen Relationssystem nicht kennt, weiß er nicht, wie er feststellen kann oder könnte, welches gemeint ist. Die Identifizierung eines Wahrnehmungsgegenstandes durch Angabe seiner raumzeitlichen Relation zeichnet einen Weg vor, der an die raumzeitliche Stelle oder Stellen führt, an der der Gegenstand wahrgenommen werden könnte, und um als Weg erkennbar zu sein, muss er mit dem jeweiligen Standort verbunden werden können (Tugendhat 1987, S. 437).

---

[3]Dieser ist eben derjenige, der schon etwas über die Einführung z. B. von Quasiprädikaten Hinausgehendes von Prädikaten weiß – sonst könnte er sie nicht einführen. Mithin muss er schon Bezug nehmen können auf andere Situationen (der Verwendung nämlich). Woher der erste Lehrer kommt bleibt notwendig offen.

Diese Orientierung, die Bestimmung *des eigenen Standpunkts* ist es, die durch das objektive System der Raum-Zeit-Punkte geleistet werden soll, was die Relevanz der subjektiven keineswegs aufhebt: Diese sind gleichsam die Skalare, die es uns erlauben, die Werte der Vektoren festzulegen, die für eine bestimmte Identifikation benötigt werden. Aber diese Festlegungen sind eben solche nur bezogen auf das objektive System. Die Tatsache, dass Tugendhat diese Verhältnisse in einer mathematischen Metapher erläutert, ist für die Explikation seines Modells der Prädikation – und daran angeschlossen der singulären Termini – wichtig:

> Man kann das, in Anlehnung an den mathematischen Sprachgebrauch, so formulieren, dass die Bedeutung eines solchen Ausdrucks eine Funktion ist, deren Argumente die Redesituationen und deren Werte Gegenstände sind. Durch die Verwendungsregel des Ausdrucks wird der Redesituation ein bestimmter Gegenstand zugeordnet oder, wie man auch sagt, die Bedeutung „bildet" die Redesituationen auf die Gegenstände „ab" (Tugendhat 1987, S. 432).

Hieran schließen sich eine Reihe von Schwierigkeiten an, die Tugendhat z. T. selbst benennt und die sich an der Frage orientieren, *wie* die Auszeichnung von Raum- und Zeitpunkten eigentlich gelingen können soll, *ohne* zugleich eine weitere physikalische Abstraktion mit zu investieren – jedenfalls dann, wenn es sich um Raum-Zeit-Koordinaten „von etwas" handeln soll. Der Verweis auf Raumpunkte erzeugt dabei allerdings keine Klarheit, denn während für physikalische Zwecke vermutlich z. B. von Massepunkten oder Energie o. ä. zu sprechen wäre, muss offen bleiben, was die *Gegenstände* der Bemaßung sein sollen, z. B. der Kontur eines Gegenstands, was dann wieder die Frage evoziert, „an welchem Punkt" sich dieser Gegenstand dann eigentlich befindet. Hinzu kommt, dass mit einer solchen physikalisch-mathematischen Konstruktion der *lebensweltliche* Fokus[4] verlassen wird. Setzen wir dies beiseite, so bleibt jedoch ein wichtiges Moment des Modells, das Tugendhat für das prädikative Sprechen entwickelt hat: Dieses Modell hat selber die Form theoretischer Sätze, und zwar deshalb, weil die Spezifikation letztlich nur *mit Blick auf* die Identifikation gelingen kann.

---

[4]Dieser muss nicht mit dem von Tugendhat ausgezeichneten vorphilosophischen zusammenfallen, es könnte sich dabei immer noch um einen physikalischen handeln. Damit käme aber der Physik die Rolle zu, das benötigte Wissen über die Welt zu liefern. Wäre dies der Fall, dann müsste eben doch die Form der Verwendung raumzeitlicher Bestimmungen in der Physik berücksichtigt werden, und es könnte *nicht* von den Unterschieden etwa klassischer, relativistischer und quantenmechanischer Auffassungen abgesehen werden, wie dies Tugendhat ausdrücklich fordert (Tugendhat 1987, S. 437).

Diese Prävalenz des Theoretischen zeigt sich deutlich bei Darstellung des Konzepts der Sortale. Im Gegensatz zu Prädikaten der Art wie „rot" oder „Wasser" seien nämlich bestimmte Gegenstände dadurch charakterisierbar, dass einerseits deren Zerteilung nicht möglich ist, ohne dass der Charakter des Gegenstandes aufgehoben wird, andererseits zeigt sich an den Teilen nicht der Charakter des *Gegenstands:*

> Z. B. ist „Katze" ein solches Prädikat: eine Katze ist von einer anderen bestimmt abgegrenzt, und einen Teil einer Katze kann man nicht seinerseits als Katze bezeichnen. Hingegen sind z. B. „rot" oder „Wasser" nicht Prädikate dieser Art. Wenn zwei rote Gegenstände bestimmt gegeneinander abgegrenzt sind, dann nicht dadurch, dass sie rot sind; und das Prädikat widersetzt sich auch nicht einer beliebigen Teilung; jeder Teil einer roten Fläche ist immer noch rot (Tugendhat 1987, S. 453).

An dem Prädikat „Katze" als Sortal ist zum einen die Rede von der Sorte zu untersuchen (die sich von anderen Sorten unterscheidet), zum anderen lohnt ein näherer Blick auf den angemahnten Unterschied. Denn unstrittig gilt, dass die Teilung von Wasser Teile erzeugt, die wieder Wasser sind und mit Ausnahme bestimmter extensiver Eigenschaften einander in allen relevanten Hinsichten gleichen. Es handelt sich also um Stoffe, deren Unterteilung die den Stoff jeweils bestimmenden Eigenschaften *nicht* verändert. Das gilt ersichtlich aber nicht für jede Form der Teilung, sondern wesentlich für „lebensweltliche", denn nicht jeder beliebige Teil oder auch nur jeder beliebig große Teil einer Substanz muss dieselben Eigenschaften haben wie die ursprüngliche Menge. Man denke exemplarisch an den Übergang von einer makroskopischen Menge Wasser zu einem Wasserdipol, dessen Teile gerade nicht wieder Wasser sind, oder an die Farbe von Rotgold oder Silber beim Übergang zu Nanopartikeln.[5]

Anders verhält es sich aber bei solchen Ausdrücken wie „Katze" oder „Berg". Für den letzteren konstatiert auch Tugendhat eine gewisse Vagheit – denn in der Tat könnte schon lebensweltlich ein kalbender Gletscher als Teilung eines (Eis)bergs angesehen werden, dessen Teile wieder (Eis)berge sind. Für „Katze" scheint das aber zu gelten, denn hier sind die Teile zwar solche einer Katze (und insofern „katzig") – aber eben keine Katze. Damit wird die räumliche Kontiguität des Gegenstands zu dessen wesentlichem Kriterium als Sortal, selbst unabhängig von der Zeit – im Sinne der Lebensdauer:

---

[5]S. etwa Shuwen Zeng et al. (2011).

> Aus seinen räumlichen, materiellen Teilen setzt sich ein materieller Gegenstand als ein so-und-so zusammen, aber er ist ein so-und-so, gleichgültig wie lange er existiert, und er setzt sich als solcher nicht erst aus seinen Lebensphasen zusammen. Und darin gründet der weitere Unterschied, dass wir, auf den Gegenstand in seinen verschiedenen Phasen zeigend, sagen können: das ist (z. B.) dieselbe Katze; bzw. wenn wir es vorher nicht wussten und die Katze zur Zeit t_1 a nannten und die Katze zur Zeit t_2 b, solche Aussagen machen können wie die, daß a=b; während wir nicht, auf verschiedene Teile der Katze zeigend, sagen können: das ist dieselbe Katze, denn keiner der Teile ist schon eine Katze, also kann er auch nicht dieselbe Katze sein wie ein anderer Teil; wir können hier nur sagen: das alles sind Teile derselben Katze a, während dies da ein Teil der Katze b ist (Tugendhat 1987, S. 455).

Wiederum lohnt ein genauerer Blick, denn zunächst scheint das Kriterium stabil, insofern etwa ein Bein einer Katze keine Katze ist. Dabei müssen wir allerdings konzedieren, dass sich gewisse Gegenstände finden lassen, die einer Katze in dieser Hinsicht einerseits gleichen, andererseits aber das zulassen, was für Sortale nicht gelten soll. Denken wir etwa an Hydra oder an einen Weidenreißer, dann zeigen sie genau jene nicht zugelassenen Eigenschaften. Die Teile von Hydra werden (unter gewissen Umständen) als Hydren weiterleben und aus dem Reißer kann (unter gewissen Umständen) eine Weide wachsen und auch bei Planarien stünde die Anwendung des Sortalkonzeptes sicher vor Schwierigkeiten.

Ein weiteres Beispiel zeigt aber, dass bei – bestimmten – Sortalen vermutlich das räumliche Kriterium nicht hinreicht. Wechseln wir dazu von Katze auf Rind, dann gilt zunächst dasselbe, was die Teile anbelangt: Trotz der sinnvollen metonymen Rede des Metzgers, der auf ein Steak deutend uns mitteilt, „dies sei Rind", können wir wissen, dass ein Steak eben jene Kriterien nicht erfüllt, die wir an ein „ganzes" Rind stellen; womit noch nicht bestimmt ist, worin das „Rindsein" des Rindes eigentlich bestehen soll, wenn es eben nicht nur seine räumliche Kontiguität sein kann. Wie im Falle des Berges wurde die *zeitliche* Dimension explizit ausgeschlossen (s. oben). Damit stellen sich schon beim Berg interessante Probleme ein, denn nehmen wir einen Berg in den Alpen, dann ist zwar die räumliche Erstreckung wichtig, aber nur, soweit wir die zeitliche nicht ausdehnen: Im Falle geologischer Verschiebungen könnte dieser Berg „verschwinden". Seine Einheit wäre also irgendwann aufgehoben, und es dürfte einem Soritesproblem gleichkommen zu entscheiden, ab wann er seines Bergcharakters verlustig geht. Doch im Falle des Rindes ist dies aus folgenden Gründen schwieriger:[6]

---

[6]Tugendhat (1992a, S. 126 ff.) weist auf die Eigentümlichkeiten „individueller" Existenz hin, die explizit mit dem Prädikat „lebendig" verbunden sei – die Schwierigkeiten ergeben sich aber vor allem dann, wenn „existieren" wesentlich im Sinne der Quantifikation verstand wird.

Erstens scheint die *räumliche* Erstreckung für ein *totes* wie für ein lebendes Rind dieselbe zu sein, und gleichwohl kann man bezweifeln, dass ein totes Rind immer noch ein Rind im *selben* Sinne ist (dazu unten Thompson Kap. 5). Ähnliches wird wohl gelten für die Statue eines Rindes, deren Teile zwar ebenfalls weder Rind noch Statue sind – diese aber ist ein solches überhaupt nur homonym:

> Damit ist nicht gesagt, dass die Anwendungsregeln eines solchen Prädikats darin aufgeht, dass eine bestimmte Gestalt vorliegt; insbesondere Aristoteles hat darauf hingewiesen, dass wir etwas einen Stuhl oder eine Katze nicht nennen, weil es eine bestimmte Gestalt hat, sondern weil es eine bestimmte Funktion erfüllt, und dass die bestimmte Konfiguration nur eine Folge davon ist, dass etwas nur unter dieser Bedingung seine Funktion erfüllen kann. Das ändert aber nichts daran, dass es die Konfiguration ist, die das Kriterium des Identifizierens und Unterscheidens enthält (Tugendhat 1987, S. 470).

Wir kommen auf die mit der Rede vom Lebewesensein verbundenen Eigentümlichkeiten zurück und wollen nur festhalten, dass *die Art,* in der etwa ein Berg seinen Kontur erfüllt, sich definitiv von der unterscheidet, in der dies vom Rind (oder der Katze) gilt. Auch das Besondere der Konfiguration eines lebenden Rindes unterscheidet sich von der eines toten oder gar einer Rindermumie ebenso wie die einer Rinderstatue.

Da *zweitens* die zeitliche Dimension als wesentliches Kriterium von Sortalen überhaupt ausgeschlossen war, stellt sich die Frage nach dem *Stadium* des Lebenszyklus von Rindern, die für ein „richtiges" Rind stehen. Hier kommt es sogar zu entsprechend paradoxen Prädikationen, denn es gibt Zeitabschnitte, in denen die Aussage, dass das Rind „Kiemenbögen" besitze, anatomisch sinnvoll ist,[7] sodass zumindest zu klären wäre, in welchem Sinn z. B. schon die diploide Zygote des Rindes oder das noch nicht lauffähige Neugeborene weniger Rind seien als das fertile Adult.

Damit wirft sich ein *drittes Problem* auf, nämlich das „Woher" des Rindseins *dieses* Rindes. Hier scheint die aristotelische Einsicht besonders dringlich, dass Rinder Rinder zeugen – und mithin „ein" Rind seine Identität „als Rind" nicht in derselben Weise an sich hat wie ein Berg. Der Unterschied ist aber nicht einfach einer zwischen Sortalen – dieser ist trivial –, sondern zwischen den Sortalen *als* Sortalen.

---

[7]Sie bleibt gleichwohl *morphologisch* sinnlos; s. Gutmann und Bonik (1981).

Das Ungenügen der raumzeitlichen Bestimmungen zeigt sich gerade daran, dass wir zur räumlichen Identifikation von „Katze" oder „Rind" nicht nur schon einiges über sie wissen mussten, sondern auch manches, was die räumliche (und zeitliche) Identifikation überhaupt erst *ermöglichte*. Man kann an dieser Stelle vermuten, dass die Rede vom „existentiellen Ist" nicht einfach in das „Vorkommen eines Ereignisses an einer Zeitstelle" aufgeht (Tugendhat 1987, S. 468). Vielmehr scheint erst die *Form* dieses Vorkommens die Möglichkeit zu bieten, über dessen Raum-Zeit-Stelle überhaupt zu sprechen – die damit kein *Punkt* mehr sein kann (Heidegger 1993, S. 101 ff.).

Zwar weist der jetzt entwickelte Begriff des Sortals genau jene Eigenschaften auf, welche die theoretische Sichtweise von Prädikaten – und daran angeschlossen von singulären Termini – nahelegte. Diese Sichtweise verpasst aber in genauer Weise Eigentümlichkeiten jener so bezeichneten *Gegenstände* – und zwar wegen der Prävalenz des theoretischen Moments. Das Lebendigseiende wäre ein solches, *weil* es die Struktur eines Sortals hat – und da die Prädikate, die einem solchen zukommen, theoretische, *keine* praktischen Bestimmungen sind, wird auch das Prädikat wesentlich ein theoretisches sein, dessen Zukommen oder Nichtzukommen das Lebendigseiende in derselben Form bestimmt, in der dies durch andere Prädikate geschieht. Was aber mit einem praktischen Zukommen von Prädikaten gemeint sein kann, lässt sich einer von Thompson entwickelten Kritik an der fregeschen Form der Prädikation absehen, die entsprechend sowohl den Inferentialismus in der explizierten Form wie auch die Unterstellung der sortalen Struktur als Eigenheit des Lebendigseienden trifft.

Thompson bestimmt zwei wesentlich verschiedene Formen der Referenz auf Lebendiges, die zwei Typen der Prädikation entsprechen:

- Im einen Fall, der mit der bei Frege aufgesuchten Prädikation identifiziert wird, wäre der Begriff „Leben" lediglich der Ausdruck einiger charakteristischer Eigenschaften gewisser Gegenstände und damit *nicht* deren „logische Kategorie".
- Im anderen Fall träfe Letzteres zu – es läge eine logische Kategorie vor, die eben nicht in die nur formale Prädikation gewisser Eigenschaften gewisser Gegenstände aufginge.

Diese Dichotomie verdeutlicht Thompson, indem er der kategorialen Rede über Lebendigseiendes eine reduzierte Form gegenüberstellt, wie sie in den Wissenschaften – und keineswegs nur der Biologie – üblich ist: indem nämlich über lebendig seiende Gegenstände in der Form einer Liste gesprochen werde, deren Einträge die wesentlichen Eigenschaften bilden, wie etwa Reproduktion, Metabolismus oder Motorik. In dieser Form würden Lebewesen letztlich zu „thermodynamischen" Systemen und verlören so das sie Bestimmende:

> Should we say, then, that living things are *sources* of thermodynamically highly organized lumps of stuff? The „living body" of an organism would be just one such highly organized precipitate of its life processes, alongside the nest of honeycomb or house it helps to build, and the dry leaves, paw prints of corpse it leaves behind. We would be characterizing the life-process by its physicalistically intelligible and salient results (Thompson 2008, S. 36).

© Springer Fachmedien Wiesbaden GmbH 2017
M. Gutmann, *Leben und Form,* Anthropologie – Technikphilosophie –
Gesellschaft, DOI 10.1007/978-3-658-17438-5_5

Doch auch die „extended version" dieser Liste ist Gegenstand der kritischen Analyse, die vor allem auf dem Aspekt der Reproduktion beharrt; auch diese folge letztlich einem reduktiven Verständnis von Lebewesen (etwa Mayr 1997).

Im Gegensatz zu dieser Reduktionsform sucht Thompson einen umfassenden Begriff des Lebendigseienden auf, als Gegenstände nämlich, bei welchen die „Form der Ordnung" in den Teilen prävaliert, sodass nicht nur *Lebewesen* und *Organismus* identifiziert werden, sondern das „*Teil*-Haben" der ersteren mit dem *Organ*-Haben der letzteren:

> Our language, feeling this need, sometimes permits the subscripts to be supplied non-contextually through certain uses of the words „organ" and „member" and „tissue" – though these terms are all perhaps most apt in connection with sensitive or animal life, as words for *partes animalium* (Thompson 2008, S. 38 f.).

Dies führt zu einer radikalen Entgegensetzung von *Lebendigem* (und damit in eins Organisiertem) und *physikalisch* Beschreibbarem, woraus sich die eigentliche Abgrenzung belebter und unbelebter Gegenstände ergibt, nämlich als Unterscheidung von zwei einander ausschließende Seinsformen (Thompson 2008, S. 40 f.). Insofern diese Unterscheidung trägt, sind Organismen die Subjekte von „Äußerem", während Unbelebtes wesentlich Objekt derselben ist, diesen einfach unterworfen (s. auch Levins und Lewontin 1985; Weingarten 1993).

Daraus ergibt sich für Thompson eine *begriffliche* Vorordnung der Rede vom „Leben" vor dem durch Biochemie und Physik Explizierten und Explizierbaren (Thompson 2008, S. 42). Zugleich erhält der Formbegriff eine zentrale Rolle zurück, die er seit der kartesischen Wende zunehmend verloren hat, denn erst die *Form* sei es, die die Unterscheidung von „außen" (Stimulus) und „innen" (Response) überhaupt ermögliche. Lebendige Gegenstände seien zudem durch ihren Begehrungscharakter ausgezeichnet: „Living things take"[1] (Thompson 2008, S. 43). Diese – ersichtlich noch ungesättigte – Formulierung lenkt den Blick auf jene Form von Aktivität, die eben das charakterisiere, was als Lebendiges durch die vorherigen gleichsam ihrer Natur nach reduktiven Ansprachen verdeckt würde, genau jene Art der Bezugnahme von etwas auf etwas – und in gewisser Hinsicht damit auch auf sich selbst, – bestimmt durch dessen Intentionalität, die Lebendige zu Selbstbewegern werden lässt (Thompson 2008, S. 44).

---

[1]Dies nimmt einen Bedeutungsaspekt auf, der für Hegel eine der Grundbedeutungen von Leben überhaupt ist.

Mit der Verabschiedung der Listenform des Lebens ist aber nur ein erster Schritt getan in Richtung auf die Etablierung einer Metaphysik des Lebendigen. Ihr Gelingen ist nämlich auf das engste verknüpft mit dem besonderen Verhältnis von Individuum und Allgemeinem – vor allem, wenn es um jene Tätigkeiten geht, die durch Listeneinträge wie „Reproduktion", „Entwicklung" oder „Metabolismus" benannt werden. Während *wissenschaftliche* Darstellungen solcher Phänomene dieses Verhältnis letztlich auf irgendeine Variante von Element-Klassen-Relationen festzulegen drohten, besteht für Thompson die Alternative darin, den „weiteren" Kontext als den eigentlichen und für Lebendiges relevanten anzuerkennen, der zugleich deren *Form* bestimmte. Der „weitere Kontext" wäre danach durch *zweckliche* Zusammenhänge definiert, die für den Bereich des Kausalen – soweit dies durch die Verweise auf Physikalisches abgedeckt ist – nicht relevant sind. Folgen wir diesem Argument, so ist das einzelne Lebendige immer Moment einer umfassenderen Erzählung, für die etwa die einzelne Eichel wesentlich eben immer schon Fortpflanzungseinheit ist (eines Baumes), aus dem ein weiterer Baum hervorgeht, der Eicheln hervorbringt etc. (Thompson 2008, S. 54). Daraus sei unschwer ein noch weiterer Rahmen herzuleiten, der sich – wie hier auf „Reproduktion" – seinerseits auf andere „vital operations" beziehe – deren Zusammenhang und Einheit letztlich die *life-form* repräsentierte.

Die life-form gibt den Normalitätsstandard für die Beurteilung der Operationen selbst ab, womit ein und derselbe Vorgang, etwa der Bewegung oder Entwicklung, je Unterschiedliches bedeuten kann, da das, was für eine Lebensform „x-ing" wäre, für eine andere nicht dasselbe sein müsse. Dies ist vermutlich so lange unstrittig, als der *Rahmen* lebensweltlicher Rede nicht verlassen wird, der also auch für Thompson den wesentlichen semantischen und zugleich ontologischen Bezug abgibt. Denn hier kann für die Beschreibung gewisser Operationen von Lebewesen ein mehr oder minder stabiler Standard angegeben werden, womit sich die vertraute Rede einstellt, dass eben mit Beinen gelaufen, mit Flügeln geflogen und mit Flossen geschwommen wird. Die „non Fregean generalities" bezeichneten zugleich einen grundlegenden Unterschied zu den von Thompson kritisierten formalen Ansprachen von Gegenständen (Thompson 2008, S. 13 ff.).

Im Gegensatz zu „Fregean particulars" spricht Thompson davon, dass Organismen die Form des Lebens annähmen; insofern gelte von ihnen eine ganze „Batterie" von Bestimmungen, die sich aus dem Präsentischen der Lebensform ergebe (Thompson 2008, S. 56 ff.). Das sprachlogische Kontextprinzip wird hier so gedeutet, dass schon die einfache Ansprache von etwas *als Organismus* eine Reihe von weiteren semantischen Bestandteilen impliziere, die ihrerseits die Artikulation der Lebensform ermöglichten. Neben den das Lebendigsein bestimmenden Tätigkeiten (wie Essen, Fortpflanzen, Bewegen) gehört eben auch die Speziesförmigkeit dazu – mithin das *Sein* einer Form.

Um diese Lebensform darstellen zu können ist – dem thompsonschen Argument entsprechend – eine besondere *Form* der Rede notwendig, die als „natural historical judgement" bezeichnet wird (im Weiteren NHJ). Ihre Grundlage wäre eine an Typenaussagen orientierte Rede, wie sie in Tierfilmen oder naturgeschichtlichen Darstellungen der Lebewelt anzutreffen sei: dass etwa „das Muttertier des Schneefuchses seine Jungen so lange säuge, bis diese in der Lage seien, selbständig zu fressen" oder „das Jungtier die Aufmerksamkeit einer Klapperschlange in der unmittelbaren Nähe errege". Am besten aber komme die Logik solchen Sprechens im Telegrammstil von Feldführern zum Ausdruck:

> Four legs. Black fur. Nocturnal. Lives among rocks near rivers and streams. Eats worms and fish. See plate 162 (Thompson 2008, S. 64).

Diese Taxierungen werden ausdrücklich als semantisch äquivalent mit den angesprochenen NHJ bezeichnet, nicht zu verwechseln mit der Nutzung desselben Stils bei Suchtelegrammen des FBI, die sich auf *Individuen* bezögen. Die logische Form dieser „Aristotelian categoricals" besteht danach in der grundlegenden prädikativen Form des „S's are/have/do F" oder „It belongs to an S to be/have/do F" oder „S's characteristically (or typically) are/have/do F" oder „This is (part of) how S's live: they are/have/do F" (Thompson 2008, S. 65). Der „normative" Charakter solcher Prädikationen, der sie von fregeschen unterscheide, zeige sich an Sätzen wie „Die Katze hat drei Beine". Hier könnten der generische Singular und die folgende Typenbezeichnung identisch aufgelöst werden („die" Katze), nur folgte etwas, was sich aus den vorher explizierten Reden *nicht* ergebe und woraus der Schluss gezogen werden könne, es handele sich um eine etwa durch einen Unfall erworbene Abweichung des Exemplars einer Art, für das eben *normalerweise* gelte, dass es vier Beine habe (Thompson 2008, S. 66). Damit wird die Einsortierung von Lebewesen als life-forms nicht nur für *biologische* Bestimmungen grundlegend, die Einsortierung ist vielmehr ihrerseits nicht empirisch, sondern kategorial (Thompson 2008, S. 67).

5.1 Normativität des Natural Historical Judgement

Der entscheidende Bezugspunkt für die Bestimmung des Status von NHJ besteht in der besonderen Form der Prädikation, die – so Thompson – dem aristotelischen Schema zugrunde liege. Es handelt sich nicht um Aussagen über Elemente von

Klassen, sondern um Aussagen über individuelles Lebendigseiendes. Auch kann es sich nicht um *Beschreibungen* handeln, sondern um gleichsam unmittelbare *Artikulationen* oder *Kundgaben* der Form des Lebendigseins von etwas. Der einzelne Organismus ist dann zwar ebenfalls einer, der für viele steht – andernfalls sich ja die NHJ gar nicht bilden ließen (s. oben und Thompson 2008, S. 72). Die *Besonderheit* solcher Aussagen bleibe allerdings erhalten, denn es gehe um den *hic et nunc* vorliegenden einzelnen Organismus, z. B. um die Eichel als „dieses-da". Insofern erlaubte die radikale Zuwendung zum Einzelnen auch den Abbruch der für *Ceteris-Paribus*-Klauseln notwendigen Reihe, eine Reihe, die – unterstellen wir das grundsätzlich Unabschließbare empirischer Forschung – ohne erkennbaren Abbruch gleichwohl nach Regeln weitergeführt würde. Eine gewisse Plausibilität zieht Thompson aus dem von Frege formulierten Beispiel des „wohlausgebildeten Pferdes als vierbeiniges Tier" (s. oben). Ersichtlich falsch ist die Behauptung, alle Pferde hätten vier Beine, während die „normative Analyse", auf die das thompsonsche Argument zielt, ein Wissen über Pferde impliziere (nämlich in Form der NHJ), das von deren Wohlgebautheit.

Gleichwohl ist es unstrittig, dass sich gelegentlich Tiere finden lassen, die aus der Kopulation zweier Pferde unterschiedlichen Geschlechtes hervorgegangen sind, und die eben nicht vier, sondern evtl. nur zwei, drei oder fünf Beine, nicht einen Kopf, sondern zwei aufweisen, etc. Es ließe sich dann argumentieren, dass bezogen auf den jeweiligen Redekontext auch Realisierungsmängel[2] vorkommen können, die gleichwohl das P-sein von A insofern nicht infrage stellen, weil „dieses da" als *ein* A lediglich als Repräsentation von P gilt. Im Gegensatz zur fregeschen Position beziehe sich aber der Ausdruck „wohl gebaut" nicht als primitiver Ausdruck auf den zu erläuternden Gegenstand – der durch das Nomen vorgestellt wird (also „Pferd"), obgleich er sowohl den formalen begrifflichen, wie den biologischen und letztlich sogar den lebensweltlichen Verwendungen unterliege:

How is this concept supposed to be explained? If it is a veterinarian's or horse breeder's notion, so to speak, then presumably a horse will fall under it if it meets a certain limited range of conditions. But many of the features we would want to attribute to „horse" or „the horse" in a natural historical judgement will have to fall outside this range; there is no reason to think that all such so-called „properly constituted horses" will have them (Thompson 2008, S. 74).

---

[2]Dies ist als rein technischer Ausdruck gemeint; er bezieht sich auf das beigebrachte empirische Wissen, dem zu entnehmen sein wird, dass etwa Pferdezüchter oder Bauern von einem Pferd „erwarten", dass es vier Beine habe. Sie werden also nichtvierbeinige Pferde als „schadhaft" zurückweisen, ihnen den Pferdecharakter aber nicht absprechen – sie lassen sich möglicherweise sogar zur Züchtung einsetzen, jedoch nicht mehr für gewisse Arbeiten.

Damit ergibt sich eine bemerkenswerte Differenz zwischen der Reichweite auf der einen Seite, die für NHJ und die *Fregean predication* in Anspruch genommen werden können, und den *Wissensformen* auf der anderen Seite. Bezüglich letzterer können beide Konzepte expliziert werden, denn Thompson unterstellt eine intrinsisch normative Struktur von NHJ, sodass sich Zwecke formulieren lassen, die jene Güter – also hier die „Pferde-Güter" – auszeichnen, die der Lebensform zukommen und die ausdrücklich nicht nach dem Modell menschlicher Zwecke und Zwecksetzungen konstruiert sind. Die „äußere Zweckmäßigkeit", die auch bei Aristoteles (als οὗ ἕνεκα ᾧ, *De anima,* 415b 2 ff.; s. Kullmann 1979) und bei Kant eine *begriffliche* Rolle spielt (mit der wir uns näher befassen), ist damit *nicht* der Maßstab dieser spezifisch intrinsischen oder absoluten Zweckmäßigkeit

> What we want is a so-to-speak intrinsic, or non-relative, oughtness – we want, for example, „It ought, *as far as its merely being a horse goes,* to be four-legged," or „It is supposed, *by its mere horse-nature,* to be four-legged," or „It ought, *considering just what it is,* to be four legged." (Thompson 2008, S. 75).

Während im Modus der *Fregean predication* Begriff und Gegenstand (zumindest funktional) getrennt werden, kann die Frage nach dem Wassein (τί ἐστίν) mit dem Ausweis dessen beantwortet werden, was für ein Pferd die angemessene Form des „Pferdseins" wäre, oder zumindest des „So-wie-ein-Pferd-*sein-sollte*-Seins". Damit sei die „individuelle Variable" mit dem Prädikat (etwa „vierbeinig") *qua* normatives Statement „Es ist Pferdenatur, vier Beine zu haben" verbunden. Das Pferd als Träger eines NHJ ist für die Definition von Pferd notwendig zu nennen, denn erst seine *Natur* definiert die teleologische Struktur, die es erlaubt, das Pferd auch im Sinne der *Fregean predication* zu bestimmen. Zwischen „x ist ein Pferd" und „Alle Pferde sind vierbeinig" tritt also vermittelnd „Die Natur des Pferdes ist es, ein Vierbeinig-sein-Sollendes zu sein":

> The individual variable, and the quantifier that binds it, are thus wheels turning idly in such formula as „For every x, if x is a horse, then x is supposed by its mere horse-nature to be four-legged." (It is a as if one were to replace the proposition „Two and two make four" with „For all times t, two and two make four at t" with a view to rendering the philosophical problems about the former more tractable.) What we are really saying, then, is „Horses are supposed to be four-legged." All we are really *working with* is a common noun, a predicate, and „something normative". We are thus no further on than we were with „A properly constituted horse is four-legged." (Thompson 2008, S. 75).

Dies ist aber lediglich eine Reformulierung der NHJ-Aussage, dass Pferde vierbeinig sein sollten – und wir müssen nun klären, *worin* das Wissen um die *intrin-
sische* Normativität der Lebensform eigentlich gründet.

5.2 Normative Funktionalisierung

Zunächst lässt sich die Differenz zwischen NHJ-Prädikation (NHJP) und frege-
scher Prädikation (FP) dadurch ausdrücken, dass es sich zwar in beiden Fällen
um Prädikation handelt, diese aber *gleichwohl* das Verhältnis von Einzelnem zu
Allgemeinem *unterschiedlich* bestimmten. Im zweiten Fall ist dies durch Modelle
wie Element-Klassen-Relation oder Klasseninklusionen zu rekonstruieren (also:
Sokrates ist ein Mensch und Menschen sind Tiere etc.). Das Besondere an NHJP
besteht darin, dass sie eine notwendige Referenz zur Lebensform haben, sie sind
„life-form-words" (Thompson 2008, S. 76). Im Gegensatz zu FP zielen dabei
NHJP auf die Lebensform „im" Individuum wie zugleich auf das Individuum „in"
der Lebensform, als deren Träger es *expressis verbis* erscheint:

> An *organism or individual living thing,* finally, is whatever falls under a species
> of „bears" a life-form. It is whatever might justly be designated by a phrase of the
> form „this S" for some possible reading of the common noun S as a life-form-word.
> Or, equivalently, an organism is the object of any possible judgment, *this S is F,* to
> which some system of natural-historical judgments, *the S is G, H,* etc., might corres-
> pond (Thompson 2008, S. 76 f.).

Die NHJP bezögen sich daher auf das Einzelne, *insofern es ein Einzelnes* ist – im
Gegensatz zu fregeschen Begriffswörtern, denn für diese sei die Prädikation verträglich mit statistischen Aussagen der Form „x Prozent von P haben A". Die
sehr viel weitergehende These besteht darin, dass NHJP auch statistischen Aussagen *unterliegen* sollten; und da sie zudem eine immanent teleologische Struktur
hätten, die sich an der *Form* der Sätze sichtbar machen ließe,[3] wären sie zugleich
die Grundlegung auch der Biologie. In dieser umfassenden Form stellten sie ein

---

[3]Immerhin erwägt es Thompson an dieser Stelle explizit, dass diese Art der Handhabung
teleologischer Statements ein theologischer Rest sein könnte: „Now, any attempt to employ
this further possibility of combination as an instrument of ‚grammatical' or putatively formal isolation may of course be thought to raise new difficulties: perhaps the whole idea
is just a theological survival" (Thompson 2008, S. 77 f.). In der Tat könnte dies auch auf
wesentliche Bestandteile von „Documentaries" und lebensweltlichen „Wissensbeständen"
zutreffen – wie im Falle der Adaptation.

Wissen für die Beantwortung von „warum-Fragen" bereit, wie etwa jener nach dem Grund der Kontraktion des Herzens eines Frosches (Thompson 2008, S. 78):

> If I am satisfied with the response, „It's the heart, of course, and by so beating it circulates the blood," then, after all, I think, it was *not* the individual movements here and now that interested me. I was not so much pointing into the individual, as pointing *into its form*. I do not anticipate a different reply at a different lab bench, as I would at a different pillar. The alarming truth I apprehend and query, the „that" for which I seek the „because", is to be formulated in a natural-historical judgement (Thompson 2008, S. 78).

Dies evoziert sogleich die Frage, was genau jenes Allgemeine ist, die *Form,* auf die gezeigt werden kann: auf das Herz von *Fröschen,* von *diesem* Frosch, von *Wirbeltieren* – oder von *Tieren* überhaupt. Ironischerweise wurde darauf eine mögliche Antwort schon im letzten Jahrhundert von D'Arcy Thompson gegeben – mit Verweis nämlich auf explizit *technische* Zusammenhänge, etwa im Vergleich der Form einer Hängebrücke mit dem Extremitäten-Wirbelsäulen-Skelett von Sauropoden (D'Arcy Thomson 1983, S. 296 ff.). Auch weitere Einsichten in die Form von Lebewesen zielten auf Technikvergleiche ab, die zudem eine systematische Quantifizierung erlaubten.

Das Bemerkenswerte an dieser Antwort besteht weniger darin, dass sie einer zentralen These Thompsons widerspricht, jener vom andersartigen Charakter menschlicher und natürlicher Technik, als vielmehr, dass sie auf *dieselbe Textbasis* sich bezieht. Während aber D'Arcy Thompson, durch die aristotelischen Überlegungen instruiert, auf die große Nähe von menschlicher und natürlicher Technik[4] zielt, was mit seiner stark antidarwinistischen Haltung zusammenhängt, geht es Thompson (2008, S. 78 ff.) um ihre Besonderung. Die intentionale Form ist nämlich – so Thompson – kein oberflächengrammatisches Artefakt, sondern die *angemessene* intellektuelle Operation in der Charakterisierung von Lebensformen. Die durch die intentionalen Formen zusammengehaltenen Redestücke sind keine *empirischen* Berichte, sie sind in diesem Sinne auch keine empirischen Bestimmungen, sondern deren *Voraussetzungen.* Es gibt also weder eine kausale noch eine zeitliche Folge etwa von Herzschlag und Zirkulation des Blutes:

> The bare descriptions of this sort of order has nothing to do with *natural selection* either; these propositions are in no sense hypotheses about the past. The elements

---

[4]Die sprachliche Härte ist hier unvermeidlich. Unsere eigenen Überlegungen in kritischer Abgrenzung zur identifizierenden Rede bei D'Arcy Thompson s. Gutmann und Syed (2014).

> registered in natural-historical judgments are the interconnections registered in a natural history, and specifically in natural teleological judgments, are all alike characterised by that peculiar „present" that we saw contains both „spring" and „fall" in winter, and „the seventh year of the cicada's life-cycle" even during the second (Thompson 2008, S. 79).

Die „Zeitlosigkeit" des Präsens der NHJ folgt aus der *praktischen* Form der Urteile über Lebensformen selbst. Verdeutlichen lässt sich dies mit Blick auf die bisher nicht berücksichtigten Artefakte. Denn für diese gelte zunächst ebenfalls die Beziehung auf Zweck-Mittel-Aussagen. Für die Bestimmung *zeitlicher* Abfolgen – etwa „Zuerst erfolgt A, dann B, damit C" – ist das Vorhandensein der jeweilig in Rede stehenden „Technik"[5] ausschlaggebend. Die Möglichkeit der Wahrheit der Aussagen darüber setzt voraus, dass schon Urteile über die betrachteten Zweckzusammenhänge vorliegen – und deren Form steht im Gegensatz zu NHJ:

> Nothing of the sort would hold of a natural-historical judgment expressed in the form „First this happens, then that happens" – which might expound the phases of the embryological development of cranes, or of the synthesis of glucose in redwoods. Natural-historical judgments are in no sense presupposed by what they are about, and unrecognized life-forms are common (Thompson 2008, S. 80).

Es gibt also bei NHJ *keine* Trennung von Gegenstand und Urteil: Das Urteil ist gleichsam die sprachliche Fassung der Konstitution des „Worüber", wie umgekehrt die Lebensform die materiale Erfüllung des Urteils *als* eines Worüber darstellt. Diese doppelte Unmittelbarkeit sei für technische Systeme nicht sinnvoll, denn hier ist das Worüber etwa als Zweck und seine Erreichung (nämlich über ein anderes, das dann als Mittel fungierte) *abtrennbar* von seiner Beurteilung. Artefakte benötigen – so könnten man formulieren – eine Beschreibung, die ihre Beurteilung *als Artefakte* erst ermöglicht, Lebensformen haben diese „an sich".

Immerhin lassen sich beide Urteilsformen vergleichen, da sie sich nicht nur in Beziehung zueinander setzen lassen, sondern in wesentlichen Aspekten dieselbe Semantik zu besitzen scheinen. So finden sich in beiden Urteilsformen Zwecke und Mittel vor, das „Worum" scheint gleichermaßen vertraut. Der wesentliche *Unterschied* besteht in der *Herkunft:* Während sich Artefakte „unseres" Zutuns zu versichern haben, gilt dies radikal nicht für Lebewesen. Denn Lebewesen *sind* nach Thompson das, was sie sind, *selbst,* ohne Zutun eines anderen – wie zugleich die Artikulation der Urteile letztlich Leistung nicht der „Be-Urteilenden",

---

[5]Hier sehr allgemein als Typus des Zusammenhanges von Zweck und Mittel angesprochen.

sondern der „Be-Urteilten" ist. Diese Urteile konstituieren zugleich das Wissen von der „Normalität" des Beurteilten, indem sie dessen Form artikulieren. Dabei ist leicht zu sehen, dass Thompson das Wort „normal" nivellierend verwendet, wenn wir die folgenden drei Formen der Rede unterscheiden:[6]

1. In einem Sinne ist „ought to be" eine *Erwartung,* die sich an primär deskriptiven oder schwach präskriptiven Aussagen über Lebewesen orientiert.
2. *Präskriptiv* sind „funktionale" Askriptionen zu nennen, denn die Rede von der Funktion etwa eines Teils in einer Maschine, legt eine Zweckbestimmung dieses Teils zugrunde.
3. Schließlich wäre unter *stark* präskriptiver Rede eine explizit normative Struktur zu verstehen, die gewisse Handlungen oder Zustände als gegenüber anderen zu präferierende vorschreibt – wozu eben auch ethische Urteile gehören würden.

Die erste Variante scheint irrelevant für den vorliegenden Ansatz, weil sowohl die fregesche Form der Prädikation als auch die „statistische" explizit als irrelevant für das Verhältnis von Einzelnem zu Allgemeinem zurückgewiesen werden. Logisch scheint dies gleichwohl verträglich, denn es spricht nichts gegen Feststellungen eines enthymematischen Typs wie „Da der größte Teil von Pferden vierbeinig ist, erwarten wir bei Ansicht des nächsten Pferdes ebenfalls Vierbeinigkeit". Es stellt sich dabei ein Verständnis des Ausdrucks Pferd ein, allerdings wäre dessen „Normalität" bezogen auf Äquivalenzklassen und entsprechende Verteilungen, wobei es hinsichtlich gewisser Merkmalsklassen zu „kontraintuitiven" Resultaten kommen kann.

Lassen wir die dritte Bedeutung hier beiseite, da diese ja das eigentliche Begründungsziel abgibt, und konzedieren den Ausschluss der ersten Variante *qua* Prämisse, so verbleibt die zweite Variante, die auf die Unterscheidung von Normalität und Defizienz zielt. Wird letztere übersetzt als „Dysfunktion", so wäre der logische Standard der Beurteilung die als „normal" unterstellte *Funktion* selbst.

Die Rede von der Funktion wollen wir hier nicht weiter untersuchen, im Resultat jedoch darauf hinweisen, dass es sich im biologischen Sprachspiel (!) um eine *askriptive* Wendung handelt, die in der Regel auf spezifizierte Erkenntnisinteressen sowie auf die investierten Beschreibungsmittel und das Theoriedesign bezogen werden muss – womit „Funktion" *beschreibungsabhängig* wäre

---

[6]Diese drei Formen sind nicht erschöpfend gemeint, sondern nur hinsichtlich der Klärung der thompsonschen Überlegungen ausgewählt.

(dazu Kap. 11). „Normale" Funktionen sind danach strikt an die Explikation der Bedingungen der Zuschreibung gebunden. An eine solche Betrachtung lässt sich gleichwohl wiederum eine statistische anschließen, was erneut zu Verteilungen des ersten Typs führt.[7] *Methodologisch* entscheidend ist aber, dass sowohl die Funktion wie die Dysfunktion „nach denselben Gesetzen" betrachtet werden. Es ist also genau genommen eine sprachliche Verwirrung, von Fehl- oder Missbildung oder auch nur von Krankheit in der Form *biologischer* Beschreibungen zu sprechen.

Die mit der nivellierenden Verwendung von „normal" verbundenen methodologischen Probleme werden sichtbar, wenn wir uns ins Feld der evolutiven Bewertung begeben, denn hier kann dasjenige, was bezüglich eines Beschreibungsstandards als Abweichung oder sogar Dysfunktion gilt, bezüglich eines anderen Beschreibungsstandards eine „erfolgreiche" evolutive Transformation darstellen.[8]

Der Schluss auf den dritten Fall, der Übergang von funktionaler Normalität auf ethische im engeren Sinne der Güterethik, lässt sich für Thompson nur dann vollziehen, wenn die Bezüglichkeit der funktionalen Askription aufgegeben wird – wenn also die funktionale Beschreibung gleichsam im Begriff des Lebewesens selbst *enthalten* ist (Thompson 2008, S. 38). Die Identifikation von „ist lebendig" mit „ist organisiert" ist daher nicht primär eine Frage der Konzeption biowissenschaftlicher Forschung als unmittelbarer *Ausdruck* der Verfasstheit lebendig seiender Gegenstände.

Dies führt zur angezeigten Sonderstellung der Formbegriffe, sodass die von Thompson ausdrücklich vermerkte Immunisierung gegenüber allen Versuchen, Leben in der Form organismischer (funktionaler) Askription zu verstehen, von vorneherein feststeht. Die aus einer solchen Askription resultierenden Listeneinträge sind entweder nicht einschlägige Reduktionen des Beschriebenen[9] oder tautologisch (Thompson 2008, S. 39). Wesentlich für ein an der life-form orientiertes Verständnis von „Lebewesen" ist also nicht nur die Identität mit „Organismus",

---

[7]In diesem Fall sind insbesondere Lücken in der Verteilung von Merkmalsausprägungen interessant – diese werden häufig zum Gegenstand evolutiver Spekulation, sind aber gleichwohl schon für die Konstruktion des funktionalen Standards unverzichtbar.

[8]Man denke exemplarisch an Augenreduktionen, die Anhangsentwicklung im Verlaufe der Evolution(en) des Landgangs (oder des Weges zurück ins Wasser) etc. Wiederum gilt auch hier, dass der Bezug auf Evolution nicht notwendig ist; *funktional,* damit schwach-normativ, sind solche „Abweichungen von Standard" als Momente von Variationen verstehbar (s. Kap. 14).

[9]Wie etwa für den thermodynamischen Ansatz die Reduktion von „living body" auf „physicalistically intelligible and salient results" (Thompson 2008, S. 36).

sondern weiterführend auch die These, dass Lebewesen aus Teilen bestehen – die allerdings *Organe* sein müssen – womit das Tautologiekriterium erfüllt wäre. Die *Rechtfertigung* der *Identifikation* sowohl als der *Aufbauhypothese* ist aber ersichtlich unabhängig von der Bewertung der *empirischen* Thesen – die einerseits eine hohe Plausibilität besitzen, andererseits nichtsdestotrotz dies sind: empirisch. Die Struktur des normativistischen Arguments, das von Thompson gegen den fregeschen Formalismus in Feld geführt wird, hängt also unmittelbar zusammen mit den *begrifflichen* Grundlagen der Rede von Lebewesen und ihren Teilen einerseits, von Organismen und Organen andererseits.

5.3   Das Problem der *Res abscondita*

Die vorgestellten Überlegungen befassten sich mit dem Problem des Gegenstands und dessen Verhältnis zum Begrifflichen auf je unterschiedliche Weise. Während für das fregesche Verständnis der formalen Funktion von Prädikaten ihre Einführung letztlich keine Rolle spielte, bemühten sich die inferentialistischen Ansätze gerade darum – mit je unterschiedlichen Ausrichtungen. Der Versuch Brandoms, die besondere Kraft der Behauptung in der Form der Rede nach Maßgabe jener Verpflichtungen und Berechtigungen zu verankern, die im Diskurs eingenommen werden können (vorausgesetzt, es ist auf *begründende* Rede abgezielt), führte exemplarisch die Notwendigkeit der Rekonstruktion des Verhältnisses formaler und materialer Inferenzen vor Augen. Das konstitutive Urteil bildete dabei das Atom sinnvoller Rede, ohne dass angegeben wäre, auf *welche* Weise das jeweils Behauptete *als Gegenstand* den Beurteilungen *übereignet* würde. Insbesondere die Analyse des Unterschieds von begrifflichen und nichtbegrifflichen Wesen zeigte eine zweifache Unterbestimmung des Ansatzes, die gleichsam seinen „myth of the given" ausmachen:

1. Die Berechtigung zu materialen Inferenzen wird an spezifische Diskursbedingungen gebunden, die als solche die Hinterlegung der Währung übernehmen.[10] Dabei bleibt offen, *woher* die Passung oder Adäquatheit dieser Bedingungen selbst zu beurteilen sein soll – es sei denn, es würden spezifische *Einführungssituationen*

---

[10]Wird das Scorekeeping im Sinne eines Spiels verstanden, dann sind die Rahmenvereinbarungen einzusetzen. Die Metapher verschiebt sich dadurch lediglich hinsichtlich etwa des Universalisierungsgrades, der bei kapitalgestützten Systemen vermutlich höher sein wird als etwa bei Baseball – oder anderen Spielen.

ausgezeichnet, die sich wiederum nicht in nur *sprachlichen* Einführungen erschöpfen.

2. Der Unterschied begrifflicher und nichtbegrifflicher Wesen wird als ein solcher nicht wieder *begrifflich* vollzogen, sondern mit Blick auf die *Existenz* eines entsprechenden Gegenstandsbereichs. Dies ermöglicht es zwar zunächst, auf weitergehende Annahmen verzichten zu können, die die besondere *Natur* der Fähigkeit derer betreffen, welche Begriffe zu verwenden in der Lage sind. Gleichwohl bleiben die *Geltung* und die *Herkunft* des Wissens um diese Gegenstandsklasse unklar. Der Hinweis, dass Artefakte mit Regel- und Steuerelementen in dieselbe Klasse gehörten wie Lebewesen, zeigt die besondere Nivellierung an, die letztlich die Differenz, um die es zu tun ist, als *ontische* ausspricht: Es gibt eben innerhalb dieser Klasse Wesen, die wie Thermostate bestimmte Eigenschaften ihrer Umgebung repräsentieren können und die zudem in der Lage sind, inferentielle Beziehungen zur Umgebung aufzubauen.

Es verbleibt damit ein immanent naturalistischer Kern des inferentialistischen Ansatzes zumindest insoweit, als der genannte Unterschied seinerseits nicht mehr in die Form der inferentialistischen Darstellung des Begrifflichen zurückgenommen wird. Im Resultat ergibt sich ein begrifflicher Holismus, der nicht einfach auf etwas verweisen muss, was sich als Quelle der Verlässlichkeit von materialen Inferenzen bestimmt; vielmehr stellt sich das *Verlangen* und *Geben* von Gründen als eine Form unter anderen dar, in welchen sich die Interaktion von Gegenständen mit ihrer Umwelt vollzieht.

Tugendhats Weiterführung der fregeschen Unterscheidung von Gegenstand und Begriff vermeidet zunächst eine *holistische Semantik* – vor allem deshalb, weil dem Verlangen und Geben von Gründen keine konstitutive Funktion für die Etablierung der angezielten gegenständlichen Semantik zukommt.[11] Dies gelingt insofern, als am Satz als der wesentlichen semantischen Einheit festgehalten wird, *innerhalb* derer sich das Gegenstands-Begriffs-Verhältnis überhaupt als ein *begriffliches* artikuliert.

---

[11]Die Kritik etwa an der habermasschen Diskurstheorie erfolgt einerseits als Abgrenzung gegenüber zeitgenössischen Alternativen (Tugendhat 1992b, c, 1995, S. 161 ff.), sie beinhaltet aber zugleich die Nivellierung des Diskursiven im Ganzen, was sich u. a. an der Zurückverlagerung der Ja-nein-Differenz in eine letztlich naturale Eigenschaft des Lebendigen überhaupt zeigt, etwa im Anschluss an appetentes und aversives Verhalten (Tugendhat 1992d, 2003, S. 16 ff.).

Damit wird zugleich die Relevanz von Einführungssituationen herausgestellt, mit denen die Konstruktion semantischer Gegenstandsverhältnisse auch dann gelingen könnte, wenn nicht, wie bei Tugendhat, der Fokus auf asymmetrischen Beziehungen läge – etwa in der Form von Erziehungsgeschichten. Während nämlich der rein formale Aspekt der Handhabung argumentativ strukturierter Semantik dem Vorgehen bei Brandom und dem Erlangener Konstruktivismus gleicht – unabhängig von Differenzen im Detail, die u. a. die Funktion solcher Notierungen betreffen –, ist durch den Bezug auf besondere Kontexte der *Verwendung* ein Weg eröffnet, der vor allem durch den konstruktiven Ansatz tatsächlich beschritten wurde (exemplarisch Lorenzen 1987; Janich 1980, 1989; Gutmann et al. 2010b). Die *Einführungssituation* wird zu einem zentralen Mittel der semantischen Konstruktion einfach deshalb, weil dort auf *Handlungen* im Zusammenhang der Gegenstandskonstitution verwiesen werden kann. Der Aspekt der handelnden *Herbeiführung* von Einführungssituationen[12] wird bei Tugendhat durch eine *ontologische* Struktur repräsentiert, die der Sortale.

An dieser Stelle geht Thompson einen – wir mir scheint – wesentlichen Schritt weiter. Wiederum von Frege ausgehend wird nun aber die gegenständliche Unterbestimmung zum eigentlichen Kritikpunkt. In dem Ausmaß, in dem die Rede über Gegenstände zunächst und wesentlich nur als Rede verstanden wurde, gingen all jene Aspekte verloren, die Gegenstände jedenfalls dann auszeichnen, wenn sie lebendige sind.

Thompson insistiert auf einer besonderen Ontologie, die auch jeder inferentialistischen Semantik zu substruieren wäre, wollte sie Lebewesen als das *antreffen,* was sie auszeichnet: als sich selbst in Zweck-Mittel-Kategorien darstellende Formen der Organisation des Seins. Das Präsentische von Lebendigseiendem, das im τὸ δὲ ζῆν τοῖς ζῷσι τὸ εἶναί ἐστιν (*De anima,* 415 b 13) seinen Ausdruck findet, wird zur Grundlage der Auszeichnung weniger von Seinsregionen als *Formen* oder *Weisen* des Seiendenseins (etwa Kosman 2013, Steinfath 1991, Thompson 2008). Während wir im Gefolge Brandoms materiale Inferenzen im Sinne des Eingehens argumentativer Verpflichtungen und Berechtigungen zu verstehen hätten, weist Thompson darauf hin, dass solche Inferenzen sowohl innerhalb *individueller* Lebensformen auszuzeichnen seien, wie auch in Hinsicht auf ihr Verhältnis zu dem als weiteren Kontext anzunehmenden *Allgemeinen,* das sich in den NHJP zeige.

---

[12]An diese ließen sich meiner Ansicht nach auch jene Situationstypen anschließen, die bei Tugendhat als Verwendungs- und Verifikationssituationen figurieren.

Damit versucht Thompson der für das aristotelische Verständnis von Leben notwendigen Verbindung von εἶδος und ὕλη wie von εἶδος und γενός gerecht zu werden. Zugleich ergibt sich für ihn daraus eine wesentlich *normative* Struktur der Rede über das Leben, die diesem *nicht* aufgesetzt, sondern *immanent* sei, indem sie nämlich der *besonderen* Form des Lebendigseins *folge*.

Auf diese Weise werden die engen Grenzen der von Tugendhat angestrebten Ontologie erheblich überschritten: Es erscheint nachgerade das Sortal nur mehr als Karikatur von Lebendigseiendem. Der resultierende Realismus stützt vor allem die ethischen Schlussfolgerungen, die sich aus der angeschlossenen Theorie der Handlungsvollzüge für Thompson daraus ergeben. Der schärfste mögliche Bruch mit dem fregeschen Ausgangspunkt scheint damit vollzogen: Das individuelle Lebendige ist in einem *unsprachlichen* Sinne in das Allgemeine der Lebensform eingelassen, woraus sich zudem eine direkte Verbindung zwischen der *Form* des Seins des Lebendigen und seiner *sprachlichen* Repräsentation ergibt oder ergeben soll.

Lassen wir die naturalistische Ethik beiseite, deren Grundlegung die thompsonschen Darstellungen der NHJ letztlich zuarbeiten sollten, dann erscheint die notwendige Nivellierung von lebendig, organismisch und organisiert als methodisch bedenklich. Führt die Ausblendung des nichtsprachlichen Tuns zum Verschwinden der Gegenstände in der Form des Sprechens, so verliert sich umgekehrt die Form des Sprechens in der vorsprachlichen Struktur des als *einfachhin* organisiert gedachten Gegenstandes. Gleichwohl scheint Thompson auf einen wichtigen Unterschied prädikativer Formen hinzuweisen, den wir nun rekonstruieren müssen.

Das Sprechen über Lebendigseiendes 6

Die Darstellung prädikativer und gegenständlicher Momente des Sprechens hat deutlich werden lassen, dass wir es bei lebendig seienden mit besonderen Gegenständen zu tun haben. Immerhin können wir an eine grundlegende Intuition appellieren, mit der wir unsere Betrachtungen begannen, dass nämlich das Lebendigseiende von Nichtlebendigseiendem dadurch unterschieden ist, dass es *sich selbst* hervorbringt. Doch schon wenn dies als Eigenschaft *eines* Lebendigseienden behauptet werden soll, wird deutlich, dass weder der Referent des Reflexivs klar ist noch die mit „selbst" angezeigte Identität. Immerhin ist der Unterschied im Hervorbringen nachvollziehbar dann, wenn wir als Vergleichsgegenstand Artefakte nutzen. Für Artefakte gilt ja, wie im Vorwort kurz skizziert, schon dem Namen nach, dass ihre Hervorbringung eine Herstellung oder Produktion im engeren Sinne ist. Ferner können sie als Realisierung von Zwecken angesprochen werden, wobei der Zweck zweimal erscheint, nämlich zunächst als vorgesetzter, dann als realisierter, als das Produkt. Auch werden zur Herstellung Mittel benötigt, die ganz anderer Art sein können als das Produkt; ferner ist die Umnutzung ein vertrautes Phänomen – man denke exemplarisch an Schraubenzieher, mit deren Hilfe Schrankböden ebenso eingeschraubt werden können wie die Litzen einer Lampe, oder aber Fenster aufgehebelt. Schließlich wird das Produkt nicht notwendig mit der Erstellung weiterer Produkte *seiner Art* in Beziehung stehen, sehen wir von der möglichen Funktion als Prototyp ab. Aber auch in diesem Fall tritt das Produkt „neben" den Prozess seiner Herstellung und kann auf diesen evaluativ bezogen werden, um z. B. die Güte der Realisierung des Zwecks zu beurteilen.

© Springer Fachmedien Wiesbaden GmbH 2017

M. Gutmann, *Leben und Form*, Anthropologie – Technikphilosophie –
Gesellschaft, DOI 10.1007/978-3-658-17438-5_6

Das scheint sich bei Lebendigseiendem anders zu verhalten, denn diese werden – in der Regel – von Lebendigseienden hervorgebracht;[1] auch tritt bei ihnen das Hervorgebrachte insofern nicht einfach neben den Prozess der Hervorbringung, als es wieder zum Ausgangspunkt der weiteren Hervorbringung werden kann. Damit ist die Unterscheidung von Zweck und Mittel zumindest problematisch, denn beide Ausdrücke referierten auf dasselbe, jenes „sich selbst" hervorbringende Lebendigseiende. Thompson hatte daraus den Schluss gezogen, dass Artefakte und Lebendigseiendes grundlegend verschiedene *Gegenstandsbereiche* bezeichneten, deren Bestimmungen einander wechselseitig ausschlossen. Die Kritik des nur formalen Verständnisses von Prädikation führte Thompson ferner dazu, eine besondere Form der Prädikation zu vermuten, deren sprachlichen Ausdruck er in „Natural Historical Judgements" zu finden hoffte.

Unabhängig von der Akzeptanz dieser Lösung wird damit aber ein wesentlicher Aspekt der Unterscheidung zum Artefakt deutlich, der sich in der Bestimmung der *Einheit* anzeigen lässt. Während nämlich Artefakte eine Einheit nur haben, *insofern* sie zu Zwecken zusammengestellt wurden, sind Lebewesen eine *Einheit* dessen, was mit der Prädikation „x lebt" bezeichnet wird. Dies wird deutlich, wenn wir den Übergang von „x lebt" zu „x ist lebendig" und schließlich zu „x ist ein Lebendiges" vornehmen. Während der erste Übergang zu synonymen Aussageformen zu führen scheint (wir werden unten sehen, dass das nicht schlechthin gilt), ist dieselbe Behauptung für den zweiten Übergang zumindest fragwürdig – und zwar deshalb, weil nicht klar ist, ob dasjenige, von dem gilt, dass es lebendig ist, dies in der Form des „*Ein*-Lebendigseienden" ist. Wir könnten selbstverständlich von der Synonymität einfach ausgehen, was in den Lebenswissenschaften häufig der Fall ist. Unabhängig von dieser „Lösung", kann im Lichte unserer bisherigen Explikation der prädikativen Redeform jedenfalls gesagt werden, dass die Einheit dessen, was als „ein Lebendigseiendes" gelten soll, in Abhängigkeit *von dieser Auffassung* bestimmt wird. Dieses Problem des „Eines-Seins" von Lebendigem vergrößert sich, wenn mit der Bestimmung von etwas als Lebendigseiendes nicht besondere Gegenstände, sondern das besondere Gegenstandsein von Gegenständen gemeint ist.

Frege (1988, S. 44 ff.) weist auf einige methodische Schwierigkeiten hin, die sich aus der Bestimmung dessen ergeben, was mit dem „*Eins*sein" von etwas

---

[1]Unabhängig davon, ob es sich um *dasselbe* Token handele wie im Falle vegetativer Vermehrung oder um andere Exemplare desselben Typs. In beiden Fällen handelt es sich um „eines von diesen" – was wir vorgreifend als Verhältnis von εἶδος und γένος im Sinne des Verhältnisses vom besonderen Einzelnen zum Allgemeinen bezeichnen wollen (dazu im Detail Gill 1989).

verbunden ist. Gleichwohl ist seine Lösung des Problems für unsere Belange insofern nicht relevant, als er explizit auf die Frage nach dem *Zahlcharakter* von „Eins" abzielt, also den Begriff der Zahl – wie die durch die Ziffer „1" dargestellte. Das Problem des „*Eines*seins" in einem anderen, auf die *Einheit* von etwas abzielenden Sinn streift er dabei zwar, ohne sie aber weiter allgemein zu entwickeln.[2]

Für unsere Darstellung des Lebendigseins von etwas ist es zudem sinnvoll, im Vorhinein zwischen dem Einheit*haben* eines Lebendigen und seines Einheit*seins* zu unterscheiden. Während wir das *Haben* von Einheit als Resultat von Zuschreibungen und Strukturierungen verstehen können, bezeichnet das Einheit*sein* die Art und Weise, in der das Einheithabende vorliegt. Nehmen wir als Beispiel den von Kant angeführten Baum (wir werden dies in Kap. 9 näher analysieren), dann ließe sich sein Einheitsein daran festmachen, dass wir ihn als dasjenige *ansprechen,* von dem gilt, dass es „sich selbst" hervorbringt. Die Art und Weise aber, *wie* dies geschieht, hängt von der *Strukturierung* dieses Gegenstandes ab – hier also z. B. von der Art und Weise seines Wachsens, die sich von dem anderer Sorten von Bäumen ebenso unterscheiden mag, wie von dem anderer Pflanzen oder nichtpflanzlicher Lebewesen.

Noch deutlicher werden die Unterschiede, wenn wir von „Systemen" oder „systemischen Strukturen" im biowissenschaftlichen Sprachspiel sprechen: Hier fällt die Einheit zwar ebenso wie bei morphologischen Individuen mit der *operativen* Form ihrer Tätigkeit zusammen – diese muss aber eben nicht mehr an die *morphologische* Grenze organismisch strukturierter Lebewesen gebunden sein, die sowohl unter- wie überschreiten werden kann (s. Kap. 12 und 13). Uns interessiert lediglich die Art und Weise, in welcher wir *prädizierend* von etwas so sprechen, dass dessen Einheit*sein* zum Ausdruck kommt; das Eines*sein* ist damit dem Einheit*haben* nicht nur nicht einfach entgegengesetzt, sondern auf es bezogen. Die Unterschiede, welche sich einstellen, werden allerdings von der Widerständigkeit des Gegenstandes abhängen – und insofern ist die Form, in der *sich* das Einheitsein eines *Gegenstandes* bestimmt, von der Form abhängig, in welcher ihm das Einheithaben zugesprochen wird (dazu Kap. 11 und 12). Doch bevor wir diese Differenz am lebendigseienden Gegenstand näher untersuchen können, müssen wir uns über die *formale* Struktur der prädikativen Einheit verständigen – und diese druckt

---

[2]Wir können für die weitere Betrachtung auch andere Aspekte außer Acht lassen, die sich mit der Rede von „Einheit" verbinden, wie etwa die Metrisierung, welche die *Möglichkeit* der Messung überhaupt betrifft – sei es von Stoffen, Massen oder Lichtstärken. Auch das *Einheitlichsein* als Angabe des Gleichartig- oder Gleichförmigseins steht nicht in Rede, das sich z. B. an der Homogenität von Stoffen oder Oberflächen erläutern lässt (dazu Janich 1989).

sich aus in dem *formalen* Verhältnis der „Eigenschaften", die von etwas prädiziert werden, zu demjenigen, *von dem* diese *prädiziert* werden und womit die *formale Einheit* von etwas *als Etwas* zum Ausdruck gebracht wird – z. B. mit Blick auf den *Zusammenhang* seiner *verschiedenen* Eigenschaften. Genau diese formale Einheit wird durch den Ausdruck „Ding" angezeigt, dem Eigenschaften so zukommen, dass wir sie prädikativ bestimmen können. Einen Hinweis auf das Verhältnis des „Dinges" zu seinen „Eigenschaften", worin die formale Einheit „des Dinges" besteht, gibt König (1978b) in der Untersuchung des Status der Substanzialität, die bei Kant explizit eine *Relation* ist. Während unstrittig die Ausdrücke „Ursache und Wirkung" ein „Verhältnis enthielten" – da wir, wenn „A die Ursache von B" sei, zugleich sagen könnten, dass B die Wirkung von A sein müsse –, gelte dies nicht gleichermaßen offenkundig für die Rede von *substantia et accidentia.* Das letztgenannte „Verhältnis" sei vielmehr eher die *Bedingung* von Relationen, enthalte aber eben selbst keine. Erläuternd macht König dabei eine ebenso scherzhafte wie aufschlussreiche Bemerkung:

> Den formalen Unterschied zwischen dem Begriff „Ursache und Wirkung" und dem Begriff „Ding und Eigenschaft" kann man indirekt von *Kant* her mit einem Scherz, für den ich um Nachsicht bitte, herausstellen: Das „Und" hat in diesen beiden Ausdrücken eine verschiedene Wirkung; im ersten Falle bestimmt sich diese nach dem Satz „1+1=2", im zweiten Falle nach dem Satz „1+1=1" (König 1978b, S. 343).

Die Bedeutung des Ausdrucks „formal" lässt sich zunächst so fassen, dass es nicht auf die *Bedeutung* der Ausdrücke ankommen soll, sondern auf eine besondere Relation, die zwischen beiden unter der Bedingung unterschiedlicher Verwendung besteht. Es geht also nicht einfach um Dinge, die sich insofern unterschieden, weil sie schlicht unterschiedliche Dinge seien, als vielmehr um deren *Dingsein,* sodass es wohl sinnvoll möglich sein wird zu behaupten, Dinge hätten Eigenschaften, nicht jedoch „das Ding als solches":

> Die Rede von einem Ding als einem Ding ist eine Art formaler Zusammenfassung der vielen denkbaren Reden z. B. von einem Baum, einem Stein, einem Tisch als einem Ding. Dabei ist zu beachten: Ein Baum z. B. „hat" Eigenschaften, und überhaupt, Dinge „haben" Eigenschaften. Aber man muß sehr wohl unterscheiden zwischen der Rede, daß Dinge Eigenschaften haben, und der, daß Dinge *als solche* Eigenschaften subsistieren oder Eigenschaften tragen (König 1978b, S. 344).

Der Ausdruck „Ding" fungiert also einmal als Leerausdruck – er bezeichnet dann nichts weiter als diesen oder jenen Gegenstand, der vorliegend situativ oder explizierend bezeichnet wird. Hingegen zielt die Bestimmung von einem Ding, insofern es Ding ist, gerade darauf ab, dass es sich um etwas handelte, das als ein Eins- bzw. ein Einesseiendes aufgefasst werden kann. Genau dies expliziert König als „Ding an sich". Die Rede aber davon, dass ein Ding *als solches* Eigenschaften subsistiere,[3] evoziert gerade jenen eigentümlichen Schein, der in der kantischen Formulierung als Anzeige einer *Relation* verstanden werden konnte, nämlich zwischen Eigenschaften und demjenigen, dem sie zukommen – eben dem Ding.

Im Vergleich mit oberflächengrammatisch ähnlichen Reden zeigt sich der Unterschied: Beziehen wir etwa „Die Katze liegt auf der Matte" auf die Aussage „Das Ding subsistiert Eigenschaften", dann liegt *ein* Unterschied darin, dass die relationale Formulierung im *materialen* Zusammenhang regelmäßig verständig möglich ist, im formalen, also bezüglich des generischen Singulars „Ding als solches" gerade nicht. Denn man könnte verständig aber vielleicht etwas gestelzt sagen, dass so, wie die Katze auf der Matte liege, die letztere der ersteren *subsistierte*;[4] nicht jedoch gilt dies in einem anderen als metaphorischen Sinne von dem Ding (als solchem) und seinen Eigenschaften, denen es subsistiert. Während die erste Aussage in den Bereich des Empirischen fällt, gilt dies nicht für die zweite.

Der Unterschied kann auch dadurch verdeutlicht werden, dass die materiale relationale Aussage sich in zwei Aussagen zerlegen und durch Konjunktion verknüpfen lässt, *ohne* dass dies den Sinn der ursprünglichen Aussage tangierte. Also ist „Die Katze liegt auf der Matte" danach bedeutungsgleich zu „Dies ist eine Katze" und „Dies liegt auf der Matte" – das Katzesein der Katze ist damit zugleich unabhängig von ihrem „Auf-der-Matte-Sein" *et vice versa*. Eine solche Zerlegung ist aber im Falle des Dinges als solchen mit Blick auf Eigenschaften, denen es subsistiert, nicht statthaft:

> Man gibt keine Eigenschaft, kein Akzidenz, eines *Dinges als eines solchen* an, sondern sozusagen, sein Was, sein τί ἐστιν, wenn man sagt, es subsistiere Eigenschaften. Es sind daher nur zwei verschieden formulierte Hindeutungen auf ein Selbiges, wenn man einmal sagt, ein Ding *als solches* (ein Ding *als Ding*) sei *nichts als das*, was Eigenschaften trägt, und ein andermal sagt, Eigenschaften zu tragen, zu subsistieren, sei kein Akzidenz eines Dinges *als eines solchen*, sondern sei sozusagen sein Was, seine „Substanz", seine οὐσία (König 1978b, S. 346 f.).

---

[3]Hier und im weiteren versteht König „subsistieren" als „tragen" – s. Zitat oben. Wir nutzen diese Rede für unsere weitere Darstellung.

[4]Man könnte das „Auf-der-Matte-Liegen" der Katze als Eigenschaft verstehen – dies wäre aber nur eine höherstufige Formulierung der – hier interessierenden – räumlichen Relation von Matte und Katze, änderte also am relationalen Charakter der *Relate* nichts.

Damit ist ein weiterer Unterschied in der Auflösung des generischen Singulars „das Ding als solches" angezeigt: Es kann sich nicht im *selben* Sinne um eine Relation handeln, bei der das Ding als solches wie andere Dinge in die Klasse der Dinge einbezogen würde. Nehmen wir exemplarisch wieder die Katze, die zugleich als Vertebrat angesprochen wird, dann ist eine Aussage über „Diese Katze da" *als* Vertebrat eine Aussage über empirische Bestimmungen derselben, wie den Besitz einer Wirbelsäule oder eines Herzens. In *diesem* Sinne können Aussagen über (diese) Katze durch Aussagen über (diesen) Vertebraten einfach ersetzt werden, denn beide sind entweder wahr oder falsch, nicht aber im einen Fall wahr und im anderen nicht, womit wir verlustfrei zu der Aussage „Dieser Vertebrat ist so und so beschaffen" gelangen.

Der Unterschied, der sich als *formaler* nun eigentlich erst zeigt, wird deutlich, wenn wir die Rede von der Katze als Vertebrat vergleichen mit der Rede von der Katze *als Ding*. Denn im zweiten Fall gilt nicht mehr einfach, dass wahre Aussagen über etwas *als Ding* einfach identisch wären mit wahren Aussagen über Katzen – oder andere Dinge, wie Vertebraten. Der Ausdruck „Ding" organisiert vielmehr eine bestimmte Art, über etwas zu reden, sodass es von dort her auch möglich ist, zu sagen, der *formale* Unterschied zwischen Dingen (als Dingen) und Dingen mit Eigenschaften, bestünde darin, dass „Ding als solches" nichts weiter bedeute als „Eigenschaften zu subsistieren" – und damit wäre zugleich konstatiert, dass „Ding" einer „Stufe der Metasprache" angehörte (König 1978b, S. 349).

Die Relation von Ding und Eigenschaft stellt sich nunmehr nicht als „normale" Relation dar, der gemäß etwa das Ding das eine Relat bildet und seine Eigenschaften die jeweils anderen Relate. Vielmehr ist das „Ding und seine Eigenschaften" nur eines, ein Einfaches – daher auch der „Scherz", demgemäß dieses Eine immer eins ergibt, obgleich doch zu dem Ding die Eigenschaften „hinzukommen", die es demgemäß „hat". Damit ist es eine Unterscheidung an „etwas", das, indem es etwas *ist,* seinerseits schon *als etwas* angesprochen wurde. Die Rede von „A als etwas" ist insofern *explikativ* primär, als wir uns auf das beziehen, „als Ding" angesprochen ist, wie etwa „als Tulpe":

> Wieviel Dinge sind diese Tulpe da in meiner Hand? Man wird sagen, die Tulpe sei doch klarerweise *ein* Ding. Ich bin weit davon entfernt zu behaupten, das sei nicht richtig. Jedoch dürfte nicht schwer sein einzusehen, daß die Tulpe uns nur von daher *ein* Ding ist, weil klar ist, daß sie *eine Tulpe* ist (König 1978b, S. 356).

Das „Eine-Tulpe-Sein" als Einheit von A ist die Bedingung dafür, sagen zu können, die Tulpe sei *ein* Ding. Wir könnten im Vorgriff auf das in Kap. 11 zu Entwickelnde sagen, dass es gerade jenes Umgehen mit der Tulpe sei, das *eine* Bedingung des

Ein-Ding-Seins einer Tulpe ist. Ohne Bezug auf solche dann zu explizierenden Handlungs- und Redekontexte erscheint dies keineswegs „klar", und es stellt sich die Frage, ob es nicht andere Formen des Umgehens mit der Tulpe geben kann, die sie eben nicht als *ein* Ding, sondern als *mehrere* erscheinen lassen.[5]

Doch weist König auf einen weiteren Zusammenhang hin, der verloren geht, wenn wir die Rede von Tulpe als Ding und Ding als Ding identifizieren, die Bestimmungen nämlich, dass „Ding sein" einerseits heiße, Eigenschaften zu subsistieren und andererseits dasjenige bezeichne, was bleibe, wenn anderes wechsele:

> Die beiden Gedanken des Eigenschaften-Subsistierens und des Bleibens, wenn Eigenschaften wechseln, sind hier sozusagen nur zwei verschiedene Aspekte eines Selbigen. Das Bleiben ist, wie man hier sagen kann, die Weise des Subsistierens (König 1978b, S. 356).

Zustande kommt diese Aspektualität[6] eines Selbigen durch die Ergänzung „nichts anderes als"; denn Dingsein ist nichts anderes, als Eigenschaften zu subsistieren, *und* zugleich nichts anderes, als das was bleibt, wenn anderes wechselt. Hingegen ist ein Ding – also etwa ein Haus – eben noch anderes als das genannte und bleibt folglich in einer anderen Weise, wenn anderes (etwa seine Bewohner) wechselt (dazu im Detail König 1978b, S. 356 f.). Der Unterschied von „ein Ding" und „das Ding" lässt sich dann dahin gehend fassen, dass „das Ding" nicht ein Ding – beliebig welches – bezeichnet; aber ein Ding – beliebig welches – lässt sich als das Ding oder als Ding bestimmen. Damit steht nicht mehr „dieses Ding" in Rede, sondern dieses als (das) Ding. Wiederum gilt, dass im Falle von *einem* Ding und von *dem* Ding eine Differenz besteht, die sich als Differenz der Sprachebene verstehen lässt:

> Doch darf man wohl auch kürzer sagen: Es sei der Unterschied zwischen dem Begriff „Ding" und den sinnlich angeschauten Dingen, z. B. den sinnlich angeschauten Steinen, Pflanzen und dergleichen (König 1978b, S. 360).

Der „Begriff" Ding wird also nicht abstraktiv verständig aus der Beschreibung von Verschiedenem als Dinge gewonnen, durch Subsumtion also etwa von Steinen, Bäumen und Polizisten unter den Ausdruck „Ding" – dies ist jederzeit auch möglich,

---

[5]Dies ist nicht als vollständige Disjunktion gemeint – ein Hinweis, den ich Jens Salomon verdanke.

[6]Hegel verhandelt die Aporien dieser Anschauung im Kapitel „Die Wahrnehmung oder das Ding und die Täuschung" der *Phänomenologie des Geistes*.

legt dann aber „Ding" wieder nur als Leerausdruck aus. Im Gegensatz dazu besteht die hier zu entwickelnde Funktion der Ausdrücke „Ding" und dessen „Eigenschaften" darin, etwas als eine Einheit (ein „Eines") *bestimmen* zu können. Tatsächlich scheint hier eine gewisse Gnade der natürlichen Sprache vorzuliegen, die uns entgegenkommt, wenn – wie im Falle der Tulpe – „dieses da" auch umgangssprachlich „ein Ding" ist. Dies verwischt aber den Unterschied, den wir entwickeln wollen und der ja gerade auf eine *formale* Struktur abzielt. Besser wäre es an dieser Stelle, statt von „Ding" von „res" oder „pragma" ($\pi\rho\tilde{\alpha}\gamma\mu\alpha$) zu sprechen, was Sachverhalte bezeichnet, die im Deutschen mit „Ding" wenig zu tun haben (müssen), wie etwa Gerichtsfälle oder auch einfach Handlungen und deren Resultate.

Das ein Einessein ist mithin eine *formale* Bestimmung von etwas „als etwas", d. h. als solches. Dies ist zwar bei den bisher betrachteten Beispielen besonders gut zu sehen, denn diese kommen uns in ihrem *Eines*sein insofern entgegen, als sie zugleich – in der Regel – auch *Eins*seiende sind (wie dieser Tisch oder jene Tulpe)[7]; jedoch verdeckt dies zugleich das einheitsbestimmende Moment des gegenständlichen Sprechens auch bei jenen Gegenständen, die (auf den ersten Blick) nicht mehr auf die Form von Dingen im Sinne von Tulpen zu bringen sind, wie etwa Verläufe. Am Beispiel einer Straßenjagd führt König das Primat des hermeneutischen „Als" vor, indem er darauf hinweist, dass wir bei dem Betrachten von allerlei Dingen, wie rennenden Menschen, Polizisten und dem Hören gewisser Rufe und Schreie, das Dasein einer Straßenjagd nicht durch *Subsumtion* der genannten Dinge unter den Begriff der Straßenjagd gewinnen, sondern dass umgekehrt die Rede von der Straßenjagd es uns ermöglicht, die Dinge, die wir wahrnehmen, in einen Zusammenhang zu bringen – nämlich jenen einer Straßenjagd. Dies erinnert nicht zufällig an das von Ryle (1997, S. 14) vorgestellte Beispiel des „Sehens" einer Universität, die eben auch nicht noch zu den „Colleges, Bibliotheken, Sportplätzen, Museen, Laboratorien und Verwaltungsgebäuden" hinzukommt, sondern diese in einer gewissen Weise einfach „ist":

> So etwas wie eine Straßenjagd könnte man ein innerweltliches Geschehen nennen. Es ist ein Los-Sein *in* der Welt. Das Nichts-sein-als-sich-Veränderndes aller Dinge *als Dinge* ist freilich kein außerweltliches Los-Sein; aber man könnte sagen, es sei eine gewisse Form des Geschehens und Los-Seins, als welches sich die Welt selber darstellt (König 1978b, S. 362).

---

[7]Dass beide *nicht* beschreibungsinvariant einfach ein *Eines* sind, zeigt sich, wenn man im einen Fall an die Blüten- und Kelchblätter, Staubgefäße etc. denkt, im anderen an die Tischbeine, Platte und die sie verbindenden Schrauben.

Wir wollen diese spezifische Form der Organisation des „Los-Seins-in-der-Welt"
u. a. im Kap. 13 nutzen, wenn es um die besondere Funktion *narrativer* Strukturen für die Darstellung der systematischen (und im hier angesprochenen Sinne
dinglichen) Einheit von (hier evolutiven) Verläufen geht. Halten wir hier nur fest,
dass auch solche Verläufe das formale Schema von „Ding" insofern erfüllen, als
ihnen Eigenschaften zukommen, dass aber ihre *Einheit* anders bestimmt ist als die
jener Dinge, denen ihre Einheit *verständig* gleichsam gegeben war. Die zentrale
Einsicht, dass nämlich ein Zusammenhang von Eigenschaften und dem Eigenschaften Unterliegenden nicht durch Subsumtion von etwas unter einen Begriff –
etwa Ding – bestimmt werden könne, wendet sich danach unmittelbar gegen ein
bestimmtes Verständnis von Anschauung und Begriff, ein solches nämlich, bei
dem der Subsumtionsgedanke leitend bleibt, *unabhängig* von der *Art* des Begriffs
(also hier: *apriorisch* wie etwa Substanzialität und Kausalität oder *aposteriorisch*
wie etwa Tulpe oder Straßenjagd; s. König 1978b, S. 365).[8]

Wir können an dieser Stelle die Debatte zwischen Thompson und Frege aufnehmen und zurückfragen nach dem Status des Dinges, das ein Lebendiges ist.
Danach wäre „x ist lebendig" zwar der *Form* nach eine Prädikation, so wie „x ist
rot"; es wäre zudem *materialiter* trivialerweise von dieser unterschieden – es ist
also dies eine von der anderen Eigenschaft unterschiedene Eigenschaft. Zudem ist
aber die durch die Prädikation zugesprochene Eigenschaft eine „als Eigenschaft"
andere, und zwar in dem Sinne, dass in ihr das Einheitsein des als Lebendigsein
angesprochenen Dinges eine andere ist, als die des als Rotsein bestimmte – wiewohl beide ein selbiges sind, nämlich insofern sie Ding sind und also Eigenschaften *haben*. Genau dieses Moment lässt sich zum Ausdruck bringen, wenn wir im
Weiteren zwischen zwei Formen des Prädizierens unterscheiden, die zwar aufeinander bezogen, nicht aber aufeinander reduzierbar sind.

6.1 Determinierende und modifizierende Prädikation

Ausgehend von der prädikativen Form „x lebt" und „x ist lebendig", weist König
auf ein gewisses Verständnis hin, das sich auf den ersten Blick nicht unbedingt
aufdrängt, weil es sich einer leichten Veränderung der zweiten Aussageform verdankt, nämlich zu „x wirkt lebendig". Der Grund dafür liegt in dem Fokus auf

---

[8]Dieser innige Zusammenhang von *ein* Ding und *das* Ding ist es, der König am Ende seiner
Überlegungen zu dieser Kritik an der kantischen Konzeption am Verhältnis von Anschauung und Begriff bringt. Deren Triftigkeit lassen wir wieder auf sich beruhen.

dem Problem der ästhetischen Wirkung, der Königs Aufmerksamkeit gilt. Für unsere Klärungszwecke ist dies aber deshalb günstig, weil diese Aussageform die Differenz, um die es uns geht, besser herausbringt. Während nämlich in der – oben mit Frege entwickelten – Standardform der determinierenden Prädikation damit eine Eigenschaft eines Dinges derart angesprochen werden kann, wie es etwa mit „x ist blau" oder „x ist schwer" geschieht, ist dies bei Phrasen wie „Diese Melodie wirkt lebendig" anders verstehbar, als es durch die Formulierung „Diese Melodie ist eine lebendig-wirkende" deutlich wird. Die erste Form der als „determinierend" angesprochene Prädikation referierte danach *bestimmend* auf einen Gegenstand, der aufweisbar schon vorliege und „an dem" etwas ausgemacht, mit dem Prädikat bezeichnet werde. Hingegen sei die „modifizierende" Prädikation nicht einfach nur eine andere Verwendung von Prädikaten – es handele sich vielmehr um eine der *Form* nach andere. Im Gefolge von Überlegungen Brentanos und Husserls werden diese beiden Formen von Prädikaten[9] einander gegenübergestellt, wobei König den Ausdruck der Modifikation wie folgt erläutert:

> In bezug auf das Wort „modus" darf daran erinnert werden, daß es das Maß bedeutet. Die Wurzel ist med oder auch mod; die Worte meditari („erwägen, abmessen") und unser messen gehen auf sie zurück. Die modifizierende Rede drückt insofern das Ergebnis eines ursprünglichen Messens, Schätzens oder auch Kostens aus (König 1937, S. 222).

Die „modifizierende" Rede könnte den Eindruck erwecken, dass hier ebenfalls einfach etwas gesagt werde, das dann – sozusagen auch noch – modifiziert würde. Es läge also zunächst etwas vor, eine Melodie, an der determinierende Rede ansetzend Eigenschaften bestimmte, die dann gleichsam nachträglich metaphorisch modifiziert würden. In unserem Beispiel wäre dies also das einfache Vorliegen der Melodie, die dann auch noch lebendig *wirke*. Diesem (Miss-)Verständnis steht zunächst unser Beispiel entgegen, denn die Melodie „ist" sicher nicht lebendig in dem Sinne, in dem das für ein Lebendigseiendes gilt. Ihr „Lebendigwirken" ist gleichwohl die Form ihres Seins – bezogen auf jemanden, der sie als eine solche „schätzt". Das „Lebendigwirken" der Melodie ist mithin adressiert, bezeichnet also nicht einen einfach vorliegenden Sachverhalt, sondern zugleich

---

[9]Wir werden dies als Formen der *Prädikation* verstehen, weil die Rede von modifizierenden und determinierenden *Prädikaten* das Missverständnis nahelegt, dass es sprachliche Ausdrücke *gebe,* denen die bezeichneten Funktionen einfachhin eigneten. Es handelt sich aber um Formen des Sprechens, innerhalb derer Ausdrücke *als* Prädikate fungieren.

die *Form* der Beziehung auf diesen. Das zeigt sich auch daran, dass hier Steigerungen der Intensität zulässig sind, die wir im lebenswissenschaftlichen Zusammenhang, in dem die determinierende Verwendung dominiert, vermeiden würden; denn zwar kann von einer Melodie gesagt werden, sie wirke *lebendiger* als eine andere, nicht aber erscheint das im Falle eines Organismus[10] sinnvoll.

Gleichwohl bleibt die Möglichkeit des Metaphorischen bestehen, wobei dann vermutlich nicht viel mehr gemeint sein kann, als dass eine Melodie, die zahlreiche, vielleicht unterschiedliche Intervalle aufweise, *lebendiger* wirke, als eine solche, die lediglich in Terzen „sich bewegt". König verweist gegenüber einer solchen, Gegebenes nur *nachträglich* modifizierenden Bestimmung auf das Moment des „ursprünglichen Schätzens", das explizit *nicht* als ein Nachträgliches, sondern als ein *Erstes* verstanden werden soll. Das, was *in Rede steht,* wird durch gewisse Redewendungen dargestellt, aber nicht in *derselben* Weise *bestimmt,* wie im Falle der determinierenden Rede. Vielmehr ist das *Schätzen* selbst zugleich Ausdruck des „Sich-zu-etwas-Verhaltens" seitens des *Schätzenden.* Die modifizierende Rede ist also so zu verstehen, dass erst sie das Redesubjekt als *eine* Einheit bestimmt – und zwar im Bezug auf den diese Rede Gebrauchenden. Danach wäre also das Lebendigseiende ein solches, das *lebendig* ist, *als* es wie ein Lebendiges *wirke* – und zwar in der Form des sich zu ihm als ein solches *Verhaltenden.*[11]

Das Lebendigwirken von etwas können wir nun weiter fassen als die *Form* seines Lebendigseins: Das Lebendigwirken ist nicht aus der Konjunktion zweier Sätze zu gewinnen, etwa dem „Lebendigsein" einerseits, dem dann in einem zweiten Schritt noch das „Lebendigwirken auf jemanden" zugesprochen werden kann. Dies evoziert die Frage, was hier unter dem „Wirken" zu verstehen wäre, denn die köngische Darstellung hatte sich wesentlich am Problem der „ästhetischen" Wirkung entzündet und fand zu Formulierungen, die dieser eine vermutlich angemessene Weise des Seins zuzusprechen erlaubten (König 1978c). Doch lässt sich noch eine *andere* Bedeutung von „Wirken" angeben, auf die sich Königs Aufmerksamkeit hier nicht richtet, die aber insofern relevant ist, als das „Schätzen", von welchem her König die Explikation der *ästhetischen* Wirkung unternimmt, schon die Anzeige eines *tätigen* Verhältnisses ist. Dies gilt jedenfalls

---

[10]Ein Ausdruck, den wir *nicht* synonym mit Lebewesen oder gar Lebendigseiendem verwenden (s. Kap. 11).

[11]Wir versuchen das hier Gemeinte durch Vermeiden von „wie ein solches wirken" zu verdeutlichen. Denn dies zielte wieder stärker auf das ästhetische Moment ab.

dann, wenn das Sich-zu-etwas-Verhalten nicht ein Nachträgliches ist, das sich aus dem Sosein von etwas ergibt, sondern *Ausdruck* des Sowirkens von etwas.

Wir wollen dieses Moment des Tätigkeitsverhältnisses – auch um den Preis des Verlassens der ursprünglichen Intention – in den Vordergrund stellen, insofern nämlich als „Wirken" einen *Einfluss* bezeichnet, der – zunächst – von etwas ausgeübt wird, welches sich als Gegenstand eines *tätigen* Verhältnisses ansprechen lässt. *Wirken* ist danach die Bezeichnung der spezifischen Widerständigkeit des Behandelten, wobei sich diese Widerständigkeit in der Form des „Sich-zu-diesem-Verhaltens" widerspiegelt. Das „Schwersein" von etwas findet seinen Reflex in der Art und Weise, in der etwas *gehandhabt* wird, im Gegensatz zum „Leichtsein" etc. Dies sind alles Bestimmungen im Modus von Üblichkeiten, die ihren sprachlichen Ausdruck in endoxalen und enthymematischen Wendungen erhalten. So wenig eindeutig einerseits diese Bestimmungen sind, so sehr geben sie doch andererseits Auskunft *nicht nur* über das in Rede stehende, sondern *eben auch* über den im Tätigkeitsverhältnis zur Sache sich Befindenden. Insofern endoxale Reden nur im Modus der determinierenden Prädikation verstanden werden, entgeht genau jenes praktische Moment (s. Kap. 8).

6.2   Lebendigsein, determinierend und modifizierend

Fassen wir „x ist lebendig" nach unserer vorläufigen Bestimmung determinierend auf, so hätte dies zur Folge, dass wir eine Eigenschaft zuschreiben würden, wie es etwa bei „x ist rot" geschieht – mit den bei Thompson entwickelten Folgen. Verstehen wir aber darunter das „Lebendigsein" von etwas als Anzeige seiner *Wirkung als* Lebendiges, so ergibt sich, dass sein Sein darin besteht, auf eine *bestimmte Weise zu wirken*. Nehmen wir hier eine Anregung von Aristoteles aus *De anima* (II.1, 412 a 14 ff.) auf, dann könnten wir sagen, dass das Lebendigsein von etwas *in nichts anderem bestünde* als darin, dass es sich als „ein Atmendes", „ein Wachsendes", „ein Sichbewegendes" etc. zeige. Folgen wir der entwickelten Form modifizierender Prädikate, so ist „x lebt" genau dann identisch mit „x ist lebendig", wenn wir zugleich verteidigen, dass „x atmet, wächst, sich bewegt" etc. Sein Lebendigsein besteht dann aber in nichts anderem als in der Einheit dieser Tätigkeiten; wir können also nicht dekomponieren in die Aussage „x lebt" und „x atmet", sondern das eine gilt nur, insofern das andere gilt.

Den naheliegenden Einspruch, dass es doch auch Lebendiges gäbe, das nicht „atme", wollen wir anzeigen und nur insofern beruhigen,[12] als gesagt sei ὡς ἐπὶ τὸ πολύ (die weitere Analyse im Zusammenhang der Endoxa-Rekonstruktion in Kap. 7 und 8). Zugleich drückt sich aber darin die *Wirkung* auch dieses Tuns auf den mit diesem *Umgehenden* aus. Ein zweiter Aspekt besteht darin, dass in dem „Sowirken" der *Bezug* hergestellt wird auf die Formen des *tätigen* Umgangs mit dem Sowirkenden, in dem sich die Wirksamkeit des Gegenstandes auf bestimmte Weisen zeigt.

Wenn wir nun den zweiten der Eingangs besprochenen Übergänge vollziehen, jenen von „x ist lebendig" zu „x ist ein Lebendiges", dann sehen wir vor dem Hintergrund der eben explizierten Wirkungsmomente, dass es sich tatsächlich nicht um eine einfache Synonymie handeln muss. Wir können nämlich von dem als Lebendigwirkenden sagen, es sei *ein* Lebendigseiendes in genau dem Sinn, dass wir die Tätigkeiten in der Form ihrer Ausübung gerade jenem Körper *zuschreiben*. Dies ist einerseits eine – mögliche – Explikation des Wirkungsverhältnisses, denn es kann nicht sinnvoll bezweifelt werden, dass es einem einzelnen Körper eignet z. B. zu atmen.

Auf diese Weise erscheint aber die Einheit der Tätigkeit wesentlich an den Körper selbst gebunden, sie wird zu einer Eigenschaft neben anderen, die sich an ihm ebenfalls ausmachen lassen. Indem wir so, dinglich, sprechen, lässt sich über das Sein des Körpers als ein Lebendigseiendes in dem Sinne *resultativ* sprechen, dass er „Leben hat". Dies kann determinierend so formuliert werden, dass einem Körper in dem Sinne Leben zukommt, als er die *Eigenschaften* aufweise, zu atmen, zu wachsen und sich zu bewegen, was sich weiter verschärfen lässt zur Bestimmung von „Leben" als Reflexionsterminus, sodass wir darunter lediglich die Bezeichnung einer Liste verstehen, welche die genannten Einträge enthält. Damit ist genau die von Thompson infrage gestellte Definition von „Leben" geleistet – was mir der Kern der Überlegungen bei Janich und Weingarten (1999) zu sein scheint.

Wir haben nun aber nicht mehr eine „Verweisungsmannigfaltigkeit" in Tätigkeitsverhältnissen vor uns, sondern einen Gegenstand, ein Ding, das

---

[12]Daran zeigt sich zugleich die Unterbestimmtheit solcher lebensweltlicher Terme wie „atmen"; denn bezüglich einer *lebenswissenschaftlichen* Beschreibung könnte man zusammenfassend von der Bereitstellung von Sauerstoff oder noch allgemeiner oxidativer Reagenzien oder Oxidationsmittel sprechen – und damit „atmen" selbstverständlich auch Wesen, die über keine ersichtlichen „Atembewegungen" verfügen (wie etwa *Lumbricus spec.*). Dasselbe gilt auch für andere Terme, durch welche wir unsere methodischen Anfänge gewinnen (wie „fliegen", „schwimmen" oder „ernähren") – weshalb der Fixierung des Kontextes einer Äußerung eine so große Bedeutung zukommt.

Eigenschaften *hat*. Während wir in der *modifizierenden* Prädikation das Sein des Dinges ausdrücken konnten, insofern, als dieses Sein in *nichts anderem* besteht, als im Lebendigsein, sind uns nun diese Eigenschaften zu selbstständigen Bestimmungen am Ding geworden und wir scheinen so über sie sprechen zu können, wie wir etwa über das Rollen einer Billardkugel oder das Fallen eines Blattes sprechen würden. In dieser „theoretischen" und nicht mehr „praktischen" Form ist es uns möglich, die genannten Eigenschaften selbst zum Gegenstand der Handhabung zu machen. Damit aber gleicht er in frappierender Weise jener Sorte von Gegenständen, die wir oben als Artefakte den lebendigseienden gegenübergestellt hatten – mit den entsprechenden Unterschieden, die wir an ihnen jeweils ausmachen können.

Doch hatten wir diese Entgegensetzung hier nicht an *Sorten* von Gegenständen entwickelt, als vielmehr an Formen des Gegenstandseins, ohne dass daraus schon die von Thompson geforderte Entgegensetzung von Artefakten und Lebewesen zu folgern wäre. Dieser wollen wir uns nun zuwenden – und zwar ausgehend von den bisher erarbeiten sprachlichen und begrifflichen Mitteln, wobei das Verhältnis der Formen des Hervorbringens in Rede steht, das wir oben differenzbildend in Anspruch nahmen. Denn wenn gilt, dass Artefakte und Lebewesen nicht einfach zwei Sorten von Gegenständen repräsentieren, dann muss der begriffliche Zusammenhang zwischen den beiden Formen des Hervorbringens neu bestimmt werden – es ist also zu klären, in welcher Weise die Aussage, dass Lebewesen *wie* Artefakte seien – oder nicht seien – zu verstehen ist.

6.3   Metaphern

Metaphern gelten – in der Regel – als abgeleitete Redeformen. Sie wären als solche Resultate z. B. elliptischen Sprechens – unter der Voraussetzung des eigentlichen, nichtelliptischen, expliziten (Searle 1979; Davidson 1978; im Überblick Gutmann und Rathgeber 2010). In dieser Hinsicht lassen sich auch die oben entwickelten inferentialistischen Theorieprogramme unterschiedlicher Prägung verstehen. Hier bestand die eigentliche Aufgabe darin, *was* gesagt wurde und die Form, in der dies geschah, durch Explikation aufeinander zu beziehen, was unter den jeweiligen Leitthesen geschah, dass das *Was* durch das *Wie* schon angemessen bestimmt *sei* oder erst im Rahmen ausgezeichneter Einführungssituation dazu *gebracht* werden könne, oder schließlich unter Orientierung des Wie am Was des seine Beschreibung *mitführenden* Gegenstandes. Wenn wir einen etwas anderen Ansatz wagen, dann geschieht dies mit Blick auf die Verwandtschaft modifizierender und metaphorischer Rede:

> Die modifizierende Rede ist, obgleich eine Art Metapher, dennoch zugleich auch ein eigentlicher Ausdruck. In der determinierenden Rede beziehen wir uns in der Weise eines Nennens und Bezeichnens auf ein schon irgendwie sinnlich Gegebenes, welches – als eben ein Gegebenes – schon ohne unser Zutun vor uns steht. Wenn wir von solchen Dingen und Tatsachen bildhaft oder metaphorisch sprechen, so vergegenwärtigen wir uns ein uns schon Gegenwärtiges in einer anderen als der gewohnten Weise. Die modifizierende Rede hingegen vergegenwärtigt das, auf welches auch sie freilich sich bezieht, ursprünglich, d. h. nur kraft ihrer steht ihr Gemeintes überhaupt vor uns. Sie ist eine Art Metapher, insofern sie etwas verbildlicht; und sie ist zugleich ein eigentlicher Ausdruck, insofern wir hier nur kraft dieser Verbildlichung ein Bewußtsein von der verbildlichten Sache besitzen (König 1937, S. 204).

Die Unterscheidung des Benennens und Bezeichnens einerseits, des Vergegenwärtigens andererseits, in dem König ein wesentliches Merkmal eigentlicher Metaphern sieht, bestimmt gerade jenen Funktionsunterschied, den auch unsere bisherige Analyse determinierender und modifizierender Prädikation innerhalb eines Satzes erbrachte – Metaphern sind also in dieser Lesart eine Form modifizierender Prädikation. Dieses zweite Moment, das der Vergegenwärtigung, lässt sich als *generisch* bezeichnen. Es fügt gemäß unserer Funktionsbestimmung nicht etwas *nachträglich* dem hinzu, das durch den determinierenden Ausdruck eigentlich getroffen wird, sondern das Treffen*können* ist als ein *angemessenes* Sprechen die *Möglichkeit* des modifizierenden Ausdrucks. „An-gemessen" kann wieder auf zwei Weisen verstanden werden, einmal als Bezeichnung von etwas, das so, wie es bestimmt wird, in einer aufzeigbaren Weise eben schon *ist*. Dann wäre das Angemessene des Ausdrucks die Tatsache, dass der Sachverhalt so getroffen wird, wie er ist. In einer zweiten Hinsicht ist es erst das „Etwas-als-*dieses*-Etwas Ansprechen", das es erlaubt, das Besondere seines Seins zu sehen – oder sehen zu *können*. König verdeutlicht diese Differenz durch eine grundsätzliche Unterscheidung innerhalb des Feldes metaphorischen Sprechens:

> Es gibt, wie ich sagte, nicht nur verschiedene, sondern prinzipiell verschiedene Metaphern. Ich meine das folgendermaßen: Wenn wir z. B. etwas erhebend oder ergreifend oder niederdrückend finden, so haben wir da zweifelsohne Metaphern vor uns und zwar drei verschiedene Metaphern. Die Verschiedenheit dieser Metaphern ist rein die, daß z. B. die eine eben die Metapher *erhebend*, die andere eben die Metapher *niederdrückend* ist. Man kann sich in bezug darauf kurz so ausdrücken, daß diese einfache Verschiedenheit in dem *Inhalt* gründet, während die *Form* dieselbe ist (König 1994a, S. 157 f.).

Man kann diese Differenz nach zwei Richtungen verstehen, denn es ließe sich sagen, dass es sich um zwei Sorten von Metaphern handelte, die ihrer Art nach so verschieden sind, wie eben im Zitat ausgedrückt. Danach würde der Unterschied nur darin begründet sein, dass es *verschiedene* Metaphern sind – und zwar im Sinne des durch sie Gesagten. Es überwöge hier der bezeichnende Anteil, und diesem wäre die andere Form metaphorischer Ausdrücke entgegengesetzt, bei denen dies eben nicht der Fall ist, sondern der vergegenwärtigende Aspekt prävalierte. Wir hätten es dann mit zwar *inhaltlich* verschiedenen, *der Form nach* aber *gleichen* Metaphern zu tun. In gewisser Hinsicht sind diese Metaphern „bloße" Metaphern, weil sie etwas sagen, was – sonst gleich – auch anders gesagt werden könnte:

> Eine bloße Metapher liegt dann vor, wenn wir, was sie sagt, *auch anders* und dann eben unmetaphorisch zu sagen vermögen. So ist es z. B. bei jener blendenden Leistung, die ich vorhin in anderem Zusammenhang erwähnte. Rücksichtlich dieser bloßen Metaphern gilt, daß bei ihnen wesentlich ein *nur einseitiges* Vergleichen vorliegt. Die bloße Metapher *gibt* nicht ursprünglich die im Ausdruck gemeinte Sache; diese ist nicht, wie etwas die Farben für das Sehen, das ἴδιον des fraglichen Ausdrucks. Die Metapher ist nicht das natürliche und genuine Organ des Gewahrens ihrer Sache, sondern setzt die Möglichkeit, sie noch in anderer und eben in eigentlicher Weise sprachlich zu treffen, voraus (König 1994a, S. 172).

Das Besondere von *eigentlichen* Metaphern bestünde – im Gegensatz zu bloßen – darin, dass sie nicht einfach andere, sondern *der Form nach* andere Metaphern wären. Der Verweis auf das Vergleichen muss nicht so gelesen werden, als bezöge sich König notwendig auf eine vergleichstheoretische Deutung von Metaphern – er unternimmt dies zweifelsohne in der einen Hinsicht, dass nämlich bloße Metaphern nur etwas sagten, was auch anders gesagt werden könne. Dieses „einseitige" Sagen ergibt sich gerade daraus, dass das eigentliche vom uneigentlichen Sprechen disjunktiv unterschieden werden *kann*. Nun erbringt aber unsere Bestimmung von Metapher als modifizierende Rede zugleich die Möglichkeit des generischen Sprechens, das es erlaubt, das Gemeinte überhaupt erst *treffen* zu *können, um von dorther* seine ausnehmend besondere Form zu verstehen.

Dies leitet über zur zweiten Lesart des Unterschiedes, jener als „Selbstunterscheidung" des Sprechens, die wesentlich auf die *Funktion* solcher Ausdrücke abzielt. Danach wäre es nicht der Ausdruck als *grammatische* Einheit, sondern die Art seiner Verwendung, die den Unterschied etabliert zwischen *bloßen* und *eigentlichen* Metaphern. Für beide Lesarten kann immerhin festgehalten werden, dass König Metaphern als *relationale* Ausdrücke versteht, deren *Funktion* aber bezüglich der Relate wesentlich differiert. *Eigentlich* könnten danach solche Metaphern sein, bei denen sich die *Form der Bezugnahme* unterscheidet von den als *bloßen* gekennzeichneten, indem erstere die Einheit[13] von etwas als Etwas *formal* ermöglichen.

König (1994a) verdeutlicht diesen Unterschied am Beispiel der Explikation der Tätigkeit des Denkens. Diese könne bestimmt werden als Hervorbringen, das sich seinerseits an dem sinnfälligen handwerklichen Hervorbringen vergegenwärtigen lasse – und zwar ungeachtet der Frage, ob Denken einfachhin eine Tätigkeit sei, wie z. B. handwerkliche Tätigkeiten. Der Bezug auf das Denken erfolgt dabei nicht zufälligerweise, sondern mit Blick auf die Formen des Sprechens, *in welchen* und *durch welche* von der eigentümlichen Tätigkeit des Denkens die Rede ist. Vielmehr zeigt sich die *Einheit* dieser Tätigkeit erst in der *Form* des Sprechens über sie:

> Infolgedessen läßt sich z. B. denken, daß das Handwerken *für sich allein* schon ein Hervorbringen wäre; hingegen ist es unmöglich, das Denken für sich allein, d. h. ohne Hinblick auf das Handwerken, als ein Hervorbingen aufzufassen. Dieser Unterschied beider tangiert nicht, daß sowohl das Handwerken als auch das Denken je ein Hervorbringen sind. Aber der Blick auf das Denken als Hervorbringen hat den vergleichenden Hinblick auf das Handwerken notwendig immer schon hinter sich, der auf dieses hingegen nicht notwendig den auf das Denken. Das Vergleichen beider ist daher ein Vergleichen des einen mit dem anderen *und* des anderen mit dem einen; es ist insofern also ein *wechselseitiges* Vergleichen; dessen ungeachtet ist es aber zunächst ein Vergleichen des Denkens mit dem sinnfälligen Handwerken und insofern also kein wechselseitige Vergleichen. Insofern nun dieses Vergleichen ein wechselseitiges ist, ist es eines „unter dem Gesichtspunkt" des Hervorbringens; aber als ursprünglich einseitiges Vergleichen des Denkens mit dem sinnfälligen Handwerken bezieht sich der Gesichtspunkt nicht auf etwas *an* diesem letzten, sondern ist *dieses* selbst. Erst die Wechselseitigkeit bringt es an den Tag, daß das Handwerken nicht einfach zusammenfällt mit dem Hervorbringen sondern nur ein prinzipiell anderes Hervorbringen als das Denken ist (König 1994a, S. 169 f.).

Wir wollen die Überlegungen Königs im Kap. 11 für lebenswissenschaftliche Gegenstandskonstitutionen nutzbar machen – für das jetzt zur Verhandlung stehende genügt es, das Besondere dieses metaphorischen Sprechens nicht in dem *Inhalt* der Metapher zu sehen – z. B. das Denken *als* ein Hervorbringen und dessen Erläuterung durch den Bezug auf das *Handwerken*. Das Besondere besteht vielmehr in der *formalen* Verbindung eines Wechsels der einseitigen und der wechselseitigen Vergleichung.

---

[13]Wir werden unten ein weiteres Merkmal eigentlicher Metaphern entwickeln – die *notwenige* Möglichkeit der modellierenden Explikation (s. Kap. 11).

6.4   Einsinniger und mehrsinniger Vergleich

Der einsinnige Gegenstandsbezug ergibt sich zunächst aus der einfachen Identifikation: Denken *ist wie* Handwerken, woraus gelesen werden könnte, „Denken ist *ein* Handwerken". Das „wie" fordert zur Auszeichnung der Ähnlichkeit auf, verlässt also den streng identifizierenden Aspekt und erlaubte es uns, z. B. gewisse Bestandteile des handwerklichen Hervorbringens auf das denkende Hervorbringen zu beziehen. So scheint es in beiden Fällen gewisse Materialien zu geben, die bearbeitet werden, es sind möglicherweise Mittel auszuzeichnen, mit deren Hilfe das geschieht, auch ergeben sich gewisse Produkte, die als Realisierung von – vermutlich vorgesetzten – Zwecken anzusprechen wären etc.[14]

Die Beziehung beider Tätigkeiten aufeinander ist ein einsinniges Moment, *denn erst vom* sinnfälligen handwerklichen Hervorbringen her, kann das Denken als nichtsinnfällig *wie* ein Hervorbringen bestimmt werden. Andererseits zeigt sich gerade darin sein Anderssein, nämlich *insofern* es Hervorbringen ist. Diese Differenz zwischen dem als Herstellen (und z. B. handwerklichen Herstellen) bestimmten Denken und dem Denken als einem solchen, bestimmt *sich* gerade mit Blick auf das erstere.

Dies führt uns zum *zweiten* Typus der metaphorischen Ansprache, der „mehrsinnigen". Im Gegensatz nämlich zur beschriebenen Form der bloßen Metapher, die z. B. zur Explikation einer uns unbekannten Form der Hervorbringung genutzt wird, liegt der Fall bei der *eigentlichen* anders. Auch hier kann zunächst der *Vergleich* zur Explikation der Anfangsbestimmungen genutzt werden – wir hatten dies am Beispiel von „Denken" als „Gedanken-Machen" begonnen. Jedoch gibt es für das hier in Rede stehende Hervorbringen einen wesentlichen Unterschied zu den Tätigkeiten die für die Explikation des Handwerkens z. B. als Schuhmachen genutzt werden mag, der sich wie folgt fassen lässt:

> Seelische Geschehnisse sind nur geistig sichtbar, und die Sprache *gibt sie ursprünglich*. Der Ausdruck ist hier in Einem sowohl das die Sachen Meinende als auch das Organ, kraft dessen allein möglich ist, diese Sache zu sichten. Dieser Gedanke eines sozusagen geistigen Sehens scheint keine Anwendung zu gestatten auf das sinnfällige Tun, da bei diesem die Sprache *nur* meint und nicht zugleich auch das Gemeinte gibt; das Geben ist hier vielmehr die Leistung der naturhaften sinnlichen Anschauung. So wahr nun diese Bemerkung in gewisser Weise immer sein wird, so wenig tief greift sie. Ihr mangelt das Bewusstsein der tiefen Verwandlung, die die

---

[14]Dieser Weg wurde in spezifischem biotheoretischem Zusammenhang beschritten (Gutmann und Hertler 1999).

> Sprache *als ganze* dadurch erleidet, dass ihr jenseits ihres Anfangsbereichs des sinn-
> lichen Seins *zuwächst,* in einem anderen und wesentlichen zweiten Bereich *Organ*
> *eines Gewahrens zu werden* (König1994a, S. 173).

Die königschen Überlegungen zielen einerseits auf die grundsätzliche Differenz
„seelischer Geschehnisse" zum „sinnfälligen Tun" ab – Denken ist eben nur
„wie" ein Handwerken –, andererseits aber auf die *Form,* in der diese Differenz
selbst entfaltet wird, die das Gewahren eben dieses „Nichtsinnfälligen" erlaubt.
Für das gegenstandsbestimmende Moment ist bedeutsam, dass die *sprachli-*
che Form der „seelischen Geschehnisse" zu anderen Tätigkeiten eine strukturelle Ähnlichkeit zu jenen aufweist, die sich im Bereich des irgendwie sinnlich
Gegebenen finden lassen. So könnten wir etwa angelegentlich der Durchführung
einer Rechenaufgabe, der Formulierung eines Satzes oder der Begründung einer
Behauptung sagen, dass dies alles jeweils das Resultat von Denkvorgängen sei.
Wir könnten ferner darauf hinweisen, dass das Denken als Tätigkeit jene anderen
Tätigkeiten auf eine besondere Weise organisiere oder strukturiere. Das Denken
wäre dann z. B. das auf *bestimmte Weise* Rechnen oder Reden oder Erklären. Die
Mittel, deren es sich dabei bediente, unterschieden sich zudem, wie etwa mathematische Operationen, grammatische Regeln oder logische Schlussformen, und
auch die Resultate wären je besondere.

Eine weitere Ähnlichkeit zum sinnfälligen Tun ergibt sich, wenn wir sagten,
dass Denken nicht etwas *Zusätzliches* etwa zum Rechnen oder Erklären sei, sondern eben in der *Form* dieses Tuns bestünde – so wie das Schuhmachen nicht
noch als separate Tätigkeit neben das Nähen oder Nageln trete. Aber – und hier
beginnen die Unterschiede – während das Schuhmachen in gewisser Weise wohl
abgrenzbar ist von anderen Tätigkeiten und damit neben oder über oder unter
diese tritt,[15] gilt dies für Denken nicht. Zwar trifft für beide zu, dass die Tätigkeiten in gewisser Hinsicht ihre jeweilige Einheit in dem jeweiligen Produkt erhalten; man könnte – immer noch im Vergleich, also *rücksichtlich* des
handwerklichen Hervorbringens – von der *Einheit* des Tuns des Denkens *im*
Gedanken sprechen. Während aber der Schuh ein irgendwie sinnlich Aufweisbares ist, scheint dies beim Gedanken so wenig der Fall zu sein wie beim Denken;
denn der Schuh tritt nach seiner Hervorbringung *neben* die Tätigkeit, hat also mit
der *Form* der Herstellung weiterer Schuhe *unmittelbar* nichts mehr zu tun. Er
bleibt, was er ist, ein Schuh, und auch die Art seiner Nutzung hat mit der seines

---

[15]Diese Metapher kann durch die obige Explikation ihre Erläuterung finden: Das Schuhmachen tritt über etwa das Nähen, dieses unter jenes und ferner ersteres neben z. B. das
Klempnern.

Hervorbringen nichts weiter zu tun, während dies beim Gedanken nicht der Fall ist – dieser ist und bleibt ein Moment seines Hervorbringens, also des Denkens, und ist neben diesem, neben seinem Sein als ein gedachter, nichts weiter.

Brandom bringt diese besondere Selbstbezüglichkeit des Denkens in der Bindung an die besondere Formen des Sprechens dadurch zum Ausdruck, dass jeder Grund der Möglichkeit nach, wieder zum Ausgangpunkt einer Begründung werden können müsse, wie auch jede Prämisse ihrerseits zum Resultat einer solchen (Brandom 2001, S. 250). Die Mehrsinnigkeit metaphorischen Sprechens als Sprechen „in mittlerer Eigentlichkeit" zeigt sich gerade daran, dass hier nicht nur *nicht* gilt, es könne auch anders gesagt werden, sondern dass sich in der Form des *Vergegenwärtigens* dessen, was bestimmt werden soll durch das, was bestimmt, erst Gleichheit und Differenz ergeben:

> Das Sprechen in den beiden Bereichen ermöglicht sich *wechselseitig, obwohl doch* das dem Sinnfälligen zugekehrte Sprechen unzweifelhaft das *zeitlich Erste* und insofern streng *der* Anfang der Sprache als ganzer ist. Ein zeitlich Erstes ermöglicht also ein Folgendes, rücksichtlich dessen gilt, daß es nun auch seinerseits dieses Erste allererst zu dem macht, als welches wir es kennen. Mit dem Begriff einer innersten und gleichsam *unterirdischen Rückwirkung* eines wesentlich Folgenden auf ein wesentlich Anfangendes versuche ich dieses seltsame Verhältnis ins Bewusstsein zu heben (König 1994a, S. 174).

Wir wollen wieder von dem speziellen Zusammenhang absehen, in dem König die Überlegungen zur Metapher platzierte. Die Wechselseitigkeit aber – um deren Erläuterung es vor allem ging – ist systematisch einerseits trivial, denn durch den Vergleich wird ja ein *Verhältnis* konstituiert, das zumindest bis zu einem gewissen Grad symmetrisch sein muss. Andererseits ist sie aber *generisch* notwendig, was in der eigentümlichen Doppelläufigkeit von zeitlich und sachlich Erstem zum Ausdruck kommt; König spricht dies mit der Metapher der „unterirdischen Rückwirkung" an. Dieses dialektische Verhältnis beider zeigt sich nämlich erst *nach* der Darstellung des Späteren aus dem Ersteren und die *Rückgewinnung* des Ersteren aus diesem. Die Doppelläufigkeit des Verhältnisses besteht gerade darin, dass nicht nur der Bezug auf das Sinnfällige die Möglichkeit des Sprechens über das Nichtsinnfällige ist, sondern eben auch umgekehrt – dass nämlich *mit Blick* auf das als besonderes Hervorbringen bestimmte Denken das Handwerken als Hervorbringen *bestimmt* wird. Dieses *Bestimmen* ist nun aber nichts anderes als *das Denken selbst,* sodass die „*rücksichtliche* Vergegenwärtigung" die eigentliche Leistung des metaphorischen Sprechens *wird,* auf die es uns bei der Besonderheit modaler Prädikation ankommt:

Die Rückwirkung *degradiert* somit in gewisser Weise den Anfang und das Prinzip zu einem *auch* Folgenden und Prinzipiierten. Der Bereich des dem Sinnfälligen zugewandten nicht-metaphorischen Sprechens ist gleichsam *die Eins* zu dem Bereich des ihm *folgenden* metaphorischen Sprechens als der Reihe der übrigen Zahlen. Die unterirdische Rückwirkung degradiert diese Eins zu einer Zahlenreihe, als *deren* Eins nun umgekehrt der Bereich des metaphorischen Sprechens angesehen werden *könnte, wenn nicht* unverrückbar bliebe, daß der Bereich des Sinnfälligen der Zeit nach Anfang ist (König 1994a, S. 175 f.).

Aus der Mehrsinnigkeit des Vergleiches ergeben sich jeweils besondere Formen der Auslegung des metaphorisch Gesagten, wobei es keineswegs notwendig ist, ein *bestimmtes* Explizieren als abschließend zu behaupten. Genau dieses Moment zeigt sich an der Rede von dem „Prinzipiierten" (s. obiges Zitat), da nämlich erst die *Explikation* das Erste zu einem Ersten *für* ein Zweites werden lässt und damit erst das so erreichte Zweite das Erste *als ein solches bestimmt* – weshalb die Rede von der Rückwirkung recht treffend zu sein scheint. Diese Doppelläufigkeit, die wir in der Form der γνωριμώτερα weiterentwickeln wollen, annulliert aber den *zeitlichen* Anfang nicht: Das *gesetzte* Erste bleibt ein solches, selbst wenn im Späteren gelten sollte, dass auch ein anderes Anfangen möglich gewesen wäre!

6.5   Das Sein von Lebendigem

Wir können nun zu unseren Überlegungen am Anfang des Kapitels zurückkehren, die auf die Differenz des Hervorbringens von Artefakten und Lebendigseiendem abzielten. Während sie zunächst als eine Differenz von Gegenstandssorten erschien, hat sie sich als *eine Weise* des Gegenstandseins ergeben. Diese hängt ihrerseits an der Form des Einheitseins, welche Lebendigseiendes vor anderem auszeichnet. Damit ist aber noch nicht gesagt, *wie* das „Sichhervorbringen" stattfindet, auch ist noch nicht entwickelt, in *welcher Form* das Lebendigsein selbst sich als „Leben" vollzieht. Die im Sinne eigentlicher Metaphern entwickelte modifizierende Prädikation erlaubt es, ein *explikatives* Verhältnis von Herstellungsweisen zu etablieren, das weder zur Reduktion der einen auf die andere führen muss, noch zur bloßen Entgegensetzung: Wie bei der Explikation des Verhältnisses von „Denken" und „sinnfälligen" Tätigkeiten kann das Verhältnis von „Leben" und anderen Formen des sinnfälligen Hervorbringens so konstruiert werden, dass die Darstellung von „Leben" sich als *Form* der Tätigkeit von Lebendigseiendem verstehen lässt, ohne zugleich das ausnehmend Besondere dieser Tätigkeit negieren zu müssen.

Auch hier gilt wie im Falle des Denkens, dass es sich um eine *begriffliche* Bestimmung an etwas handelt, das als ein *tätiges* in der Form des lebendigen Körpers, das Leben gleichsam in Eigenschaftsstellung an sich hat. Dieser „notwendige Schein" ergibt sich in der Ansprache von Lebendigseiendem als lebendiger Körper, von dem gleichwohl nicht bezweifelt werden kann, dass er als ein einzelner „lebendig" *ist*. Um diese eigentümliche Form des Seins von Lebendigseiendem bestimmen zu können, ist daher in einem nächsten Schritt das Verhältnis von Besonderem und Allgemeinem zu rekonstruieren, wie es für diese Weise des Gegenstandseins angemessen ist.

Zum formalen Unterschied des Besonderen von seinem Allgemeinen

7

Unsere Überlegungen zur Besonderheit von Lebendigseiendem gingen zunächst von der These aus, dass dessen Vereinzeltes diese Bestimmung nicht einfach an sich habe – wie es uns der Rabe exemplarisch vor Augen führte (s. Kap. 2). Auch wurde in der Darstellung der fregeschen Konzeption von Prädikation deutlich, dass die Form, in der das „Leben" dem Lebendigseienden zukam, durch das prädikative Schema nicht zum Ausdruck gebracht wurde. Es schien vielmehr so, dass das Einzelne – dieser Rabe – zugleich ein Allgemeines sei – der Rabe –, ohne dass dem Einzelnen dieses abgesprochen werden konnte, nämlich Rabe zu sein. Auf ein solches Verhältnis macht König aufmerksam, das er am Begriff des γένος entfaltet.[1] Lassen wir im Moment die ebenfalls üblichen Bedeutungen von „Gattung" beiseite, welche in Arten zerfällt oder aus diesen aufgebaut ist, und verstehen darunter nur einen Gegensatz, nämlich den vom *Allgemeinen* auf der einen,

---

[1]Jens Salomon wies mich auf Cassirers Diskussion der Reflexionsbegriffe in *Substanzbegriff und Funktionsbegriff* hin. In der Tat werden dort philosophiehistorisch relevante Begriffspaare, wie etwa Subjekt und Objekt, Denken und Sein genannt und behandelt. Dies geschieht aber explizit mit Blick auf das Problem *wissenschaftlicher* Erfahrung – und damit auf die Einheit des wissenschaftlichen Dingbegriffes in seiner *gesetzlichen* Reihenform. Cassirers Interesse ist also vornehmlich erkenntnis- oder wissenschaftstheoretischer Natur, was ihn zu einer „Entscheidung" der begrifflich-spekulativen Differenzierungen drängt: „Der Kritik der Erkenntnis dagegen stellt sich die Aufgabe umgekehrt: für sie lautet das Problem nicht, wie wir vom ‚Subjektiven' zum ‚Objektiven', sondern wie wir vom ‚Objektiven' zum ‚Subjektiven' gelangen" (Cassirer 1980, S. 369). Mir scheint aber König insofern einen entscheidenden Schritt weiterzugehen, als Cassirer (s. unten), da er sich vom wissenschaftlichen Problemhorizont löst und die *logische* Struktur der Rede vom übergreifenden Allgemeinen als systematisches Problem ins Auge fasst. Dem wird hier im Weiteren gefolgt.

© Springer Fachmedien Wiesbaden GmbH 2017
M. Gutmann, *Leben und Form*, Anthropologie – Technikphilosophie –
Gesellschaft, DOI 10.1007/978-3-658-17438-5_7

vom *Besonderen* auf der anderen Seite, dann sehen wir sogleich, dass sich dieses Verhältnis auf zwei Weisen verstehen lässt:

> Das Allgemeine oder die Gattung im *üblichen* Sinn *greift nicht* über das Besondere oder über die Arten *über* (König 1978d, S. 34).

Das Allgemeine ist das einfache Andere des Einzelnen *als* Besonderes. Dem steht die Ansprache des Allgemeinen als eines Übergreifenden entgegen – und für dieses gilt:

> Die Konzeption des übergreifenden Allgemeinen ist mithin dadurch bestimmt, daß ein in sich einiges Doppeltes vorliegt oder – wenn Sie wollen – gesagt wird: Nämlich daß das Allgemeine das Allgemeine seiner selbst und seines Gegenteils ist; daß die Gattung Gattung ihrer selbst und ihres Gegenteils ist. Wo dieses vorliegt oder – wenn Sie wollen – gesagt wird, da liegt vor oder wird gesagt, daß das Allgemeine ein *übergreifendes* Allgemeines ist (König 1978d, S. 34).

Königs Ziel besteht vordergründig in der Rekonstruktion eines zentralen *methodischen* Aspekts des leibnizschen Systems, das uns als solches nicht zu interessieren hat. Von systematischer Relevanz ist aber das angezeigte Verhältnis eines Allgemeinen, das zugleich Gattung seiner selbst und seines Gegenteils ist. In einem ersten Zugriff ließe sich sagen, dass einerseits das Allgemeine das Gegenteil des Einzelnen *als* besonderes sei – wiewohl zugleich auch gelte, dass dieses Einzelne das Allgemeine selber sei – und zwar mit Blick darauf, dass eine allgemeine Bestimmung von jedem Beliebigen darin bestünde, Einzelnes zu sein, wie zugleich das Allgemeine selbst nichts anderes sein könne als *einzeln*.

Wir könnten ferner ein inneres von einem äußeren Verhältnis unterscheiden, wobei das innere die echten Gegenteile enthält, denn hier gilt, dass das besondere Einzelne das Nichtallgemeine, das Allgemeine das Nichteinzelne (als Besonderes) ist. Das äußere Verhältnis ist dasjenige zwischen dieser Entgegensetzung und dem, woran sie gemacht wurde – also das Allgemeine. Diese noch rein formale Betrachtung zeigt, dass die Entgegensetzung des inneren Verhältnisses eine solche war in Bezug auf etwas – wir könnten auch von einem Selbstunterschied sprechen, hier ein solcher des Allgemeinen.

So abstrakt diese Bestimmung sein mag, so konkret könnte sie sich herausstellen, wenn wir uns eine Tätigkeit näher betrachten, die schon bisher im Blick war, nämlich die der Prädikation. Dass es sich dabei um eine Tätigkeit handelt, bedarf keiner weiteren Rede. Wenn nun gesagt werden soll, *worin* diese Tätigkeit eigentlich besteht, scheint die naheliegende Antwort zu sein, etwas von etwas zu sagen, es zu bestimmen. Trifft dies zu, dann wäre wohl hinzuzufügen, dass mit „Dies ist ein Rabe" *eodem actu* auch anderes behauptet wird, wie etwa, dass es dann nicht zugleich und im selben Sinn „kein Rabe" sei. Prädizieren wäre danach wesentlich Unterscheiden, und dies ist zunächst eine Tätigkeit, bei der nicht nur etwas von etwas gesagt wird, sondern zugleich Unterschiede zu dem ausgezeichnet werden, was dieses *nicht* ist und was nicht *dieses* ist (zu einigen Aspekten s. Mittelstraß 1974).

So selbstverständlich das oben Gesagte ist, so wenig zweifelhaft ist die Deutung, *dass* „dieses da" sein Rabesein zugleich auch *an sich* habe – und *nicht nur* durch die Prädikation. Jedoch – und dieser Gedanke wird zunächst mit der Figur des übergreifenden Allgemeinen dargestellt – ist die Unterscheidung, die durch die Prädikation vollzogen wird, eine solche an der Tätigkeit der Prädikation selbst: Der Unterschied von Rabesein und Nichtrabesein besteht also – trivialerweise – als ein solcher in der Tätigkeit der Unterscheidung. Ist diese vollzogen, dann kann die Explikation des Unterschieds z. B. in der von Brandom oder dem Konstruktivismus vorgeschlagenen Form stattfinden – nämlich durch Anzeige der jeweils in Geltung befindlichen Prädikatorenregeln (s. oben sowie Lorenzen 1987; Hartmann 1993). Wesentlich für die Struktur, die König im Auge hat, ist die *Form,* die der bezeichnete Gegensatz annehmen kann. An dieser Stelle verweist er auf Hegels Rede über die der Natur mangelnde „Strenge des Begriffs", die gerade darin zu finden sei, dass das γένος als ein Allgemeines in seine Arten einfach aufginge (Hegel 1986a, S. 280 ff.) – und in der Tat können dies unbestimmt viele sein, wenn wir uns im Bereich der Naturkunde, jedenfalls der Artbegriffe des Lebendigen bewegen.

Mit dem Ausdruck des „γένος" ist mithin nichts anderes bestimmt als *eine Form* des Allgemeinen. Die Differenz, auf die es ankommt, ist für das Weitere insofern wichtig, als mit γένος einmal ein Verhältnis eines bestimmten Allgemeinen zu besonderem Einzelnen in Rede steht und einmal das Verhältnis zweier Formen des Allgemeinen. Für Leibniz zeigt König weiter, dass bei ihm das Verhältnis von Denken und Anschauung als ein solches Übergriffsverhältnis zu fassen sei – wobei die Differenz wesentlich eine solche am *Denken selbst* wäre:

> Der tiefere und allein dem eigentlichen Philosophieren angehörende Sinn dieser Lehre, der sie aus einer wesentlich unverifizierbaren und daher müßigen Hypothese in einen philosophischen Satz umwandelt, ist der, daß Denken und Anschauen, diese Gegenteile, Arten des Denkens sind, und daß also das Denken Gattung seiner selbst und seines Gegenteils ist (König 1978d, S. 40).

Damit tritt in gewissen Grundzügen das eigentliche Absehen der Rede vom übergreifenden Allgemeinen deutlicher heraus als eine Selbstunterscheidung der Tätigkeit – hier des Denkens.

Diese „spekulative" Figur mutet nun zu, das Anschauen als einen solchen Selbstunterschied des Denkens aufzufassen, das damit zweimal auftritt, nämlich zum einen als das Allgemeine (dem Denken), dem zum zweiten als *sein* Besonderes die Anschauung im Gegensatz zum Denken gegenübertritt. Dass dies nicht so zu verstehen ist, als träten Denken und sein Gegensatz Anschauen zusammen wie zwei beliebige Arten zu einer ebenfalls beliebigen Gattung, ist deutlich. Nehmen wir wieder unser Beispiel der Prädikation zur Hilfe, dann können wir die *Differenz* von Denken und Anschauen *formal* mit jener von Begriff und Gegenstand analogisieren: So wie der Unterschied von Prädizierendem und Prädiziertem eine Unterscheidung an der Tätigkeit des Prädizierens ist, so kann die Unterscheidung von Begriff und Gegenstand als eine solche an der Tätigkeit des Begreifens aufgefasst werden – wie auch immer *materialiter* die Tätigkeit selbst verstanden wird.[2]

Entfällt dieser Bezug, dann wird die Unterscheidung zur einfachen Bestimmung von Gegensätzen, wie sie sich für Leibniz etwa am Grenzbegriff und dessen wesentlich *quantitativer* Darstellung von Grenze und Begrenztem findet, oder eben in der biologischen Bestimmung von Arten innerhalb einer Gattung. Dies hindert nicht, hier dieselbe spekulative Logik zu sehen – die dann aber gerade *nicht* mathematisch fungiert (König 1978d, S. 52 ff.). Jedoch verwischt die Nutzung mathematischer Form gerade wieder den wesentlichen Aspekt, auf den es König in seiner Darstellung der spekulativen Verhältnisse ankommt: Die grundsätzliche Gegensätzlichkeit der beiden Momente, die unterschieden werden *an ein und demselben,* nämlich der Tätigkeit (des Denkens). Dieses Moment verdeutlicht König in seiner kritischen Darstellung des durch die *mathematische* Form Nahegelegten, dass nämlich – für Leibniz – die Entgegengesetzten als nur *scheinbare* Gegensätze aufzufassen seien, weil sie – wie im mathematischen Grenzbegriff – quantitativ *ineinander übergingen:*

> Interpretativ treffend bemerkt dazu Cassirer in seiner Ausgabe, gemeint sei damit, „daß die scheinbaren Gegensätze … unter dem Gesichtspunkt des Stetigkeitsprinzips nur als *quantitative* Abstufung *ein* und *desselben* übergeordneten Begriffs erscheinen. So bilden wir z. B. in der Mechanik den Gattungsbegriff des ‚Bewegungszustands' eines Körpers und fordern, daß die allgemeinen Gesetze, die wir für ihn ableiten, für den Fall einer bestimmten Geschwindigkeit, wie für den der Ruhe gleichmäßig zutreffen" (König 1978d, S. 59).

---

[2]Bei Brandom besteht sie wesentlich in dem als „Explikation" gefassten Vorgang, der allerdings sowohl reflexive wie performative Voraussetzungen hat, die dadurch nicht erfasst werden.

Die darauf folgenden Darstellungen orientieren sich an einem weiteren Gegensatzpaar, das für die zeitgenössische physikalische Auffassung von Ruhe und Bewegung wichtig war und das für die Theoriebildung an Relevanz nichts verloren hat. Denn hier lässt sich ebenfalls – spekulativ – von einem *absoluten* Gegensatz sprechen, welcher sich in der Asymmetrie ausdrückt, dass zwar einerseits gelten muss, dass „ein Körper, der ruht, die Geschwindigkeit Null" habe, andererseits aber nicht notwendig das Umgekehrte gilt, dass der Zustand eines Körpers, dessen Momentangeschwindigkeit Null ist, ein ruhender Körper sei (König 1978d, S. 59). Damit haben wir also – dies die königsche These – zwei Verständnisse von Ruhe und Bewegung:

1. Das Physikalische sieht die Ruhe als einen *Grenzfall* der Bewegung an. Insofern fallen „Momentangeschwindigkeit Null" und „Bewegungszustand der Ruhe" zusammen – zumindest der Möglichkeit nach.
2. Hingegen ist der Gegensatz von Ruhe und Bewegung spekulativ ein *absoluter* Gegensatz – und wird genau so auch bezeichnet, weil das, was sich in Ruhe befindet, eben genau dies sein soll – nicht in Bewegung *et vice versa*.

Das Problem, das König entwickelt, besteht in der These, dass Leibniz einen *spekulativen* Gegensatz (Ruhe und Bewegung) als einen *mathematischen* auffasse und dadurch zugleich die „mathematischen Relationen" einer „Metaphysizierung" unterwerfe (König 1978d, S. 60 f.). Wir lassen die Frage nach der Triftigkeit der königschen Kritik beiseite und betrachten nur einen Aspekt näher, die Tatsache nämlich, dass durch die Substruktion einer physikalischen Beschreibung (bei welcher Ruhe ein Bewegungszustand eines Körpers würde) der *Eindruck* entsteht, es ließe sich ein *qualitativer* Gegensatz in einen *quantitativen* umdeuten, entsprechend ein absoluter in einen relativen:

> Leibniz will eben die spekulative Grundform durch das Prinzip der Kontinuität ersetzen, und das ist von den mehreren Seiten des letzten die bedenkliche. Denn diese Ersetzung gelingt nur scheinbar vermöge der quasimetaphysischen Einführung des mathematischen Punktes als eines „Beweglichen", zuletzt also vermöge des metaphysischen Begriffs der Homogeneität nicht homogener mathematischer Elemente (König 1978d, S. 60).

Tatsächlich aber bleibt in der *semantischen* Konstruktion der Unterschied von – hier – Bewegung und Ruhe ein *absoluter,* wie dies auch für andere Gegensatzpaare gilt (etwa Denken und Anschauen, Grenze und Begrenztes, Erleiden und Bewirken etc.). Diesen Gedanken festhaltend, ließe sich das Verhältnis von Besonderem und Allgemeinem, als ein solches des Übergriffes, wie folgt darstellen:

1. Das Einzelne als Besonderes ist das, welches dem Allgemeinen subsumiert wird. Es „steht unter" demselben in dem Sinne, dass das Allgemeine das jeweilige Besondere „enthält". Behauptet werden muss nicht, dass es sich um eine *einfach* darzustellende Relation handele – es lässt sich aber vielleicht in der Form plausibilisieren, dass mehrere Besondere *als* Konkreta so bestimmt werden können, dass sie jeweils ein Abstraktes darstellen; diese bildeten dessen Extension, wie dieses den Begriff. Damit ist auch gesagt, dass Besonderes ein je Einzelnes und als ein solches ein Nichtallgemeines ist. Insofern dies gilt, kann auch gesagt werden, dass die *Beziehung* zwischen dem Einzelnen als einem besonderen und dem Allgemeinen *nur* in der Form von Objekt- und Metastufe erscheint – eine Bestimmung die iteriert werden kann. Dies ist die Form des Allgemeinen, wie wir sie im Gefolge Freges als Ausgangspunkt nutzten – und der Thompson in gezeigter Weise versuchte, eine „non-Fregean generality" entgegenzusetzen.

2. Das Einzelne *als* Besonderes steht dem Allgemeinen *nicht* ausschließend gegenüber, sondern wird als Einzelnes vom Allgemeinen „übergriffen". Beides, das Einzelne als besonderes wie das Allgemeine *sind* das Allgemeine – aber in zwei Funktionen. Im Gegensatz zur ersten Stellung liegen also nicht eigentlich zwei Sorten von Gegenständen vor (das müssen keine Dinge sein), nämlich einerseits die Konkreta, die ein Allgemeines repräsentieren oder darstellen, und andererseits das Abstraktum, das eine besondere Form des Sprechens eben über diese Konkreta bildete. Vielmehr handelt es sich nur um *eines,* was man in Anlehnung an den königschen Scherz über die kategoriale Differenz von Ding und Eigenschaft bei Kant so darstellen könnte, dass in diesem letzteren Fall „1 + 1" eben nicht „2" ist, sondern „1" (König 1978b, S. 343; s. auch Kap. 6). Es können danach *analytisch* zwei Relationen angegebenen werden, nämlich zunächst die ausschließende Entgegensetzung zwischen dem Einzelnen als Besonderem und dem Allgemeinen – dies entspricht der Stellung unter 1. Zugleich aber gibt es eine gegenseitige Bestimmung, indem nämlich das besondere Einzelne selber ein Allgemeines ist – wie dies exemplarisch für *diesen* Raben gilt, der als ein solcher zugleich „der" Rabe ist.

Für unsere weiteren Überlegungen ist das Verhältnis beider Redeweisen vom Allgemeinen und Besonderen wichtig – und hier fällt auf, dass die Darstellung des spekulativen Verhältnisses des „Übergreifens" zwar in Abgrenzung zum analytischen erfolgt, damit aber zugleich in dieser Darstellung erst ihre Prägnanz gewinnt. Dies dürfte der Tatsache geschuldet sein, dass das angezeigte *analytische* Verhältnis, bei dem also als besonders bestimmte Einzelne als Konkreta die Funktion erhalten, Abstrakta zu repräsentieren oder darzustellen, nicht nur nicht in einem ausschließenden Gegensatz zum Verhältnis des Übergreifenden steht. Vielmehr weist ja auch König in den physikalisch-mathematischen Beispielen darauf hin, dass die – hier – für Leibniz im Vordergrund stehenden Verhältnisse eine *mögliche* – und wir würden ergänzen eine *notwendig* mögliche – Explikation des Übergriffsverhältnisses seien.

Der *begriffliche* Unterschied beider besteht aber darin, dass im einen Fall die beiden Relate einer Relation als voneinander getrennte Bestimmtseiende verstanden werden, während sie im anderen Fall die Momente der Relation bilden und mithin nur *analytisch* differenziert werden können. In dieser Doppelung des Verhältnisses, das einmal von den Relaten auf die Relation, einmal umgekehrt von dieser auf jene blickt, besteht die eigentliche Bestimmung des in Rede stehenden Verhältnisses von Allgemeinem und Besonderem. Ein solches Verhältnis lässt sich regelmäßig dort ausmachen, wo nicht – nur oder einfach – solche Verhältnisse bestimmt werden sollen, die wir als analytische verstanden hatten. Diese lassen sich gleichsam überall dort anbringen, wo wir auf besonderes Einzelnes *als* Allgemeines nur im Sinne einer einfachen Vertretung oder Substitution referieren. Damit ist gemeint, dass das rote Buch durch das rote Blatt ersetzt werden kann, *insofern* es den Abstraktor „rot" als Konkretum repräsentiert. Die Tätigkeit des Bestimmens ist in dieser Form nichts weiter als das *Subsumieren* – und zwar durchaus in dem bei Frege entwickelten Sinne.

Damit liegen zwei Formen der Bestimmung des „Ein-x-Seins" vor, die sich in der Bezugnahme auf das „Allgemeine" unterscheiden. Diese Überlegung wollen wir nun für die Rede von Lebendigseiendem und das „Ein-Lebendiges-Sein" *von diesem* nutzen, das sich im Gefolge der fregeschen Überlegungen nur in einer der beiden Formen zeigte.

7.1 Das „Ein-Lebendiges-Sein"

Wir hatten oben bei der Erläuterung des Prädikats „lebendig" zunächst folgende Transformationen als gleichwertig in dem Sinne dargestellt, dass sie – der Möglichkeit nach zumindest – dasselbe bedeuten: „x lebt" zu „x ist lebendig" zu „x ist ein Lebendiges". Dies führte im ersten Schritt zur Differenzierung determinierender und modifizierender Prädikation, sodass die Aussage „Rosi lebt" auf zwei Weisen entwickelt werden konnte: einmal als Rede von einem Gegenstand, der als eine seiner Eigenschaften das Lebendigsein aufweist, und einmal als ein solcher, dessen Sein in *nichts anderem* besteht als dem Lebendigsein.

Die Differenzierung der beiden Formen des Allgemeinen, einmal als verständiges, einmal als übergreifendes erlaubt es uns, die besondere Beziehung zu den jeweils Besonderen in den Blick zu nehmen – und betrifft mithin den zweiten Übergang, nämlich den von „x ist lebendig" zu „x ist ein Lebendiges". Zunächst gilt ja in der Logik des verständigen Allgemeinen, dass hier das Allgemeine durch nichts anderes gebildet wird als durch die jeweils darunter fallenden Besonderen. Wenn die determinierende Prädikation von „x ist lebendig" übertragen wird in „x ist ein Lebendiges", dann ist damit eben auch nicht mehr bezeichnet, als dass *ein* Besonderes vorliegt, dem die Eigenschaft zukommt, lebendig zu sein – in der oben entwickeln Form.

Die eigentliche Last des Herausgreifens liegt nun auf dem Nachweis, dass *der* Gegenstand, dem das Lebendigsein zukommt, genau *jener* Gegenstand ist, den wir *als* einen einzelnen angesprochen haben. Hierfür lassen sich verschiedene Instanzen anführen, deren einfachste die „morphologische" Individuierung ist, bei welcher also das Lebendigseiende einfach mit dem „Ein-Lebendiges-Sein" zusammenfällt – man denke exemplarisch an Raben, Pferde, Tulpen oder Menschen (s. etwa Budensiek 2006; Brandom 1994). Diese Identifikation wird schon beim Wechsel zu lebensweltlich z. T. noch vertrauten Lebensformen indirekter – man denke nur an die bei Kant exemplarisch für den Organismusbegriff genutzten Bäume, aber auch Rhizome oder Mykorrhizen von Pilzen (Strasburger et al. 1983). Während bei der ersten Gruppe in der Regel die Zerteilung zur Zerstörung des Charakters als Lebendiges führt und mithin zwar zwei oder mehr Teile, aber eben kein Lebendigseiendes mehr vorliegen,[3] ist dies bei der zweiten Gruppe anders, denn hier führt Zerteilung zu mehr als einem Lebendigseienden. Dies kann – mit Blick auf den Life-Cycle – kontingenterweise der Fall sein oder nicht, *wenn* dies ein Element des Life-Cycles darstellt.

Solche Verhältnisse werden mit Eintritt in die biologische Praxis im engeren Sinne zahlreicher, man denke nur an *Dictyostelium,* bei dem pseudoplasmodiale und zelluläre Formen einander abwechseln oder durch Stolonen verbundene Bryozoen, Coelenteraten etc. (Strasburger et al. 1983; Westheide und Rieger 1996). In ähnlicher Weise kann das Ein-Lebendiges-Sein aber auch überschritten werden, wenn wir die Kriterien der Beschreibung ändern, sei es mit Blick auf symbiotische Verhältnisse (etwa Zooxanthellen bei Cnidaria, Cyanobakterien bei Poriferen; Westheide und Rieger 1996), oder selbst bei höheren Vertebraten, wenn wir die Darmflora berücksichtigen. Eine deutliche Absetzung vom morphologischen Individuum stellt der Bezug auf reproduktive Einheiten dar, die als Populationen

---

[3]Auch dies ist nicht trennscharf – und lebenswissenschaftlich nur bedingt zutreffend, denn ein abgetrennter Daumen ist danach zumindest insofern noch eine gewisse Zeit „lebendig", als er „lebendes Gewebe" enthält. Zugleich gilt dann, dass er kein ὄργανον mehr ist.

in einem biologisch relevanten Sinne „lebendig" sind, wie auch Biozönosen oder Ökosysteme – bis hin zur Beschreibung des gesamten Planeten als zumindest *belebt,* wenn schon nicht *lebendig.*[4]

Wir kommen auf einige Aspekte dieser Problematik beim Übergang zur biologischen Theoriebildung wieder zurück; für das hier Verhandelte reicht jedenfalls der Hinweis, dass das Ein-Lebendiges-Sein nicht mit dem *morphologischen* Individuum zusammenfallen *muss.* Dies ändert nichts daran, dass in der *logischen Struktur* der determinierenden Prädikation das Ein-Lebendiges-Sein zusammenfällt mit dem „Eines-von-diesen-Sein": was gleichermaßen für die genannten Pferde und Raben wie auch Ökosysteme gilt. Insofern ist das Allgemeine, unter welches das besondere Einzelne fällt, nichts anderes als der Eigenschaftsraum, der das Allgemeine bildet (sei er belegt oder nicht).

Greift die modifizierende Rede über, dann wird mit dem „Ein-Lebendiges-Sein" eben nicht einfach „Eines-von-diesen" zum Ausdruck gebracht (dieses, wie oben gesehen, immer auch), sondern dieses Lebendige, welches als ein solches ein *Eines* ist. Nehmen wir dazu den unauffälligen Satz, der als Minor im entsprechenden Syllogismus fungiert, nämlich „Sokrates ist ein Mensch". Hier wäre zunächst im Sinne des verständigen Allgemeinen eine Subsumtion zu vermuten – und unbestreitbar möglich. Insofern „Sokrates" ein Mensch ist, hat er mit anderen Mensch das Menschsein gemeinsam. Er ist „einer von diesen". In dieser Form würde das Menschsein von Sokrates sich von dem Pferdsein von Rosi nur dadurch unterscheiden, dass wir es mit einer anderen *Sorte* von Lebewesen zu tun hätten. Auch ihr Lebendigsein wäre danach wesentlich nur insofern ein anderes, als es sich um anderes Lebendigsein handelt, das wiederum in einem *Subsumtionsverhältnis* zu den anderen Formen desselben steht.

Dieses Verhältnis ändert sich in der Form des übergreifenden Allgemeinen: Hier wäre es nicht das „Menschsein", das als Allgemeines von Sokrates ausgesagt wird, sondern das „Ein-Mensch-Sein" *dieses* Menschen. Danach wäre die Identität durch das Menschsein ausgesagt und zugleich damit die Differenz – welche in dem „Ein-Mensch-Sein" *von Sokrates* als das „Dieser-Mensch-Seiendes" liegt. *Diese* Vereinzelung ist als tätige bestimmt, d. h. sie erfolgt in der Form des Tätigseins dieses Einzelnen – ein Moment, auf das Platon in der Schilderung der Besonderheit von Sokrates abhebt (s. Kriton 50a ff., 54b ff.). Damit erhält der verbale Ausdruck „leben" eine ganz und gar nichtbiologische Dimension, welche mit dem Verweis auf die „βίοι" nur angedeutet wird und die die *analytisch*

---

[4]Dies wäre für „Gaia"-Positionen ebenfalls möglich, was wir hier aber nicht vertreten wollen (Margulis und Sagan 1999; Lovelock 1995).

differenzierten Elemente des Gesamten der Tätigkeit von Einzelnen übergreift (Ahrend 1996).

Der Unterschied darf nicht so verstanden werden, als seien menschliche Lebensformen durch das übergreifende Allgemeine, nichtmenschliche hingegen durch das verständige Allgemeine darstellbar. Beide Verwendungen lassen sich in beiden *Tätigkeitsbestimmungen* des Verhältnisses vom besonderen Einzelnen zum Allgemeinen ausmachen. Die Differenz besteht in der *Form* der Tätigkeit, mithin im Begriff z. B. „des" Menschen und dessen Besonderung in der Tätigkeit, wozu eben auch die Bestimmung des nichtmenschlich Lebendigseienden gehört.

Wir werden auf die logischen Konsequenzen für die Rede vom Menschsein ganz am Ende unseres Buches zurückkommen; hier reicht es aus, darauf hinzuweisen, dass *menschliches* Leben in der Form seines *Vollzugs* den systematischen Zusammenhang bildet, von dem letztlich auch die ganz abgeschatteten Explikationen des *biologischen* Gebrauchs ihren begrifflichen Gehalt bekommen. Das Einzelne – Sokrates – erscheint damit aber zugleich als das Allgemeine – nämlich das *dieses* Ein-Mensch-Seienden; als dieses wird er von Platon regelmäßig im Sinne des normgebenden Einzelnen vorgeführt (etwa Apologie 31c ff.).

Fassen wir das Lebendigsein in dieser Form des übergreifenden Allgemeinen, dann ergibt sich das Lebendigsein nicht einfach als Summe der Ein-Lebendiges-Seienden. Vielmehr ist das Lebendigseiende nur insofern, als es das Ein-Lebendiges-Sein ist von diesem. Das Leben tritt damit *zugleich* als Allgemeines auf – da es von allem geteilt wird, was lebt, und da es als ein Einzelnes bestimmt ist, indem es in der *Form* des Ein-Lebendiges-Sein begegnet.

Die *Formbestimmung* des Ein-Lebendiges-Sein ist also eine allgemeine – und zugleich eine besondere. Sie findet sich in allen „typischen" Bestimmungsverhältnissen wieder, wie etwa bei „dem Raben" – von dem zugleich gilt, dass es sich einfach um ein Exemplar von Lebendigseiendem neben anderem handelt, von dem manches wiederum Raben, manches keine Raben sind. Es ließe sich danach Thompsons Auffassung der „non-Fregean generalities" in der Logik des übergreifenden Allgemeinen aufnehmen, indem Leben als Bestimmung des Ein-Lebendiges-Sein verstanden würde. Im Gegensatz aber zu Thompson bestreitet dies nicht die Bestimmung von Leben im Sinne des Lebendigseienden – in der Logik des verständigen Allgemeinem.

Wir können nun zu unseren zunächst versuchsweise angegebenen Transformationen zurückkehren und feststellen, dass der Übergang von „x lebt" zu „x ist lebendig" sowohl als determinierende wie als modifizierende Prädikation aufgefasst werden kann. Nur im zweiten Fall bleibt das besondere Moment des Verbal-intensiven bestehen, um das es auch Thompson ging: Das, was *als lebend* bestimmt wird, ist nur dann im selben Sinne *lebendig,* wenn damit gesagt sein soll, dass das Lebendsein die Möglichkeit zur Tätigkeit ausdrückt, als welche kriteriell das Lebendigseiende bestimmt werden kann.

Letzteres wäre determinierende Bestimmung unter dem Übergriff der modifizierenden Rede, d. h., die als Kriterien fungierenden Bestimmungen der ausnehmend besonderen, durch das Verbum „leben" bezeichneten Tätigkeit sind nichts anderes als die Bestimmungen[5] *der* Tätigkeit. Der Übergang von „x ist lebendig " zu „x ist ein Lebendiges" wird nur dann Ausdruck derselben Verhältnisse sein, wenn wiederum gilt, dass es sich im ersten Fall um modifizierende Rede handelt. Dann nämlich kann das „Ein-Lebendiges-Sein" von *diesem* als jene Form bestimmt werden, in der sich das Lebendigsein dessen zeigt, von dem gesagt wird, es sei lebendig – in seinen Tätigkeiten vereinzelt. Das Lebendigsein ist damit die *Möglichkeit* des „Ein-Lebendiges-Sein", und zugleich tritt das letztere als *Wirklichkeit* des ersten in der Form determinierender Prädikation in Erscheinung: In Abhängigkeit davon, was es jeweils heißt, „lebendig zu sein", ist das „Ein-Lebendiges-Sein von diesem die *Einheit* des Lebendigseins und mithin die Angabe jener Tätigkeiten, die ein Ein-Lebendiges-Seiendes ausübt oder ausüben kann, insofern von ihm gilt, dass es lebendig ist.

7.2   Praktische und theoretische Sätze im Modus der Theorie

Wir haben bisher die Rede über das „Lebendigsein" von etwas soweit entfaltet, dass wir dem thompsonschen Einspruch gegen ein wesentlich formalistisches Verständnis der Prädikation zustimmen konnten, ohne zugleich der These von „non-Fregean generalities" beizutreten. Vielmehr erlaubt das rekonstruierte Verhältnis modifizierenden und determinierenden Prädizierens, dass wir den methodischen Ort der determinierenden Verwendung von „x ist lebendig" mit den entsprechenden Transformationsmöglichkeiten angeben können.

Damit ist dem Ausdruck „x lebt" oder „ist ein Lebendiges" seine Funktionsweise nicht einfach anzusehen; deren Ermittlung ist gleichwohl möglich, wenn wir auf den *Satz* und seine *Form* blicken, innerhalb dessen solche Ausdrücke auftreten. Wir müssen dabei allerdings berücksichtigen, dass wir die Form der Sätze, innerhalb derer die Ausdrücke ihre Funktion erhalten, insofern einfach hinnahmen, als *assertorische* Sätze den Standard zu bilden schienen, wie dies

---

[5]Hier ist „bestimmen" medial zu nehmen, nämlich zugleich „x wird bestimmt durch…" und „x bestimmt *sich* zu…".

im Gefolge Freges naheliegen mag. Wenn etwa die Bedeutung von Sätzen für die Einführung prädikativer Rede einerseits, singulärer Termini andererseits von Tugendhat betont wurde, und die Analyse zudem die besondere Funktion beider Momente für die Bestimmung der Wahrheitsbedingungen solcher Sätze erbrachte, wie diese zugleich den Anfang und den Rahmen der Analyse bildete, dann war *unterstellt,* dass es sich bei Sätzen um *assertorische* Sätze handelte. Für diese war der Akt des Behauptens die entscheidende Tätigkeit, zugleich eng verbunden mit der „Garantie-Handlung", d. h. der Übernahme von Verpflichtungen für das durch die Proposition der Behauptung dargestellte:

> Die Äquivalenz „p ≡ daß p ist wahr" gründet darin, daß derjenige, der etwas behauptet, immer auch schon die Richtigkeit (Wahrheit) seiner Behauptung mitbehauptet, und daß dies so ist, liegt im Wesen der Behauptung als Garantiehandlung (Tugendhat 1987, S. 255).

Den Behauptungen tritt ein zweiter Modus zur Seite, welcher „sinnbestimmend für die Teile des propositionalen Gehaltes" (Tugendhat 1987, S. 512) ist und der zwar in sich Differenzierungen weiterer Modi als Submodi zulasse (etwa im Sinne von Intentionssatz, Imperativ, Optativ etc.), der es aber gestatte, diese Sätze zusammenfassend im Anschluss an Kenny als *praktische* Sätze den theoretischen gegenüberzustellen. Beide sind hinsichtlich ihrer Zeigefunktion der Erfüllungsbedingungen analog:

> Wittgenstein hat im *Tractatus* (4.022) die assertorischen Sätze so charakterisiert: „Der Satz zeigt, wie es sich verhält, wenn er wahr ist. Und er sagt, daß es sich so verhält." Entsprechend wäre für die praktischen Sätze zu sagen: der Satz zeigt, wie es sich verhält, wenn er erfüllt ist; und er (bzw. der, der ihn verwendet) sagt, daß es sich so verhalten soll oder möge. (…) (Tugendhat 1987, S. 512).

Das Verhältnis beider zueinander zu bestimmen, ist dann als Moment des weiteren Projekts einer umfassenden analytischen Philosophie ausgezeichnet, der zufolge sich eine gewisse Differenz beider Satzmodi zueinander bemerken lasse, die zu praktischen Aussagen in einer Spannung stünden:

> Als Aussagen enthalten sie einen Wahrheits- und Ausweisungsanspruch, aber was mit ihnen objektiv begründet, als vernünftig behauptet wird, ist, daß etwas gewünscht oder getan werden soll. Die Versuchung ist deswegen groß, entweder ihren Ausweisungsanspruch oder ihren praktischen Charakter zu übersehen. Vielleicht wird man mit Hare (…) ins Auge fassen müssen, daß die Sätze über das Gute zwar begründbar sind, daß sie aber ihren praktischen Charakter und wir unsere Freiheit als verantwortliche Wesen verlieren würden, wenn diese Begründung eine

restlose wäre und in Analogie zu der Begründung theoretischer Aussagen verstanden werden könnte. Jedenfalls widersprechen die praktischen Aussagen, sofern sie sowohl eine assertorische wie eine praktische Seite haben, meiner These, daß es zwei Grundarten von Sätzen gibt, die assertorischen einerseits und die praktischen andererseits (Tugendhat 1987, S. 513).

Versuchen wir nur ein wesentliches Moment beider Satzformen in ihrer Entgegensetzung zu fassen, nämlich die Tatsache, dass beide durch ihr besonderes Verhältnis zur *Wirklichkeit* bestimmt sind. Sie lassen sich danach durch ihre *Funktion* als *Maßstäbe* voneinander unterscheiden. Am Beispiel des Wunschsatzes oder des Imperativs gilt mit Blick auf den assertorischen Satz als Bezugspunkt:

> Für diese Übereinstimmung scheint es nun aber zwei und nur zwei Möglichkeiten zu geben. Entweder – beim Aussagesatz – bildet die Wirklichkeit den Maßstab; besteht Nichtübereinstimmung, so entspricht der Satz nicht der Wirklichkeit. Oder – beim Wunschsatz und Imperativ – bildet der Satz den Maßstab; besteht Nichtübereinstimmung, so entspricht die Wirklichkeit nicht dem Satz. (…) Wer das assertorische Spiel ehrlich (wahrhaftig, d. h. ohne Intentionen, die nicht zu den Spielregeln gehören, (…)) spielt, möchte das sagen, was der Fall ist; wer das andere Spiel ehrlich spielt, möchte, daß der Fall sei, was er sagt (Tugendhat 1987, S. 510).

Die *Differenz* beider Satzformen lässt sich also durch ihre Beziehung auf Wirklichkeit bestimmen, wobei nur in *einem* Fall der Satz das *Maß* der Wirklichkeit wäre. Es scheint also so zu sein, als hätten assertorische Sätze eine eher deskriptive, praktische eine eher normative Funktion. Diese Unterscheidung liefe darauf hinaus, die beiden Satzformen als Vertreter von Satzklassen aufzufassen und damit deren Verschiedenheit zu betonen.

Es wäre jedoch auch eine andere Verhältnisbestimmung denkbar, welche die Differenz praktischer und theoretischer Sätze nicht parallel zu jener von assertorischen und nichtassertorischen aufnähme. Vielmehr ließen sich praktische Sätze als „Handlungen in der Form von Sätzen" ansprechen, die nur κατὰ συμβεβηκός Sätze wären – was nicht für theoretische gelten würde. Mithin gerieten auch die von Tugendhat als *praktische* angesprochenen zumindest teilweise in die Gruppe theoretischer Sätze zu stehen, während praktische im engeren Sinne die *Möglichkeit* theoretischer waren, und zwar als *wesentlich* situative Ausdrücke. Als solche wären sie – wie bei Tugendhat die praktischen – ein Maßstab der Wirklichkeit, besser, sie wären die *Möglichkeit,* Wirkliches zu treffen. Hingegen wäre für theoretische die Wirklichkeit in beiden Fallen (assertorische wir nichtassertorische) der Maßstab. Dies würde allerdings nahelegen, dass auch die Prädikation – und die Möglichkeit der Gegenstandsbeziehung, die Tugendhat an singulären Termini orientierte – eine andere Deutung zuließe, die einerseits nicht notwendig an das

„Gegenstands-Modell" gebunden wäre, dem Tugendhat das analytische entgegensetzte, die aber anderseits nicht in die für assertorische Sätze relevante Modi von Kopula und Existenzaussage aufginge.

7.3 Praktische und theoretische Sätze im Modus der Praxis: Enthymeme

Um dieses Problem besser fassen zu können, ist es notwendig zu den Enthymemen (ἐνθυμήματα) zurückzukehren – die wir als Ausgangspunkte des inferentialistischen Ansatzes schon kennengelernt hatten (s. Kap. 3). König weist darauf hin, dass sich bei Aristoteles spezifisch außerhalb der *Analytica* der Umgang mit „beweisförmigem" Sprechen finden lässt, dem aber gleichwohl der Schlusscharakter explizit zugesprochen wird, nämlich endoxalen und enthymematischen Schlüssen (allerdings liegt dabei nicht *Apodeixis (ἀπόδειξις)* sondern eine andere Art von Beweis vor).[6] Bevor wir auf deren *epistemische* Rolle eingehen können, welche ihnen gleichsam von Natur aus dann nicht zukommen kann, wenn der Syllogismus als eigentliche Form des Schließens anerkannt und nur diesem zugleich der Gewinn des Wissens überantwortet wird, ist eine wichtige Entscheidung zu bedenken, die Aristoteles in *De interpretatione* trifft:

> But while every sentence has meaning, though not as an instrument of nature but, as we observed, by convention, not all can be called propositions. We call propositions those only that have truth or falsity in them. A prayer is, for instance, a sentence but neither has truth nor has falsity. Let us pass over all such, as their study more properly belongs to the province of rhetoric or poetry. We have in our present inquiry propositions alone for our theme (*De interpretatione* 17a1 ff.).

Damit nimmt Aristoteles eine Sortierung von theoretischen Sätzen (zu welchen Aussagen – λόγος ἀποφαντικός – gehören) einerseits und praktischen andererseits vor (König 2005, S. 125 ff.). Mit der Adressierung der Unterscheidung an differente Formen theoretischer Behandlung (der *Analytica* zum einen, *Poetik* und *Rhetorik* zum anderen) entsteht, wie bei Tugendhat, der Eindruck von *Satzsorten* und den mit diesen artikulierten Wissensformen. Die epistemischen Folgen sind weitreichend, weil durch die reine Syllogistik in einem sowohl die *Gewinnung* von Wissen geleistet werden muss (soweit es dem Standard der ἐπιστήμη

---

[6]Beide Formen von „Aufzeigungen" stehen dem Sprachverständnis der Zeit jedenfalls nicht notwendig ausschließend gegenüber; dazu im Detail Kap. 8.

entspricht) wie zugleich dessen *formale Organisation*. Allerdings handhabt Aristoteles diese Differenzierung in genauer Hinsicht uneinheitlich: Denn in der Rhetorik, die eigentlich bei Bereitstellung des Plausiblen (als πιθανός) auf enthymematische Schlüsse verwiesen wäre, spielen einerseits topische Argumente ebenso eine Rolle wie endoxale im engeren Sinne. Andererseits finden sich aber, legt man einige Einsichten der Rhetorik zugrunde, auch in den *Analytica posteriora* Reste einer Auffassung von *Induktion*, die nicht vor allem auf die *Subsumtion* abzielt (s. Kap. 8).

Dieser komplexen epistemischen Situation angemessen, beginnen wir bei einer kurzen Skizze von enthymematischen und endoxalen Schlüssen. Zunächst gilt allgemein, dass es sich bei Enthymemen um Schlüsse handelt – dies entspricht auch dem Wortsinn von „ἐνθυμεῖσθαί", das z. B. im juridischen Zusammenhang regelmäßig als Pathosformel im Sinne von „ernsthaft Erwägen" oder „Sich-zu-Herzen-Nehmen" verstanden wird (s. z. B. Lysias Against Simon, 46); für diese Schlüsse gilt:

> It is obvious, therefore, that a system arranged according to the rules of art is only concerned with proofs; that proof is a sort of demonstration, since we are most strongly convinced when we suppose anything to have been demonstrated; that rhetoric demonstration is an enthymeme, which, generally speaking, is the strongest of rhetorical proofs; and, lastly, that the enthymeme is a kind of syllogism (*Rhetorik*, I.1, 11, 1355a 5 ff.).

Hier lohnt ein näherer Blick, denn der Ausdruck „proof" meint durchaus unterschiedliches; zunächst wird nämlich festgestellt, dass eine *methodisch* betriebene Kunst auf Sicherheiten ziele (περὶ τὰς πίστεις ἐστιν) und dass es sich dabei um eine „demonstration" handele (ἀποδειξίς τις). Im Falle der Rhetorik sei diese ein Enthymem – und dieses eben ein Art Syllogismus (συλλογισμός τις). Diese Darstellung lässt in der Tat die Möglichkeit zu, den eigentlichen Fokus weniger auf das Moment des „Beweises" zu legen, als vielmehr auf die durch diesen erzielte *Sicherheit*. Halten wir daher zunächst fest, dass es sich *nicht* nur dem Namen nach um Schlüsse handelt – denn für Enthymeme wie für „dialektische" Schlüsse gilt gleichermaßen, dass es sie sowohl in tatsächlicher wie in nur scheinbarer Form gibt (s. u.). Aristoteles expliziert Enthymeme mit Blick auf ihre Prämissen – diese seien u. a. Maximen (γνώμη). Als Beispiel gelte der Satz „No man who is sensible, ought to have his children taught to be excessively clever" (*Rhetorik*, II.21, 2, 1394 a). Werde nun der Grund (αἰτία) hinzugefügt und das Weswegen (τοῦ διὰ τί) dann ergebe sich ein Schluss – ein Enthymem (ἐνθύμημα) – wie etwa: „for not to speak of the charge of idleness brought against them, they earn jealous hostility from the citizens" (*Rhetorik,* II.21, 2, 1394a).

Die Maximen sind *eine* wesentliche Quelle, die ein „Wahrscheinliches" zum Ausdruck bringt, das (als εἰκός) neben die weiteren Quellen tritt, wie Beispiel (παράδειγμα), Zeugnis (τεκμήριον) und Zeichen (σημεῖον) (*Rhetorik,* II.24, 8, 1402b). Die *rhetorische* Handhabung der Enthymeme hat uns hier nicht zu interessieren, halten wir nur fest, dass sich diese *Form* des Schlusses wesentlich auf Handlungen bezieht – was die Nutzung der topischen Regeln für deren Explikation im Übrigen nicht ausschließt (*Rhetorik,* II.21, 16 ff, 1395b, dazu König 2002).

Als Beispiel für Enthymeme, die damit den Charakter praktischer Schlüsse bekommen, analysiert König einen Schluss des Alkibiades, der durch Thukydides überliefert ist:

In Schlußform gebracht, sieht das Enthymem etwa so aus:

i) Ein Volk fährt sicher, wenn es in seinen Maßregeln möglichst wenig von seinen Gewohnheiten abweicht.
ii) Wenn Athen gegen Syrakus zieht, so bleibt es damit in seiner Gewohnheit des nicht Stillsitzens.
iii) Also fährt Athen sicher, wenn es den Krieg erklärt (König 2002, S. 75).

Zum einen wird die syllogistische Form genutzt, um eine Explikation *eines* Gemeinten zu leisten, von dem zumindest gilt, dass es als ein solches *wahrscheinlich* ist, von dem aber *nach* der Explikation unter Hypothese seine *Notwendigkeit* gesagt werden kann – der Form nach.[7] Insofern diese Explikation als notwendige gelten kann, ist das Enthymem nichts anderes als ein *noch nicht* in Form gebrachter Schluss. Aber – und das ist das *zweite* Moment – er ist eben kein *syllogistischer* Schluss, der gleichwohl schließt, – wiewohl nur nach Wahrscheinlichkeit. Damit wird er zu einem *Anfang* einer *möglich* notwendigen Explikation, deren übliche Lesart, die sich durchaus am Text gewinnen ließ, weiterhin darin besteht, in Enthymemen unvollständige Syllogismen zu sehen: Die eigentliche Schlussförmigkeit käme diesen nur geliehener Weise zu, indem sie nämlich (formal) ergänzt werden könnte. Schließen gäbe es danach nur durch Syllogismen,

---

[7]Damit ist gemeint, dass die Notwendigkeit auf der Seite der formalen Analyse zustande kommt, durch Nutzung der syllogistischen Form – unabhängig von der investierten Prämisse. Nehmen wir an, dieser käme ihrerseits die (materiale) Notwendigkeit zu (was hier nicht der Fall ist), dann kommt dem ganzen Schluss auch Notwendigkeit zu.

und insofern rückten *formale* im Sinne logischer Inferenz vor *materiale*. Allerdings weist Aristoteles darauf hin, dass es nicht nur auf der Seite der Syllogismen wirkliche und scheinbare gäbe, sondern auch auf jener der Enthymeme:

> But as it is possible that some syllogisms may be real, and others not real but only apparent, there must also be real and apparent enthymemes, since the enthymeme is a kind of syllogism (*Rhetorik,* II.24, 1, 1400b).

Die weiteren Ausführungen verdeutlichen, dass es Aristoteles hier wesentlich um den Schein des Schlüssigen ging, darum also, dass scheinbare Enthymeme ebenso wenig Schlüsse sind, wie scheinbare Syllogismen – sodass sich an diesen ebenso Fallazien demonstrieren lassen wie im topischen und logischen Argumentieren (*Rhetorik,* II.24, 2 ff., 1400b). Entscheidend ist für uns dabei, dass die Scheinhaftigkeit des Enthymems in Umkehrung bedeutet, dass das „echte" Enthymem ebenso eine Form des Wissens repräsentiert wie der echte Schluss gegenüber dem scheinbaren.

Nun waren Enthymeme als Schlüsse aus dem Wahrscheinlichen charakterisiert worden – doch zu anderen Zwecken, als „echte" Syllogismen, mit ihrer Ausrichtung auf die ἐπιστήμη im engeren Sinn. Der Ort der Enthymeme ist nämlich jener der streitenden Auseinandersetzung, bei welcher am Ende (jedenfalls im Zusammenhang der Beratung und der Jurisdiktion) Handlungen[8] stehen als Resultate der „Schlüsse", weswegen die „Ausgangsmaterialien" für Enthymeme *sachangemessen* sein müssen:

> Wherefore one must not argue from all possible opinions, but only from such as are definite and admitted, for instance, either by the judges themselves or by those whose judgement they approve. Further, it should be clear that this is the opinion of all or most of all the hearers; and again, conclusions should not be drawn from necessary premises alone, but also from those which are only true as a rule (*Rhetorik* II.22, 3, 1396 a).

Das Resultat des Enthymems ist die *Handlung,* auf welche das Reden zielt – und dieses Reden ist eben nicht ein bloßes, sondern seinerseits ein erwägendes (λέγειν καὶ συλλογίζεσθαι, *Rhetorik,* II.22, 4, 1396a), weshalb in Bezug auf das Ziel, also das zu Tuende (sei es politisch, sei es juristisch etc.), das notwendige Wissen verfügbar sein muss, wie etwa das Beispiel der Kriegserklärung durch Athen zeigt:

---

[8]Wir müssen also zwischen dem Tun des *Redners* (etwa in Rat und Gerichtshof) und dem *systematischen* Interesse des *Rhetorikers* unterscheiden. Zugrunde liegt jedenfalls das tatsächliche Tun, die Praxis, über welche reflektiert wird.

> I should like to know, for instance, how we are to give advice to the Athenians as to making war or not, if we do not know in what their strength consists, whether it is naval, military, or both, how great it is, their sources of revenue, their friends and enemies, and further, what wars they have already waged, with what success, and all similar things? (*Rhetorik,* II.22, 5, 1396a).

Dies bedeutet aber, dass die *Empfehlung* eine solche zu *angemessenem* – hier – politischen Handeln sein soll, dessen *Begründung* durch das geleistet werden muss, was Allen oder den Meisten bekannt ist. Das Resultat ist damit nicht einfach eine *Betrachtung* von etwas, sondern die *Darstellung* des zu Tuenden in Bezug auf die konkrete Situation. Der „Erfolg" des so Redenden und Erwägenden könnte einerseits erblickt werden in der Überzeugung derjenigen, vor denen er redet – unabhängig von dem Erfolg dessen, wozu aufgefordert oder von dem abgeraten wird. Legt man aber den Akzent auf die Bestimmung des Enthymems als *originärer* Wissensform, dann kann immerhin vermutet werden, dass die *Beurteilung* des Erfolges eines solchen Schlusses gerade in dem liegt, *wozu* aufgefordert wurde – hier also in dem Aufnehmen des Krieges durch Athen.

Das Originäre dieser Wissensform bestand in dem Abzielen auf ein Tun, das als *dieses Tun* begründet werden soll – nicht aber allgemein: dann wäre es z. B. Gegenstand einer *Theorie* des politischen Handelns. Insofern diese Deutung zutrifft, liegt die *Erwägung* gerade darin, dass auf der Grundlage *desselben* Wissens (das für alle oder die meisten als einschlägig anerkannte) *gegenteilige* Schlüsse etabliert werden können, die jeweils die Handlungen mit ihren Resultaten zur Darstellung bringen – aber eben nicht mit dem Ziel der *Darstellung,* sondern des *Tuns.* Das Gesamte der Darstellung der Handlungen auf derselben Basis könnte damit als ideale Explikation der Handlungsmöglichkeiten in der Beratung gelten.

Wir werden später untersuchen (s. Kap. 11, 12, 13 und 14), ob nicht genau darin eine grundsätzliche Ähnlichkeit zur Erarbeitung wissenschaftlichen Wissens besteht, die erst sichtbar wird, wenn wir die Vermutung aufgeben, das diese Wissensform auf genau *eine* mögliche Darstellung von etwas angelegt sei – eine für Aristoteles vermutlich nicht gänzlich von der Hand zu weisende Vermutung. Wichtig für unsere Überlegungen ist nur, dass die geäußerten Sätze als solche ihre Bedeutung nur haben *in dem Zusammenhang,* in dem sie *geäußert* werden. Die Äußerung „Athen sollte Krieg führen" wäre danach sicher ein *Satz,* und er lässt sich als *Aussage* über einen gegebenen Zustand verstehen. Zugleich aber ist er *nicht einfach nur* ein Satz, sondern eine sachhaltige Aufforderung, die als Resultat eine Handlung hat.

7.4 Zum Verhältnis theoretischer und praktischer Sätze

König hat diesem Moment besondere Aufmerksamkeit geschenkt, indem er auf solche Sätze als *praktische* Sätze verwies, die Sätze seien, sich aber als „Handlungen in der Form von Sätzen" auffassen ließen (König 1994b, S. 280). Danach hätten wir – wie auch bei Tugendhat – zwischen zwei *Formen* von Sätzen zu unterscheiden, nämlich praktischen und theoretischen, die aber – und das im Gegensatz zur einen Lesart bei Tugendhat – *nicht* zwei *Sorten* darstellen. Praktische Sätze sind zunächst einfach Sätze, die geäußert werden, wobei diese Äußerung dem Satz aber nicht äußerlich, sondern wesentlich ist, die *Situation* der Äußerung damit zugleich dasjenige, was den Satz zu einem *etwas* für *jemanden bedeutenden* werden lässt:

> Das Jemanden-etwas-Geben, z. B. einen Blumenstrauß, ist ein Handeln, und das Jemanden-dieses-oder-jenes-*Mitteilen* ist gleichfalls ein Handeln; und zwar gewiß ein Handeln von der Art, daß nur Wesen, die Sprache haben, so handeln können; aber gleichwohl gilt, daß das Miteinander-Sprechen dieses Handeln selber *ist* und daß es nicht oder doch nicht eigentlich bloß ein Mittel ist zum Zwecke solchen Mitteilens. Wenn wir in irgendeiner entsprechenden Situation zu jemandem sagen, „der Kamm liegt in der Schublade", so dient solches Sagen nicht eigentlich dem Mitteilen, sondern *ist dieses Mitteilen* (König 1994b, S. 284 f.).

Dies scheint noch nicht die Bezeichnung eines Satzes als eines praktischen zu rechtfertigen. Die Situativität solcher Äußerungen ist aber dann ein besonderes Moment, wenn *Bedeutung* wesentlich deskriptiv verstanden wird, sei es als Eigenschaft der Sätze oder der Umstände ihrer Äußerungen. Dem tritt das inferentialistische Verständnis wie gezeigt entgegen, denn hier ist „Bedeutung" wesentlich *normativ* aufzufassen, mit Blick auf die begründend wie begründet sich ergebenden Verpflichtungen und Berechtigungen (s. Kap. 3).

Praktische Sätze im entwickelten Sinn weisen hingegen eine weitere Besonderheit auf, die einerseits mit dem eben Gesagten zusammenhängt, andererseits sich zugleich mit diesem aus der Tatsache ergibt, dass praktische Sätze nicht als *Mittel* des Mitteilens gedacht sind, sondern als *dieses* Mitteilen. Denn dieses Sprechen ist ein adressiertes, was noch deutlicher wird, wenn wir einen Satz betrachten wie „Mein Bruder ist in München" oder auch „Es ist kein Brot da" (König 2005, S. 121, 142). Einerseits liegt darin die *Möglichkeit* des Individuellen – Müller (2014) weist zu Recht darauf hin, dass dieses der Aktualität nach von solchen Sätzen noch keineswegs *verbürgt* wird. Doch liegt darin andererseits zugleich ein „ethisches" Moment in dem Sinne, dass eben nicht nur *etwas* festgestellt wird, sondern wesentlich *von* dem Äußernden. Das Ethische besteht darin, dass *in der Äußerung* der dieses Äußernde *sich bestimmt* als der, der in seinem Tun *dem* entspricht, *was* geäußert wird.

Das „In-der-Meinung-Sein" erhält damit einen nichtdeskriptiven Aspekt, sodass es sinnvoll ist zu sagen, praktische Sätze *könnten* nicht wahr oder falsch sein – jedenfalls nicht in dem für theoretische Sätze gegebenen Sinn. Während nämlich falsche theoretische Sätze gar kein Wissen bestimmen,[9] ist dies bei praktischen nicht notwendig (König 2005, S. 157 ff.). Im konkreten Fall wird der Satz „Es ist kein Brot da" etwas *bedeuten* – bis hin dazu, dass der Äußernde sich anheischig macht oder den anderen darum bittet, für Brot zu sorgen. Wesentlich ist nicht die „verborgene" Aufforderung und daran angeschlossen ihre Explikation im brandomschen Sinne als die *Selbstfestlegung* im Mitteilen (einige Hinweise sind König 2005 zu entnehmen). Diesem *praktischen* Moment wohnt aber die Doppelung inne, *zugleich* durch den Kontext der Äußerung die Möglichkeit des Bedeutens wie die Möglichkeit der Artikulation des Kontextes[10] zu *realisieren.*

Wir können nun die Differenz zu den theoretischen Sätzen bestimmen, die, wie wir sehen werden, eine notwendige *Möglichkeit* der praktischen Sätze sind. Während praktische Sätze – in dem entwickelten Sinne – alleine stehen können,[11] gilt dies nicht für theoretische, die z. B. durch Ergänzung von *Satzformen* zu gewinnen sind:

> Und man kann diese Hierarchie ja wieder einfach ablesen aus dem Symbol $(^\exists x) \cdot \phi(x)$, denn die Form $\phi(x)$ kann – als Form praktischer Sätze – für sich allein stehen oder gedacht werden. Aber die Form $(^\exists x)$ ist nichts, was für sich allein gedacht werden könnte. Denn sie ist, was sie ist, nur in dem Ganzen der Form $(^\exists x) \cdot \phi(x)$. Daß das x da eine gebundene Variable ist, ist – insofern – eigentlich eine Art von Zeichen des Vorliegens einer solchen Hierarchie, oder solcher „Stufen" (König 1994b, S. 228).

---

[9]Dies schließt m. E. noch nicht aus, dass sie immer noch als *praktische* Sätze *fungieren* können. Wir hätten es dann zwar mit „falschen" Behauptungen zu tun, die aber immer noch eine Praxis so *strukturieren* können, dass sie nach Kriterien erfolgreich ist. Das Moment der „Wahrheit im Gewande der Lüge" (Schopenhauer 1977; wiewohl unabhängig vom Bezug auf Religion) ist in der Wissenschaftsentwicklung jedenfalls nicht unvertraut.

[10]Wir könnten also Müllers (2014) Kritik insofern entgegnen, dass zwar das *Antreffen* des Einzelnen als eines solchen durch den Satz nicht verbürgt wird, dass aber zugleich die *reine* Okkasionalität der Äußerung das „Satzsein" des Satzes zu dementieren drohte. Anders formuliert: Nur *indem* der Satz auf eine Situation trifft, die (*praktisch*) „eine von diesen" ist, besteht die Möglichkeit der reinen Okkasionalität der Äußerung selber – und mithin des sie Tätigenden.

[11]Im strengen Sinne kann kein Satz alleine stehen – er wäre dann eben keiner mehr.

Während der praktische Satz, und zwar dessen Äußerung, das Mitteilen *ist* und insofern die Äußerung nur eine solche der Äußerung von nämlich eben diesem Mitteilen, besteht die Funktion des theoretischen Satzes *nicht* im Vollzug der Mitteilung. Dieser *ist* vielmehr die Äußerung für die Artikulation von Wissen, das in der Form praktischer Sätze schon je bereitsteht. Das, was diese Sätze an Wissen enthalten (können), „herauszubringen", ist die Funktion *theoretischer* Sätze.[12]

Insofern besteht die Stufung der Sätze nicht in einer „ontologischen" Gliederung. Es ist nicht so, dass es praktische und theoretische Sätze in einem gefestigten Verhältnis zueinander „gäbe". Vielmehr werden Sätze durch die Verwendung zu unterschiedlich fungierenden, sprachlichen Einheiten. Wie praktische Sätze Ausdruck eines Zeigens oder Hinweisens sind, so sind theoretische Sätze Ausdruck von Zeichen, die *für* etwas stehen und insofern *etwas* bedeuten. Das Verhältnis von theoretischen und praktischen Sätzen kann nun wieder nach dem Modell des übergreifenden Allgemeinen gedacht werden – es griffe dann im *Mitteilen* der praktische Satz über, und die Differenz zwischen theoretischen und praktischen Sätzen wäre eine solche *am praktischen Satz:* Dies wird dadurch möglich, dass praktische Sätze auf Situationen der Äußerung bezogen sind, außerhalb derer sie das nicht tun, was sie tun sollen, nämlich *etwas* bedeuten.[13] Die Explikation dessen, *was* sie bedeuten (können), ist aber *eine* Funktion des theoretischen Satzes, mit dessen Hilfe die Äußerung als typische, als (praktisch) „eine von diesen" gelingen kann, damit also als situative.[14] Wir sehen dem Satz also nicht einfach an, welchen Charakter er als ein solcher hat.[15]

Trifft diese Deutung zu, dann müsste sich entsprechend dem oben Entwickelten ein für beide Satzformen unterschiedliches Allgemeines ausmachen lassen – eine Überlegung, die wir an einem Beispiel plausibilisieren wollen. Dieses Moment scheint König im Auge zu haben, wenn er die Möglichkeit erwägt, wie der Satz „Caius ist ein Mensch" verstanden werden kann. Dabei gilt zunächst, dass es sich subsumtiv um den Minor eines Syllogismus handeln kann, der als

---

[12]Wir sehen darin eine durchaus der heideggerschen Unterscheidung des Übergangs vom Zuhandenen zum Vorhandenen ähnliche Reflexion – nur dass sie hier mit explizitem Bezug auf die *sprachliche* Form der Äußerung entwickelt wird, der die tätigkeitstheoretische an die Seite gestellt wird (s. Kap. 11).

[13]Dies im Sinne von „zeigen".

[14]„Situationen" liegen eben nicht einfach vor, sondern sind bezüglich der sprachlichen Äußerungen, aber nicht nur aus ihnen, als solche zu gewinnen. Hierin liegt ein *abduktives* Moment, denn es ist weder lebensweltlich noch unter streng geregelten Bedingungen vorderhand klar, „welche Situation" eigentlich vorliegt.

[15]Ausgenommen ist hier der triviale Fall, dass im Satz eindeutig logische Ausdrücke, wie Junktoren oder Quantoren auftreten.

solcher ein theoretischer Satz wäre. Wir hätten dann das Caius-Sein dieses Caius als das Menschsein von Caius angesprochen, und der Syllogismus ist „homogen". Dem steht die Möglichkeit, den Satz als *praktischen* zu lesen, nicht entgegen, wohl aber zur Seite, sodass also *dieses da* Caius ist und dies ist nicht identisch mit dem „ein Caius sein dieses Caius" (König 2005, S. 149) – die Differenz läge hier in der *Form* des Allgemeinen.

Im ersten Fall ist das Allgemeine nichts anderes als das Allgemeine von Einzelnem als Besonderem – wobei letzteres die Extension des Begriffs bildet. Hingegen zielt der praktische Satz „Caius ist ein Mensch" auf das „Dieser-Caius-Sein" *dieses* Caius ab – und zwar einfach deshalb, weil hier zwischen *diesem* Caius und dem Ein-Caius-Sein *kein* Element-Klassen-Verhältnis besteht.[16] Verstanden als praktischer Satz zeigt dieser nicht das ein „Menschsein" eines Menschen, sondern das Ein-Mensch-Sein *dieses* Menschen an – und das lässt sich z. B. an der Form plausibilisieren, in welcher das „Dieser-Mensch-Werden" sich vollzieht. Der Satz „Caius ist ein Mensch" kann also *als ein Satz* unterschiedlich fungieren – und zwar seiner *Form* nach. Gleichwohl bleibt die *notwendige* Möglichkeit bestehen, das Ein-Mensch-Sein *von diesem* als Menschsein darstellen zu können.

7.5   Situativität als normatives Moment

Die Hoffnung Brandoms, dass sich an der Äußerung von Sätzen durch Explikation der Berechtigungen einerseits, der Verpflichtungen andererseits darstellen lasse, *wie* das „Wassein" von etwas durch sein „Wiesein" des Sprechens darüber verstanden werden könne, hat sich insofern als trügerisch erwiesen, als die *Situation* der Äußerung zumindest dann als Moment der Mitteilung aufgefasst werden muss, wenn Sätze wesentlich als praktische Sätze mitteilend fungieren.

Wir können diese Überlegung präzisieren, wenn wir die dargestellte Konzeption der Enthymeme zugrunde legen. Diese waren nämlich gerade solche Äußerungen, in denen sich ein irgendwie allgemeines Wissen finden ließ, das *wesentlich* auf ein Handeln verweist. Dieses ist und bleibt gleichwohl ein *situativ* okkasionelles Wissen, dessen Geltung zwar dadurch sichergestellt ist, als es ein gewisses Allgemeines, aber nur ein „der Wahrscheinlichkeit" nach geltendes ist, ein Wissen also, das den *Schein* des *Wahren* hat – wiewohl nicht nur, sondern *wesentlich*. Die Reduktion der Enthymeme auf die Darstellung solchen Wissens führt bei Brandom dazu, dass auch *wissenschaftliches* Wissen seiner Form nach

---

[16]Zu den Funktionen der Kopula s. Tugendhat (1992a).

letztlich nichts weiter ist, als ein solches ὡς ἐπὶ τὸ πολύ – wiewohl die *Bezugs-gruppe* der Wissenden entsprechend klein werden kann. Wir wollen im Weiteren diese Überlegungen nach zwei Richtungen entwickeln:

1. Zum einen ist zu zeigen, wie sich dem Enthymematischen *schon innerhalb* eines aristotelischen Arguments ein systematischer Ort zuweisen lässt dergestalt, dass die einfache Entgegensetzung von ἐπιστήμη und enthymematischen oder endoxalen Wissen produktiv entwickelt werden kann.
2. Zum anderen ist zu ermitteln, in welcher Weise der Bezug zwischen dem ὡς ἐπὶ τὸ πολύ und dem Allgemeinen im *wissenschaftlichen* Sinn rekonstruiert werden kann, sodass die Rede über „Lebendiges" sowohl als *Anfang* eines möglichen wissenschaftlichen Sprechens wie als *Resultat* seiner Entwicklung verstehen lässt.

Das methodologisch entscheidende Moment wird dabei nicht so sehr in der Auszeichnung enthymematischen oder endoxalen Wissens als originärer Wissensform bestehen – dies hat der entwickelte Ansatz mit inferentialistischen ebenso wie mit analytischen Überlegungen gemeinsam. Vielmehr wird die Frage zu beantworten sein, *auf welche Weise* die Transformation solches Wissens in wissenschaftliches *gelingen* kann. Diese Frage tritt in den bisher behandelten Ansätzen einfach deshalb nicht auf, weil das Enthymem *zugleich* der *Maßstab* auch des wissenschaftlichen Wissens bleibt.

Die für unser Unternehmen leitende These besteht nun darin, dass die Transformation der Praxis auch die Form der „Schlüsse" nicht unberührt lässt – mithin das Reden vom Lebendigsein in dem Maße transformiert wird, in dem der Übergang von enthymematisch artikulierten Praxen in methodisch-systematisch artikulierte vollzogen wird. Dass diese Transformation grundlegend *sowohl* die Praxis als wissenden Umgang mit etwas ergreift, wie auch die Form des Redens innerhalb dieser Praxis, kann schon deshalb nicht überraschen, weil es ja gerade die *Kontexte* waren, welche durch das – zunächst enthymematische – Reden ihre Artikulation erhielten. Zugleich stellten sie aber auch das umgängliche Wissen als Handlungswissen bereit, bezüglich dessen die Artikulation stattfand. Mithin ist der Übergang von der kontextkovarianten zur kontextinvarianten Rede zugleich auch ein Übergang zwar *geregelter,* aber *nicht umfassend* standardisierter Praxen zu solchen, die nicht nur *weitgehend* – jedenfalls in bestimmten Hinsichten – explizit geregelt, sondern auch umfassend *standardisiert* sind oder werden.

Die experimentelle Praxis, die erst im Zusammenhang der Gegenstandskonstitution zur Sprache kommt (s. Kap. 11), zielt mithin auf extrem eingeschränkte Kontexte, die gleichwohl durch diese Einschränkung allgemein geltende Aussagen erlauben. Der Zusammenhang aber dieser doppelläufigen Bewegung lässt sich schon in den systematischen Anfängen der Entwicklung begrifflicher Rede vom Lebendigsein verfolgen, nämlich bei Aristoteles.

Teil II
Aspekte einer Theorie der Biologie

τέχνη und φύσις bei Aristoteles 8

Die folgenden Überlegungen verstehen sich nicht als Beitrag zur Aristotelesforschung – es geht also nicht darum, zu klären, wie sich z. B. die Rede vom Lebendigen bei Aristoteles verhält oder welche dieser Bestimmungen für moderne Fragestellungen noch genutzt werden können.[1] Vielmehr soll eine einzige Leitdifferenz begrifflich so weit entfaltet werden, dass sich an ihr die Grenzen des Programms verdeutlichen lassen, das wir oben bei Thompson als mögliche Alternative zu modernen Verständnissen von Leben ausgezeichnet hatten. Damit ist auch nicht das Ziel verbunden, entschiedene Fragen nochmals zu entscheiden – dies setzte voraus, dass sich an historischen Texten gleichsam endgültige Entscheidungen treffen lassen, was dem hermeneutischen Bemühen selbst ebenso fremd sein dürfte, wie der historischen Position als solcher.

Allerdings erlaubt die Darstellung des einen hier interessierenden Verhältnisses – jenes nämlich von τέχνη und φύσις[2] – die Identifikation von *begrifflichen* Voraussetzungen und Antizipationen einerseits, der damit verbundenen

---

[1]Dies zielt z. B. auf die Betonung der grundlegenden Differenzen oder auf die Ähnlichkeiten zum modernen Wissenschaftsverständnis ab (etwa Greene 1974, S. 75 ff.), auf die Zurückweisung des Essenzialismus bei Aristoteles (Balme 1987b), relevante embryologische Beobachtungen (Lloyd 1987) oder die Relevanz hypothetischer Notwendigkeit (Cooper 1987). Bemerkenswert scheint mir immer noch der Hinweis von Greene (1974, S. 76), dass insbesondere das Formverständnis für die moderne Biologie hilfreich sein könnte. Das wäre jedenfalls *möglich*, wenn moderne Biologie stärker nach ihren eigenen begrifflichen Voraussetzungen fragte (s. Kap. 12, 13 und 14).

[2]Technik und Natur wären mögliche Übersetzungen, auf die aber verzichtet werden soll, um deutlich zu machen, dass wir mit den griechischen Ausdrücken eben nicht dasselbe bezeichnen. Dort, wo wir uns der modernen Begriffe bedienen, entsprechen diese also nicht den zu rekonstruierenden Redeformen.

© Springer Fachmedien Wiesbaden GmbH 2017
M. Gutmann, *Leben und Form*, Anthropologie – Technikphilosophie –
Gesellschaft, DOI 10.1007/978-3-658-17438-5_8

Inferenzen andererseits. Dies wird ausdrücklich – und auch darin besteht eine Einschränkung des Vorhabens – unter *epistemischen* Gesichtspunkten geschehen; von den ontologischen ebenso wie den metaphysischen sei hier soweit abgesehen, als sie nicht mit der Frage danach zusammenfallen, *woher* uns das Wissen über das Verhältnis von τέχνη und φύσις komme.[3] Dieses begriffliche Interesse zielt auf das von Thompson, Foot und anderen unterstellte normative Verständnis von Lebendigem ab, indem zurückgefragt wird, ob und in welchem Umfang das genannte Verhältnis eine solche *normative* Deutung überhaupt zulässt, und mit welchen argumentativen Lasten. Insbesondere wurde *dort* die Differenzbildung von τέχνη und φύσις so eindeutig vollzogen, dass es nahelag, von einem ontischen Primat des Natürlichen zu sprechen – τέχνη wäre danach auch hinsichtlich der sie regierenden Normativität ein mit den durch NHJ (natural historical judgement; s. Kap. 5) dargestellten „life-forms" kaum kompatibles Phänomen.

8.1   Naturbeschreibungen

Die Darstellung wollen wir beginnen mit Beschreibungen von Bewegungen lebendiger Einheiten sowie deren Zuständen und Veränderungen – der im engeren Sinne theoretischen Reflexion werden wir uns unten zuwenden. Der Grund für diese Strategie ergibt sich aus dem angezeigten *epistemischen* Interesse, welches zwei Aspekte umfasst:

1. Zum einen ist zu klären, *welche* Wissensformen Aristoteles selber zulässt, auf die er referiert, um Beschreibungen – und im Anschluss daran Erklärungen – natürlicher Vorgänge anfertigen zu können. Es wird sich dabei zeigen, dass regelmäßig ein *explanatorisches* Interesse auszumachen ist, das sogar verhältnismäßig einfache Beschreibungen z. B. von Bewegungen strukturiert.
2. Zum anderen aber wollen wir das *Verhältnis* dieser Wissensformen rekonstruieren und zwar spezifisch jener, die sich aus der Beschreibung von Artefakten oder technischen Vorgängen ergeben. Diese Rekonstruktion zeigt einerseits einen besonderen Umgang mit dem Anfangsproblem, dessen Struktur bei Aristoteles

---

[3]Das Herausarbeiten der „Analogien" ist so lange nicht hilfreich, als die Parallelität von τέχνη und φύσις beständig festgestellt und dann lediglich auf das heuristische Moment abgezielt wird. Denn das eine ist nicht begründet, das andere läuft so lange leer, als keine weitergehenden Konsequenzen daraus gezogen werden (s. etwa Fiedler 1978, S. 264 ff.).

wir ebenfalls unten näher konturieren und das wir systematisch entfaltet unseren eigenen Überlegungen zur Gewinnung von Anfängen biologischer Strukturierungen von Lebendigseiendem unterlegen (s. Kap. 11). Andererseits lässt diese Verhältnisbestimmung auch Grenzen des aristotelischen Vorgehens selbst deutlich werden, das sich in erheblichem Maße als (nicht *nur*) metaphorisch wiewohl nicht im engeren Sinne als *modellierend* erweist.

Wenn wir nun Beschreibungen von Zuständen, Bewegungen oder Veränderungen von Lebendigseiendem einer näheren Betrachtung unterziehen, dann bietet sich eine Ordnung an, die zwar nicht notwendig die aristotelischen Darstellungen selbst leitet, die aber unserem epistemischen Interesse entspricht. Wir werden nämlich zunächst nach Zugangsweisen, insbesondere zu solchen Aspekten der beschriebenen Gegenstände zu fragen haben, die sich der bloßen Autopsie nicht erschließen – die also mithin ihre handelnde Veränderung implizieren. Die eigentlichen Darstellungen, die u. a. auf solches Wissen referieren, eröffnen wir mit der Beschreibung von Bewegungen von Lebewesen oder ihren Teilen, die eine weitere Wissensform hervortreten lassen, welche an Artefakte gewonnen wurde – sei es im direkten Vergleich oder unter Nutzung von Sprachstücken, die für die Beschreibung von Artefakten üblich sind. Die besondere Relevanz dieser verschiedenen Wissensformen wird schließlich einerseits an der Darstellung „interner" Aspekte, nämlich des „Aufbaus" von Lebendigseiendem, andererseits an „externen" Aspekten der Einbeziehung des solcherart „funktional" Verstandenen in Umgebungsbedingungen rekonstruiert.

8.1.1 Zurück zur Natur

Wie schon angedeutet, zeigen die Beschreibungen „natürlicher" Verhältnisse, dass Aristoteles ein reichhaltiges Wissen für relevant hält, von dem her die „eigentlichen" Bestimmungen des Lebendigen begründet werden können.[4] Ohne sogleich auf begriffliche Strukturen von τέχνη und φύσις einzugehen, sei zunächst nur gefragt, auf welche Weise, d. h. unter Nutzung welchen Wissens, Aristoteles sich auf Lebendigseiendes bezieht. Wir beginnen mit einem Beispiel, an dem sich zwei Aspekte deutlich zeigen:

---

[4]Dies gilt auch dann, wenn wir die Frage ausblenden, inwieweit den zum Vergleich mit Lebewesen genutzten Artefakten überhaupt οὐσία zuzusprechen sei (Brinkmann 1979, S. 148 ff.).

Some say that serpents have the same faculty as swallow-chicks: that if anyone pricks their eyes out they grow again. The tails, too, of lizards and serpents grow again if they are cut off (*Historia animalium*, II.17, 508b 1 ff.).

Einerseits ist dieses „Sagen von Manchen" (λέγουσι δέ τινες) offensichtlich als *mögliches Wissen* zugelassen, wobei die Ermittlung der Regenerationsfähigkeit ein besonders illustratives Beispiel sein mag.

Zugleich zeigt sich aber auch ein zweites Moment, dass nämlich auf *präparatives* Wissen referiert wird, also auf ein Wissen, das unstrittig durch Intervention gewonnen wurde – man ist geneigt zu sagen, durch gewalttätigen Eingriff. Dieses Wissen wird aber nicht nur, wie im gegebenen Beispiel, zur Klärung „äußerer" Verhältnisse von Lebewesen genutzt, sondern auch für die ihrer „inneren" Zusammensetzung, die etwa in *De partibus animalium* Gegenstand sind – der Verweis auf eine entsprechende Schrift mag dies unterstreichen, der manches zu entnehmen sei, nämlich auf ἔκ τε τῶν ἀνατομῶν (*Historia animalium*, III.1, 509b 23).[5]

Daher kann es nicht überraschen, dass der Skopus der „anatomischen" Studien weit gefasst ist, die auch der inneren Anatomie, etwa jener des Schädels mit dem Hirn[6], der Blutgefäße[7] oder des Uterus[8] (hier von Vögeln bzw. Fischen) gelten. Wir können die Frage offen lassen, ob das, was Aristoteles berichtet, als solches zutrifft, ob es der Autopsie entspringt oder nicht. Jedenfalls wird die Sektion selber nicht nur für notwendig erachtet, sie erlaubt es auch (man möchte sagen „überhaupt erst") jene Erfahrungen zu machen, die – wesentlich reflektierend – in einen *begründenden* Zusammenhang gebracht werden können.

When the testicles themselves are excised or removed, the passages are drawn upwards. People sometimes destroy the testicles in young animals by rubbing, or cut them out later on. A case has been known of a bull immediately after castration serving a cow, copulating, and producing offspring (*Historia animalium*, III.1, 510b 1 ff.).

---

[5]Die Relevanz der interventionalen Wissensformen bliebe auch dann erhalten, wenn es sich nicht um eine „original" aristotelische Verweisung handelte; denn viele der unstrittig Aristoteles zugeschriebenen Darstellungen behandeln die „innere Anatomie" verschiedenster Lebensformen, die nun einmal (jedenfalls in der Antike) nicht anders zu beobachten sind – wiederum unabhängig von der Frage, ob Autopsie zu unterstellen ist oder nicht. Allerdings ist der Ausdruck „ἀνατομή" nicht einheitlich verwendet, denn es werden darunter auch Darstellungen von ganzen Einheiten verstanden, wie etwa die Eier von Cephalopoden (*Historia animalium*, IV.1, 525a 9).

[6]*Historia animalium*, I.6–8, 491a 31 ff.

[7]*Historia animalium*, III.2, 511b 11 ff.

[8]*Historia animalium*, VI.10, 565a 14.

Der Eingriff und seine Standardisierung findet – soweit es sich um Nutztiere handelt – innerhalb dessen statt, was am besten als extensive Züchtung bezeichnet werden könnte, die sich also in einem Übergangsfeld zur Haltung und direkten Nutzung der Tiere befindet. Noch deutlicher wird die Relevanz der Intervention bei Betrachtung der weiblichen Geschlechtsorgane, denn hier sind die primären Organe ohne Sektion häufig gar nicht einsichtig[9].

Da der *Beschreibungsstandard* an der *menschlichen* Lebensform entwickelt wird, ist es nicht verwunderlich, dass auch hier die präparative Praxis eine wichtige Rolle spielt. So findet sich nicht nur das einfache Referat medizinischer Anatomie, sondern auch der Verweis auf medizinische Eingriffe[10] – unabhängig von ihrem jeweiligen Erfolg.[11] Auch die Materialeigenschaften von Geweben (hier also Teilen) werden handlungsrelativ angegeben – mit allen Einschränkungen, die sich aus der Verwendung der jeweiligen Ausdrücke – hier etwa „kauterisieren" – ergeben:[12]

> Now blood-vessel can be cauterized, but sinew when cauterized is completely destroyed; and if sinew is cut it does not grow together again. And numbness never takes effect in any part of the body where no sinew is present (*Historia animalium*, III.5, 515b 15 ff.).

Der präparative Standard ist nicht nur für anatomisches Wissen notwendig.[13] Es spricht nichts gegen die Annahme, dass Aristoteles die enge Verbindung der Erforschung embryonaler Verläufe mit Eingriffen bekannt war – es lässt sich nämlich u. a. die Entwicklung von Vögeln makroskopisch kaum anders wissenschaftlich studieren:

> About the twentieth day, if you open the egg and touch the chick, it moves inside and squeaks, and it is already getting downy when beyond the twenty days the eggs begin to hatch out. The chick has its head over its right leg close to the flank, and its wing over its head (*Historia animalium*, VI.3, 561b 28 ff.).

---

[9]S. etwa *Historia animalium*, III.1, 10b 5 ff.

[10]S. etwa *Historia animalium*, III.4, 514b 2 ff.

[11]Hinweise auf eine entsprechende anatomische Sektionspraxis finden sich etwa in *Historia animalium*, III.2, 511b 11 ff.

[12]Dies ist technisch (!) vermutlich nur bedingt deckungsgleich zur modernen Verwendung; im Text heißt es einfach πυροῦσθαι.

[13]Die Unterscheidung zum Morphologischen wird nicht vollzogen – woraus sich einige „Kurzschlüsse" im Übertrag von humaner zu animaler *Morphologie* ergeben.

Wir können vermuten, dass die Öffnung oder zumindest Fensterung von Hühner-
eiern nicht erst – wie hier – kurz vor dem Schlupf stattfand, was für den Erwerb
von Verlaufswissen embryonaler Transformation unabdingbar erscheint – ein
Hinweis gibt das Wissen über die Entstehung des Herzens als erster makroskopisch sichtbarer Struktur.[14] Da diese Wissensbestände von Aristoteles selbst als
Quellen angeführt werden, lässt sich zum einen sagen, dass ein durch „Gewalt"
(βίᾳ) gewonnenes Wissen offenkundig nicht eben dieses Status wegen *entwertet*
wird. Zum anderen ist dieses Wissen zwar ein solches durchaus zweifelhaften
Status – es entspricht aber einem „endoxalen" Moment, da es von „einigen", mit-
unter auch „vielen" für zutreffend gehalten wird. Beide Momente setzen sich fort,
wenn wir nicht nur auf die Zugangsweise zur Verfasstheit von Lebewesen sehen,
sondern auch auf die weitere Strukturierung des „funktionalen" Wissens, welches
für diese Art von Gegenständen relevant ist.

8.1.2   Anfänge für die Beschreibung von Bewegungen

Um die besondere Form funktionaler Beschreibung bei Aristoteles konturieren zu
können, in die – jedenfalls auch – solches Wissen eingeht, das auf die oben skizzierte, durchaus invasive Weise gewonnen wurde, bietet sich die Darstellung der
Grundzüge von Bewegungsvorgängen an Tieren an. Denn zum einen bilden morphologische Individuen den primären Bezugspunkt der Aristotelischen Beschreibungen – diese sind die Träger der für Lebendigseiendes relevanten Eigenschaften
und Fähigkeiten. Zum anderen kann an eben diesen Individuen der allgemeine
Rahmen dargestellt werden, der auch jene funktionalen Beschreibungen regiert,
welche auf die „Teile" derselben oder deren Entstehung abzielen. Der Ausgangspunkt bei der Bewegung von Tieren bedeutet zugleich die Geltung des Grundsat-
zes, dass da, wo Bewegung ist, auch ein Bewegendes sein muss; gleichwohl ist
dies nicht ins Ungefähre gesagt, sondern soll zudem leitend sein für die präzise
Bestimmung der in Tieren anzutreffenden „Teile". Versteht man diese Vermutung
als Prämisse einer Art Erhaltung der Bewegungsursache, dann wird dies nun auf
die Betrachtung der Teile der Tiere übertragen, wobei methodisch der Verweis auf
jene Gründe erfolgt, die für den Menschen gelten, wenn eine Bewegung erzeugt
werden soll – nämlich im Zusammenhang der Befriedigung von Bedürfnissen. Die
Bewegung durch das Denken ist insofern besonders, als es letztlich erst das Erreichen des Ziels ist, welche die eigentliche Bewegung erzeugt. Gleichwohl handelt

---

[14]*Historia animalium,* VI.3, 561a 9 ff.

es sich aber beim Denken wie beim Wahrnehmen oder der Vorstellung *zunächst* um *praktische* Verhaltensweisen, die auf „Güter" abzielen.[15] Der „Schluss"[16] ist dabei selber ein *Handeln,* der sich auf Prämissen und Mögliches bezieht, wobei Bedingungen erfüllt sein müssen – oder ggf. herzustellen sind –, damit der praktische Schluss zustande kommt:

> My appetite says, I must drink; this is drink, says sensation or imagination or thought, and one immediately drinks. It is in this manner that animals are impelled to move and act, the final cause of their movement being desire; and this comes into being through either sensation or imagination and thought (*De motu animalium,* 701a 32 ff.).

Dies ist die Weise, in der Lebewesen hinsichtlich ihrer jeweiligen praktischen Verhaltensformen bewegt oder zurückgestoßen werden – d. h. hinsichtlich jener Formen, in denen sich ihr spezifisches Verhalten *notwendig* vollzieht. Das Lebendige als Ausdruck der Befriedigung von Bedürfnissen, die jeweils für die Form spezifisch sind, ist der Anfang der Begründung, z. B. von Bewegungen, denn diese führen letztlich zur Befriedigung eines Bedürfnisses und insofern zur Beseitigung der Bewegungsursache. Die eigentliche Bewegung ist dann ein durchaus „mechanischer" Vorgang – und zwar wortwörtlich, denn es findet der direkte Vergleich mit Artefakten statt (ὥσπερ δὲ τὰ αὐτόματα, *De motu animalium,* 701b 2 ff.; es handelt sich wohl um „aufziehbare" Spielzeuge, da von der Lösung der Fäden die Rede ist)[17], den wir in seiner Struktur unten näher vornehmen wollen. Hier ist nur entscheidend, dass die Anschauung in die Darstellung kinematischer Ketten entwickelt wird, sodass sich die Wirkung der Bewegung durch den gesamten Körper verfolgen lässt, wie das Beispiel einer Bewegung im Gelenk zeigt:

> For if any one of their parts moves, another must necessarily be at rest; and it is on this account that animals have joints. For they use their joints as a centre, and

---

[15]Etwa *De motu animalium,* 701a 7 ff.; Hegel wird an eine solche Argumentform anschließen, s. Kap. 10.

[16]Dies ist nicht im formalen Sinne gemeint, sondern zielt eher auf „praktische Syllogismen" – aber eben auch nicht in dem dabei üblichen, eigentlich theoretischen Sinne von Redehandlungen (dazu Kap. 4).

[17]Dazu Balme (1987a, S. 18). Die methodischen Probleme verschärfen sich eher noch, wenn die Funktion des Vergleichs tatsächlich darin bestanden haben sollte, dass erst *aus diesem* die Möglichkeit gezeigt werden kann, wie solche „Selbstbewegungen" in der Natur möglich seien – denn das bedrohte die Vorbildfunktion der Natur. Der paradoxale Charakter der Beziehung von τέχνη und φύσις ist daher m. E. überhaupt nur epistemisch sinnvoll zu thematisieren (s. unten).

> the whole part in which the joint is situated is both one and two, both straight and bent, changing potentially and actually because of the joint (*De motu animalium*, 698a 17 ff.).

Die Arbeit des Gelenks wird in der Logik von Möglichkeit und Wirklichkeit dargestellt, es fungiert aber grundsätzlich wie ein Rotationszentrum oder ein Postament, bezüglich dessen anderes – das Glied – bewegt wird, was es allerdings nur deshalb sein kann, weil es selber zugleich ruht, wenn etwas um dieses bewegt wird. Das „Eineswerden" des Gliedes ist wohl als Beschreibung der Arbeitsphasen zu verstehen, sodass dieses, wenn es gebeugt wird, zwei, wenn gestreckt, eines wäre.

Schon hier deutet sich grundsätzlich an, dass die Beschreibungssprache von Aristoteles nicht eigens reflektiert wird; denn die Teilung des Gelenkes wird nicht aufgegeben, wiewohl sie hinsichtlich der *mechanischen* Wirkung nach Vollzug der Rotation nicht mehr relevant sein mag.[18] Der Gegensatz zum mathematischen Punkt verdeutlicht das Anliegen, denn es geht um *wirkliche* Bewegungen (z. B. Rotationen), sodass das Gelenk tatsächlich „geteilt" wird (nicht anatomisch).[19] Es ist für Aristoteles zudem klar, dass die *geometrische* Repräsentation von Bewegungen von Gelenken und den angehängten Teilen eine Abstraktion bedeutet – angefangen mit der Unteilbarkeit der Punkte (etwa der Unterstützungspunkte) für eine Darstellung der Rotation im Gelenk. Der Unterschied zwischen den „unbewegten" mathematischen Gegenständen und den bewegten biotischen wird durch den Wechsel von „aktual" und „potenziell" zum Ausdruck gebracht, je nachdem, ob zwei durch ein Gelenk verbundene Teile gegeneinander ruhen oder nicht, und je nachdem, wie die kinematische Kette im Ganzen aufgebaut ist.

8.1.3   Technomorphe Beschreibungen

Die bisherigen Betrachtungen erwecken den Anschein einer unmittelbaren Darstellung dessen, was heute als anatomische Strukturierung von Lebewesen in Bewegung bezeichnet würde. Gleichwohl ist dieser Anschein nur bedingt richtig, denn Aristoteles bezieht sich für die *Erklärung* von Bewegungen auf ein Schema, das eine „mechanische" Beschreibungsgrundlage offenbart. Ganz unabhängig von der (nach heutigen Maßstäben) „Richtigkeit" der Erklärung (etwa des Zustandekommens von Drehungen im Gelenk) handelt es sich eben schon um *funktional*

---

[18]S. etwa *De motu animalium*, 698a 23 ff.

[19]Siehe auch die Darstellung bei Breidbach (2014).

aufeinander bezogene Strukturen, in deren Beschreibung mechanisches Wissen (auf dem Stand der Zeit) investiert wurde. Dabei ist gleichwohl zu konzedieren, dass die weiter zu entfaltende *epistemische* Deutung der zugrunde liegenden Technikvergleiche kaum für alle solche Vergleiche durchzuhalten ist, denn dazu scheinen diese methodisch zu heterogen. Um mithin nicht die Vermutung aufkommen zu lassen, „der" Technikvergleich[20] habe bei Aristoteles *eine homogene* epistemische Funktion, wollen wir uns nur solchen zuwenden, die zumindest die Möglichkeit modellierender Verschärfung bieten (dazu Kap. 11). Eine solche Möglichkeit zeigt deutlich der schon angesprochene „technomorphe" Vergleich mit „Marionetten"(τὰ αὐτόματα), der wieder – modern gesprochen – auf die kausale Geschlossenheit der kinematischen Kette abzielt:

> The movement of animals resembles that of marionettes which move as the result of a small movement, when the strings are released and strike one another; or a toy-carriage which the child that is riding upon it himself sets in motion in a straight direction, and which afterwards moves in a circle because its wheels are unequal, for the smaller wheel acts as a centre, as happens also in the cylinders (*De motu animalium,* 701b 2 ff.).

Bei Lebewesen kämen ähnliche Vorrichtungen zum Zuge, nämlich Sehnen und Knochen, die zu einer mechanischen Darstellung führen, der allerdings direkte Übertragung zugrunde liegt.[21] Die Beschreibung von Knochen als biegesteife Einheiten – welche sie zu Hebeln prädestinieren –, der Sehnen als Krafttransmitter – wozu sie durch die Eigenschaften des Biegeschlaffen geeignet sind –, ist insofern *direkt,* als Aristoteles die Bedingungen der Zuschreibung[22] nicht thematisiert. Sie werden aber subsumiert, um in einen entsprechenden Schluss einzugehen. Im Gegensatz zu den „Automaten" zeigen die bewegten/bewegenden Teile der Lebewesen ihrerseits weitere Veränderungen; sie können im Vollzug der Bewegung ihre Form verändern (etwa größer oder kleiner werden, sich bei Hitze ausdehnen oder bei Kälte zusammenziehen etc.). Der Bezug auf Artefakte erfolgt dabei im Vergleich in der Form von Analogiebildungen – die zur Bestimmung „hypothetischer" Notwendigkeit führen:

---

[20]Dazu im Zusammenhang des σῶμα ὀργανίκόν s. Heinemann (2016).

[21]*De motu animalium,* 701b 8 ff.

[22]Für Aristoteles wäre es wohl eine *Beschreibung* – was insofern richtig ist, als jede Zuschreibung auch eine Beschreibung ist, nicht aber umgekehrt (dazu Kap. 10). Wir halten den Unterschied aber schon fest, denn es scheint die Einziehung dieser Differenz ein wesentliches Moment der Nivellierung zu sein, die wir im neoaristotelischen Argument ausmachten (s. Kap. 5).

A hatchet, in order to split wood, must, of necessity, be hard; if so, then it must, of necessity, be made of bronze or of iron. Now the body, like the hatchet, is an instrument; as well the whole body as each of its parts has a purpose, for the sake of which it is; the body must therefore, of necessity, be such and such, and made of such and such materials, is that purpose is to be realized (*De partibus animalium*, 642a 10 ff.).

Ersichtlich gehen weitere – nichttriviale – Vorannahmen in die Charakterisierung des Artefakts ein: Dieses ist wesentlich durch *eine* Funktion bestimmt, nicht durch *Funktions*äquivalenzen. Damit ist gemeint, dass die Arbeit, welche mit dem Artefakt verrichtet wird, als solche feststeht – ein Beil, mit dem Holz gespalten wird. Sicher ließe sich „Holz" durch *Material*äquivalenzen ersetzen – etwa Schädel oder Knochen – womit aus dem Beil eine Waffe würde. Nicht aber wird das Beil als Arbeitsaggregat betrachtet, welches denselben Gesetzen gehorcht wie etwa eine archimedische Schraube oder eine andere Hebelkonstruktion. Daraus ergeben sich die Ansprüche an die das Beil konstituierenden Teile, etwa hinsichtlich der Materialbeschaffenheit, wie etwa der Eigenschaft der Härte, wiewohl auch dabei nicht an Ersetzungsinvarianzen gedacht ist.[23] Doch selbst für die Funktionsbestimmungen der Teile ist die des Ganzen regierend, indem sich die Teilfunktionen streng aus der Funktion des gesamten Werkzeugs ergeben.

Die Artikulation der Funktionen und der materialen Beschaffenheit geben für Aristoteles zugleich auch den Zusammenhang der *Verursachung* an. Die eine Ursache ergibt sich aus den materialen Aspekten. Hier herrscht „echte" Verursachung insofern etwa das Hartsein des Materials dafür sorgt, dass anderes – weniger hartes – mit diesem verändert werden kann (ohne zugleich die materiale Beschaffenheit des ersteren wesentlich zu verändern).

Die zweite Form der Ursache, welche die Darstellung von Bewegungsvorgängen regiert, ist jene auf die *Zweckform* abzielende.[24] Diese bestimmt in der

---

[23]Diese ließen sich – aus heutiger Sicht – leicht anschließen, und würden das Forschungsprogramm, soweit bisher geschildert, nicht infrage stellen. Es lassen sich aber andere Gegenargumente formulieren, die wesentlich auf die Charakterisierung der Funktionszusammenhänge als natürliche abzielen; s. Kap. 11.

[24]Das für uns relevante Moment besteht in der Unterscheidung zwischen zwei Ebenen von Eigenschaftsbestimmungen: Zunächst haben auch außerhalb von Lebewesen Elemente Eigenschaften, die sie charakterisieren. Diese werden eingebracht in einen organismischen Verband, in dem sie zumindest grundsätzlich ihre Eigenschaften behalten. Aber dadurch, dass sie diese *innerhalb* der funktionalen Zusammenhänge des Organismus entfalten, bewirken sie Zustände, die ohne diese Funktionsregime nicht verstehbar wären (s. Kap. 10 und 11).

gezeigten Weise die Verhältnisse der Teile des Ganzen zueinander und des Ganzen selbst; es ist damit die *Form* – moderner das „Design" – des Werkzeugs angesprochen. Dadurch, dass der Technikvergleich nicht als *methodische* Modellierung entwickelt wird, ergibt sich eine direkte Funktionalisierung von Teilen von Lebewesen: Für diese gelte nämlich, dass jedes Teil eines Werkzeugs zu bestimmten Zwecken bestehe und sich diese Zwecke aus dem leitenden Zweck des Werkzeugs und der damit verrichteten Tätigkeiten ergäben:

> Just as the saw is there for the sake of sawing and not sawing for the sake of the saw, because sawing is the using of the instrument, so in some way the body exists for the sake of the soul, and the parts of the body for sake of those functions to which they are naturally adapted (*De partibus animalium*, 645b 17 ff.).

Daraus folgt einerseits eine *Ähnlichkeit* zu natürlichen Körpern, andererseits aber auch ein tiefgreifender *Unterschied*. Letzterer besteht eben darin, dass Werkzeuge des genannten Typs ihre Zwecke außer sich haben, die Gemeinsamkeit aber in den Designanforderungen der Teile bezüglich des Ganzen. Um die Besonderheit von Lebewesen *begrifflich* strukturieren und insofern wissenschaftlich zugänglich machen zu können, müssen daher zunächst die allen Lebewesen (Tieren), dann die den ähnlichen Gruppen (z. B. Vögeln), dann den einzelnen Gruppen (z. B. Menschen) gemeinsamen Funktionen ermittelt werden, sodass sich entsprechend „analoge, generische und spezifische" Attribute bestimmen lassen.[25] Wenn „Unterfunktionen" bezüglich einer „Oberfunktion" zu identifizieren sind, so ist dieses Verhältnis auch leitend für die Beziehung von Organ und Teil.[26] In all diesen Fällen liegt *relative* Notwendigkeit vor, die sich aus der Bestimmung der Funktion der wirkenden Teile im Rahmen des Vergleichs ergibt, wobei es bezogen auf das gesamte Lebewesen auch zu Darstellung von „nicht-linearen" Effekten kommen kann:

> Now it is clear that a small change taking place in an origin of movement causes great and numerous changes at a distance; just as, if the rudder of a boat is moved to an infinitesimal extent, the change resulting in the position of the bows is considerable. Furthermore, when, owing to heat or cold or a similar affection, an alteration is caused in the region of the heart – and even in an imperceptibly small part of it – it gives rise to a considerable change in the body, causing blushing or pallor or shuddering or trembling or the opposites of these (*De motu animalium*, 701b 28 ff.).

---

[25]*De partibus animalium*, 645b 25 ff.

[26]*De partibus animalium* 645b 28 ff.

Methodisch entscheidend an diesem Technik-Natur-Vergleich ist weniger der Vergleich als solcher – dieser entspricht dem Gleichsetzungsschema, das wir auch noch in weiteren Vergleichen beobachten können. Bedeutsam ist vielmehr das genutzte Artefakt, mit dessen Hilfe Aristoteles schnelle Umschwünge (μεταβολή) im Lebewesen erklären möchte. Es handelt sich nämlich um eine Darstellung *dynamischer* Verhältnisse, die bei aller Grobheit gleichwohl ein *kybernetisches* Element erkennen lässt: Es ist möglich, ein technisches System, welches unter starken Kräften steht (also für damalige Verhältnisse stark beschleunigt ist), unter Aufbietung relativ geringer Kräfte zu steuern. Danach bleibt zwar das grundsätzliche Kausalschema von Wirkendem und Bewirktem im Wirkzusammenhang erhalten, es kann aber gleichwohl zu – erheblichen – Abweichungen von Regeln kommen, die üblicherweise Kraftverhältnisse regieren (etwa: Gleiches folgt aus Gleichem).

Auch wenn – wie gesehen – von einer vollständigen Durchführung eines modellierenden Vergleichs bei Aristoteles nicht die Rede sein kann,[27] zeigen die Technikvergleiche weit mehr als eine einfach *analogisierende* Funktion. Sie bilden vielmehr die *Grundlage* des funktionalen Verständnisses von Lebewesen als Organismen. Anders formuliert: Ohne dass auf die durch den Vergleich sich ergebenden funktionalen Verhältnisse auf Lebewesen geblickt wird, sind diese als solche nicht intelligibel. Ihre Verstehbarkeit ist also nicht einfach nur an die These von der Durchgängigkeit funktionaler Verhältnisse im σῶμα ὀργανικόν gebunden – das jederzeit auch; sie ist vielmehr notwendig verknüpft mit der Möglichkeit der angeführten Vergleiche. *Aus* dem Vergleich aber und *nur in* diesem ergibt sich letztlich die Formbestimmtheit der Teile innerhalb von Lebewesen. „Form" hat also einen immanenten *Doppelcharakter,* indem einmal die *objektiven* Verhältnisse als geformt verstanden werden und einmal die *Erkenntnis* dieser Verhältnisse selber als Moment dieser Formung. Genau das leisten die angeführten Vergleiche – jedenfalls im Grundsatz. Diese epistemische Doppelfunktion zeigt sich auch bei der genaueren Bestimmung der Teile, aus welchen das σῶμα ὀργανικόν „zusammengesetzt" ist.

---

[27]Dies ist – bei aller Übereinstimmung in einigen Aspekten etwa der Ordnung der γνωριμώτερα mit Wieland (1962) – eine der hauptsächlichen Differenzen; s. unten dazu im Detail. Wir werden bei der Rekonstruktion der Kantischen Überlegungen, auf welche sich Wieland für die Deutung des „als ob" bezieht, sehen, dass auch diese das geforderte methodische Moment gerade nicht bereitstellen.

8.2 Die Organe und ihre Zusammensetzungen

Der organische Körper wird als *individueller* Körper verstanden, dessen Konstitution wesentlich funktional ist. Es ergeben sich – in Ausformulierung des oben skizzierten funktionalistischen Programmes[28] – drei Ebenen oder Grade der Zusammensetzung[29]:

1. Zunächst gilt dies für die *Materialien,* die nicht für das Lebendige charakteristisch sind (Aristoteles nennt die bekannten Kandidaten wie Feuer, Luft, Erde und Wasser), deren Eigenschaften aber, wenn sie in diesen vorkommen, auch für unbelebte Gegenstände relevant sind.
2. Die *homogenen* Teile der Lebewesen – die wir nicht mit dem modernen Begriff des Gewebes assoziieren sollten – wie Knochen und Fleisch, die aus den primären Substanzen zusammengesetzt sind.
3. Die eigentlichen *Organe,* aus denen das Lebewesen als funktionales Ganzes „aufgebaut" oder „zusammengesetzt" ist, wie die schon benannten, etwa Gesicht, Hand etc.

Als methodologische Metaregel der weiteren Betrachtung wird eine bemerkenswerte Doppelläufigkeit festgestellt, und zwar zwischen der Ordnung der eigentlichen Entwicklung oder Entfaltung dieser Teile auf der einen Seite und der Ordnung ihrer logischen Existenz auf der anderen Seite:

Now the order of things in the process of formation is the reverse of their real and essential order; I mean that the later a thing comes in the formative process the earlier it comes in the order of Nature, and that which comes at the end of the process is at the beginning in the order of Nature (*De partibus animalium,* 646a 25 ff.).

---

[28]Zum Konzept des Organs s. Kullmann (1979). Es sei für die Darstellung der Organe auf eine weitergehende Untergliederung verzichtet; gleichwohl scheint der Versuch der Schichtung von Edukt-Produkt-Reihen bei Furth (1987) ein Beleg unserer These, dass sich das Vorgehen methodisch iterieren lässt – unter Bedingungen einer analytischen Lesart der „Schichten". *Hier* wird aber nur gefragt nach dem Unterschied zwischen lebendig informierten Körpern und solchen, die dies nicht sind. Es ergibt sich daraus eine methodologische Lesart, die es erlaubt, den Leseraster nach oben und unten in der Hierarchiestufe zu verschieben, ohne hier wie dort einen – ontischen – Abschluss zu behaupten (Kap. 11 u. 12).

[29]Nach *De partibus animalium,* 646a 13 ff. Versteht man die Schichtung analytisch, dann könnte gefragt werden, *welche* Eigenschaften z. B. von „Luft" für die Funktionsausübung von „Lungen" oder „Wasser" für die des Coeloms notwendige Bedingungen sind – dies werden wir in Kap. 11 weiter verfolgen.

Gesagt ist damit zunächst nur, dass sich dasjenige, was im Laufe der natürlichen Entwicklung als Späteres erscheint, in der „logischen Existenz" zuerst einstellt *et vice versa*. Wir kommen auf diese eigentümliche Gegenläufigkeit von *Explanans* und *Explanandum* noch zurück.[30] Halten wir zunächst fest, dass diese Ordnung aus der *Form* der Beschreibung von etwas als einem Hervorgebrachten folgt: Dasjenige, was als Endzustand hervorgebracht werden soll, muss vor seiner Realisierung schon bestimmt sein, während es später als Hervorgebrachtes in Erscheinung tritt; mithin ist auch das, was der Realisierung nach zuerst in Erscheinung tritt, dasjenige, was sich nach Realisierung des Endzustands als lediglich Erstes der Zeit nach erweist.

Aristoteles gibt diesem Verhältnis selber eine Deutung, die sich wieder am Artefakt – dem Haus – orientiert, was nicht nur durch Induktion, sondern auch aus dem Begriff folge (κατὰ τὸν λόγον, *De partibus animalium*, 646a 29 ff.). Dies ist zunächst für das Haus so zu explizieren, dass das Sein des Hauses den Zweck abgibt; diesbezüglich liefern die Materialien die Mittel und es gilt *dann, dass* die Materialien zu Zwecken des Hauses existieren und nicht umgekehrt. Der Zweck existiert also in gewisser Hinsicht „vor" den Materialien; andererseits erfolgt die Realisierung des Zweckes erst *durch Nutzung* der Materialien. Diese sind also in der Ausführung das Erste, der Zweck als realisierter das Letzte. Umgekehrt ist der (allerdings vorgesetzte) Zweck das Erste, die Materialien – als das „mit welchem" und „durch das" – das Letzte. Dasjenige, welches in Rede steht – der Zweck – erscheint also zweimal, zunächst als *vorgesetzter,* dann als realisierter.[31] Lässt man diese Verklammerung von Möglichkeit und Wirklichkeit als Darstellung der Vorordnung des Begriffs gelten, dann stellt sich die weiterführende Frage, *wie dies* auf die Entwicklung des Lebendigen zu übertragen ist. Gesetzt, dass die Zweckrelation gilt, so verbindet sich damit der Begriff der Hervorbringung:

> Everything which is in process of formation is in passage from one thing towards another thing, *i. e.* from one Cause towards another Cause; in other words, it proceeds from a primary motive Cause which to begin with possesses a definite nature, towards a Form or another such End. For example, a man begets a man and a plant begets a plant. These new individuals are made out of the substrate matter appropriate in each case (*De partibus animalium*, 646a 31 ff.).

---

[30]Auch Hegels „Vorordnung" des Begriffes in der Enzyklopädie verdankt sich einer *explanatorischen* oder *explikativen* Deutung solcher Verhältnisse (s. Kap. 10).

[31]Zur techniktheoretischen Deutung dieses Verhältnisses s. Hubig (2006) zur Logik des Zweck-Mittel-Verhältnisses Hegel (1986a).

Insofern also der *Begriff* der Entwicklung gilt wie angezeigt, entspricht das Zweck-Mittel-Verhältnis jenem bei Artefakten: Zwar sind die Materialien und der „generative Prozess" zuerst in der zeitlichen Ordnung, weil sie das „Woher" und „Wovon" sind, aber in der logischen Ordnung sind es die finale Ursache und der Zweck. Dabei ist das γένος das übergreifende Allgemeine, das sich am Individuum (also dieser Pflanze, dieser Mensch) als zugleich Allgemeines (also die Pflanze, der Mensch) wie als besonderes Einzelnes (eine Pflanze, ein Mensch) ausweisen lässt und von dem das Einzelne seine Bestimmung als „eines von diesen" erhält. Zugleich ist das Allgemeine erst *dadurch* als ein solches bestimmbar, als es sich am Einzelnen als ein Dieses-da aufzeigen lässt. Dies kann auf drei Ebenen der Zusammensetzung übertragen werden:[32]

1. Die elementaren Materialien sind zeitlich früher als die homogenen Teile, da sie aber um derentwillen sind, sind sie dem Begriff nach später.
2. Die heterogenen Teile sind der Zeit nach später als die beiden vorhergehenden, aber dem Begriff nach früher.
3. Auch auf der Ebene der dritten Zusammensetzung (des gesamten Lebewesens) bleiben die „kausalen" Eigenschaften der beiden vorhergehenden Ebenen erhalten (d. h., dass z. B. Luft ihre Effekte auch im Falle des Abschlusses der dritten Entwicklungsstufe beibehält und dort erst ihre „eigentliche", weil finale Wirkung entfaltet). Auch gilt dies für die erste in Bezug auf die zweite[33] sowie die zweite in Bezug auf die dritte Stufe.

Die „Eigenschaften", die sowohl den elementaren als auch den homogenen Teilen zugewiesen sind, erweisen sich im strengen Sinne als „um zu" und „zum Zwecke von" (οὗ ἕνεκά τινος).[34] Doch nur im Bezug auf das *jeweilige* Individuum ist die Reihenfolge der Zeit nach logisch vor-, in der Entwicklung nachgeordnet, vielmehr gilt dies auch „horizontal",[35] wenn wir die Entfaltung von Eigenschaften in der Individualentwicklung betrachten, beginnend mit den allgemeinen (etwa der Tiere, der Bluttiere, der Zweifüßer, schließlich der Individuen im engeren Sinne).

---

[32]Nach *De partibus animalium,* 646b 5 ff.; dazu im Detail Furth (1987, S. 30 ff.).

[33]Dies ist z. B. für die Betrachtung der Ernährungsvorgänge und damit im Ganzen der nichterweiterten identischen Reproduktion wichtig.

[34]Zur Unterscheidung von „externen" und „internen" Aspekten der „Um-zu-Rede" s. Kullmann (1979). Der Gegensatz scheint mir aber nicht kontradiktorisch – vielmehr ist auch das durch den *Dativus commodi* ausgedrückte Nutzenverhältnis instrumentell reformulierbar (in Abhängigkeit vom methodischen Status des Zwecks).

[35]Zum damit verbundenen Verhältnis von εἶδος, γένος und ὕλη s. Gill (1989).

Beides zusammengenommen erlaubt dann Erklärungen von Organen des folgenden Typs:

> For example, the hand needs one dynamis for the action of compressing and another
> for that of grasping. Hence it is that the instrumental parts of the body are complex
> of bones, single, flesh, and the rest of them, and not the other way round (*De parti-*
> *bus animalium,* 646b 24 ff.).

Gegeben sei also die Existenz der Hand: Diese ist (in der Beschreibung!) *dazu*
da, das zu tun, was mit ihr gemacht wird (und zwar *akutaliter*). Insofern dies gilt,
gibt es die finale Ursache ab (eigentlich nur die des „Organs" Hand; im Ganzen
ist die „Tätigkeit" der Hand auf das Wohlergehen des Gesamtorganismus bezogen), und bezüglich dieser ist die Zusammensetzung der Hand aus Knochen,
Sehne und Fleisch notwendig, da andernfalls kein Druck ausgeübt werden könne.

Zugleich ist die Asymmetrie hier von *methodischer* und nicht nur beiläufig
materialer Bedeutung, denn die homogenen Teile können nicht wieder aus heterogenen zusammengesetzt sein. Dies ergibt sich zum einen aus der Relevanz des
sprachlichen Bezugs auf das Sosein des Lebewesen als eines funktionalen, womit
die Top-down-Struktur der Erklärung sichergestellt ist. Zum anderen kann auf
diese Weise eine mehr oder minder eindeutige Zweckstruktur etabliert werden,
die sich nicht in eine Mittel-Zweck-Dialektik aufzulösen droht.[36] Mit dieser Ver-
schneidung der verschiedenen Ebenen von Abhängigkeiten ist es Aristoteles
zugleich möglich, an ein und demselben „Organ" sowohl hetero- wie homogene
Aspekte ihrer Zusammensetzung auszuzeichnen. Danach wären etwa die Viszera
(dazu Furth 1987, S. 36) wie das Herz sowohl homo- wie heterogen, je nach
Betrachtung.[37]

Nehmen wir es allerdings ernst, dass der Blick auf die Naturvorgänge *von
den Artefakten her* erfolgt, so ergibt sich eine Verbindung der Gegenzeitlichkeit
von Logik und Entwicklung mit jener von „Bekannter für uns" und „Bekannter
an sich". Denn der *als Zweckrealisieren* beschriebene Vorgang ist als ein solcher zu denken, ohne dass er von uns in dieser Weise beschrieben wird. Hühner
werden aus Eiern hervorgehen und Frösche durch Frösche gezeugt, ohne dass
dies wesentlich von unserer Beschreibung der jeweiligen Vorgänge abhängt.

---

[36]Ein Beispiel dafür wäre die Darstellung der Doppelbedeutung von „Organ" bei Plessner
(1975). Dieser muss das angezeigte Problem der Fixierung des Beschreibungsbezugs von
Lebewesen auf andere Weise lösen – durch Konstruktion der Grenze als einer *einfachen*
Eigenschaft belebter Körper (Gutmann und Rathgeber 2015).

[37]S. etwa *De partibus animalium,* 647b 9 ff.

Aber zugleich gilt, dass diese Vorgänge nur dann *erklärt* werden können, wenn wir sie auf etwas beziehen, das wir in elementarem Sinne *verstehen:* Dies ist aber hier – nicht zufällig – das Herstellen und Hervorbringen von Artefakten. Die Logik, welche wir als ein Erstes bestimmten, ist eben zunächst ein Erstes *für uns* – die Entwicklung, die ein Zweites war, ist dieses aber zugleich *an sich.* Allerdings ist sie es *für uns* und *an sich* nur, wenn wir sie auf eine bestimmte Weise *beschreiben.*

Ist eine solche vorlaufende Bestimmung in der Zweck-Mittel-Terminologie erst einmal erfolgt, dann zeigt sich auch, dass die „zum Zwecke von" auf allen drei Ebenen der Zusammensetzung in *zwei* Bedeutungen zu verstehen ist:

1. Sie bezieht sich einmal auf die Bedingungsverhältnisse, in welchen ein uneigentlicher Sinn der Zweckrelation regiert (z. B. wäre etwa auf die Balken zu verweisen, die für das Errichten eines Türsturzes notwendig sind, da ohne sie eben nicht gebaut werden könnte). Gleichwohl ist dies keine erschöpfende Zweckbestimmung des Balkens – es lassen sich damit allerlei andere Dinge treiben.[38]
2. Die zweite Relation ist die Zweckbestimmung im engeren Sinne: Der Ziegel dient *durch seine Form* der Realisierung von rechten Winkeln, und dies ist ein permanenter Beitrag zum „Teil-eines-Hauses-Sein".

Allerdings ergeben sich Asymmetrien, die insbesondere den von Aristoteles angezielten Notwendigkeitsbegriff erläutern helfen können. So steht etwa fest, dass heterogene Teile aus homogenen hergestellt werden können, das Umgekehrte aber unmöglich ist.[39] Die heterogenen Teile sind ferner die eigentlich *aktiven* Einheiten, die aus homogenen gebildet sind, mit den für die Funktionen *notwendigen* Eigenschaften. Dies führt zu einer Verteilung von aktiven und passiven Aspekten, sodass etwa Sinnesorgane als aus homogenen für die letzteren, die eigentlichen Organe als aus heterogenen für die ersteren zuständig sind.[40]

Der Atomismus der Funktionszuschreibung setzt sich also in gewisser Hinsicht fort in die Ausblendung der Investition jener sprachlichen Mittel, deren wir uns bei der Beschreibung der Organe eines Lebewesens bedienen. Entsprechendes gilt

---

[38]Diese mögen gleichwohl im groben Rahmen des „Hausbaues" ihren Ort finden; Zweckumdeutungen sind sicher zugelassen, aber ebenso sicher nicht primär, wie dies überhaupt für die „Verzweckung" der Mittel gelten dürfte.

[39]*De partibus animalium,* 646b 30 ff.

[40]*De partibus animalium,* 647a 5 ff.

für die Aufteilung von aktiven Aspekten für die ausführenden Teile und passiven
für die rezeptiven – Sinne wären danach eben keine Organe *sensu stricto*.[41] Es gibt
hier zudem eine echte „downword causation" (es gilt etwa „Kopf für Nacken,
Luftröhre, Ösophagus" etc.), die gleichwohl abhängt von dem „allgemeinen
Arrangement", das wir heute auf zwei Weisen als Bauplan bezeichnen würden –
nämlich als Merkmals- und als Strukturplan (s. Gutmann 1996). Die Festlegung
solcher Reihenfolgen erlaubt Aristoteles die Auszeichnung weiterer Regeln, wie
etwa – in Abgrenzung von Anaxagoras – die folgende:

> But surely the reasonable point of view is that it is because he is the most intelli-
> gent animal that he has got hands. Hands are an instrument; and nature, like a sen-
> sible human being, always assigns an organ to the animal that can use it (as it is
> more in keeping to give flutes to a man who is already a flute-player than to provide
> a moan who possesses flutes with the skill to play them) (*De partibus animalium*,
> 687a 9 ff.).

Die Ausstattung mit Organen folgt aus den Fertigkeiten und nicht umgekehrt,
sodass auch der Erwerb neuer Fertigkeiten nicht nötig ist (mit Blick auf den Standard – der Mensch – auch kaum sinnvoll). Für einen Syllogismus würde also die
Regel, dass „Natur nichts umsonst mache" und weitere Varianten davon (etwa
die Optimierung, die in der Zahl der Organe erblickt werden kann, was einem
eigenen Syllogismus folgte) den Maior darstellen, aus dem sich kontextuell der
gewünschte Schluss ergäbe. Es ist also die Intelligenz (Natur wird als καθάπερ
ἄνθρωπος φρόνιμος tituliert, *De partibus animalium*, 687a 10) die Ursache des
Händehabens, nicht aber umgekehrt.

Dies führt nochmals auf die allgemeine Regel zurück, die den Menschen als
Standard mit anderen Lebewesen verbindet (auch dies lässt sich syllogistisch verstehen, mit Stellung des „Besten" und entsprechender Spezifikation an den
Anfang).[42] Denn im Gegensatz etwa zu Platons Überlegungen im *Protagoras* ist
der Mensch gerade nicht als Mängelwesen, sondern als vollendet bestimmt. Dies
begründet sich durch die Vielfalt der „Organüberbietungen", die dem Menschen –
im Gegensatz zum Tier – offenstünde:

---

[41]*De partibus animalium,* 647a 20 ff.

[42]Es kann daher auch methodologisch bezweifelt werden, dass der Appell an die Perfektion
der Natur einer „Konzession an populäre Auffassungen" entspringt (Wieland 1962, S. 276).

> Against this we may say that all the other animals have just one method of defence and cannot change it for another: they are forced to sleep and perform all their actions with their shoes on the whole time, as one might say. (…) For man on the other hand, many means of defence are available, and he can change them at any time, and above all he can choose what weapon he will have and where (*De partibus animalium*, 686a 27 ff.).

Da nun gilt, dass Natur die Organe der Funktion gemäß mache und nicht umgekehrt („the organs to suit the work they have to do, not the work to suit the organ"; *De partibus animalium*, 694a 13 f.), ist auch die Vielzahl der Optionen für den Menschen Ausdruck seiner Position als Standard für alle anderen Lebewesen – gemessen an der Vielzahl der Fertigkeiten, von denen die Analyse und die Zuschreibung ihren methodischen Anfang nehmen.

8.3 Die Umgebung als notwendige Bedingung des Funktionalen

Wenn unsere bisherige Rekonstruktion zutrifft, dass nämlich die Ordnung der Wissensformen (und zwar insbesondere hinsichtlich des jeweils Bekannteren, der „γνωριμώτερα") auf ein *methodisches* Problem antwortet, das mit der Gewinnung von Anfängen verbunden ist, dann kann der Bezug auf τέχνη als eine sinnvolle Form seiner Lösung verstanden werden. Dies gilt auch unabhängig von der Frage, ob es sich dabei um die „im Text" zu findende (oder zu erhoffende) Position von Aristoteles selbst handelte. Denn die zahlreichen technomorphen Bezüge erlauben die vorgestellte Deutung in dem Maße, in dem das *epistemische* Problem der Gewinnung von Anfängen gelöst werden kann. Unter dieser Bedingung ist es zudem möglich, der Pathosformel einen Sinn abzugewinnen, die sich regelmäßig in dieser oder ähnlicher Form findet:

> (a) This is because nature never makes anything that is superfluous or needless, and by their essence and constitution fishes are naturally swimmers and so need no such limbs. But also (b) they are essentially blooded creatures, which means that if they have four fins they cannot have any legs or any other limbs of the sort (*De partibus animalium*, 695b 18 ff.).

Die Aussage, dass Natur „nichts umsonst" verrichte, zielt auf eine ontologische Lesart ab, deren Begründung gleichwohl so starke Probleme verursacht, dass Wielands (1962, S. 276) Strategie ihrer Trivialisierung naheliegt. Eine Alternative lässt sich aber zwanglos dann gewinnen, wenn wir die *Mittel* reflektieren, die

Aristoteles selber nutzt, um sein Erklärungsprogramm etablieren zu können. Denn der Bezug auf technomorphe Beschreibungen liefert die gewünschten Anfänge, die das Geltungsproblem in der gezeigten Weise, wenn schon nicht lösen, so doch lösbar werden lassen.

Allerdings bekommt der so argumentierende Techniktheoretiker der Natur mehr geschenkt, als ihm lieb sein kann. Es ergibt sich daraus nämlich ironischerweise eine systematische Problematik, die funktionalistischen Konzepten dieses Typus eignet und die sich als *Unabschließbarkeit* der funktionellen Einordnung ansprechen ließe (s. Kap. 11 und 12). Denn die Gesamtfunktion des Lebewesens muss ihrerseits als Bezugnahme auf die Umgebung gedacht werden – da andernfalls die „natürliche" Grundfunktion nicht wahrgenommen werden könnte. Zumindest gelegentlich ist daher auch die Beschreibung der Natur selbst in der Form einer „Funktionsfunktion" vorgenommen, die auf die Tätigkeiten eines Haushälters bezogen werden kann:

> Like a good housekeeper, Nature is not accustomed to throw anything away if something useful can be made out of it. In housekeeping the best of the food available is reserved for the freemen; the residue left over from this as well as the inferior food goes to the servants, and the worst of all goes to the domestic animals (*De generatione animalium* II,6,744b16 ff.).

Die Form dieses Vergleiches bleibt keineswegs folgenlos, für die Darstellung natürlicher Verhältnisse, die entsprechend der Metapher als Resultat „kluger" Zu- und Verteilung sich verstehen lassen:

> It looks as if nature made them do this (die Anordnung der Atmungsorgane, MG) partly to preserve other animals from them, for they all prey on living things, and while they are losing time turning on to their backs the other things get away safely; but she did it also to prevent them from giving way too much to their gluttonous craving for food, since if they could get it more easily they would presently be destroyed through repletion (*De partibus animalium,* 696b 28 ff.).

Hiermit ist sowohl die „Einbindung" in die Gesamtanlage der Natur bezeichnet als auch eine Spekulation eröffnet, die sich auf die Relation der Wesen untereinander bezieht – die Rede vom Naturhaushalt könnte hier direkt anschließen. Wir lassen die Details auf sich beruhen und halten nur fest, dass sowohl ontologisch wie methodologisch das Verhältnis der Organe innerhalb des jeweiligen Lebewesens durch Funktionsregeln bestimmt wird, die ihrerseits auf die jeweils „beste"

Interaktion untereinander und innerhalb der φύσις abzielen.[43] Diese „ontologische" Lesart ist nur vermeidbar, wenn die Mittel, die zur Gewinnung des *Explanans* zum einen, der Beschreibung des *Explanandums* zum anderen eingesetzt wurden, methodisch explizit reflektiert werden. Ob und in welchem Umfang dies bei Aristoteles selbst geschieht, können wir auf sich beruhen lassen; es erscheint aber immerhin plausibel, dass die durch den Technikbezug erzeugte *Intelligibilität* des Natürlichen gerade bei der – hier im Zentrum stehenden – Darstellung des Lebendigen keinen Halt macht, insbesondere wenn Lebewesen als „Selbst-Beweger" verstanden werden sollen:

> Bis wieweit also muß sich der Natur-Forscher über die Form und das „was-ist-es" ein Wissen aneignen? Doch wohl so, wie der Arzt mit der Sehne und der Schmied mit dem Erz: ein jedes bis zu dem Weswegen; und sein Gebiet sind solche Gegenstände, die der begrifflichen Form nach zwar abtrennbar sind, aber *nur an einem Stoff da sind.* Denn es ist ein Mensch, der einen Menschen zeugt, und das Sonnenlicht (*Physik,* 194b 9 ff.).

Doch zeigt sich an der Ergänzung von ἥλιος das angemahnte Moment:[44] Denn ohne den Bezug auf das, was dem „Selbsterzeuger" und „Selbsterhalter"[45] die *Möglichkeit* eben dieser Eigenschaften gibt, kann auch dieser nicht existieren. Dies hat Folgen für die Bestimmung der Anfänge von Bewegungen – und zwar sowohl bei Belebtem wie Unbelebtem, die wieder in einen ausdrücklichen Zusammenhang gebracht werden.[46] Damit wäre die angezeigte Pathosformel eine Folge der *explanatorischen* Strategie und nicht einfach *ontologische* Prämisse (was sie ohne Zweifel ebenfalls sein kann).

---

[43]Bemerkenswerterweise ergibt sich hier kein Unterschied, ob wir eine ontologische oder eine methodologische Lesart der Metaphern vom οἶκος wählen. Dies hat seinen Grund in der Struktur vormoderner Metaphern – wir kommen darauf zurück.

[44]Solche auf „externe" Nutzen (οὗ ἕνεκά τινι, verstanden als *Dativus commodi;* s. Kullmann 1979) abzielenden Betrachtungen haben in modernen Ohren möglicherweise einen gewissen „ökologischen" Klang; dies scheint mir aber vor dem Hintergrund vormoderner Verständnisse des Wirtschaftens mit Blick auf die tatsächlich systemische Form ökologischer Theoriebildung eher fragwürdig (im Überblick Gutmann und Janich 2002).

[45]Das sind Lebewesen auch bei Aristoteles nur in einem *analytischen* Sinne, denn erweitert man den Betrachtungsrahmen auf die Bedingungen der Umgebung, erweisen sie sich als *abhängige* Elemente. Es erscheint mir aber systematisch problematisch, solche Bestimmungen mit der Bezeichnung der Autopoiese zu belegen – was zumindest eine differenzierende Auseinandersetzung mit dem aktuellen Theorieangebot gleichen Namens voraussetzte (s. Meyer 2016).

[46]S. etwa *Physik,* 259b 2 ff.

8.4   Technomorphe Beschreibungen und die Ordnungen des Wissens

Die Darstellung von Beschreibungen lebendig seiender Gegenstände lässt uns zumindest eine vorläufige Vermutung zu den beiden am Anfang ausgezeichneten Aspekten formulieren (deren erster die Wissensformen selber betraf), die in solche Beschreibungen Eingang finden. Denn neben einfachen Beobachtungen von Vorgängen oder Bewegungen ganzer Lebewesen oder ihrer Teile findet sich „praktisches" Wissen, das sich entweder der direkten Veränderung der Beschreibungsgegenstände oder zumindest dem Umgang mit ihnen verdankt. Ferner hat sich eine Ordnung von Wissensformen insofern angedeutet, als der Bezug sowohl direkt auf Artefakte wie auch auf Bewirkungswissen, das Wissen über Lebendigseiendes organisiert. Gleichwohl ergibt sich mit Blick auf die Gegenüberstellung von Artefakten und Lebewesen, auf die sich u. a. Thompson beruft, ein durchaus uneinheitliches Bild, wobei zunächst die Abgrenzung im Vordergrund steht – oder zu stehen scheint:

> Wenn man eine Liege in die Erde eingrübe und die Verrottung die Kraft bekäme, einen Sproß herauswachsen zu lassen, dann würde der nicht eine Liege, sondern nur Holz; komme doch die eine Bestimmtheit ihm nur nebenbei zu, dieser durch willkürlichen künstlichen Eingriff gesetzte Zustand (Liege), das eigentliche Wesen aber sei dasjenige, welches bei allen diesen Ereignissen durchweg sich erhalte (*Physik,* 193a 13 ff.).

Die Entgegensetzung von Vorgängen, die aus technischen Vermögen (hier übrigens zugleich im Zusammenhang der Setzung und des Gesetzlichen angesprochen: τὴν κατὰ νόμον διάθεσιν καὶ τὴν τέχνην) und nicht *an sich* etwas hervorbrächten (das sich gemäß dem Wesen erhält: τὴν δ' οὐσίαν οὖσαν ἐκείνην ἣ καὶ διαμένει ταῦτα πάσχουσα συνεχῶς), bestimmt zunächst die Unterscheidung von Naturvorgängen und technisch erzwungenen Abläufen, sodass sich auch eine Sortierung von Gegenständen ausweisen lässt:

> Unter den vorhandenen (Dingen) sind die einen *von Natur aus,* die anderen sind auf Grund anderer Ursachen da. Von Natur aus: Die Tiere und deren Teile, die Pflanzen und die einfachen unter den Körpern, wie Erde, Feuer, Luft und Wasser; von diesen und Ähnlichem sagen wir ja, es sei von Natur aus. Alle diese erscheinen als unterschieden gegenüber dem, was nicht von Natur aus besteht (*Physik,* 192b 8 ff.).

Explizit wird der Gegensatz zwischen Vorgängen κατὰ φύσιν und ἀπὸ τέχνης dadurch gewonnen, dass die eine Sorte von Gegenständen hergestellt sei, die andere nicht. Andererseits hatten wir gesehen, dass Aristoteles insbesondere den Vergleich zwischen beiden Hervorbringungsweisen nicht nur kontrastierend nutzt, sondern regelmäßig auf technische Vorgänge referiert, um natürliche zu explizieren. Das erscheint in dem Maße paradox, in welchem einerseits die Eigenständigkeit der Vorgänge κατὰ φύσιν betont und gegen jene abgegrenzt wird, die sich technischer Verrichtung verdanken, also – jedenfalls auch – mit Gewalt (βᾳ) vollziehen, *zugleich* aber die Erläuterung der ersteren unter Nutzung der letzteren erfolgen soll.[47] Damit verläuft die Differenz aber gerade nicht vornehmlich zwischen Natur und Kunst, als vielmehr zwischen dem, was gleichsam wie üblich vor sich geht und dem, wofür das nicht gilt. Dies erlaubt es Aristoteles auch im Bereich explizit menschlichen Handelns dort „unnatürliche", „gewalttätige" Verläufe auszuzeichnen, wo etwa die *Mittel* zu *Zwecken* werden, wie bei dem, der sein Handeln auf „Geldmachen" ausrichte: ὁ δὲ χρηματιστὴς βίαιός τίς ἐστιν (*Nikomachische Ethik*, I, V, 8).

Die angezeigte Paradoxie der Nutzung von Vorgängen, die sich mit Gewalt vollziehen, zur Explikation des „natürlicherweise" vorliegenden, trifft auch für Bewegungsvorgänge (κίνησις) zu:

> Jeder Bewegungsvorgang (vollzieht sich) entweder unter Einwirkung *äußeren* Drucks oder *naturgemäß*. Notwendig (gilt dann folgender Schluß): Wenn es also äußerlich bewirkte (Bewegung) gibt, so muß es auch naturgemäße geben – die äußerlich bewirkte ist gegen die Natur, (Bewegung) entgegen der Natur ist nachgeordnet der naturgemäßen -; wenn also (umgekehrt) nicht jeder der natürlichen Körper eine naturgemäße Bewegung an sich hat, so wird auch keine der anderen Bewegungsformen zu Verfügung stehen (*Physik*, 2015a 1 ff.).

Wichtig ist für unseren Gedankengang daran nur, dass sich mit *technisch* erzwungenen Vorgängen ein Moment des Nichtnatürlichen verbindet (oder verbinden kann) zumindest dort, wo „übliche" Vorgänge nicht zustande kommen. Dies erhält eine gewisse Einschränkung dort, wo die „natürlichen" Bewegungsformen, die ja den Standard für „richtige" Bewegungen abgeben sollen, gegen erzwungene abgesetzt werden,[48] sodass z. B. gegen die Natur (παρὰ φύσιν) das eigentlich nach oben strebende Feuer sei, welches nach abwärts gerichtete Bewegungen zeige. Die von Wieland (1962, S. 249) vorgeschlagene Unterscheidung von zwar gewaltsam, aber nicht widernatürlich einerseits und widernatürlich andererseits

---

[47]Dies gilt ausdrücklich unter Abgrenzung gegen den wielandschen Versuch der Abschwächung dieser systematisch begründeten Spannung, die dieser in einer aktualistischen These zur Habitualisierung technischen Handelns sucht (s. unten).

[48]*Physik*, 230b 10 ff.

scheint insofern am Problem vorbeizugehen, als der Bezug auf technisch erzwungene Bewegungen von Aristoteles explizit hergestellt wird.[49] Dies geschieht z. B. hinsichtlich von Wurfgeschossen[50] (τὰ ῥιπτούμενα), bei denen insbesondere die Bewegungsumkehr im Scheitelpunkt der Geschossbahn ein Erklärungsproblem erzeugt, aber auch bei – in der Antike gegenwärtigen – Hebelkonstruktionen, und zwar für die Bewegung ihres Lastarms (τὰ μὲν γὰρ παρὰ φύσιν αὐτῶν κινητικά ἐστιν, οἷον ὁ μοχλὸς οὐ φύσει τοῦ βάρους κινητικός; *Physik*, 255a 21 f.). Das paradoxale Moment wird noch deutlicher, wenn das Verhältnis von τέχνη und φύσις als Vollendungsverhältnis angesprochen wird:

> Bei Vorgängen, die ein bestimmtes Ziel haben, wird um dessentwillen das ihm Vorausgehende getan, und so der Reihe nach fort. Folglich, so wie es getan wird, genau so setzt es sich natürlich zusammen, und so wie natürlich zusammengesetzt ist, ebenso wird ein jedes getan. – wenn nicht etwas hindernd dazwischentritt. (…) Wenn z. B. ein Haus zu den Naturgegenständen gehörte, dann entstünde es genau so, wie jetzt auf Grund handwerklicher Fähigkeit; wenn umgekehrt die Naturdinge nicht allein aus Naturanlage, sondern auch aus Kunstfertigkeit entstünden, dann werden sie genau so entstehen, wie sie natürlich zusammengesetzt sind. (…) Allgemein gesprochen, die Kunstfertigkeit bringt teils zur Vollendung, was die Natur nicht zu Ende bringen kann, teils eifert sie ihr (der Natur) nach (*Physik*, 199a 8 ff.).

Nun besteht das *methodische* Problem eben nicht nur und nicht erst darin, dass τέχνη als Vollendung von etwas angesprochen werden soll, von dem *zugleich* gilt, dass es nicht βίαιος und insofern παρὰ φύσιν sei. Vielmehr kommt die Paradoxie schon allein dadurch zustande, dass die τέχνη der φύσις *folge* – wenn denn mit ersterer das Moment des Gewaltmäßigen sich verbände; zumindest das daraus resultierende „Wissen" könnte dann von vornherein nicht mehr in einem relevanten Verhältnis zum von der Natur (gleichsam als solcher) Gewussten stehen.

Gleichwohl wird die Spannung, die zwischen beiden Ausdrücken *begrifflich* besteht, durch das Vollendungsargument besonders deutlich. Immerhin weisen die Beispiele, die den Bezug auf Tiere herstellen, darauf hin, wie die Vollendung gedacht werden kann, dann nämlich, wenn das Herstellen, z. B. von Geweben beim Menschen, dem von – hier – Netzen bei Spinnen gleicht. Auch wenn daher die Vollendung beim Menschen unbestritten ist, bringt sie doch letztlich nur etwas hervor, was im Grundsatz, der Möglichkeit nach, schon vorliegt.

---

[49]*Physik,* 215a 114 ff.

[50]Zu den Problemen der Beschreibung der Fallbewegung im Rahmen scholastischer Konzepte s. Maier (1952a, b, c).

Damit kann zugleich die Vollendung im „Fehler" gespiegelt werden, wie dies etwa bei Missbildungen der Fall ist,[51] ein für die thompsonschen Überlegungen wesentliches Moment. Das eigentliche Problem besteht dabei weniger in der Behauptung des *mimetischen* Verhältnisses selbst, noch in der Struktur, die ja explizit asymmetrisch von der Natur her ihre Bestimmung erhält, als in der *Begründung*. Die Begründungspflicht entfällt nur scheinbar, wenn die Paradoxie abgeschwächt oder in Abrede gestellt wird, mit dem Hinweis darauf, dass Aristoteles sich eines „Kunstgriffes" bediene, indem er davon ausgehe, „daß in allem künstlichen Herstellen immer schon ein unausdrückliches Verständnis von Natürlichem vorausgesetzt ist" (Wieland 1962, S. 269). Denn es steht nicht etwa in Rede, dass auch die τέχνη ihr „Material nicht selbst hervorbringen kann", sondern die „Kehrseite dieses Sachverhaltes, dass die Natur, wenn sie künstliche Dinge hervorbringen könnte, diese genau so erschaffen würde, wie es jetzt die Kunst tut" (Wieland 1962, S. 269). Dies können wir aber erst wissen, *nachdem* schon gezeigt wurde, dass das Hervorbringen „in der Natur" *dasselbe* sei, wie in der Kunst – auch die Beteuerung des Offenkundigen verdeckt nicht die Zirkularität dieses Argumentes.

Jedoch ist der von Wieland (1962, S. 270) betonte Unterschied, dass nämlich Kunst durch „Überlegung und Nachdenken" vorgehe, gerade der entscheidende Hinweis darauf, dass Kunst ihr Hervorbringen eben nicht durch Beratung leistet – sondern durch Herstellen. Denn einerseits verfügten die Tiere im Vergleich (Schwalbe oder Spinne) explizit nicht über diese Weisen des Machens (ἃ οὔτε τέχνῃ οὔτε ζητήσαντα οὔτε βουλευσάμενα ποιεῖ, *Physik*, 199a21), andererseits überlege eben auch nicht die τέχνη (καὶ ἡ τέχη οὐ βουλεύεται, *Physik*, 199b28). Dies trifft jedenfalls zu, weil τέχνη ihre Ziele – woher immer sie kommen mögen – nicht durch *Beratung*[52] realisiert, sondern eben durch Herstellen.[53]

---

[51]*Physik* 199a 34 ff.; *De generatione animalium* 770a 30 ff., 772b 1 ff.

[52]Beratung ist hier ganz wörtlich zu verstehen, nämlich die z. B. im Rat (βουλή) ausgeübte Tätigkeit.

[53]Dies vermeidet auch den Versuch der Heilung der Paradoxie, indem auf ein „einfaches phänomenologisch aufweisbares Faktum" (Wieland 1962, S. 271) verwiesen wird, dass namlich der Kunst dann am meisten vollendet sei, wenn sie so beherrscht werde, dass es der Überlegung nicht mehr bedürfte. Abgesehen davon, dass dies phänomenologisch mit demselben Recht bestritten werden kann (weil erst durch die Beherrschung der Kunst die Überlegung freigesetzt werde, z. B. sich dem Notentext zu widmen oder der Struktur des Holzes), geht es hier nur um die *Art* der Bewirkung – und diese wird inklusiv als τέχνη der βούλησις und der ζήτησις gegenübergestellt. Dass dabei die Mittel der Hervorbringung auf die Naturseite geschlagen werden, unterstreicht den prekären Status der mimetischen Rede.

Eine der Schwierigkeiten bei der Fixierung des begrifflichen Verhältnisses von τέχνη und φύσις besteht darin, dass der Ausdruck φύσις nicht in allen Aspekten mit der modernen Verwendung übereinstimmt. Das zeigt schon das recht weite Spektrum von Zuständen und Gegenständen, die damit bezeichnet werden können – insbesondere, wenn wir das Verb φύειν[54] und seine Ableitungen in Betracht ziehen,[55] womit z. B. jene Gegenstände, Zustände oder Vorgänge bezeichnet werden, für die gilt:

> Alle diese erscheinen als unterschieden gegenüber dem, was nicht von Natur aus besteht. *Von diesen hat nämlich ein jedes in sich selbst einen Anfang von Veränderung und Bestand,* teils bezogen auf Raum, teils auf Wachstum und Schwinden, teils auf Eigenschaftsveränderung (*Physik,* 192b 12 ff.).

Dies inkludiert Vorgänge, die das Prinzip ihrer Bewegung (κίνησις) in sich selber haben – Bewegung ist dabei nicht nur Ortsbewegung – was allerdings auf mehrere Weisen verstanden werden kann, die sich in ihren methodischen Konsequenzen erheblich unterscheiden:

- Zum einen ließe sich so auf die *Sortierung* von *Gegenständen* abheben. Es träten dann neben Gegenstände, welche die Eigenschaft haben, nichtlebendig zu sein, solche, die lebendig sind. Da sich, wie gesehen, genau dieser Gedanke im Text findet, könnten wir zudem geneigt sein, dies als „konstruktive" Diairesis zur Darstellung zu bringen, wie etwa bei Lorenzen (1969).
- Neben diese Lesart tritt die Möglichkeit der rein aspektuellen Bestimmung, die durch das Liegen-Beispiel nahegelegt wird – unabhängig vom doxographischen Bezug. Auch für solche Überlegungen finden sich systematische Weiterführungen, die etwa auf das ausnehmend Besondere von Technik – allerdings im modernen Verstand – einerseits abzielen, ohne andererseits deren Entgegensetzung zu Kulturellem betonen zu müssen (etwa Janich 2002).
- Schließlich ließe sich auf die Bestimmung einer Seinsform abzielen, also auf die Art und Weise, in welcher Gegenstände sind oder sein können – je nach ihrem Vermögen.[56]

---

[54]Dies verwendet etwa Dionysius auch, um das Hervorgehen oder Entstehen einer *Tyrannis* zu beschreiben (*Roman Antiqs.,* IV, LXXIV,2).

[55]Die „kanonischen" Bedeutungen s. *Metaphysik* Δ1014b 16 ff.; diese schließen nicht aus, dass es sich zugleich um *begriffliche* Bestimmungen handelt – auf die Verbindung zum gegenständlichen Befund weist Wieland (1962, S. 144 ff.) öfter hin.

[56]Diesem Pfad folgen etwa Kosman (2013) und Thompson (2008), in expliziter Verweisung auf das τὸ δὲ ζῆν τοῖς ζῶσι τὸ εἶναί ἐστιν (*De anima,* 415b 13).

Doch wird bei Aristoteles mit den entsprechenden Varianten von φύειν auch auf das Sosein von etwas[57], das Zukommen von etwas hingewiesen[58], z. B. auf die Tatsache, dass dem, was wahrgenommen werden könne, ein „wo" zukomme[59], oder in der Bestimmung des Wesens einer Sache, z. B. der Zeit (auf die Frage nach ihrer φύσις in *Physik,* 218a 31 antwortet 219b 2 mit ἀριθμὸς κινήσεως κατὰ τὸ πρότερον καὶ ὒστερον).[60] Dieses Moment, der durch den Begriff ausgesagten Bestimmung der Sache, die ihre Natur ist, wird besonders in den „biologischen" Schriften deutlich (so gilt z. B. bezüglich des Fehlens von Extremitäten bei Fischen διὰ τὸ νευστικὴν εἶναι τὴν φύσιν αὐτῶν κατὰ τὸν τῆς οὐσίας λόγον; *De partibus animalium,* 695b 18 f.).

Schließlich wird auch noch Bezug genommen auf das, was einer Sache in ihrem *Ziel* entspricht, woraus sich eine jener hypothetischen Verbindungen ergeben, welche Wieland (1962) in das Zentrum seiner Rekonstruktion der aristotelischen Konzeption als ein gleichsam vormodernes Als-ob stellt (s. Wieland 1962). Denn bei diesen gilt, *wegen* des gesetzten Zieles, das sie realisieren (s. das Zitat oben, *Physik,* 199a 8 ff.) dass „so wie es getan wird, so setzt es sich natürlich zusammen, und so wie es natürlich zusammengesetzt ist, ebenso wird ein jedes getan". Dies kann nun um eine hypothetische Formulierung erweitert werden:

> Und das Ziel ist das „weswegen" und der ursprüngliche Anfang (ἡ ἀρχή) geht von der Bestimmung dem Begriff aus, so wie im Bereich der Kunstfertigkeit auch: Da „Haus" etwas von der und der Beschaffenheit ist, muß mit Notwendigkeit dies und jenes erfolgt sein und zur Verfügung stehen; und: Weil „Gesundheit" dies und das ist, muß das und jenes mit Notwendigkeit eingetreten und vorhanden sein. Ebenso (auf Seiten der Natur): Wenn „Mensch" dies ist, so (notwendig) dies und das ...; wenn aber diese und das ..., so auch jenes... (*Physik,* 200b 34 ff.).

Wie jede hypothetische Formulierung ist auch diese vom Antezedens abhängig: unter der Bedingung, dass „x ist A", gilt danach, dass „x ist B". Das erscheint zirkulär – ist es aber nur in einem unwesentlichen Sinn, denn durch die hypothetische

---

[57]Etwa wenn die Frage nach dem Primat von finaler und bewegender Ursache gestellt wird, διοριστέον καὶ περὶ τούτων, ποία πρώτη καὶ δευτέρα πέφυκεν (*De partibus animalium,* 639b 14).

[58]Etwa *Physik,* 184a 16. Explizit auch εἶτα τίς ἡ φύσις αὐτοῦ, *Physik,* 217b 33; die eine der beiden Bedeutungen von φύσις ist in *De partibus animalium,* 641a 27 als das Wesen von etwas bestimmt, τῆς δ'ὡς οὐσίας; auch ist es generell keine unübliche Rede wie etwa bei Sophokles, Antigone, 38.

[59]S. etwa *Physik,* 205a 10.

[60]Zur konstruktiven Nutzung s. Janich (1988).

Form erscheint das „x", welches in Rede steht, einfach konditional. Fassen wir die betrachteten Formen des Sprechens zusammen, dann erscheinen τέχνη und φύσις gerade nicht als einfache *Gegen-*, sondern als *Bezugsbegriffe.*

In unserer Darstellung lässt sich der Gegensatz genauer als *spekulatives* Verhältnis verstehen,[61] wobei gilt, dass dieser ein solcher *innerhalb* der φύσις ist – mithin die Entgegensetzung von τέχνη und φύσις eine Unterscheidung innerhalb der φύσις selber.[62] Das, was sich natürlicherweise vollzieht, ist dann jedenfalls auch das, was immer oder zumindest meistens (ὡς ἐπὶ τὸ πολύ, etwa *Physik,* 198b 35 f.) sich so verhält. Insofern das zutrifft, könnte auch von dem als einem „natürlicherweise" sich Vollziehenden gesprochen werden, was im Felde der τέχνη ebenso gilt – dem Ziel nach nämlich (etwa bei einem Haus nicht mit dem Dach zu beginnen[63]) – wie im Felde des Handelns, was dem Hinweis auf Handeln aus nur eigennützigen Motiven entnommen werden kann und nicht aus jenen, die z. B. „für die Vaterstadt" gut seien (insofern diese unter die natürlicherweise guten Dinge fallen – καὶ τὰ τῇ φύσει ἀγαθά; *Rhetorik,* 1366b 17 ff.).

Diese Beziehung auf das im *Begriff* Bestimmte der Sache, die in Rede steht, lässt also die radikale Differenz von τέχνη und φύσις noch gar nicht aufbrechen, was sich sogleich verändert, wenn wir uns dem Problem der Erklärung zuwenden.

8.5 Zum Problem des Erklärens

Zunächst wird allgemein, ohne direkten Bezug auf das aristotelische Programm gelten können, dass sich Erklären auf etwas bezieht, je nachdem, ob ein Zustand, in dem sich etwas befindet, eine Veränderung des Zustandes oder eine Veränderung des Gegenstandes erklärt werden *soll.* Erklären wäre dabei die Angabe von

---

[61]Dies ist der von Brinkmann (1979, S. 149 ff.) verfolgte Ansatz, der bei aller gedanklichen Brillanz ein wenig an dem Bemühen leidet, die hegelsche Lesart zu verteidigen; gleichwohl ist der spekulative Aspekt mit Blick auf die metaphysische Dimension auch der Überlegungen in der *Physik* kaum zu negieren.

[62]Dieser Gegensatz regiert gleichwohl die tatsächlichen Erklärungen von Vorgängen, etwa durch Druck und Stoß (s. oben), woraus sich einige der nach Aristoteles auftretenden Probleme der scholastischen Naturkunde ergeben (zum Impetus s. Maier 1958).

[63]Dies wird ausgeschlossen, denn das Haus, wenn es ein Naturgegenstand wäre, „entstünde es genau so, wie jetzt auf Grund handwerklicher Fähigkeit" (ὑπὸ τῆς τέχνης; *Physik,* 199a 13). Wir sehen zugleich, dass Aristoteles die epistemische Dimension der Geltung des Wissens hier nicht eigens reflektiert – was wir durch unsere Deutung der γνωριμώτερα zu erreichen suchen.

Gründen,[64] für welche Bedingungen erfüllt sein müssen, wie etwa, dass das *Explanandum* zu beschreiben ist, dass das, *wofür* die Gründe anzugeben sind, *bestimmt* ist. Erst wenn die *logische* Form der Frage bekannt ist, gibt es die Möglichkeit der Unterscheidung sinnvoller und nicht sinnvoller Antworten. Ferner sind die *Mittel* anzugeben, mit deren Hilfe richtige *Gründe* für den jeweiligen Fall gewonnen werden können. Damit geht dem eigentlichen Geschäft des Begründens – im Sinne der Angabe der Ursachen des in Rede stehenden – die Angabe der Anfänge voraus, bezüglich derer die Gründe gegeben oder genommen werden sollen. Bevor ein – wie auch immer näher bestimmtes – Erklären stattfinden kann, muss also schon etwas gewusst werden – und dies formuliert Aristoteles als unbestreitbare Notwendigkeit schon gleich einleitend:

> All teaching and learning that involves the use of reason proceeds from pre-existing knowledge. This is evident if we consider all the different branches of learning, because both the mathematical sciences and every other art are acquired in this way (*Analytica posteriora*, 71a 1 ff.).

Dies ist eine methodologisch trivial erscheinende Bestimmung, insofern sie auf alle Formen des Lehr- und Lernbaren abzielt, also auch auf die Künste (καὶ τῶν ἄλλων ἑκάστη τεχνῶν). Ihre Sprengkraft aber zeigt sich daran, dass das Wissen, *woraus* weiteres Wissen zu erarbeiten ist, seinerseits in *Geltung* sein muss, ganz allgemein also Wissen nur aus schon geltendem Wissen (ἐκ προϋπαρχούσης γνώσεως) gewonnen werden kann. Die *Form* dieser Geltung ergibt sich u. a. aus dem, was sachhaltig zu etwas gesagt werden kann, sei es als Meinung der Vorgänger, sei es als Meinung der meisten etc. Die *Funktion* dieses Wissens ist für unsere epistemischen Überlegungen von Relevanz, und für sie kann zumindest ein *methodisches* Moment angegeben werden, das wiederum auf den ersten Blick trivial wirkt:

> Es ergibt sich damit der Weg von dem uns Bekannteren und Klareren zu dem in Wirklichkeit Klareren und Bekannteren. (...) Deshalb muß also auf diese Weise vorgegangen werden: Von dem der Natur nach Undeutlicheren uns aber Klareren hin zu dem, was der Natur nach klarer und bekannter ist (*Physik*, 184a1 6 ff.).

Was immer Erklären im Einzelnen noch sei, es ist jedenfalls ein Verfahren, das Gründe liefert, und zwar von Anfängen aus, die ihrerseits *bekannter* sind als das,

---

[64]Im Sinne des Gebens und Nehmens von Gründen als λόγον διδόναι καὶ δέχεσθαι ἢ λαμβάνειν.

was jeweils erklärt werden soll.[65] Nun steht im Zentrum der Aufmerksamkeit der *Physik* allgemein das, was sich als Veränderung ansprechen lässt und mit den Titelausdrücken von κίνησις, ἀλλοίωσις oder μεταβολή z. T. identifizierend, z. T. differenzierend belegt wird (die Zusammenhänge untereinander können wir außer Acht lassen). *Damit* diese Gegenstand von Erklärungen werden können, sind die *Explananda* aber auf eine Form zu bringen, die sie der Erklärung *zugänglich* macht.

Die Bestimmung des Gegenstandes, der im engeren Sinne in Erklärung steht, geschieht bekanntermaßen im Rahmen der Konzeption der vier „Ursachen". Diese sind genau genommen zunächst *Fragen,* die als Resultate Antworten einfordern, weshalb es sinnvoll erschient, sie als Gründe anzusprechen.[66] Diese stehen ausdrücklich im Zusammenhang der Klärung der „Natur" des jeweils zu Erklärenden und betreffen als solche Aspekte des mit Werk[67] (ἔργον) Bezeichneten. Hierzu gehören im Einzelnen das „Woraus" etwas wird, *als schon Bestehendes*[68] (τὸ ἐξ οὗ γίγνεταί τι ἐνυπάρχοντος), die „Form" desselben, eine Stellung, die explizit die *Beispiele* mit umfasst[69] (τὸ εἶδος καὶ τὸ παράδειγμα), das „Woher" der Anfang der Veränderung oder der Ruhe stammt (ὅθεν ἡ ἀρχὴ τῆς μεταβολῆς ἡ πρώτη ἢ τῆς ἠρεμήσεως) und schließlich das „Ziel" des Vorgangs im Sinne des „Weswegen" (τὸ οὗ ἕνεκα) (*Physik,* 194b 24 ff.). Lassen wir alle weiteren wichtigen Fragen an diese Darstellung außer Acht, wie etwa jene nach der Vollständigkeit der Vierzahl, dann kann festgehalten werden, dass deren Erläuterung mit *explizitem* Bezug auf Bewirkungswissen stattfindet und mithin zumindest indirekt auf menschliches Handeln: also etwa die Bronze und das Silber, das Zahlverhältnis 1:2, der Ratgeber oder der Vater und die Gesundheit.

---

[65]Wieland (1962) weist zwar darauf hin, dass diese Unterscheidung der γνωριμώτερα nicht aufgehe in die Unterscheidung von Erkenntnis- und Seinsordnung. Jedoch folgen wir Tugendhats (1992e, S. 387) Kritik, dass dies keinesfalls die einzige Deutungsmöglichkeit ist. Dieser schlägt vielmehr vor, sie auf „zwei Pole unseres eigenen Kennens" zu beziehen. Wir schlagen nun weitergehend vor, die Unterscheidung auf die Gewinnung von Anfängen für Erklärungen (und insofern Argumentationen) zu beziehen (s. unten).

[66]Man könnte auch sagen, dass genau dieses Fragen selber als „Ursache" in dem Sinn verstanden werden kann, auf das als „Wirkung" eine Antwort folgt. Wir hätten es dann nicht mit Ursachen in einem gegenständlichen Sinn, sondern mit Gründen im Zusammenhang ihres Gebens und Nehmens zu tun.

[67]Das wesentlich als Vollzogenes verstanden wird – daher auch als „Funktion".

[68]Es hält sich also derselbe Gedanke durch, wie oben für die Wissensformen gegeben – und dies verwundert auch nicht, denn sonst bliebe offen, *wie* ein Wissen „von etwas" zustande kommen kann.

[69]S. u.

Zugleich ist aber ersichtlich, dass diese Bestimmungen als solche noch nicht notwendig Erklärungen von etwas sein müssen[70], sondern zunächst Bestimmungen seiner Beschaffenheit in gewissen Hinsichten – das Moment der Ursache ergibt sich aus der Einbeziehung der Beschaffenheit in die Erklärung, die auf eine der vielen möglichen Fragen antwortet:

> Es ergibt sich nun, da von Ursächlichem in vielen Weisen die Rede sein kann, *daß es auch viele Ursachen eines und desselben Gegenstandes geben kann,* und zwar nicht nebenbei zutreffend; so ist z. B. Ursache des Standbilds sowohl die Bildhauerei wie auch das Erz, nicht über ein Anderes vermittelt, sondern insofern es Standbild ist, nur nicht auf die gleiche Weise, sondern das eine als Stoff, das andere als „Woher der Bearbeitung". Es kommt auch *wechselseitige Verursachung* bei einigen Dingen vor, z. B. körperliche Anstrengung als Ursache guter Verfassung und (umgekehrt) diese als Ursache der Anstrengung; nur, nicht auf die gleiche Weise, sondern das eine als Ziel, das andere als Ausgangspunkt der Veränderung (*Physik,* 195a 4 ff.).

Mit dem Geben einer Antwort – also eines Grundes – ist die eigentliche Aufgabe erst erfüllt, nämlich die Erklärung. Das Erklärungsschema gilt *materialiter* sowohl für künstliche wie für natürliche Vorgänge und zwar in hypothetischer Form (explizit auch das Haus, ἐπεὶ ἡ οἰκία τοιόνδε, τάδε δεῖ γενέσθαι καὶ ὑπάρχειν ἐξ ἀνάγκης, καὶ ἐπεὶ ἡ ὑγίεια τοδί, τάδε δεῖ γενέσθαι (...) καὶ εἰ ἄνθρωπος τοδί, ταδί *Physik,* 200b 1 ff.). Die „vier Ursachen" stellen insofern zunächst den *begrifflichen* Apparat bereit, der die – dann jeweils spezifische – Beantwortung von Fragen *ermöglicht.* Pointiert formuliert wird durch die Art der Beschreibung der Gegenstand auf eine *Normalform* gebracht, die ihn der Erklärung zugänglich macht. Ist dies geschehen, dann können *weitere* Fragen verschiedenster Art beantwortet werden – wie etwa, ob es ein Vakuum geben könne[71]; warum sich Geschosse, haben sie einmal die werfende Hand verlassen, gleichwohl weiterbewegen[72]; auf welche Weise überhaupt Bewegungen zustande kommen[73] und worin sie ihr Ende finden[74]; bis hin zur Frage danach, ob es nur eine oder mehrere Zeiten[75] oder ob es Veränderungen ohne Ortsbewegungen gebe.[76]

---

[70]Sie können es gleichwohl für entsprechende Fragetypen sein.

[71]*Physik,* 217a 10 ff.

[72]*Physik,* 215a 14 ff.

[73]*Physik,* 243a 3 ff.

[74]*Physik,* 241b 34 ff.

[75]*Physik,* 218a 34 ff.

[76]*Physik,* 223a 29 ff.

Wir wollen uns im Weiteren nur mit der *Anfangsbestimmung* selbst befassen, denn diese ist für die *logische* Struktur des mit Erklärung Gemeinten und mithin für das epistemische Verhältnis von τέχνη und φύσις von Bedeutung.

8.6   Gewinnung von Anfängen

Unbestreitbar steht die *Bestimmung* der jeweiligen Gegenstände am Anfang – und diese Bestimmung weist ein Moment auf, das bei Fokussierung auf das Begriffliche, welches in den „methodologischen" Schriften wie etwa den *Analytica posteriora* prävaliert, leicht übersehen wird. Der Zugang zu den Gegenständen erfolgt nämlich zunächst über „Beobachtung", die mit dem Bezug auf „Wahrnehmung" gekennzeichnet ist.[77] Dass diese den wesentlichen Zugang zum Wissen von etwas bildet, wird für das aristotelische „Forschungsprogramm" wohl außer Frage stehen.[78] Dies zeigt etwa *Analytica posteriora* (99b 36 ff.): Wahrnehmung (die als Sinneswahrnehmung allen Tieren zukomme) bilde mit Erinnerungen und Erfahrungen den Anfang der Wissenschaften und Techniken (τέχνης ἀρχὴ καὶ ἐπιστήμης). Doch unstrittig gilt zugleich, dass Wissen im Sinne des wissenschaftlichen Wissens (ἐπιστήμη), ein Wissen *von etwas* ist und durch die Form des Beweises (ἀπόδειξις) ein *sicheres* Wissens dessen, was die Gegenstände (πρᾶγμα[79]) bestimmt:

> Also first principles are more knowable than demonstrations, and all scientific knowledge involves reason (*Analytica posteriora,* 100b 9 f.).

---

[77]Schon hier sei auf eine gewisse, weniger an das Sinnliche als das Moment des „Wahrnehmens" appellierende Bedeutung von αἰσθάνεσθαι hingewiesen. Dieser Ausdruck steht durchaus geläufig auch für ein *Urteilen* in einem sehr grundlegenden Sinn – was selbstverständlich die Sinnlichkeit nicht ausschließt (so etwa bei Demosthenes, *3. Philipp.* 122,45, *4. Philipp.* 134,13; Dionysius, *Roman Antiqs.* III, XLVIII,3, IV, XXXIV,1; Lysias, *Subverting the democracy,* 173,23). Wenn insbesondere bei Aristoteles auf die Sinnlichkeit und insofern auch auf deren *Unmittelbarkeit* verwiesen wird, so kann doch regelmäßig das Moment der Gewissheit mitschwingen (es wäre dann z. B. weniger optische Sensorik als „Sehen" im Sinne von „Wahrnehmen" gemeint; zum Unterschied s. Weingarten 2003).

[78]Die *systematische* Darstellung bei Herzberg (2007) zeigt das sehr deutlich. Die mögliche epistemische Dimension, die im Anfangsproblem liegt, wird daher auch nicht entfaltet, sondern wesentlich mit dem Bildungsproblem zusammengehalten (Herzberg 2007, S. 204 ff.).

[79]Dies sind keine „Dinge" – es handelt sich eher um eine Entsprechung zu „*res*".

Für dieses Wissen gilt zudem, dass es mittels des Begriffs sei (μετὰ λόγου ἐστι), was aber *nicht* in der *gleichen* Weise auf das Verhältnis zwischen ἐπιστήμη und ihren Anfängen zutrifft:

> It follows that there can be no scientific knowledge of the first principles and since nothing can be more infallible than scientific knowledge except intuition, it must be intuition that apprehends the first principles (*Analytica posteriora*, 100b 11 ff.).

Wir können daran eine Entgegensetzung zweier Wissensformen gewinnen, nämlich einmal jene der ἐπιστήμη als *Wissen von,* welche sich mittels des Begriffs vollzieht, und der Gewinnung der Anfänge selbst – hier der absoluten –, welche Aufgabe des νοῦς sei. Damit ist allerdings zunächst noch nicht mehr behauptet, als dass das Wissen von den Anfängen des Wissens nicht seinerseits *dieselbe* Struktur haben könne, wie das durch es Begründete. Ausgeschlossen werden soll damit ja vor allem, dass die Bereitstellung des Wissens, aus dem heraus die ἀπόδειξις erfolgt, nicht selber wieder durch ἀπόδειξις gelingen kann – wegen des dann nicht mehr zu vermeidenden Regresses.[80] Dies bestreitet *nicht* die Notwendigkeit, dass das Wissen von etwas ein Wissen ist, das durch die Tätigkeit des νοῦς zustande kommt – und insofern gilt:

> Thus it (ὁ νοῦς, MG) will be the primary source of scientific knowledge (ἡ ἀρχή τῆς ἀρχῆς) that apprehends the first principles, while scientific knowledge as a whole is similarly related to the whole world of facts (*Analytica posteriora*, 100b 15 ff.).

Unterbunden werden kann der Regress, wenn die Anfangsbestimmung von Wissen auf etwas anderes bezogen wird, das nicht wieder in *derselben* Weise μετὰ λόγου ist wie das damit begründete Wissen. Dies mag trivial erscheinen, denn was anderes sollte der Ursprung von begründetem Wissen sein als das mit νοῦς bezeichnete Vermögen. Gewonnen haben wir aber damit zunächst die Bestimmung, dass das eigentliche Wissen ein solches ist, das als ἐπιστήμη die Begründung *hinter* sich hat. Dies impliziert nicht, dass die *Gewinnung* des Wissens von dem her die Begründung erfolgt, mit der *Organisation* des Wissens zusammenfällt[81] – die

---

[80]*Analytica posteriora*, 100b 13 ff.

[81]Immerhin finden wir den Verweis auf die Argumente (τοὺς λόγους), die durch Zustimmung (παρὰ ξυνιέντων) ermöglicht werden, neben denen durch das Einzelne (τὸ καθ' ἕκαστον). Offen bleibt der *methodische* Status als schon erkannt (διὰ προγιγνωσκομένων) (*Analytica posteriora*, 71a 5 ff.). Auf diesen Status zielt das hier Entfaltete – und zwar unabhängig von der von Aristoteles selber entwickelten Form.

wohl syllogistisch[82] ist oder sein soll.[83] Diese Differenz, hat vermutlich ihren Grund in der genannten Entscheidung über die Satzform, die alleine relevant für syllogistisch *organisiertes* Wissen ist – wir haben es nämlich der Form nach mit theoretischen Sätzen zu tun (s. Kap. 7).

Vergegenwärtigen wir uns zunächst nur, dass Aristoteles die Unterscheidung zweier Wissensformen fixiert, deren eine die eigentliche, wesentliche darstellt, nämlich die ἐπιστήμη als solche. Diese ist insofern jeder anderen Wissensform überlegen, als sie einem bloß okkasionellen Wissen gegenüber steht, welche z. B. dem Sophisten eignet („as contrasted with the accidental knowledge of the sophist";… *Analytica posteriora,* 71b 9 f.).

Sicheres Wissen, das nicht einfach okkasionell ist, kann charakterisiert werden durch Merkmale, wie etwa, dass wir seinen Grund kennen (αἰτία) und wissen, es könne nicht anders sein. Als Ursprung dieses Wissens gilt zunächst die Aufzeigung[84] (ἀπόδειξις), und diese ist wiederum an den Syllogismus gebunden. Allerdings müssen die Prämissen bestimmt werden, die ihrerseits erste sind und zwar dadurch, dass sie besser bekannt sind, wahr, unmittelbar (ἀμέσων) und verursachend (bezüglich der Konklusion). Dann erst können die Prämissen auf den Fakt „angewendet" werden und dann erst kennen wir das Einzelne wirklich, nämlich als „eines von diesen". Dies führt zu einer grundlegend methodischen Bestimmung der Bedeutung vom „Ersten":

> That which is prior in nature is not the same as that which is prior in relation to us, and that which is (naturally) more knowable is not the same as that which is more knowable by us. By „prior" or „more knowable" in relation to us I mean that which is nearer to our perception, and by „prior" or „more knowable" in the absolute sense I mean that which is further from our perception, and particulars are nearest to it; and these are opposite to one another (*Analytica posteriora,* 71b 36 f.).

Die Gewinnung des Ersten ist aber nicht wiederum an apodiktische Verfahren gebunden – hier sind vielmehr *Beispiele* von Bedeutung, deren Funktion wir uns

---

[82]Wir können also Wielands (1962, S. 67) Kritik an der These, dass die „aristotelische Philosophie und Wissenschaft (…) syllogistisch aufgebaut sei" insofern aufnehmen, als in der Tat die *Gewinnung* solchen Wissens nicht auf dieselbe Weise erfolgen kann.

[83]*Analytica posteriora,* 71b 15 ff.

[84]Dieser Ausdruck erscheint regelmäßig auch in einem nichtmathematischen Sinne, der zwar auf ein „Beweisen" abzielt, nicht notwendig aber auf ein *formales* Verfahren, (Polybius, *Hist.* X 21,3,8, und XII,5,6; Lysias, *Against Agoratus,* 76). Auch das Vorbringen von Zeugen kann als ἀπόδειξις gelten. Dem widerspricht keineswegs eine engere, auch rein formale Fassung.

im Zusammenhang der „Induktion" klar machen wollen. Diesen Gedanken entwickelt Aristoteles in der *Topik* weiter, die allerdings nicht *wesentlich* mit apodiktischen Schlüssen operiert. Als Beispiel für Induktion (vom Einzelnen zum Allgemeinen – ἡ ἀπὸ τῶν καθ᾽ ἕκαστον ἐπὶ τὰ καθόλου ἔφοδος) wird ein Wahrscheinlichkeitsschluss vorgeführt:

> If the skilled pilot is the best pilot and the skilled charioteer the best charioteer, then, in general the skilled man is the best man in any particular sphere (*Topik*, 105a 14 ff.).

Die Besonderheit des Steuermanns bzw. Wagenlenkers ergibt sich aus der Tatsache, dass er seine Tätigkeit so verrichtet, *wie es ein guter Pilot eben tut* – die Besonderheit liegt also in der *Form* des *Vollzugs* der Tätigkeit selber.[85] Diese aber bestimmen zu können, ist die Leistung des Beispiels. Induktion ist jederzeit eine Quelle des γνωριμωτέρων, und als solche ist sie auch besonders qualifiziert, nämlich im Blick auf das, was vonseiten der meisten das „Richtige" ist:

> Induction is more convincing and clear and more easily grasped by sense-perception and is shared by the majority of people, but reasoning is more cogent and more efficacious against argumentative opponents (*Topik*, 105a 17 ff.).

Bekannter ist hier das, was der Sinneswahrnehmung näher steht (κατὰ τὴν αἴσθησιν), wobei nicht bestritten werden muss, dass Sinneswahrnehmung im engeren Sinne gemeint ist. Dies hindert übrigens nicht, an anderer Stelle, wie in der *Topik* oder der *Rhetorik*, explizit auf das „endoxale" Moment hinzuweisen, was sich eben auf „Meinungen" bezieht, denen eine gewisse Glaubwürdigkeit zukomme, wie etwa „to reason from generally accepted opinions" (συλλογίζεστθαι ... ἐξ ἐνδόξων; *Topik* 100a 20 ff., auch 105b 10 ff., *Rhetorik* 1355a, I.I.12).

Doch sehen wir hier von der Ausdeutung ab, die *Aristoteles* diesem Verhältnis (vermutlich) zu geben müssen glaubte, und halten nur die Bewegung selber fest, die von dem für uns Bekannteren zu dem führt, das „an sich bekannter" ist. Auch als ein solches entspricht es immer noch dem grundsätzlichen Anliegen, das sich

---

[85]Auch Alexander von Aphrodisias, On Aristotle Topics 1, 86 f. scheint auf dieses Moment des „Bekannteren" in epistemischer Hinsicht abzuzielen (allerdings in der *Topik*). Wir hätten es dann weniger mit *Induktion* als mit exemplarischer *Einführung* zu tun, eben mit Blick auf den besten Steuermann oder Wagenlenker. Diesen Hinweis verdanke ich Sandra Bihlmaier.

oben in der trivial anmuteten Bestimmung im Zusammenhang der Explikation von Unbekannterem durch Bekannteres fand:

> For example, the man who has asserted as the property of a „living creature" that it is „possessed of sensation" has both employed more comprehensible terms and made the property more comprehensible in each of the two ways; and so to be „possessed of sensation" would in this respect have been correctly assigned as a property of „living creature" (*Topik*, 129b 27 ff.).

Nun ist das für uns[86] Bekanntere (γνωριμωτέρων ἡμῖν) bisher dadurch gekennzeichnet, dass es der Wahrnehmung näher sei – und dies ist durchaus mit modernen z. B. empiristischen oder sensualistischen Positionen vereinbar. Der von Aristoteles angegebene Weg vom γνωριμωτέρων ἡμῖν zum Bekannteren schlechthin (ἁπλῶς), ist eng mit der Induktion (ἐπαγωγή) verbunden. Dies soll einerseits nicht bestritten werden, andererseits lässt sich aber eine Deutung geben, die auf Induktion in einem weiteren Sinne abzielt, also etwa den Umgang mit Einzelnem im Sinne des Beispiels. Dann ließe sich dies selbst auf die Bedingungen rein formaler Argumentation ausdehnen, ohne zugleich „Wahrnehmung" als bloß sinnliche Registrierung zu meinen.

Ein bemerkenswerter Argumentationszusammenhang ist – wie angedeutet – in diesem Zusammenhang bei Aristoteles aber gleichwohl zu gewinnen, der einerseits das Verhältnis von Schluss und Induktion betrifft, der andererseits dem Anfangsproblem gewidmet ist – nämlich im Umgang mit „Wahrscheinlichkeitsschlüssen".

8.7 Endoxa und Enthymeme

Wir hatten Enthymeme (ἐνθυμήματα) als Schlüsse unter dem Aspekt der Handlungen untersucht, was uns dazu führte, sie in den weiteren Zusammenhang praktischer Sätze zu stellen (Kap. 7). Damit wurde eine wesentliche Theorieentscheidung bei Aristoteles unterlaufen: ihre Behandlung durch *Rhetorik* und *Poetik*. Doch wiesen wir im Zusammenhang der königschen Darstellung darauf hin, dass Aristoteles eben auch die Form der Endoxa (ἔνδοξα) kennt, die auf Sätze mit einem Status des Wahrscheinlichen abzielen (König 2002, S. 117 ff.).

---

[86]Es ist Wieland (1962, S. 72) zuzustimmen, dass die Unterscheidung auch nicht mit der von subjektiv und objektiv zusammenfällt; der Grund liegt aber m. E. in der Lösung des Anfangsproblems (s. die Kritik von Tugendhat 1992e).

Nun galt die Ähnlichkeit zum Syllogismus mit Blick auf die Wahrscheinlichkeit (ἐξ εἰκότων) für ἐνθυμήματα ebenso wie für ἔνδοξα, wobei sich erstere auf Handlungen beziehen, sodass wir eine gewisse Parallele herstellen können zu theoretischen Sätzen im zweiten, zu praktischen im ersten Fall[87] (König 2002, S. 118). Hieraus ergibt sich nach König das Verhältnis zwischen ἔνδοξα und dem εἰκός dergestalt, als „nicht jeder Satz, der ἔνδοξος ist, (…) Wahrscheinliches im Sinne jenes früheren εἰκός *zum Inhalt* [hat]. Wohl aber ist umgekehrt jeder Satz, der solches εἰκός zum Inhalt hat, ἔνδοξος" (König 2002, S. 107 f.). Für Reden, die sich als Schlüsse nicht primär auf Handlungen, sondern auf Sachverhalte beziehen, kann ein Beispiel aus dem topischen Argumentieren angeführt werden, das die Bestimmung einer wesentlichen Eigenschaft (ἴδιον) betrifft:

> Ein weiterer Topos, der das ἴδιον, Proprium, betrifft (Top. V 3, 131b 19 ff.): Es ist nicht gut, etwas als ἴδιον eines Dinges auszugeben, dessen Vorhandensein und dessen Gültigkeit *lediglich* dann offenbar ist, wenn es *gesehen* – und allgemein, wenn es wahrgenommen wird (…). So z. B. wenn einer es als Proprium der Sonne bezeichnen möchte, daß sie der glänzendste Himmelskörper ist, der über die Erde zieht (…). Denn wie ist es, (…) (wenn die Sonne untergegangen ist)? Die Sonne ist dann offenbar nicht mehr der glänzendste über die Erde ziehende Himmelskörper (König 2002, S. 129).

Für unsere Fragestellung sind nun ἔνδοξα (im königschen Sinne) wie ἐνθυμήματα deshalb interessant,[88] weil sie für Aristoteles überhaupt eine Form des Wissens bilden und weil sie zeigen, dass Schlüsse aus nur Wahrscheinlichem gleichwohl Schlüsse sind – nur eben keine echten Anfänge (πρῶτα, ἀρχαί), wie im Rahmen der ἐπιστήμη (König 2002, S. 108 ff.). Unstrittig also handelt es sich um ein *Wissen,* das aber im Vergleich zur *formalisierten Darstellung* echter ἐπιστήμη keine absolute und insofern auch keine universelle Geltung beanspruchen kann. Sie gelten aber ὡς ἐπὶ τὸ πολύ, was für die formale Auflösung Folgen hat, wenn etwa von einem Satz wie „Wer andern eine Grube gräbt, fällt selbst hinein" nicht der Übergang erlaubt ist zu „Jeder, der …". Gleichwohl liegt ein „irgendwie" Allgemeines vor – und dieses liegt in *der Art* der Auswahl der Beispiele (in diesem Fall also derjenigen, *an denen* sich *zeigen* lässt, dass „der der anderen eine Grube gräbt …" etc.).

---

[87]Das ist gleichwohl nicht ausschließend gemeint.

[88]Wir wollen im Weiteren auf diese Differenzierung verzichten – denn für unsere erweiterte Fassung praktischer Sätze greift letztlich selbst bei ἔνδοξα deren enthymematische Struktur über (s. Kap. 7).

Dies führt uns zur zweiten der oben angesprochenen Bestimmung von ἐνθυμήματα, nämlich dass sie einerseits Schlüsse seien, andererseits auf etwas der ἐπαγωγή Ähnliches verweisen. Wiederum kehren wir zum syllogistischen Standard zurück, der in der *Analytica posteriora* entfaltet wird. Dort wurden wir auf ein schon geltendes Wissen verwiesen, das zwar selber noch nicht ἐπιστήμη sein muss, gleichwohl aber dasjenige bezeichnet, von woher diese ihre Anfänge erhält. Wir hatten ferner oben die aristotelischen Hinweise auf die αἴσθησις aufgenommen, die insofern den Anfang bildet, als sie näher an den einzelnen Dingen sei. Nun gilt aber zugleich allgemein, dass zwei Wissensformen für die Erarbeitung der ἐπιστήμη notwendig sind, deren eine der Syllogismus, deren anderes die ἐπαγωγή bildet – bisher mit Induktion übersetzt.[89] Dies ist trivialerweise selber nicht voraussetzungsfrei, sodass eine *Unterweisung* in das zu gewinnende Wissen entweder durch Annahmen oder durch Beispiele erfolge, wobei erstere für (schon) Wissende gelten, während letztere sich auf das beziehen, was im Allgemeinen als klar für das Einzelne gilt:

> But for purposes of demonstration, real or apparent, just as Dialectic possesses two modes of argument, induction and the syllogism, real or apparent, the same is the case in Rhetoric; for the example is induction, and the enthymeme a syllogism, and the apparent enthymeme an apparent syllogism (*Rhetorik,* I.II.8, 1356b).

Lassen wir die Differenz zwischen „real" und „apparent" im Moment beiseite und beschränken uns auf die grundsätzliche Ähnlichkeit zwischen der *Form* des rhetorischen und des systematischen Arguments, die in beiderlei Hinsicht bestehe, denn beide operierten mit „Induktion" und mit „Schlüssen". Wir können dann die ἐπαγωγή mit dem Exemplarischen assoziieren, den Syllogismus mit dem ἐνθύμημα. *Beispiele* aber, beziehen sich wie ausgeführt auf Üblichkeiten; im Gegensatz zur ἐπαγωγή im strengen Sinne (die vermutlich auf das Operieren mit formalen Systemen beschränkt sein dürfte) gilt jedenfalls das ὡς ἐπὶ τὸ πολύ als Regel. Diese Regeln aber müssen *bekannt* sein – und insofern verbürgt deren Bekanntheit als Ausdruck des „meistens" deren inferentielle Kraft. Zwar gilt weiter, dass das, was durch eine Kunst bestimmt werde, nicht das Einzelne als solches ist, sondern nur „eines von diesen" oder „eines von den so und so beschaffenen" (ἀλλὰ τί τῷ τοιῷδε ἤ τοῖς τοιοῖσδε, *Rhetorik,* I.II.11, 1356b), gleichwohl aber ist damit das Operieren mit besonderem Einzelnem im Blick.

---

[89]Zum Konzept der Wahrnehmung bei Aristoteles im Zusammenhang der ἐπαγωγή Schneider (1970), Herzberg (2007).

An dieser Stelle wird nun die oben (Kap. 7) aus *De interpretatione* angezeigte Einschränkung relevant, denn da wir es bei der als Beispiel angeführten ärztlichen Kunst gerade nicht mit einem Handlungswissen im engeren Sinne zu tun haben, stehen *theoretische* Sätze zur Verfügung – und insofern ist das Operieren mit Einzelnem als Beispiel für Allgemeines *nicht* im Blick. Der Unterschied, den wir oben im Zusammenhang von praktischen und theoretischen Sätzen entwickelt hatten, wird bei Aristoteles verwischt – durch den hier prävalierenden Bezug auf theoretische Apophansen. Die *Kenntnis* aber dieses Einzelnen ist – weil es *als* Beispiel *dienen kann* – notwendig immer ein *auch* Allgemeines (eben insofern es *ein* Einzelnes ist), und diese Kenntnis ist *eine* Bedingung für die Erarbeitung des Allgemeinen. Setzen wir dies als Möglichkeit des Arguments an – unabhängig davon, ob wir den Rahmen der aristotelischen Konzeption verlassen (wofür ja einiges spricht, s. oben) –, dann kann immerhin auch in den *Analytica posteriora* auf den *Umgang* mit Einzelnem als demjenigen verwiesen werden, was *als Wissen* zur Verfügung stehen muss, um syllogistische ἐπιστήμη zu ermöglichen:

> We knew already that every triangle has the sum of its interior angles equal to two right angles; but that *this* figure inscribed in the semicircle is a triangle we recognize only as we are led to relate the particular to the universal (for some things, viz., such as are ultimate particulars not predicable of anything else as subject, are only learnt in this way, i. e., the minor is not recognized by means of the middle term) (*Analytica posteriora*, 71a 19 ff.).

Das Einzelne[90] ist also nicht durch Schlüsse etc. zu erreichen und mithin auch nicht wissenschaftsfähig – was nicht mehr notwendigerweise vom Einzelnen als solchem gelten muss, das ein Allgemeines sein kann. Damit wird die Differenz relevant zwischen dem, was im Akt des Erkennens von etwas statthat, und dem, was davor schon verfügbar sein muss. Und genau in dieser Hinsicht gibt es ein Wissen, das von dem Erkennen des Einzelnen unabhängig ist: Ohne ein bestimmtes Dreieck zu sehen, kann ich schon wissen, dass die Winkelsumme in einem Dreieck zwei rechten Winkeln entspricht. *Nicht* aber kann ich deshalb schon wissen, dass „Dieses-da" ein Dreieck ist. Dieses Wissen folgt erst, wenn ich die Klasse von Dreiecken auf das jeweils Konkrete beziehe und es damit „unter einen Begriff" bringe. Insofern hätten wir die Bestimmung des Einzelnen durch „Subsumtion" vollzogen – es wäre zu „einem von diesen" geworden.

---

[90]Es scheint sich hier um eine echte Einführungssituation zu handeln – jedenfalls kann man das „ὅτι δὲ τόδε ..." so verstehen.

Allerdings ist auch eine etwas andere Form des Umgangs mit dem Einzelnen möglich, *nämlich als Beispiel für ein Allgemeines.* Wir nehmen dies nur soweit auf, als das eigentliche Verstehen von etwas, und sei es als ein besonderes Einzelnes, sich durch eine doppelläufige Bewegung vollzieht: Denn verstehen werden wir etwas „als etwas" nicht nur, wenn wir die allgemeine Regel kennen, sondern auch wissen, was es heißt, darunter zu fallen.[91] Im Rahmen der *Analytica posteriora* ist aber das Wissen um das, was es heißt ein Dreieck zu sein, schon vorausgesetzt, womit sich das Anfangsproblem letztlich darauf reduziert, die Kriterien explizit anzugeben, welche die benötigte Bestimmung erlauben. Die Darstellung der ἐνθυμήματα zeigt aber mit Blick auf die εἰκότα, dass Aristoteles sehr wohl ein Wissen kennt, das einerseits nicht dem strengen Standard der ἐπιστήμη entspricht, das andererseits aber ein *echtes Wissen* ist, das eben nicht nur als ein solches erscheint – da sonst die Rede von der Wahrscheinlichkeit und des ὡς ἐπὶ τὸ πολύ sinnentleert wäre. Genau dabei spielen die Beispiele eine konstitutive Rolle, die ihnen im Rahmen der wissenschaftlichen ἐπαγωγή nicht notwendig zukommt. An diesen zeigt sich die Doppelläufigkeit der γνωριμώτερα deutlich, denn hier wird explizit etwas *für uns* Bekannteres so genutzt, dass seine Darstellung als ein „an sich Bekannteres" – nämlich die dann *syllogistische* Form in der Nutzung der ἔνδοξα – möglich wird.[92] Letztlich also bildet die Nutzung des „an sich Bekannteren" innerhalb der ἀπόδειξις den Probierstein, denn das zu Begründende ist mittels dieses Wissens *wieder einzuholen.* Wir werden diese Doppelläufigkeit im Zusammenhang der lebenswissenschaftlichen Explikation von Metaphern als Modellen weiter entwickeln; sie ist im Prinzip das allgemeine Schema *explanatorischer* Redeform zumindest dann, wenn die Gewinnung von Wissen im Zusammenhang des Anfangsproblems verstanden wird (s. Kap. 11).

Sehen wir nur auf das *Verhältnis,* das sich ergeben hat, zwischen dem Anfang, von dem her eine Bestimmung erfolgt und der Bestimmung selber, dann lässt sich das γνωριμωτέρων ἡμῖν als das Wissen ansprechen, welches auf das abzielt, was für uns bekannter ist, im Sinne von „auch außerhalb" oder „vor" der eigentlichen ἐπιστήμη. Dem entgegengesetzt ist die Operation mit dem γνωριμωτέρων ἁπλῶς oder τῇ φύσει, das absolute Wissen, welches die – hier als Beispiel fungierende – Dreieckigkeit bezeichnet:

---

[91]Wie erwähnt scheint genau diese Operation bei Frege als *vollzogen* schon vorausgesetzt zu sein, während sie für Tugendhat erst im Zusammenhang der Einführungssituation stattfinden kann.

[92]Wir können es dann also subsumtiv handhaben, und es ist damit nur noch „eines von diesen".

> Then what is the first? If it is „triangle", then it is with respect to triangularity that the attribute applies to all the rest of the subjects, and it is of „triangle" that the attribute can be universally demonstrated (*Analytica posteriora*, 74b 1 ff.).

Ἀπόδειξις ist also – hier wesentlich am mathematischen Vorgehen aufgefasst – ein aufzeigendes Beweisen *von gewissen Prinzipien her.* Dieses ist wie gesehen ein Verfahren, dessen Notwendigkeit gerade in dem Wissen um die – wesensmäßigen – Prädikate gründete, die ihrerseits *notwendig* einer Sache zukommen. Wiederum wird allgemeiner festgestellt, dass die ἀπόδειξις nicht einfach von den – uns bekannteren – Wissensformen der ἔνδοξα oder der πρότασις herrührt (*Analytica posteriora,* 74b 23), sondern eben von dem als notwendig ausgewiesen Wissen, das allerdings eine Untersuchung schon *hinter* sich hat. Der Anfangspunkt differiert und es gilt:

> The starting-point is not that which is generally accepted or the reverse, but that which is primarily true of the genus with which the demonstration deals; and not every true fact is peculiar to a given genus (*Analytica posteriora,* 74b 24 ff.).

Der Ausgangspunkt (ἀρχή) ist nun nicht mehr das ἔνδοξον sondern das was die Sache eigentlich trifft. Das „axiomatische" Verfahren zielt auf die – wesentlich schlussmäßige – *Organisation* des Wissens ab, bezieht sich also ausdrücklich auf die *Gegebenheit* von Gegenständen in den jeweiligen *Genera* des Wissens, und für diese gilt natürlich:

> For a man knows a fact in a truer sense if he knows it from more ultimate causes, since he knows it from prior premises when he knows it from causes which are themselves uncaused (*Analytica posteriora,* 76a 21 ff.).

Das γνωριμωτέρων ἁπλῶς oder τῇ φύσει ist insofern ein personeninvariantes Wissen, als es die rein argumentative Organisation des Wissens selbst erlaubt – hier in Bezug auf die für das aristotelische Programm besonders wichtige Frage der Verursachung mit Blick auf das letzte Glied der argumentativen Reihe. Für die *Gewinnung* des Wissens spielt diese Wissensform damit insofern keine Rolle mehr, als sich die ἀπόδειξις ausdrücklich von den ἔνδοξα entfernt hat.[93]

---

[93]Dies lässt die methodisch bedeutsame Möglichkeit offen, das Verfahren zu iterieren – unabhängig von der Verträglichkeit solchen Vorgehens mit dem aristotelischen Theoriedesign, werden wir genau dies im lebenswissenschaftlichen Zusammenhang vornehmen, sodass die Unterscheidung von Metapher und Modell, und den damit verbundenen praktischen und theoretischen Kontexten prozessual und nicht abschließend zu verstehen ist (Kap. 11, 12, 13, 14 und 15).

Unabhängig von der Frage nach einem letzten Wissen und dem Worin seines Bestehens bleibt die gegenseitige Verwiesenheit der bezeichneten Wissensformen festzuhalten.

8.8   Natur und Technik: die Grenzen des Konzepts

Die Ansprache von etwas als natürlich ist, wie wir sahen, einerseits durch Tätigkeiten bestimmt – bis hin zur Sektion und Intervention am lebenden Gegenstand (man denke an die forcierte Autotomie oder gar das Abtrennen von Körperanhängen). Andererseits wird sie geleitet durch das, was wir als *metaphorischen* Zugriff skizzieren können – gemeint ist damit der Technikbezug, der die klassischen, der Antike bekannten Maschinentypen umfasst –, und einiges mehr, wie die Referenz auf Hausbau und Bewirtschaftungsformen zeigte. Wir können dies durch den einen Aspekt der doppelläufigen γνωριμώτερα charakterisieren, dass sie nämlich das am Gegenstand zum Ausdruck brächten, was für uns das Bekanntere sei – und dies war eben zunächst das technisch (*latissimo sensu*) Bewirkte oder Hervorgebrachte.

Das Herstellen wird damit *explanatorisch* dem „Sich-Hervorbringen" vorgeordnet, ohne zugleich den *absoluten* Standard (für die Sache) zu bilden. Denn unstrittig blieb auch weiterhin das „sich selbst" das zentrale Motiv der aristotelischen Darstellung des Lebendigseienden als eines solchen.[94] Dies zeigte sich an dem zweiten Zug der γνωριμώτερα, welche auf jene Prinzipien abzielten, die für das γένος des Lebendigseienden relevant sind. Das durch den Ausgang bei der τέχνη gewonnene Wissen ist ein solches, das den Bezug auf die Gegenstände *hinter* sich hat: Wir können nicht mehr einfach *absehen* von der Art, *wie* wir uns dem Gegenstand genähert haben. Vielmehr ist dieser jetzt „an sich" als ein funktionaler bestimmt, was in der Rede vom σῶμα ὀργανίκόν zum Ausdruck kommt.

---

[94]Dies ist gleichwohl nur relativ gemeint, wie unser Verweis auf die *Physik* zeigt (s. oben). Es ist also zu unterscheiden zwischen dem, was insofern „von selbst" geschieht, als es das Prinzip seiner Bewegung in sich hat, und dem, was zwar ebenfalls geschieht, aber nicht im engeren Sinne als Resultat einer Bewirkung angesprochen werden kann. Die Vorgänge, die sich ἀπὸ ταὐτομάτου (z. B. *Physik,* 195b 31 ff.) vollziehen, sind nicht im modernen Sinne des Automaten gemeint (etwa Hoffmanns Olimpia), was z. B. auf die kausale Geschlossenheit der kinematischen Ketten abzielte. Jedoch scheint dies immerhin bei der Rede von „Marionetten" der Fall zu sein (*De motu animalium,* 701b 2 ff.), was allerdings keine *direkte* Übertragung erlaubt (s. oben). Vielmehr sind es gerade „nichtkausale" Vorgänge, die gleichwohl geschehen; es kann dann offen bleiben, ob dies nur „bis auf Weiteres" gemeint ist oder grundsätzlich.

Als ein solches „zeigt sich" der lebendig seiende Körper – allerdings wesentlich „uns". Das Moment des Absoluten drückt sich in der Vielzahl der Inferenzen aus, die durch das Zweck-Mittel-Konzept die verschiedenen Beschreibungen lebendig seiender Körper miteinander verbinden.

Diese Darstellung der Doppelläufigkeit ermöglicht eine *methodische* Lesart, die auf die Form der Metaphern blickt, wobei sich zeigt, dass wir regelmäßig (trivialerweise) mit vormodernen Metaphern konfrontiert sind. Unter „vormodern" sei hier insbesondere verstanden, dass es sich bei den Artefakten, auf welche die Metaphern abzielen, um reine Arbeitsaggregate handelt – also um Maschinen, die für bestimmte Arbeitstypen gebaut werden, ohne dass der *Antrieb* (nämlich die Kräfte, welche zum Betrieb der Maschine benötigt werden) oder die *Steuerung* Herstellungsgegenstand wären. Wir können an die klassischen antiken „Maschinen" denken, wie Hebel oder Schraube, deren Antrieb regelmäßig „natürlich" erfolgt, indem das Antriebsaggregat durch Menschen, Tiere, Luft oder Wasser gebildet wird. Dieser Typus bleibt auch historisch lange verbindlich für die Betrachtung des Lebendigen, sodass sich ein gewisses Vorverständnis desselben im Sinne von Transmissions- und Arbeitsaggregaten einstellt. Wir sahen dies an den Darstellungen von Aristoteles etwa für die Charakterisierung der Hand (oder des Daumens), aber auch der Sehnen im Zusammenhang des Herzens etc. Eine Gegengruppe würde dabei durch Kraftmaschinen gebildet, bei denen der Antrieb zur *Systemleistung* der Maschine selbst wird – zu welchen heute z. B. Steuer-, Regel- und Informationsmaschinen hinzuträten. Das üblicherweise als Standard herangezogene Beispiel der Dampfmaschine verdeckt aber den grundlegenden Wandel des Maschinenverständnisses: Denn es sind insbesondere die Momente der „Energietransformation", die diese Maschinen charakterisieren und die damit auch den Bau reiner „Energiemaschinen" ermöglichen. Bei diesen aber wird das Verhältnis von Arbeits- und Transmissionsaggregat einerseits, zum Kraftaggregat andererseits geradezu umgekehrt.

Dient nämlich in der Dampfmaschine das Energietransformationsaggregat (also die Ofen/Zylinder/Kolben-Struktur) „nur" zur Herstellung jener Kräfte, die benötigt werden, um die Räder in Bewegung zu setzen, ist bei einem Kraftwerk die „*Herstellung*" der Energie (als *Möglichkeit* von Bewegung) der eigentliche Zweck der Maschine. Daraus ergibt sich für die Artefakte, die Aristoteles zur Beschreibung nutzt, eine immanente Einschränkung, die das resultierende Naturkonzept bestimmt: Es finden sich nämlich nun „in der Natur" lediglich vormoderne Maschinen und daran angeschlossen eine sehr eingeschränkte Varianz „maschineller" Verhältnisse sowohl der Teile der Naturstücke als auch der Naturstücke untereinander.

Die *Form* der Mittel selber kommt dabei durch die „substanzielle" Form der Beschreibung gerade nicht in den Blick. Unabhängig von den Gründen, die in der Struktur einer Sklavenhaltergesellschaft liegen mögen, kann dann aber auch nicht von der jeweils besonderen *Form der Mittel* für diese Strukturierungen abgesehen werden. Die Relevanz der *Form* der Mittel für die Strukturierung unseres Verständnisses von etwas als etwas wird beim γνωριμωτέρων ἁπλῶς oder τῇ φύσει notwendig *ausgeblendet.* Lebendigseiende Körper erscheinen damit „an sich" nur in der Weise, in der sie als vormoderne Maschinen erscheinen *können.* Da das Verhältnis als mimetisches ein unmittelbares ist – wie das σῶμα unmittelbar ὀργανίκόν ist – kommt es nicht zur Modellierung: Es werden keine Inferenzen aktiviert, die aus der Beschreibung unter Metaphern *folgen* und die über das im Sprachspiel Gegebene hinausgingen. Pointiert formuliert ergeben sich aus den technomorphen Beschreibungen lebendig seiender Körper keine *inferentiellen* Modellierungen; Aristoteles' Beschreibungen bleiben auf dem Status der metaphorischen Strukturierung stehen.

Doch ist dies nur die *eine* der systematischen Einschränkungen; die *zweite* zeigt sich an den nichtartefaktischen, gleichwohl technischen Metaphern, unter denen insbesondere die des οἶκος hervorragt. Denn ein οἶκος ist zwar ein Haushalt, jedoch in einem spezifisch vormodernen Sinne: Einerseits umfasst er – in einem gewissen Gegensatz zum bürgerlichen Haushalt – neben der Familie im generativ engeren Sinne auch das Bewirtschaftungspersonal einschließlich der verschiedensten Formen von Sklaven (Finley 1980, 1985). Andererseits – und das ist das entscheidende Moment – betrachtet Aristoteles Mittel nur *als solche.* Die daraus resultierende Bewertung der Verzweckung von Mitteln zeigt sich besonders deutlich an der – für Aristoteles wünschenswerten – Reduktion von Geld auf seinen *Mittelcharakter.* Denn indem dieses zum Zweck werde, ereignete sich etwas „gewalttätiges", die zugehörige Lebensform (die damit genau genommen keine ist) erscheint als *unnatürlich* im oben entwickelten Sinne: ὁ δὲ χρηματιστὴς βίαιός τίς ἐστιν, (*Nikomachische Ethik,* I, V, 8). Legt man nun diese Zweckzentrierung zugrunde, dann überrascht nicht, dass auch bei der Funktionsbeschreibung eines οἶκος als Hintergrund der Explikation natürlicher Verhältnisse, die Elemente der *Verteilung,* sowohl von Aufgaben, wie von Erträgen prävalieren: Dies sind aber vor allem „erhaltungswirtschaftliche" Handlungen. Da auch die Tätigkeiten, die in einem solchen Zusammenhang verrichtet werden, derselben Form gehorchen (was z. B. Arbeitsteilung keineswegs ausschließt), kommen die auf diese Weise beschriebenen Eigenschaften von „natürlichen" Gegenständen und ihre Relationen untereinander (!) eben auch nur wesentlich im *erhaltungstheoretischen* Sinne in den Blick. Lebendigseiende Körper sind damit sowohl in Bezug auf die horizontalen wie die vertikalen Aspekte des εἶδος (also mit Blick auf γένος zum einen, auf ὕλη zum anderen) „sich erhaltende" Körper. Das Moment ihres „Sichentwickelns" geht in dem „Sicherhalten" auf. Insofern dies zutrifft, können auch Abweichungen von dem so gesetzten Standard nur als „Fehler" *(latissimo sensu)* begriffen werden. Beide Einschränkungen werden gleichsam unbesehen übernommen, wenn ohne Reflexion der Beschreibungsmittel auf die aristotelische Darstellung lebendig seiender Körper referiert wird.

Erst jetzt – also auf der Grundlage der argumentativen Form von Technikvergleichen – kann auf das Problem des Verhältnisses von τέχνη und φύσις als μίμησις eingegangen werden. Und hier zeigt sich – unabhängig von dessen verbaler Bestimmung bei Aristoteles selber – ein wesentliches Moment, das auch dann ausgeblendet wird, wenn eine Als-ob-Form der Rede unterstellt wird (Wieland 1962, S. 257 ff.): Der Übergang von der *katachretischen* zur *systematischen* Redeform wird entweder gar nicht eigens reflektiert (was wiederum mit der fehlenden Reflexion der Mittelstruktur zusammenhängt), oder sie erfolgt direkt (s. oben). Sieht man nun aber auf die Mittel und ihre Strukturen als dem *methodischen* Kern des „Vergleiches", dann ließe sich μίμησις eine Konnotation abgewinnen, die eher auf das Vor- als das Abbildliche zielt, die also, bedingt durch die *Vorgriffsstruktur* der γνωριμώτερα, das *Maß* des Natürlichen mit Blick auf das Technische fixiert.[95]

---

[95]Im Grundsatz kann ein solches Moment des Vorbildlichen der μίμησις (allerdings ohne relevanten Technikbezug) in der Charakterisierung des Poeten gegenüber dem Historiker erblickt werden, denn von ersterem könnte man sagen, er halte die Wirklichkeit in das Licht des Möglichen.

Vom Mimetischen zum „als ob" 9

Der Sprung, den wir rezeptionsgeschichtlich vollziehen ist gewaltig – er ist aber, wie die Versuche Wielands anzeigten – sachlich gerechtfertigt, dann jedenfalls, wenn vermutet werden soll, dass die Zwecklichkeitsüberlegungen bei Aristoteles eine Art „Als-ob-Struktur" wiedergeben. Die These selber stehe dahin – wir haben ihr immerhin andeutend eine modelltheoretische an die Seite gestellt, die zumindest in der *explanatorischen* Strategie bei Aristoteles eine Begründung finden könnte.

Nun ist aber in einem zweiten Schritt zu sehen, ob das *kantische* Vorgehen seinerseits einen *methodisch* befriedigenden Weg eröffnet, die Zwecklichkeit nur oder doch wesentlich in der Form des Als-ob zu verstehen. Hierbei wäre zunächst auf die bei Kant entwickelte Differenz relativer und innerer Zweckmäßigkeit zu verweisen, die von Anfang an auf die Unterscheidung von Ursache und Wirkung bezogen wird. Daraus ergibt sich eine Abgrenzung der Naturforschung von der Mathematik, die es zwar mit „formaler" Zweckmäßigkeit zu tun habe, als solche aber nicht Naturstücke und mithin auch nicht Naturzwecke betrachte (Kant 1983a, S. 313). Die Betrachtung von etwas *als* Wirkung ist danach nur möglich, wenn dieses der „Kausalität ihrer Ursache" unterliegt – im Sinne der Bedingung ihrer (der Wirkung) Möglichkeit. Zwecke würden als Ursachen aufzufassen sein, in einem näher zu bestimmenden Sinne von etwas, das als Mittel zu verstehen wäre – im dann ebenfalls näher zu bestimmenden Sinne von *Wirkung:*

Dieses kann aber auf zweifache Weise geschehen: entweder indem wir die Wirkung unmittelbar als Kunstprodukt, oder nur als Material für die Kunst anderer möglicher Naturwesen, also entweder als Zweck, oder als Mittel zum zweckmäßigen Gebrauche anderer Ursachen, ansehen. Die letztere Zweckmäßigkeit heißt die Nutzbarkeit (für Menschen), oder auch Zuträglichkeit (für jedes andere Geschöpf), und ist bloß relativ; *indes* die erstere eine innere Zweckmäßigkeit des Naturwesens ist (Kant 1983a, S. 313).

© Springer Fachmedien Wiesbaden GmbH 2017
M. Gutmann, *Leben und Form,* Anthropologie – Technikphilosophie –
Gesellschaft, DOI 10.1007/978-3-658-17438-5_9

Dies scheint aber genau genommen auf *zwei* durchaus unterschiedliche Momente abzuzielen, deren Zusammenhang keinesfalls unmittelbar ersichtlich ist. Zum einen ist der Zusammenhang von Lebensformen untereinander und zu ihren Umgebungsbedingungen relevant, was mit zeitgenössischen physikotheologischen Ansätzen verbunden werden kann, nämlich mit Blick darauf, dass etwas „für den Menschen" einen Zweck erfüllt, nützlich ist oder zuträglich. Die *menschliche* Weise der Zuträglichkeit[1] wäre die Zweckmäßigkeit in einem technischen Sinne, der Sachverhalt, dass etwas zu bestimmten Zwecken genutzt werden kann. Zum anderen aber ist das Verhältnis der Teile eines „organischen" Körpers untereinander wie zu diesem selbst als eines zweckmäßigen bestimmt – was einerseits *pleonastisch* erscheinen möchte, denn ein σῶμα ὀργανίκόν ist nichts anderes als ein zweckmäßiges Gebilde (s. Kap. 8), was andererseits aber in genauer Weise von der ersten Form der Rede differiert.

Beginnen wir mit dem ersten Aspekt, dann stellt sich sogleich die Frage, *was* genau eigentlich das Zweckmäßige sein soll: *dass* Verlandungen stattfinden, die im Resultat zur Verbesserung der Anbaumöglichkeiten führen, kann nicht bestritten werden – unabhängig von der „Bilanzierung" gegen den Verlust der nämlichen Fläche für die „Meergeschöpfe" (Kant 1983a, S. 313 f.). *Ob* aber daraus *allein* schon mehr folgt als die Möglichkeit der Nutzung – und mithin der Zweckmäßigkeit –, ist keineswegs klar, etwa mit Blick auf die Versalzung gerade dieser neuen Flächen. Die weiteren – auf nichtmenschliche Lebewesen bezogenen – Beispiele sind von ähnlicher Struktur, denn *dass* Sand möglicherweise das Wachstum von Fichten befördert (vielleicht zugleich jenes von Buchen nicht), erscheint eher als Bedingung (in diesem Fall als günstige) denn als Zweckmäßigkeit – wie, könnte man ergänzen, das Vorhandensein von Vögeln so verstanden werden kann, dass diese gefressene und unverdaute Pflanzensamen ausscheiden, damit verbreiten und mittels beigefügtem Stickstoff das Auskeimen befördern. Die relative Zweckmäßigkeit kann jedenfalls auch in dieser Form nicht einfach auf das Verhältnis von Ursache und Wirkung gebracht werden, was sich aus der hypothetischen Darstellung ergibt:

> (…) wenn einmal Rindvieh, Schafe, Pferde u.s.w. in der Welt sein sollten, so mußte Gras auf Erden, aber es mußten auch Salzkräuter in Sandwüsten wachsen, wenn Kamele gedeihen sollten, oder auch diese und andere grasfressende Tierarten in Menge anzutreffen sein, wenn es Wölfe, Tiger und Löwen geben sollte (Kant 1983a, S. 314).

Diese Darstellung lässt zwar *Bedingungen* (und vermutlich notwendige) erkennbar werden, aber eben keine Ursachen. Die Zufälligkeit des Zweckmäßigen in dieser

---

[1]Also das οὗ ἕνεκά τινι bei Aristoteles; s. Kullmann (1979) und Kap. 8.

Form ergibt sich z. B. nur dann und nur insofern, *als* diese Tiere jenes Kraut als Nahrungsmittel *nutzen*. Dies ist vereinbar mit der These, dass Kräuter einerseits *lediglich* Mittel zum Zweck der Ernährung, andererseits – als solche, also *an sich* – „kunstreiche Gebilde" seien. Davon aber, so die These, werde im Sinne der *relativen* Zweckmäßigkeitsbetrachtung gerade *abgesehen*. Es könnte also scheinen, dass mit den beiden Alternativen (relative und absolute oder innere Zweckmäßigkeit) das Gesamt der Optionen gegeben ist. Dabei bliebe das Verhältnis beider aber immer noch unterbestimmt, denn auch der Verweis auf die obszönen Aspekte der Zierzucht verlässt den Rahmen der relativen Zweckmäßigkeitsbetrachtung nicht (Kant 1983a, S. 315).[2] Unter dieser Bedingung kann einerseits die (oben schematisch als physikotheologisch bezeichnete) These vom „absoluten teleologischen Urteile" (Kant 1983a, S. 315) abgewiesen werden. Es ergibt sich dann aber *andererseits* die Notwendigkeit, eine Differenz einzuführen in der Form, in der die Gegenstände vorliegen, welchen absolute Zweckmäßigkeit eigne, gegenüber jenen, für die diese nicht gelte:

> Ich würde vorläufig sagen: ein Ding existiert als Naturzweck, wenn es von sich selbst *(obgleich in zweifachem Sinne)* Ursache und Wirkung ist; denn hierin liegt eine Kausalität, dergleichen mit dem bloßen Begriff einer Natur, ohne ihr einen Zweck unterzulegen, nicht verbunden, aber auch alsdann, zwar ohne Widerspruch, gedacht, aber nicht begriffen werden kann (Kant 1983a, S. 318).

Die besondere Form der Kausalität, um welche es nun zu tun ist, lässt sich von der „physikalischen" abgrenzen, sodass die innere Zweckmäßigkeit ein *eigenes* Ursache-Wirkungs-Verhältnis zu etablieren gestattete, was uns auf den zweiten der oben angeführten Aspekte, der inneren Zweckmäßigkeit, führt.

9.1 Kategorial verschiedene Formen der Kausalität

Beiden Betrachtungen ist gemeinsam, dass sie sich auf unterschiedliche Weise auf dieselbe *kategoriale* Form beziehen – die Zweck-Mittel-Bestimmung. Im Falle der relativen Zweckmäßigkeit ist die Wechselbestimmung an einen Existenzsatz gebunden, der das Vorhandensein als Teil eines hypothetischen Urteils auffasst (also etwa, „wenn Kamele, dann Salzkräuter", und „es finden sich Kamele"). Das Mittel selbst, wie der Zweck, ist relativ, und es kann invariant

---

[2]Es wäre dann lediglich strittig, welche (relative) Zwecke und mithin *welche* Bedürfnisse zugelassen werden.

zum „Nahrung-für-A-Sein", z. B. über (Salz-)Kräuter gesprochen werden, sodass das Urteil *der Form nach* richtig bleibt, auch wenn einzelne Einsetzungen nicht zutreffen. Zugleich kann das als Zweck angesprochene selbst zum Mittel werden (etwa mit Blick auf Carnivoren) *et vice versa*. Nach Kants Analyse wäre damit der Übergang zu einer Aussage über die innere Zweckmäßigkeit *nicht* möglich. Verstehen wir unter letzterer den spezifischen Zusammenhang der Teile dieses Gegenstandes, dann wäre dieser bekanntermaßen wie folgt definiert:

1. „(…) daß die Teile (ihrem Dasein und *der* Form nach) nur durch ihre Beziehung auf das Ganze möglich sind" (Kant 1983a, S. 320). Dies wäre noch kein *hinreichendes* Kriterium und träfe auch auf Kunstgegenstände im engeren Sinne zu. Daher käme als zweites Moment hinzu,
2. „(…) daß die Teile desselben sich dadurch zur Einheit eines Ganzen verbinden, daß sie von einander wechselseitig Ursache und Wirkung ihrer Form sind" (Kant 1983a, S. 321). Dabei herrsche eine besondere Kausalität, die zur „wechselseitigen" *Hervorbringung* des Ganzen und seiner Teile führe.

Ersichtlich ist damit aber nicht *dasselbe* angesprochen, wie im Falle der relativen Zweckmäßigkeit – es geht ja hier nicht um *Bedingungen,* welche die Existenz eines Wesens fördern und als solche bestimmt werden können, nach Maßgabe eben jener Existenz, sondern vielmehr um deren *Hervorbringung.* Diese Besonderheit, die Kant auf die Formulierung der Selbsthervorbringung als Selbstorganisation und -organisiertheit führt, wird noch unterstrichen durch den Verweis auf die Zahnräder einer Uhr, woraus auf die bildende Kraft geschlossen wird, neben der nur bewegenden:

> Ein organisiertes Wesen ist also nicht bloß Maschine: denn die hat lediglich bewegende Kraft; sondern *sie* besitzt in sich bildende Kraft, und zwar eine solche, die *sie* den Materien mitteilt, welche sie nicht haben (sie organisiert): also eine sich fortpflanzende bildende Kraft, welche durch das Bewegungsvermögen allein (den Mechanism) nicht erklärt werden kann (Kant 1983a, S. 322).

Der Maschinencharakter[3] von Lebewesen steht durchaus nicht (notwendig) infrage – lediglich die *Form* der Kräfte differiert. Die Unterscheidung des Modus

---

[3]Dieser kommt natürlich durch das „sie" besser zutage als durch die Variante des „es". Gleichwohl handelt es dich in beiden Fällen nicht um einen ausschließenden Gegensatz zwischen Maschine und „organisiertem Wesen" – denn diese wäre auch im kantischen Sinne organisiert –, sondern um eine Entgegensetzung von *„bloß"* und *„nicht-*bloß" Maschine.

der Hervorbringung eines künstlichen Gegenstandes von seiner Funktionsweise scheint für solche Gegenstände gelten zu können – oder zu sollen –, die im engeren Sinne als Naturzwecke anzusprechen sind. Deren *Intelligiblität* ist gleichwohl sichergestellt – durch ihren Maschinencharakter: Daraus folgt aber nicht die nur „analogische" Behandlung von Natur – in Bezug auf den Künstler; denn deren „innere Naturvollkommenheit" gestatte es sehr wohl, ihnen eine eigene Kausalität zuzusprechen (Kant 1983a, S. 323). Es ergibt sich die bekannte Darstellung im „Begriff eines Dinges, als an sich Naturzweck" als *regulativer* Begriff und damit zugleich eine Auflösung der Antinomie der teleologischen Urteilskraft.

9.2 Naturzwecke

Um die Stärke der These zu ermitteln, versuchen wir sie der Form nach zu verschärfen. Wir sind danach mit zwei Sorten von Gegenständen konfrontiert, Kunst- und Naturgegenständen. Für Naturgegenstände gilt nun, dass die Art ihrer Nutzung (wir könnten hier schon von Funktion sprechen, wollen das aber vermeiden) in keinem *direkten*, jedenfalls in keinem *kausalen* Verhältnis steht zur Art ihrer Hervorbringung. Wir können Zahnräder aus Metallfolien stanzen, sie mittels Fräse und Schleifbohrer aus einem Metallrohr gewinnen oder gießen – ohne damit die Optionen erschöpft zu haben. Diese lassen sich allesamt für Apparate unterschiedlichster Form einsetzen, Rechenmaschinen, Uhren, Getriebe etc., woraus immerhin *Anforderungen* bestimmt werden können, die sich z. B. aus der Nutzung der Zahnräder bei der Krafttransmission ergeben, für welche die eine oder andere Herstellung vorzuziehen sein mag; man denke exemplarisch an die Feststellung, dass mittels A die Zahnräder mit der geforderten Eigenschaft besser oder einfach billiger herzustellen seien als mittels B. *Dieses* Verhältnis ist aber – so der zweite Teil der These – bei Naturgegenständen der betrachteten Art anders. Hier soll es gerade eine *notwendige* Beziehung zwischen der Form der *Nutzung* von Teilen eines Gegenstandes mit der *Herstellung* dieses Gegenstandes geben. Kant verweist darauf in dem dritten „Beispiel", das er zur „Bestimmung dieser Idee von einem Naturzweck" anführt:

> Drittens erzeugt ein Teil dieses Geschöpfs auch sich selbst so: daß die Erhaltung des einen von der Erhaltung der andern wechselweise abhängt. Das Auge an einem Baumblatt, dem Zweig eines andern eingeimpft, bringt an einem fremdartigen Stocke ein Gewächs von seiner eigenen Art hervor, und eben so das *Pfropfreis* auf einem andern Stamme. Daher kann man auch an demselben Baume jeden Zweig oder Blatt als bloß auf diesem gepfropft oder okuliert, mithin als einen für

sich selbst bestehenden Baum, der sich nur an einen andern anhängt und parasitisch nährt, ansehen. Zugleich sind die Blätter zwar Produkte des Baums, erhalten aber diesen doch auch gegenseitig; denn die wiederholte Entblätterung würde ihn töten, und sein Wachstum hängt von ihrer Wirkung auf den Stamm ab (Kant 1983a, S. 319).

Die Darstellung erfolgt nicht ganz zufällig an vegetabilen Formen, denn für diese mag die gegebene Beschreibung eine gewisse Plausibilität besitzen: Immerhin bringt eine blattartige Struktur – etwa das Keimblatt – eine Pflanze hervor, die ihrerseits wieder in Blättern organisiert ist, die dann u. a. auch wieder Samen hervorbringen, der seinerseits wieder Keimblätter hervorbringt.[4] Dies wirft allerdings das *methodische* Problem[5] auf, inwieweit hier noch sinnvoll zwischen Mittel – dem schon ausgebildeten Organ, also Blatt – und Zweck – dem noch auszubildenden Organ, etwa Wurzel – unterschieden werden kann. Denn zugleich wäre damit die begriffliche Fassung der Naturzwecke selber bedroht, da ja nun Teile eines Lebewesens (Baum) ausmachen wären, die gerade *unabhängig* von der vermittelnden Gesamtheit nicht nur sich *erhielten*, sondern die Gesamtheit *hervorbrächten*.

Dies bedeutet, dass *vor* der Ausbildung von Organen schon eine *Bestimmung* zu Organen existierte, die deren Entstehungsmöglichkeit betrifft, *ohne* dass *dafür* ein wechselseitiges Zweck-Mittel-Verhältnis angenommen werden *kann*. Der im aristotelischen Argument immerhin denkbare Verweis auf das Vorliegen von Möglichkeiten, kann hier kaum in Anspruch genommen werden, denn dann müsste ein Begriff potenzieller Kräfte entwickelt werden – unabhängig ob diese bildender oder nur bewegender Natur wären. Selbst dieser Zug löste das Problem *ihrer Entstehung* im engeren Sinne nicht, sondern adressiert nur eine dieser zuvor liegende Bestimmung, die nicht auf *dieselbe Weise* hervorgebracht werden kann.[6]

---

[4]Goethe (1988) hat eine solche Orientierung am Blatt zur Grundlage seiner Morphologie gemacht; auch erfolgt die Benennung tierlicher Keimblätter (sic) nicht ganz zufällig (s. Jahn 1990).

[5]Cheung (2009) gibt eine mögliche Antwort auf die Frage nach der Auswahl dieses Modellorganismus durch Kant im Lichte der zeitgenössischen naturhistorischen Debatte; damit bleiben aber die resultierenden methodischen Probleme offen, die uns hier interessieren.

[6]Zu den das zeitgenössische Naturverständnis prägenden Konzepten Buffons und Bonnets s. Jahn (1990), Cheung (2009). Dabei kann aber – so unsere These – *methodisch* abgesehen werden von der Frage, ob präformistisch von dem Vorliegen des Organismus als solchen ausgegangen wird, oder nur von der Bestimmung zu den ihn jeweils ausmachenden Strukturen und deren Verhältnisse, die sich epigenetisch herausbilden!

Der Anspruch der Darstellung von Naturzwecken ist einerseits allgemeiner – denn sie soll ja, wiewohl am Baum entwickelt, ein Beispiel für den Naturzweckcharakter und mithin die innere Zweckmäßigkeit im Allgemeinen sein. Andererseits ist diese Darstellung schon für den Baum nicht restlos klar, denn zwar bringt die iterierte Abtötung der Blätter den Baum wohl um – wie auch die der Wurzeln etc. Andererseits ist es nicht das Blatt, das die Wurzeln oder die Stängel *hervorbringt,* oder die Wurzel das Blatt oder den Stängel etc.; möglich wäre es immerhin, davon zu sprechen, dass z. B. *am* Blatt eine Wurzel etc. hervorgebracht würde – soweit dies empirisch zutrifft. Doch scheint die stärkere Formulierung für das kantische Argument erforderlich, wenn die Zweckmäßigkeit als organische gerade *darin bestünde,* dass die Teile eines Lebewesens sich gegenseitig Zweck und Mittel *ihrer Hervorbringung* sind. Nun ist die Rede von „Hervorbringung" notorisch unterbestimmt und sie kann auf mehrere Weisen verstanden werden, von denen Kant zwei für die Bestimmung der Naturzwecke nutzt. Die erste finden wir im zweiten Beispiel, das auf das Moment der Erzeugung des Individuums „durch sich selbst" abzielt:

> Zweitens erzeugt ein Baum sich auch selbst als Individuum. Diese Art der Wirkung nennen wir zwar nur das Wachstum; aber *dieses* ist in solchem Sinne zu nehmen, daß *es* von jeder andern Größenzunahme nach mechanischen Gesetzen gänzlich unterschieden, und einer Zeugung, wiewohl unter einem andern Namen, gleich zu achten ist (Kant 1983a, S. 318).

Die Selbsterzeugung ist als eine solche formuliert, welche die Assimilation äußerer Edukte so vornimmt, dass sie *für* das organisierte Gebilde nutzbar werden, und zwar für einen Vorgang, der nicht auf Größenzunahme und auf bloße Integration des Äußeren in das Innere reduzierbar wäre. Lassen wir dies auf sich beruhen (wir kommen auf das Problem der „zwei Chemien" zurück, s. Kap. 10), so erläutert dies zwar die Art und Weise, in der die Assimilation von z. B. nichtorganischen Stoffen in Stoffe zu verstehen sein soll, die innerhalb eines Organismus eine definierte Rolle spielen. Es handelt sich damit aber gerade nicht um eine *Erzeugung* nach Maßgabe der Zweck-Mittel-Relationen der Teile untereinander, sondern lediglich des Ganzen in Bezug auf die Umgebung – also z. B. die „Ernährung", die ja wesentlich eine des Lebewesens als Ganzes ist, und nicht seines Magens oder hier seiner Blätter und Wurzeln. Immerhin können wir diese Rede vom Hervorbringen auf die erste Betrachtung der Hervorbringung durch Zweck und Mittel (vermittels des Ganzen) beziehen, *wenn* wir konzedieren, dass dieses vermittelte Ganze schon *vorliegt* –, also ein Baum oder auch ein Keimblatt, bei denen die Ernährung in dem Vorgang der Assimilation besteht – hier übrigens wörtlich. Diese zweite Form der Hervorbringung wird durch das erste Beispiel vorgestellt:

> Ein Baum zeugt erstlich einen andern Baum nach einem bekannten Naturgesetze.
> Der Baum aber, den er erzeugt, ist von derselben Gattung; und so erzeugt er sich
> selbst der Gattung nach, in der er, einerseits als Wirkung, andrerseits als Ursache,
> von sich selbst unaufhörlich hervorgebracht, und eben so, sich selbst oft hervorbrin-
> gend, sich, als Gattung, beständig erhält (Kant 1983a, S. 318).

Lassen wir im Moment die Frage außer Acht, in welchem Sinne „sich" die Gattung in der Hervorbringung einzelner Bäume *erhält*, dann kann zumindest *ein* Hervorbringen *eines* Baumes durch *einen* Baum konstatiert werden, was zum alten Satz des ἄνθρωπος γὰρ ἄνθρωπον γεννᾷ (*Physik*, 194 b 13) zurückführt. Zumindest *scheint* dies so, da sich die kantische Darstellung bei genauerer Betrachtung keineswegs als klar erweist, und dies hängt mit der Verwendung des Baums als Modell für das zusammen, was im Weiteren als Naturzweck zu gelten habe. Denn an diesem soll ja vor allem erläutert werden, in welcher Weise der Baum „sich selbst" hervorbringe oder erhalte, und dabei fällt ins Auge, dass der Referent des Ausdrucks Baum eigentümlich unbestimmt bleibt.

Nehmen wir zunächst die zweite Form, die wesentlich auf die Assimilation abzielt, dann wird von „diesem Baum da" wie von „einem Baum" gleichermaßen gesagt werden können, er erhalte „sich selbst", indem er externe Materialien als Edukte hinzunehme und sie assimiliere. Diese „identische Reproduktion" wird durch die dritte Form ergänzt, in der es um nichterweiterte nichtidentische Reproduktion zu tun ist. Und hier treten grundlegende Probleme mit dem gewählten Modellorganismus auf: Zwar kann gesagt werden, dass regelmäßig „Teile" eines Baums, verpflanzt, selbstständig einen weiteren Baum hervorbringen; ob dies durch „Blätter" geschehen kann, sei dahingestellt. Es scheiden aber sicher große Teile des Baums aus, wie z. B. des Stamms unterhalb einer gewissen Größe etc. Sie mögen dann die fehlenden Teile ausbilden, wie Wurzeln etc., was sich immerhin als „vegetative Fortpflanzung" darstellen lässt, die übrigens auch im Tierreich begegnet. Doch ist *diese* Form der Reproduktion keine *Individualentwicklung* im engeren Sinne – man könnte zu Recht von Klonierung reden. Nicht in den Blick kommt damit die Transformation von Keimstadien bis hin zum neuen fertilen Adultum. Hier könnte ebenfalls gesagt werden, dass das von „diesem Baum" Gesagte für „einen Baum" gilt; genau genommen gilt aber auch dies nur in der vorgestellten Form, denn die aus *nichtvegetativer* Vermehrung stammende Entwicklung des Individuums ist nicht erfasst.

Noch deutlicher wird die Abweichung im ersten Fall, der zunächst nach dem klassischen Konzept der nichterweiterten nichtidentischen Reproduktion aussieht. Da zunächst nur von „einem Baum" die Rede ist, ergibt sich kein Unterschied zum dritten Fall: Gesetzt nämlich, Bäume sind Exemplare einer

Gattung (wir nehmen den Ausdruck allgemeiner, nicht im streng biologischen Sinne, sondern lediglich als „eines von dieser Sorte"), dann wäre die Reproduktion des Individuums immer sogleich schon identisch mit der der Gattung. Für die *geschlechtliche* Fortpflanzung gilt dies allerdings nicht mehr notwendig, und damit ist der Referent von „Baum" in einer weiteren Hinsicht unterbestimmt: Denn nun kann gerade nicht mehr gesagt werden, dass „sich" der Baum aus einem Samen hervorbringe, weil *dieser* vor der Befruchtung gar nicht existierte – und eben nicht dem Baum entstammte, der „sich" hervorbringe. Tatsächlich erscheint die Auswahl des Modellorganismus als durch die zu verteidigende These begründet, denn die Selbsthervorbringung hätte andernfalls einen zweiten Referenten – das „Sich" wäre ein Doppeltes, sodass auch „Selbstorganisation" eine doppelte Bedeutung annähme (wir werden deren begriffliche Struktur weiter unten analysieren, s. Kap. 12).

9.3   Der Naturzweck als Form des Seins

Die bisherige Darstellung erläutert zumindest in gewisser Hinsicht, *dass* Naturzwecke besondere Wesen sind, denn sie lassen sich durch die *Art* ihrer Hervorbringung *generisch* erklären – zumindest gilt dies, wie gesehen, in der Differenz zur bloßen Maschine. Allerdings ist diese Erklärung eigentümlich unabhängig von der Art und Weise, in der Lebewesen als Organismen strukturiert sein sollen – die These bestand ja gerade darin, dass sie „sich" durch Interaktion ihrer Teile so hervorbringen, dass diese *gegenseitig* Mittel und Zwecke seien. Wird aber auf den generischen Aspekt Bezug genommen, dann scheint zunächst das dritte Charakteristikum nicht zu gelten, denn die Teile verbinden „sich" ja gerade nicht *dadurch* zu einem Ganzen, dass sie sich wechselseitig Ursache und Wirkung „ihrer Form" wären – sondern sie treten in einem Vorgang auf, der seinen Anfang in einem anderen Wesen hat. Das erste Kriterium ist – nimmt man das Beispiel des Baums wirklich ernst – ebenfalls nicht trennscharf, denn gerade Teile von Pflanzen sind häufig (!) außerhalb des Ganzen, dem sie entstammen, nicht nur lebensfähig – sie vermögen vielmehr gelegentlich den gesamten generativen Zyklus der Lebensform hervorzubringen (wie Kant selber feststellt).

Die Rede von der inneren Zweckmäßigkeit folgt also – dies ein erstes Resultat unserer Betrachtung – weder aus den beiden ersten Naturgesetzen, die für das Lebendige gelten, noch erlaubt das dritte Gesetz eine Bestimmung jener Kausalität, die das Lebendige als Sich-Bildendes vom Nichtlebendigen unterscheiden soll. Das „Sich-Hervorbringen" einzelner Lebewesen – einmal als assimilativer

Vorgang etwa der Ernährung, einmal als generativer Vorgang im Rahmen der Individualentwicklung – ist vielmehr sagbar, ohne dass die Rede von Zweck und Mittel notwendig wäre. Doch auch das, was durch die Rede von der inneren Zweckmäßigkeit gesagt sein soll, die Bestimmung des besonderen Verhältnisses von Teilen eines Lebewesens als gegenseitig Zweck und Mittel, kann vermieden werden. Denn es lässt sich sagen, dass z. B. Blätter einen Beitrag zur Herausbildung der Wurzeln leisten *et vice versa,* ohne dass damit das eine als *Mittel* des anderen bestimmt wäre.

Die Beschreibungen, die den drei Gesetzen zugrunde liegen, sind im ersten Schritt unabhängig von der Nutzung der Ausdrücke Zweck und Mittel – das Umgekehrte dürfte hingegen nicht der Fall sein. Darin tritt eine Differenz mit aller Schärfe auf, die Kant durch die Nutzung des Baums als Modellorganismus zumindest nivelliert: Es kann sich ja bei Lebewesen ebenfalls um Maschinen handeln – nur eben um solche einer besonderen Form, bei denen auch „bildende" Kräfte auftreten. Wir hätten es also in diesem Fall mit einer Maschine zu tun, die *expressis verbis* „sich selber" hervorbrächte – im Gegensatz zu anderen Maschinen (wir werden diesen Gedanken in Kap. 11 und 13 wieder aufnehmen). Mit dem Auseinandertreten der Referenten des Reflexivs und der Vermeidung der zwecklichen Rede im Zusammenhang der Hervorbringung, ist aber diese *Identität* methodisch zum Problem geworden. Gleichwohl ermöglicht die Nutzung der Rede von Zweck und Mittel eine *Beschreibung* von Lebewesen einerseits, des Verhältnisses ihrer Teile andererseits, die Lebewesen und ihre Teile auf eine besondere Weise thematisiert.

9.4   Lebendigsein als gegenständliche Bestimmung

Diese Thematisierungsform ist uns schon bekannt, denn es handelt sich um eine solche mittels modifizierender und determinierender Rede (s. Kap. 6). Schon die – identifizierende – Rede vom Naturzweck, im Sinne von „x ist Naturzweck", operiert zunächst mit dem einsinnigen Moment von Zwecken, insofern sie Akteuren zugesprochen werden können. Daran lässt sich – wie zuvor am handwerklichen bezüglich des denkenden Hervorbringens – eine Klärung des Ausdrucks Naturzweck vornehmen. Eine solche Klärung beginnt schon mit der Rede vom Produkt – das als ein Hervorgebrachtes eine gewisse Nähe zu gerade jener Form der Hervorbringung hat, die damit *nicht* gemeint ist.

Insofern besteht auch bei Kant die Absicht vornehmlich in der *Differenzbildung,* die sich in der Gegenüberstellung von Kunst- und Naturprodukt zeigt.

Das „Ist-wie-ein" referiert weiter auf „künstliche" Zweck-Mittel-Verhältnisse und erlaubt auf diese Weise eine nähere *kriterielle* Bestimmung des besonderen Seins eines Naturzwecks. Zugleich aber wird die modifizierende Bestimmung auch genutzt um – *rücksichtlich* vergegenwärtigend – die Differenzen zum einsinnigen Anfang herzustellen, was im Falle des Naturzwecks zur Abgrenzung von jener Zwecklichkeit führt, die den explikativen Anfang bildete. Wir kennen nun das Besondere der Naturzwecke – im Gegensatz zu Akteurszwecken, deren wir uns dennoch explikativ bedienten – und *diese* Differenz wird scharf pointiert, denn *zum einen* zeigt sich die Zwecklichkeit der Mittelverhältnisse mit Bezug auf das Ganze im Vergleich (was ja auch für künstliche Werkzeuge gelte):

> (…) sondern als ein die andern Teile (folglich jeder den andern wechselseitig) hervorbringendes Organ, dergleichen kein Werkzeug der Kunst, sondern nur der allen Stoff zu Werkzeugen (selbst denen der Kunst) liefernden Natur sein kann: und nur dann und darum wird ein solches Produkt, als organisiertes und sich selbst organisierendes Wesen, ein Naturzweck genannt werden können (Kant 1983a, S. 321 f.).

Dieselbe begriffliche Bewegung wird auch in der erläuternden Fußnote aufgenommen, in welcher der Hinweis auf die Möglichkeit der Nutzung des Ausdruckes „Organisation" für Unbelebtes erfolgt:

> Man kann umgekehrt einer gewissen Verbindung, die aber auch mehr in der Idee als in der Wirklichkeit angetroffen wird, durch eine Analogie mit den genannten unmittelbaren Naturzwecken Licht geben. So hat man sich, bei einer neuerlich unternommenen gänzlichen Umbildung eines großen Volks zu einem Staat, des Worts Organisation häufig für Einrichtung der Magistraturen u.s.w und selbst des ganzen Staatskörpers sehr schicklich bedient. Denn jedes Glied soll freilich in einem solchen Ganzen nicht bloß Mittel, sondern zugleich auch Zweck, und, indem es zu der Möglichkeit des Ganzen mitwirkt, durch die Idee des Ganzen wiederum, seiner Stelle und Funktion nach bestimmt sein (Kant 1983a, S. 323).

Hier erscheint aber *zum anderen umgekehrt* als *Explikat* das Artefakt, während der Naturzweck das *Explikans* bildet. Dies ist allerdings erst dann sinnvoll möglich, nachdem (!) wir schon wissen, worin das Naturzwecksein besteht. Tatsächlich wäre diese Analogie auch auf der Grundlage des Werkzeugvergleiches alleine möglich gewesen; besonders reizvoll wirkt die Umkehr aber wegen des Bezugs auf den Körper, welcher einerseits stärker als der Zweck zum Mittel eine gewisse Geschlossenheit vermittelt, andererseits eben dadurch das Moment der

Rückbezüglichkeit betont.[7] Die Rede von der staatlichen Organisation als *explikativer* Hintergrund bringt für die weitere Erläuterung des Naturzweckes insofern ein neues Element ins Spiel, als wir an einem so gegliederten Körper den Zusammenhang seiner Glieder und Gliederungen als *Simulakrum* dessen vorgeführt bekommen, was für ein anderes σῶμα ὀργανίκόν ebenfalls gilt, nämlich für ein belebtes. Dieser Vergleich erlaubt in eins die kriterielle Verschärfung (Magistrate, Zusammenstimmen etc.) wie die Differenzbildung.

9.5   Die Differenz der Zwecke

Auf diesem Stand der Darstellung sind wir nun in der Lage, die Differenz zur äußeren Zweckmäßigkeit herauszustellen. Denn im Falle der inneren gilt die *Vollständigkeit* der Zweck-Mittel-Struktur für Kant als sicher, hier eine aristotelische Pathosformel aufnehmend (s. oben):

> Dieses Prinzip, zugleich die Definition derselben, heißt: Ein organisiertes Produkt der Natur ist das, in welchem alles Zweck und wechselseitig auch Mittel ist. Nichts in ihm ist umsonst, zwecklos, oder einem blinden Naturmechanism zuzuschreiben (Kant 1983a, S. 324).

Diese Definition des Naturzwecks beinhaltet zwei relevante Aspekte, einerseits die Unterstellung einer vollständigen Zwecklichkeit des als Naturzweck angesprochenen Gegenstandes, andererseits die Kontraposition zum Naturmechanismus (!). Beginnen wir mit dem *zweiten* Aspekt, dann liegt im Mechanismus also einerseits *keine* Zwecklichkeit; es ist eine Rede, die für „bloße Kausalverhältnisse" genutzt werden kann und damit auch für die Physik passte. Andererseits ist das Gegenstück das bloß *Zufällige,* welches seinerseits für beide als ein Referenz fungiert.[8]

---

[7]Dies unterstreicht, dass es sich nicht um sprachhistorische Zufälle handelt, womit dann nämlich zunächst geklärt werden müsste, *welche* Verwendung den *historischen* Primat zu beanspruchen hätte. Vielmehr liegt ein *systematischer* Primat vor, der einerseits im Anfangsproblem begründet ist, andererseits damit auf die γνωριμώτερα-Struktur verweist. Denn weder „Staat" noch „Naturzweck" erscheinen als sinnlich bestimmte und damit z. B. exemplarisch einführbare Gegenstände. Hingegen dürfte das für eine in der Form ihrer auf der *Agora* versammelten *Polis* ebenso gelten wie für eine Dampfmaschine.

[8]Damit aktiviert Kant an dieser Stelle nicht den – immerhin möglichen – Bezug auf menschliches Tun, der in der μηχἄνή liegt (und zwar nicht nur im Sinne von Belagerungsgerät). Für eine solche Explikation kann auf die *truncated persons* als einer Art Protokausalprinzip verwiesen werden (Sellars 1963).

Der *erste* Aspekt ist ein seit je bekannter Begleiter der zweckorientierten Argumentation im Reiche der Natur. Es handelt sich dabei allerdings ebenso wenig wie bei „Mechanismus", „Organisation" oder „Naturzweck" um einen Beobachtungssachverhalt, sondern vielmehr um eine Art Metaregel (jene der Unabschließbarkeit der funktionellen Eindeutung nämlich), deren methodischer Status aber erst *nach* modelltheoretischer Explikation deutlich werden kann (s. Kap. 11). Verfolgen wir daher zunächst das Verhältnis von äußerer und innerer Zweckmäßigkeit weiter, so wäre für die äußere festzuhalten, dass sie sich aus der *Form* des Umgangs mit Lebewesen ergibt, der etwa von Züchtung, Kultivierung Haltung etc. her vertraut ist. In diesen *praktischen* Kontexten lassen sich auch jene Bestimmungen von „lebendig" einholen, die Kant zwar der Betrachtung von Lebewesen in der Terminologie von Zweck und Mittel zugrunde legt, die sich aber von dieser in genauer Hinsicht als unabhängig erwiesen. Denn *dass* Lebewesen sich ernähren, sich gelegentlich bewegen, zu Sinnlichkeit und anderem in der Lage sind und schließlich, *dass* sich Lebewesen von Lebewesen herschreiben, kann gewusst werden, *ohne* dass auf die These von der Struktur des Körpers als eines Zweck-Mittel-Förmigen referiert wird. Das Umgekehrte gilt aber nicht, und damit lässt sich das Verhältnis von relativer und absoluter Zweckmäßigkeit wiederum als eine doppelläufige modale Bestimmung verstehen.

Nun könnte diese Bestimmung der Asymmetrie in gewisser Hinsicht unserer Analyse der Doppelläufigkeit des Sinnes eigentlicher Metaphern geradezu widersprechen: Dort war es ja insbesondere die *rücksichtliche* Vergegenwärtigung, die, als wesentliche Leistung dieser Metaphern angesprochen, abzielte auf die gegenseitige Bestimmung der in Rede stehenden Gegenstände. Betrachten wir den gesamten Argumentlauf, dann können wir aber ein solches Moment auch in der kantischen Konstruktion *möglicher* Gegenstände lebenswissenschaftlicher Betrachtung entdecken – eine Entdeckung, die uns zugleich erlaubt, abschließend das Verhältnis von innerer und äußerer Zweckmäßigkeit systematisch zu entfalten.

Bemerkenswerterweise beginnt Kant mit dem Nachweis, dass die äußere Zweckmäßigkeit nicht dasjenige sei, was Naturzwecke als solche bestimmt. Die Erläuterung derselben erfolgt – wie wir oben festgestellt hatten – in einer Form, die heute am leichtesten mit ökologischen Überlegungen in Einklang zu bringen ist, während die Züchtung im Wesentlichen in Form der Zierzucht und die Kultivierung etwa im Rahmen der Pfropfung angesprochen ist. Eine Ordnung im engeren Sinne ist hier nicht erkennbar; gleichwohl erfolgt die Bestimmung äußerer Zweckmäßigkeit in einer Weise, die uns die Rekonstruktion erlaubte, von der „Begünstigung" eines Vermögens oder einer Eigenschaft von Lebewesen sprechen zu können. Doch evoziert dies sogleich die Frage nach der *Herkunft* dieses Wissens, deren Beantwortung wohl auf nichts anderes wird führen können, als auf den tätigen Umgang mit Lebewesen – zu welchen ja zu Kants Zeiten auch schon Pflanzen gehörten. Danach ließe sich feststellen, *wie* gewisse Pflanzen auf Zufügung gewisser Stoffe reagieren, *wie* auf die Variation anderer Umgebungsbedingungen, Substrate etc. – dies sind alles Bestimmungen, auf die Kant selber verweist, deren epistemische Relevanz er aber nicht entwickelt. Wissen wir dies nämlich, so können wir es auch von Pflanzen unter „natürlichen" Bedingungen wissen. Ein Nämliches wird für den Umgang mit Tieren in Haltung, Hälterung, Züchtung und Kultivierung gelten (dazu Kap. 11).

Hier ist zunächst nur entscheidend, dass wir die als ökologisch bezeichnete Darstellung jederzeit übersetzen können mit Blick auf ein explizites Handlungswissen; dies war, wie erinnerlich, schon für Aristoteles eine wesentliche *Quelle* für die Bestimmung lebendiger Gestalten, die von ihm auch für deren wissenschaftliche Behandlung genutzt wurde. Setzen wir dies an, dann ist damit eine Wissensbasis freigelegt, die einerseits den Umgang mit Lebewesen verschiedener Form zum Gegenstand hat, die aber andererseits noch nicht auf die Strukturierung von deren Körpern als Zweck-Mittel-Zusammenhänge *angewiesen* ist. Die äußere Zweckmäßigkeit ergibt sich aber in unserer Darstellung wortwörtlich, denn es ist die umgängliche Nutzung von Lebewesen zu – wiewohl menschlichen – Zwecken. Diese Zwecke sind dabei naheliegender Weise sehr viel weitergreifend, als es das Beispiel der Zierzucht Wort haben will.

Allerdings ist der jeweilige Gegenstand, der als Mittel zu *unseren* Zwecken dient, nicht *einfach* nur als Mittel bestimmt. Vielmehr muss er dazu „taugen" oder „sich eignen", als Mittel *dienen* zu *können*. Und genau an dieser Stelle ist der Umschlagspunkt von äußerer in innere Zweckmäßigkeit bestimmbar. Denn in dem Maße, in dem der Gegenstand als Mittel zum Zweck *taugt,* ist er selber als Zweck ansprechbar – hinsichtlich der Kriterien seiner Tauglichkeit. Genau diese *Tauglichkeit* ist zunächst eine Bestimmung dieses Gegenstandes selber und wird sich in Maßen einstellen. Die Veränderung dieser Maße ist es aber zugleich, die ihn zum Zweck werden *lässt.* Immer noch ist der Zweck ein äußerer; der *Widerstand* aber, der uns vom Gegenstand geleistet wird, ermöglicht zugleich, diesen Gegenstand selber als zwecklich bestimmtes *Mittel* anzusehen.

In diese Betrachtung geht zunächst wieder lebensweltliches Umgangswissen ein, denn um wissen zu können, dass die Beinlänge von Pferden mit deren Geschwindigkeit korrelieren kann, die Höhe des Widerristes von Ochsen mit deren Zugkraft oder die Stärke des Fettbesatzes von Kamelhöckern mit dem Durchhaltevermögen der sie tragenden Tiere, bedarf es sicher keiner Wissenschaft. Indem wir aber einen Gegenstand als ein Mittel *thematisieren, übergreift* diese Mittelstruktur den gesamten Gegenstand: Je weiter wir in der Lage sind, die Teile dieses Gegenstandes in die Form eines Mittels zu bringen, um so weiter werden wir in der Lage sein, diesen zu unseren Zwecke nutzbar zu machen.

Die *Form* von Lebewesen gerät damit in dieselbe Beschreibungsstruktur wie die von anderen Mitteln oder Werkzeugen. Und auch für diese gilt das Nämliche, dass wir sie immer weitergehend als Mittel zu Zwecken und ihre Teile oder anderweitige Konstituenten als Mittel zum Oberzweck ihres jeweiligen Werkzeugseins betrachten. So lassen sich unstrittig Werkzeuge durch Optimierung der Materialien, aus denen sie gebildet werden, ebenso in ihrer Nutzung verbessern wie durch Optimierung der Interaktion ihrer Teile. Das von Kant gewählte Beispiel zeigt dies exemplarisch für beide Aspekte.

Die immer bessere Beherrschung der Materialeigenschaften der Zahnräder mag ihrer geringeren Abnutzung ebenso förderlich sein, wie ihrem Gleichlauf. Auch wird die genauere Bemaßung die unkontrollierte Friktion derselben untereinander reduzieren helfen, die Verbesserung der Spannkraft der Feder, die Nutzungsdauer etc. Übertragen wir dies auf Lebewesen, so ergibt sich das von Kant geschilderte Bild – mit einer wesentlichen Ausnahme. Denn wie von Kant mit Blick auf das erste Naturgesetz zu konzedieren, zeugt der Mensch einen Menschen, nicht hingegen die Uhr eine Uhr.

Im Widerspruch zu Kant ist es aber möglich, die Zweck-Mittel-Struktur von Teilen von Lebewesen als einer inneren *explikativ* ableiten von der äußeren. Denn wenn wir vom Anfang her die besondere Form der Erzeugung von Lebewesen im Auge behalten, so erbringt diese das fehlende Glied. Weder die *Erzeugung* noch die Veränderung der Teile von Lebewesen wäre danach durch deren Zusammenhang als gegenseitig Zweck und Mittel seiende zu verstehen. Aber in dem Maße, in dem wir das äußere Mittel selbst als einen Zweck-Mittel-Zusammenhang strukturieren, sind wir in der Lage, dessen *Tauglichkeit* zu äußeren Zwecken zu optimieren. Die Teile von Lebewesen *sind* danach so wenig in Zweck-Mittel-Zusammenhängen organisiert, wie sie sich der Form nach in diesen erzeugen, ebenso wenig, wie die Welt in Form von Ursache und Wirkung strukturiert *ist* – sie können aber auf diese Weise *beschrieben* werden, womit der Kontext der Erzeugung und jener der Nutzung signifikant auseinander treten. Während die Strukturierung von Lebewesen als ein Ganzes von Zweck-Mittel-Verhältnissen die *Möglichkeit* ihrer weitergehenden gezielten Veränderung und mithin der optimierten Nutzung ebenso beinhaltet, wie die *Möglichkeit* der Weiterentwicklung der manipulativen Praxis in die wissenschaftliche, ist zugleich ihre Erzeugung außerhalb der Nutzungspraxis anzusiedeln.

Dies bedeutet nicht, dass nicht auch diese, d. h. die Erzeugung von Lebewesen, ihrerseits zum Gegenstand der *Nutzung* werden kann – was bei der Etablierung züchterischer Praxis geschieht. Aber dies impliziert zugleich, dass nun die Erzeugung *als Produktion* erscheint und damit ihrerseits zum Zweck wird – wovon z. B. Genetik, Populationsgenetik und Evolutionsbiologie ihren Anfang nehmen.

Systematisch ist für uns nur bedeutsam, dass die äußere Zweckmäßigkeit den *Anfang* der Bestimmung der inneren Zweckmäßigkeit mit sich bringt, letztere an erstere *explikativ* gebunden bleibt und zugleich letztere die Möglichkeit der wissenschaftlichen Strukturierung von Lebewesen beinhaltet.

9.6   Das Als-ob als Modell

Den letztgenannten Aspekt wollen wir noch etwas näher betrachten, weil er den Übergang von der nur *metaphorischen* in die modellierende Betrachtung einerseits, den von praktischen in theoretische Verhältnisse andererseits mit sich bringt. Tatsächlich weist ja Kant selber auf den „regulativen" Charakter der Rede von Naturzwecken hin. Dabei ist ein Aspekt des regulativen[9] Gebrauchs von Begriffen – wie etwa der des Zwecks im Sinne eines Naturzwecks – für uns von besonderer Bedeutung, denn für die bestimmende Urteilskraft steht fest, dass die Begriffe, nach welchen subsumiert werden soll – und kann –, eben schon vorliegen müssen:

> Hieraus läßt sich auch das, was man sonst zwar leicht vermuten, aber schwerlich mit Gewißheit behaupten und beweisen konnte, einsehen, daß zwar das Prinzip einer mechanischen Ableitung zweckmäßiger Naturprodukte neben dem teleologischen bestehen, dieses letztere aber keineswegs entbehrlich machen könnte: d. i. man kann an einem Dinge, welches wir als Naturzweck beurteilen müssen (einem organsierten Wesen), zwar alle bekannte und noch zu entdeckende Gesetze der mechanischen

---

[9]Den *regulativen* – im Gegensatz zum *konstitutiven* – Gebrauch der Grundsätze der reinen Vernunft erläutert Kant mit Blick auf die Forderung (!) nach der Unabschließbarkeit der empirischen Forschung:

> In solcher Bedeutung können beide Grundsätze als bloß heuristisch und regulativ, die nichts als das formale Interesse der Vernunft besorgen, ganz wohl beieinander bestehen. Denn der eine sagt, ihr sollt so über die Natur philosophieren, als ob es zu allem, was zur Existenz gehört, einen notwendigen ersten Grund gebe, lediglich um systematische Einheit in eure Erkenntnis zu bringen, indem ihr einer solchen Idee, nämlich einem eingebildeten obersten Grunde, nachgeht; der andere aber warnet euch, keine einzige Bestimmung, die die Existenz der Dinge betrifft, für einen solchen obersten Grund, d. h. als absolutnotwendig anzunehmen, sondern euch noch immer den Weg zur ferneren Ableitung offen zu erhalten, und sie daher jederzeit noch als bedingt zu behandeln (Kant 1987, S. 545).

Der regulative Gebrauch ist damit keinesfalls auf die Betrachtung von Naturzwecken eingeschränkt!

> Erzeugung versuchen, und auch hoffen dürfen, damit guten Fortgang zu haben, niemals aber der Berufung auf einen davon ganz unterschiedenen Erzeugungsgrund, nämlich der Kausalität durch Zwecke, für die Möglichkeit eines solchen Produkts überhoben zu sein; und schlechterdings kann keine menschliche Vernunft (auch keine endliche, die der Qualität nach der unsrigen ähnlich wäre, sie aber dem Grade nach noch so sehr überstiege) die Erzeugung auch nur eines Gräschens aus bloß mechanischen Ursachen zu verstehen hoffen (Kant 1983a, S. 363 f.).

Das Besondere besteht in dem gleichsam abduktiven[10] Charakter der reflektierenden Urteilskraft, darin also, „etwas als etwas" zu *beurteilen* – und das heißt nach unserer Explikation des spezifischen Modalcharakters modifizierender Rede zugleich „angemessen", nämlich dem Gegenstande. Dies widerspricht nicht der Gleichzeitigkeit zweier Prinzipien – dem „mechanischen" und dem „teleologischen"; der nähere Zusammenhang bleibt aber eigentümlich unterbestimmt. Man kann dies auf verschiedene Arten deuten: So ließe sich etwa darauf verweisen, dass Kant schlicht nur die zeitgenössische Physik zu Gebote stand und es als einigermaßen sicher gelten mag, dass deren *explanatorische* und *explikative* Mittel bei weitem nicht hinreichten, um zur – rein physikalischen – Erklärung von Lebendigem aus Nichtlebendigem zu gelangen.[11] Dies unterstellt, dass es lediglich der Stand der Wissenschaft sei, der die Grenzen des teleologischen Modells impliziere. Es wäre dann das „Noch-Teleologische" ein „Noch-nicht-Kausales", wobei hierunter die Erklärungsformen zu verstehen wären, die heute etwa unter Nutzung physikalischer und chemischer Gesetzmäßigkeiten zustande kämen. Mit der Entwicklung z. B. komplexitätstheoretischer, ungleichgewichtsthermodynamischer oder quantenphysikalischer Beschreibungs- und Erklärungsmittel wäre, so diese These, das teleologische Modell letztlich obsolet (s. Kap. 12). So plausibel diese These zunächst klingen mag, so wenig nimmt sie Hinweise Kants auf, dass es sich um ein nicht (nur) empirisches Problem handele, sondern um ein *grundsätzliches:*

> Da es aber doch wenigstens möglich ist, die materielle Welt als bloße Erscheinung zu betrachten, und etwas als Ding an sich selbst (welches nicht Erscheinung ist) als Substrat zu denken, diesem aber eine korrespondierende intellektuelle Anschauung

---

[10]Der *intellectus archetypus* (Kant 1983a, S. 362 f.), der nicht Einzelnes unter einen gegebenen Begriff subsumiert, sondern zum Einzelnen das Gesetz finde, weißt zumindest *in nuce* abduktiven Charakter auf.

[11]Was diese keineswegs daran hinderte, sämtliche Äußerungsformen des Lebendigen zum Gegenstand der Erklärung zu nehmen (s. exemplarisch Descartes 1972, 6. Meditation und Newton 1952).

(wenn sie gleich nicht die unsrige ist) unterzulegen: so würde ein, ob zwar für uns unerkennbarer, übersinnlicher Realgrund für die Natur Statt finden, zu der wir selbst mitgehören, in welcher wir also das, was in ihr als Gegenstand der Sinne notwendig ist, nach mechanischen Gesetzen, die Zusammenstimmung und Einheit aber der besonderen Gesetze und der Formen nach denselben, die wir in Ansehung jener als zufällig beurteilen müssen, in ihr als Gegenstande der Vernunft (ja das Naturganze als System) zugleich nach teleologischen Gesetzen betrachten, und sie nach zweierlei Prinzipien beurteilen würden, ohne daß die mechanische Erklärungsart durch die teleologische, als ob sie einander widersprächen, ausgeschlossen wird (Kant 1983a, S. 363).

Es stünde also der von Kant benannte „Newton" gleichsam stellvertretend für Schrödinger, Prigogine oder Eigen – je nach Stand der Entwicklung der Disziplin –, und es ergäbe sich ein kompatibilistisches Konzept, das die Auflösung der Antinomie letztlich in dem Ausweis der Möglichkeit eines Nebeneinanders teleologischer und (mechanisch-)kausaler Erklärungen begründete. Diese ist aber zugleich ausdrücklich an den Status der zuständigen Urteilskraft als reflektierender gebunden, sodass die *Form* dieses Nebeneinanders offen bleibt. Einen Hinweis gibt immerhin Kant durch die Fassung der teleologischen Beschreibung als einer *heuristischen* (Kant 1983a, S. 365) – was aber in genauer Weise zu wenig ist. Denn es gilt ja, dass es nicht gelingen werde, die *Erzeugung* eines Lebewesens nach den Prinzipien der Mechanik zu *erklären;* gleichwohl aber könnten an einem Naturzweck doch alle möglichen mechanischen Gesetze „versucht werden"; und dieses Versuchen verspreche immerhin, dass man damit guten *Fortgang* habe. Doch stellt sich die Frage, worin eigentlich dieser *Fortgang* bestehen sollte – wenn das Verhältnis von bildender und bewegender Kraft *als solcher* als Ausschlussverhältnis bestimmt wird; denn nach dem Ausgeführten kann eine Erklärung durch die eine Sorte von Kräften nicht an die Stelle einer Erklärung durch die andere treten.

Erst durch diese These kann nämlich einerseits die Trennung der beiden Klassen von Maschinen behauptet werden – und andererseits und zugleich die Maschine das Übergreifende von Maschinen und Lebewesen bleiben. Wären beide einfach *identisch,* dann erwiese sich ja die teleologische Erklärungsform als überflüssig. Verhalten sich aber die beiden Kräfteformen ausschließend zueinander, dann ist nicht mehr zu sehen, wie denn überhaupt im Reiche der lebendigen Maschinen mit Zwecklichkeit umzugehen sei. Erweist sich aber zudem die Maschinenartigkeit von Lebewesen als nicht selbstverständlich, weder aus ihrem Begriff noch aus ihrem Sein folgend, wird das Verhältnis beider Erklärungsformen unterbestimmt – sodass nun erst recht das Verhältnis beider Beschreibungsformen zueinander methodisch einzuholen wäre.

Folgen wir unserer Lesart des modifizierenden Charakters der Rede vom Maschinesein des Lebendigen, dann kann das kompatibilistische Schema, von kausal(-mechanischer) und teleologischer Betrachtung auch anders gelesen werden.

Eine mögliche Antwort auf die Frage, worin denn das Vorankommen liegen könne, ergibt sich, wenn zunächst (!) die Differenz von vorwissenschaftlicher und wissenschaftlicher Betrachtung in der Form des Als-ob entwickelt wird – wenn ein bestimmtes *umgängliches* Wissen über Lebewesen (und dies würde eben auch deren *generischen* Zusammenhang integrieren) als *methodischer Anfang* zu konstituieren wäre, *von dem her* eine Beforschung mit den Mitteln der kausalen Wissenschaft durchaus im Sinne von Physik (aber auch von Chemie und Ingenieurswissenschaft) erfolgen könnte.

Dieser Zusammenhang aber käme gerade über die Beschreibung von Lebewesen unter Nutzung von Sprachstücken zustande, die einem anderen Feld entspringen: etwa der Rede von Lebewesen *als* Artefakten, genauer: „als ob sie Artefakte wären". Indem *wir* den Bezug herstellen, d. h. Lebewesen so beschreiben, als ob sie Artefakte *seien,* ergibt sich wieder die Möglichkeit der doppel- und zugleich gegenläufigen Bestimmung. Dies ermöglicht immerhin den Übergang in die wissenschaftliche Darstellung von Lebewesen als zweckliche Gebilde, lässt deren Form, die über ein bloß heuristisches Moment hinausginge, aber noch offen.

Praktische Aneignung im Modus der Theorie 10

Die kantische Darstellung von Naturzwecken vermied zwar eine gegenständliche Ansprache derselben – es konnte so zugleich eine direkte „Verzweckung" der Natur umgangen werden. Erkauft wurde dieser Gewinn jedoch durch die Unterbestimmtheit des „Als-ob", was auf das Verhältnis der für die Erklärung genutzten Kräfte – bildende und bewegende – durchschlug. Die zugrunde liegende Fokussierung auf eine letztlich erkenntnistheoretische Dimension des Problems der – nicht rein physikalischen – Naturbetrachtung, die zeitgenössisch in der „Naturgeschichtsschreibung" ihren Ausdruck fand und deren Transformationsprozess zu einer modernen Wissenschaft Kant im Wesentlichen an der embryologischen Theoriediskussion zwischen Präformation und Epigenese aufnimmt, findet in den enzyklopädischen Darstellungen Hegels eine entschiedene Erweiterung. Einerseits kann Hegel mit Blick auf das entfaltete Wissen der (vor allem französischen) Anatomie, Morphologie und Paläontologie, aber auch der Geologie zugreifen – hinzu kommen die stärker experimentell arbeitenden physiologischen Ansätze, die sich zumindest in anfänglicher Entwicklung befanden. Andererseits ist Hegel bestrebt, auf die wissenschaftliche Wissensform selbst und ihre notwendigen – *begrifflichen* – Grundlagen und Antizipationen zu referieren, verfolgt also weniger ein erkenntnis- als ein wissenschaftstheoretisches Anliegen. Auch ein solches kann auf unterschiedlich Weise thematisiert werden; es mag naheliegen, in dem Vorgehen Hegels den Versuch einer sozusagen nachträglichen Integration positiver Wissensbestandteile oder Theoriestücke in sein eigenes Denken zu sehen (Drüe et al. 2000, S. 199). Ebenso nahe mag es liegen, das Hegelsche Denken gleichsam *direkt* an zeitgenössischen Formen des – hier naturwissenschaftlichen – Denkens zu orientieren, was dann z. B. zur Feststellung einer gewissen Nähe zu Selbstorganisationstheorien führt (Drüe et al. 2000, S. 194 ff.). Insbesondere wenn man unterstellt, Hegel nutze die entnommenen

© Springer Fachmedien Wiesbaden GmbH 2017
M. Gutmann, *Leben und Form*, Anthropologie – Technikphilosophie – Gesellschaft, DOI 10.1007/978-3-658-17438-5_10

Wissensbestandteile *als solche,* nämlich *positiv,* legt man das Augenmerk auf diese Bestandteile *materialiter* und eben nicht auf deren logische Form. Wir wollen hier beide Argumentationsstrategien vermeiden und vielmehr genau dies tun, also auf die *Voraussetzungen* sehen, die für ein vorgetragenes – positiv-wissenschaftliches – Argument in Anspruch genommen werden müssen.[1] Wiederum werden wir also die inhaltliche Seite genauso wenig in den Vordergrund stellen, wie bei Aristoteles und bei Kant – sondern die *Form* der Darstellung, die Art und Weise also, in der Hegel argumentativ mit den jeweiligen Sprach- und Theoriestücken hantiert. Diese Reflexion hat die Funktion, Wissenschaft als Form der *Aneignung* von Naturverhältnissen zu verstehen – wie eingeschränkt auch immer dies vor dem Hintergrund entwickelter Wissenschaftstheorie sein mag. Dieses durchaus „pragmatistische" Moment zeigt sich schon in der ersten Position, die Hegel für die Befassung mit Natur auszeichnet, jene der Aneignung im unmittelbaren Sinne:

> *Praktisch* verhält sich der Mensch zu der Natur als zu einem Unmittelbaren und Äußerlichen selbst als ein unmittelbar äußerliches und damit sinnliches Individuum, das sich aber auch so mit Recht als *Zweck* gegen die Naturgegenstände benimmt (Hegel 1983, S. 13).

In der Aneignung von etwas bleibt *Natur* einerseits *Ressource,* bestimmt aber zugleich auch die *Form* der Aneignung selber als bloß *natürliche.* Allerdings steht dieser Betrachtung der nur äußerlichen Zwecklichkeit bei Hegel die innere unabweisbar gegenüber, und zwar in direktem Anschluss an Aristoteles. Danach ist der „Zweckbegriff, als den natürlichen Dingen innerlich" verstanden als „einfache Bestimmung derselben" (Hegel 1983, S. 14), wobei der Samen der Pflanze als ein Beispiel genannt wird, in welcher der Baum nach der „realen Möglichkeit" schon enthalten sei – was die aristotelische Differenz von Möglichkeit und Wirklichkeit insofern rehabilitiert, als zumindest in den Anfängen der Beschreibung auf das Anlagekonzept, das für Kant eine wesentliche *epistemische* Funktion hatte (s. oben), verzichtet werden kann.

Bei Naturgegenständen handelte es sich für Hegel letztlich um Potenzen, die etwas aus sich hervorbringen – was die wesentliche Bestimmung dieser

---

[1]Das widerstreitet keineswegs der These, Hegel habe gleichwohl auf diesem positiven Wissen als solchem, nämlich als *geltendem,* bestanden – dies mag der Fall sein oder nicht. Unsere Darstellungsweise erlaubt aber, jene Aspekte der Form des Argumentes zu identifizieren, die auch dann noch relevant bleiben, wenn sich das Material desselben erledigt hat.

Gegenstände benennt. Gleichwohl ist eben *nicht* der Zweck, sondern der *Zweckbegriff* angesprochen als das den Dingen innerliche.[2] Die bisherige Bestimmung von Natur bleibt also bezogen auf ein Wissen um das Hervorbringen von etwas „aus sich heraus", wobei aber dessen Bestimmung im Begriff erfolgt. Diesem praktischen Verhältnis entspricht die praktische Form der *Aneignung* eben deshalb, weil es in der „Natur" eines Samens liegt, den Baum zu enthalten – denn sonst gäbe es keine Praxis, in welcher dieses genutzt werden könnte. Doch tritt dem praktischen sogleich das *theoretische* Verhalten an die Seite, welches nun ausdrücklich mit der Betrachtung des Natürlichen als Physik angesprochen wird:

> Was *Physik* genannt wird, hieß vormals *Naturphilosophie* und ist gleichfalls *theoretische*, und zwar *denkende* Betrachtung der Natur, welche einerseits nicht von Bestimmungen, die der Natur äußerlich sind, wie die jener Zwecke, ausgeht, anderseits auf die Erkenntnis des *Allgemeinen* derselben, so daß es zugleich in sich *bestimmt* sei, gerichtet ist – der Kräfte, Gesetze, Gattungen, welcher Inhalt ferner auch nicht bloßes Aggregat sein, sondern, in Ordnungen, Klassen gestellt, sich als eine Organisation ausnehmen muß (Hegel 1983, S. 15).

Physik[3] als *Naturphilosophie* ist eine Form der *Aneignung* von Natur durch das *Denken,* und zwar eine folgenreiche, denn indem das Denken über Natur übergreift, ist die *Form* der Bestimmung von Natur die Form des *Denkens* selber – damit wird der *Begriff* zu jenem *Maß* der Bestimmung von Natur, das die Form der Aneignung als „theoretische" regiert. Dies erzwingt eine Unterscheidung, die uns *in actu* schon bei Aristoteles begegnete, nämlich der „Gang des *Entstehens* und die Vorarbeit einer Wissenschaft" einerseits, der die Möglichkeit von Wissenschaft betrifft, und „die Wissenschaft selbst", nachdem sie als eine solche durchgeführt wurde – und sich in der Reflexion „selbst" bestimmte (Hegel 1983, S. 15). Denn das, was als *Bedingung* etwa die Form der Begriffe, nach welchen in der Wissenschaft verfahren wird, ermöglicht, erscheint *innerhalb* derselben nicht mehr als Gegenstand der Reflexion. Für Hegel ist im Übergreifen des Begriffs über die Natur das Moment des „Zurücktretens" von den Dingen ebenso entscheidend, wie das Moment des „gewähren und bestehen"-Lassens im Denken (Hegel 1983, S. 17), womit – dem pragmatistischen Anfang zum Trotz – eine durchaus antike Anmutung des θεωρεῖν entsteht, die schon darauf verweist, dass Hegel

---

[2]Dies nimmt einige Aspekte des aristotelischen Naturbegriffs auf; s. Kap. 8.

[3]Dies unterstreicht den „methodischen" Charakter des aristotelischen Bemühens in der *Physik.*

einem spezifischen Moment der *theoretischen* Praxis, nämlich der Form experimentellen Handelns, keine besondere Aufmerksamkeit widmet. Diese wird – im Gegensatz zum betrachtenden Aspekt –, als „analysierende" und „zerreißende" gedacht, der die Einheitsbildung fehle (Hegel 1983, S. 21 ff.).

Die *Einheit,* welche reflektierend erzeugt wird, ist zwar einerseits die „der Natur", aber zugleich und notwendig die Einheit „im Denken" selbst. Mithin ist die *Form,* in der die Bedingungen z. B. des Begrifflichen der Physik reflektiert werden, zu unterscheiden von der Form, in der Begriffe „in der Physik" *genutzt* werden. Denn in dieser sei das Allgemeine „bloß abstrakt oder nur formell" (Hegel 1983, S. 21) und ohne systematischen Zusammenhang des Denkens; in der Physik tritt also das Allgemeine nur als ein solches von besonderen Einzelnen auf (s. Kap. 7). In der Form, in der Natur als Gegenstand des theoretischen – hier also betrachtenden – Verhaltens erscheint, gilt ihre Bestimmung im Gegensatz zu der des Geistes:

> Die Natur hat sich als die Idee in der Form des *Andersseins* ergeben. Da die *Idee* so als das Negative ihrer selbst oder *sich äußerlich* ist, so ist die Natur nicht äußerlich nur relativ gegen diese Idee (und gegen die subjektive Existenz derselben, den Geist), sondern die *Äußerlichkeit* macht die Bestimmung aus, in welcher sie als Natur ist (Hegel 1983, S. 24).

Diese Bestimmung von Natur zeigt zwei Eigenheiten, die sich aus der Figur des übergreifenden Allgemeinen ergeben. Zum einen ist die Differenz, um die es zu tun ist, nämlich jene von Geist und Natur, eine solches *innerhalb* „des Geistes", was ohne weitere Implikationen als Denkbestimmung und insofern als *Begriff* und dessen Arbeit übersetzt werden darf.

Hinzu tritt ein zweites Moment, das sich aus der *begrifflichen* Bestimmung vom „Anderssein" der Natur ergibt, nämlich *Äußerlichkeit.* Dies heißt hier zunächst, dass das Verhältnis ein solches im Denken ist, dem zufolge es sich um das „Denken von etwas" handelt. Das „Etwas" aber, das den Satz vervollständigt, ist nichts anderes als des je *Gedachte.*

Diese Darstellung erweckt den Anschein, als handele es sich um zwei Relate, die in der Relation des Denkens zueinander fänden – und insofern könnte ferner der Anschein entstehen, als bezöge sich das Denken auf etwas „außer" seiner selbst. Der Anschein wäre jeweils zutreffend, wenn das Verhältnis eben nicht ein solches des Übergreifenden, sondern des bloß verständigen Allgemeinen wäre (siehe dazu unsere Rekonstruktion in Kap. 7). Indem aber die Äußerlichkeit der Natur eine Bestimmung des *Geistes* ist, wird sie diesem ein immanentes, kein transzendentes Moment. Wie ebenfalls schon gesehen, schließt das Allgemeine des Übergreifens die verständige Bestimmung des Allgemeinen nicht aus – sie ist vielmehr gerade jene Form, in der diese „in der Physik" auftritt. Ihr zugrunde liegt aber die Form des Übergreifenden, und *insofern* dies gilt, entspricht dieses Binnenverhältnis von Natur und Geist jenem Begriff, der in die Bestimmung von Natur schon einging. Dies Letztere ist wichtig, weil damit die *Möglichkeit* sich als *fiktiv* entpuppt, das begriffliche Moment der Naturbestimmung dadurch zu ermitteln, dass man ersteres an letztere gleichsam anhalte und vergleiche. Doch folgt noch ein Weiteres daraus, das wir erst in der Darstellung von Evolution und ihren epistemischen Momenten in vollem Umfang berücksichtigen (s. Kap. 14). Hegel weist explizit darauf hin, dass, *damit* Naturphilosophie stattfinden könne, *Naturwissen* schon vorliegen müsse:

> Die Naturphilosophie nimmt den Stoff, den die Physik ihr aus der Erfahrung bereitet, an dem Punkte auf, bis wohin ihn die Physik gebracht hat, und bildet ihn wieder um, ohne die Erfahrung als die letzte Bewährung zugrunde zu legen; die Physik muß so der Philosophie in die Hände arbeiten, damit diese das ihr überlieferte verständige Allgemeine in den Begriff übersetze, indem sie zeigt, wie es als ein in sich selbst notwendiges Ganzes aus dem Begriff hervorgeht (Hegel 1983, S. 20).

Nun ist auch für Hegel der Mensch jederzeit „Teil der Natur"; wird diese Bestimmung aber so aufgefasst, dass er dies ist, *wie alle anderen* Naturgegenstände seitens der Physik, nämlich als verständiges Allgemeines, dann wird gerade jener Punkt verpasst, der diese Stellung von der des übergreifenden Allgemeinen unterscheidet: Die Aneignung der Natur durch Theorie ist nur dadurch möglich, dass wir den *Begriff* des Menschen als eines Teils von Natur schon kennen.[4] Finden wir diesen darin, so ist das nicht nur nicht verwunderlich, sondern *qua* Prämisse gegeben. Insofern ist das Beibehalten der *praktischen* Form der Naturaneignung auch für die Bestimmungen des Nichtlebendigen nicht überraschend – auch dies gilt *qua* Prämisse.

Gleichwohl geht im Übergreifen des Theoretischen über das Praktische etwas verloren, nämlich die *theoretische* Praxis selber, was mit den folgenden Überlegungen deutlich wird, die den Gegensatz von lebendig und nichtlebendig ebenfalls in der Logik des übergreifenden Allgemeinen bestimmen:

---

[4]Dies heißt nicht, dass er so, *wie wir ihn kennen, nach der Durchführung* der naturphilosophischen Reflexion erhalten bliebe; diese kann vielmehr als *seine Explikation* gelten (s. Kap. 15).

> Das Lebendige steht einer unorganischen Natur gegenüber, zu welcher es sich als dessen Macht verhält und die es sich assimiliert. Das Resultat dieses Prozesses ist nicht wie beim chemischen Prozeß ein neutrales Produkt, in welchem die Selbständigkeit der beiden Seiten, welche einander gegenübergestanden, aufgehoben ist, sondern das Lebendige erweist sich als übergreifend über sein Anderes, welche seiner Macht nicht zu widerstehen vermag. Die unorganische Natur, welche von dem Lebendigen unterworfen wird, erleidet dies um deswillen, weil sie *an sich* dasselbe ist, was das Leben *für sich* ist. Das Lebendige geht so im Anderen nur mit sich selbst zusammen (Hegel 1986b, S. 375 f.).

Die Bestimmung des Lebendigen macht sich also geltend durch die Assimilation des Nichtlebendigen, als seine Ressource – das Lebendige erhält die Form des Aneignenden. Dies vollzieht sich vonseiten des Lebendigen, das insofern „übergreift", als die Differenz zum Nichtlebendigen am Lebendigen selber vollzogen wird. Damit erscheint das Lebendige zweimal, zum einen als Begriff, durch den zum anderen Lebendiges und Nichtlebendiges als ausschließende Gegensätze gegeneinander bestimmt sind. Dabei wird aber die *Form* der *Beschreibung* des Lebendigen *ebenso wenig* berücksichtigt, wie die in dieselbe eingehenden *Mittel*, insbesondere im Sinne experimentellen Handelns und dessen Relevanz als Präparation und Zurichtung des Lebendigen. Hegel übernimmt und reflektiert nämlich nicht einfach Bestimmungen *aus* der Wissenschaft, als vielmehr *bestimmte* Bestimmungen. Und dabei wird übersehen, dass diese nur je *mögliche* Formen der Thematisierung des Lebendigen – nun als verständiges Allgemeines – sind, die zudem den unbestreitbaren Charme hatten, gut zur Grundthese Hegels zu passen. Diese ist in ihrer aristotelisch anmutenden Form nicht überraschend und bis hin zu Plessner als gleichsam kanonische Darstellung der begrifflichen Struktur der Natur geltend:

> Die Natur ist als ein *System von Stufen* zu betrachten, deren eine aus der andern notwendig hervorgeht und die nächste Wahrheit derjenigen ist, aus welcher sie resultiert, aber nicht so, daß die eine aus der andern *natürlich* erzeugt würde, sondern in der inneren, den Grund der Natur ausmachenden Idee. Die *Metamorphose* kommt nur dem Begriff als solchem zu, da dessen Veränderung allein Entwicklung ist. Der Begriff aber ist in der Natur teils nur ein Inneres, teils existierend nur als lebendiges Individuum; auf dieses allein daher die *existierende* Metamorphose beschränkt (Hegel 1983, S. 31).

Die Ausrichtung der folgenden Überlegungen ist also sicher naturphilosophisch und nicht „physikalisch" im Sinne von wissenschaftlich. Gleichwohl gilt auch, dass die Philosophie an die Arbeit der Physik *anzuschließen* habe, indem sie das verständige Allgemeine auf die Form des übergreifenden bringe (hier also des

Lebendigen gegenüber seinem Gegenteil). Dafür aber werden eben *nicht* beliebige wissenschaftliche Ansätze aufgesucht, sondern *funktionalistische*. Dem entspricht einerseits der zeitgenössische Forschungsstand; gleichwohl aber werden die *Bedingungen* dieser Begriffsbildung innerhalb der Wissenschaft (hier z. B. der Naturgeschichtsschreibung) nicht rekonstruiert. Damit können weder Grenze noch Reichweite der zugrunde liegenden Betrachtung ermittelt werden, und es wird sich im Weiteren zeigen, dass gerade eine *bestimmte Form* der funktionalistischen Darstellung von Lebendigseiendem die *stufenförmige* Abfolge von Organisationen dieses Lebendigseienden ebenso nahelegen wie die Metamorphose im Sinne der Entwicklung als *Leitform* der *Transformation*.

Das Hervorgehen von Stufen auseinander ist also nicht *empirisch* zu verstehen, sondern ontologisch – womit die Formulierung der Stufen von deren *letzten* Entfaltungen aus vorgenommen wird – also nicht nur „vom Menschen", was trivialerweise für die im engeren Fokus stehenden Naturverhältnisse gilt, sondern vom „Geist". Der absolute Geist ist aber gerade jener *Vorgriff*, der als γνωριμωτέρων ἁπλῶς die gesamte Darstellung leitet.

10.1 Das noch Unbelebte

Die erste Form von Gegenständen, die wir unter der Prozessform des Lebendigen als übergreifende wiederfinden, verbindet sich für Hegel mit der „geologischen" Natur (Hegel 1983, S. 342 ff.), die nicht in einem einfachen Widerspruch zum Lebendigen steht. Denn was immer von ihr im Einzelnen gilt, und das als Wissen der Entwicklung der Wissenschaft verfällt – sie muss doch als *Resultat* jene Lebewelt haben, über deren Begriff wir schon verfügen. Insofern handelt es sich bei der Nutzung „organismischer" Redestücke nicht um eine Verlebendigung des Geologischen, als vielmehr um die *Bemaßung* am Begriff des Belebten, auf welches das Geologische, als noch nicht Belebtes, notwendig angelegt ist. Dieses „Angelegtsein" wäre dann aber als *begriffliche* Antizipation zu verstehen und nicht als teletisches Moment – was es möglicherweise in der faktischen Durchführung gelegentlich ist. Der Vergleich mit Tieren – als den eigentlichen Organismen – setzt entsprechend erläuternd schon früh ein, denn im Gegensatz zu diesen haben die Glieder der geologischen Organismen nur ein räumliches, zeitliches oder stoffliches Verhältnis zueinander, sie sind ein einfaches „seelenloses" Außereinander (Hegel 1983, S. 343) – eine Bestimmung, die den Blick auf das Rekonstruktionsziel der Darstellung sichtlich schon hinter sich hat.

Der Gegenstand „Erde", den Hegel exemplarisch verhandelt, geht in die Bedingungen seines „Eingebundenseins" in andere Vorgänge auf: er ist nicht mehr und nichts weiter, als eben *Ausdruck* dieser Bedingungen. Das Individuumsein der Erde ist daher lediglich „eines von diesen", nämlich bezogen auf etwa Planeten und ihre, z. B. physikalisch-chemischen Bedingungen. Der Prozess der Entstehung der Erde ist daher ein grundlegend anderer, im Vergleich zu dem von Lebewesen. Die unterschiedlichen, unter den Titeln des Neptunismus und des Vulkanismus zu Zeiten verhandelten Formen der Thematisierung dieses Vorgangs ändern an dem grundlegenden Unterschied zum Lebensprozess nichts. Denn zum einen handelt es sich um ein stetiges Hervorbringen, das als solches aber gleichwohl geschichtsfrei ist – und man möchte anschließen: in einem genauen Sinne *zeitlos*. Es ist ein allgemeines Werden, das, als natürliches genommen, weder für die Erde, noch für anderes, spezifisch ist. Zum anderen ist der Vorgang, der die Erde hervorbringt, kein solcher, der ein Subjekt hervorbrächte, noch ein solcher, der von einem Subjekt hervorgebracht würde (weder produziert noch erhält „sich" die Erde), was nichts daran ändert, dass genau solche Subjekte in der Form der tierlichen und schließlich der menschlichen Organisation, ihre *notwendige* Möglichkeit sind. Die Erde repräsentiert also einen Prozess, sie ist ein Repräsentant für das „Hergegangensein" überhaupt (also Natur im Ganzen), für das spezifische „Hervorgegangensein" als Planet und das Besondere als Erde.

Sowohl als allgemeiner, individueller wie als besonderer Prozess ist für Hegel das Organismische die Leitmetapher auch geologischer Vorgänge, ohne dass doch zugleich die Differenzen eingeebnet werden müssten. Die resultierenden „besonderen Gesetzmäßigkeiten", die Hegel – auf dem Wissen der Zeit – bis in die Bildung von Gebirgsformen, Kristall- und Metallablagerungen etc. versucht, zu betrachten, können als solche außen vor bleiben. Die Erde wäre danach als „totliegender Organismus" (Hegel 1983, S. 360) die *wirkliche* Möglichkeit des Lebens, eine Bestimmung, die zum einen trivial notwendig ist – da sie den *Ausgangspunkt* der Überlegungen darstellt, von dem eben bekannt ist, dass die Erde Lebewesen aller Formen beheimate –, zum anderen aber in höchstem Maße *spekulativ*, mit Blick auf das Leben – als *notwendige* Möglichkeit des geologischen Prozesses –, in den sich alle bisherigen Gegenstandsformen einbeziehen lassen (Hegel 1983, S. 361 f.).

Die Rede vom „Leben der Erde" wäre damit keine zufällige, sondern eine angemessene Metaphorik, welche – wiederum in Anlehnung an die sehr weite aristotelische Auffassung der Bewegung – auf das Zyklische gewisser Vorgänge abzielt (hier z. B. mit Blick auf die Atmosphäre dargestellt). Wir haben es genau genommen mit *Potenzen* der unterschiedlichsten Form zu tun, zu denen u. a. das Lebendige *sensu verbis* gehört. In der Gestalt des durch Lebendiges Belebtwerdens der Erde gewinnen auch die letztlich rein physikalischen und chemischen Vorgänge eine wesentlich andere Bedeutung, da sie – etwa im Sinne der durch die jährliche Sonnenumrundung der Erde hervorgerufenen periodischen Temperaturschwankungen – *wirkliche* Bedingungen des Lebendigen selber sind:

> Es entsteht aber unmittelbar Organismus und prokreiert nicht weiter; Infusionstierchen fallen zusammen und werden eine andere Gestaltung, so daß sie nur zum Übergang dienen. Diese allgemeine Lebendigkeit ist ein organisches Leben, das sich an ihm selbst erregt, als Reiz auf sich selbst wirkt (Hegel 1983, S. 363).

Ähnliche Zustände finden sich nach Hegel auch am Lande bei nicht „individuell" gebildeten Formen, die es *noch* nicht zum Gattungsprozess gebracht hätten – etwa Pilze und Flechten (Hegel 1983, S. 366). Dieser *allgemeinen* Form des Lebendigseins fehlt aber eine wesentliche Bestimmung des eigentlich Organismischen (Hegel 1983, S. 367 f.), die „Kreise" der Erhaltung, welche mit dem der „Bewegung am einzelnen Wirklichen" entfaltet werden in der formalen Verschränkung der Verhältnisse von Allgemeinem, Einzelnem und Besonderem (Hegel 1983, S. 368 ff.). Diese drei Stufen finden sich auch in den eigentlich individuellen Formen des Lebendigen; zugleich aber repräsentieren sie grob zunächst den allgemeinen Lebensprozess, in dem sich weder das Individuelle noch die *individuelle* Gattung zeigen, das Pflanzliche, in dem zwar die allgemeine, aber noch nicht die individuelle Werdung markiert ist, sowie das Animale, in dem – der Möglichkeit nach – beides sich findet. Das Letztere wird zudem direkt mit dem Geschlechtsverhältnis in Verbindung gebracht, durch welches erst die echte „Re-Produktion" des Verhältnisses von Gattung und Einzelnem statthabe (Hegel 1983, S. 370).

10.2 Die Pflanze als Lebensform

Pflanzen kommt in dieser Hierarchie von „noch nicht" und „schon belebt" eine Zwischenstellung zu, die der von Aristoteles vorgeschlagenen zumindest im Grundsatz ähnelt, denn es herrsche bei Pflanzen keine echte Gliederung, daher denn der Gestaltwandel nur oberflächlich sei, die funktionale Struktur gleichsam flüssig:

> (…) der Teil – die Knospe, Zweig usf. – ist auch die ganze Pflanze. Ferner ist deswegen die *Differenz* der *organischen Teile* nur eine oberflächliche *Metamorphose*, und der eine kann leicht in die Funktion des anderen übergehen (Hegel 1983, S. 371).

Der Gegensatz zum geologischen Organismus, der sozusagen nur als Ganzer lebendig sei, findet in der Pflanze als erster Stufe des echten Lebendigen eine

Form des Seins, die zwar immerhin schon Momente des Subjektiven aufweise, selber aber objektiv bleibe, also wesentlich Gegenstand von äußeren Veränderungen. Dieses Lebendigsein ist nicht zentriert, sondern gleichsam in der ganzen Pflanze verteilt (Hegel 1983, S. 372) – eine Konzeption wie wir sie noch bei Plessners Rede von den Dividuen finden (Plessner 1975). Damit stehen bei der Pflanzenorganisation auch die Glieder nicht in einem Verhältnis zum Ganzen, sondern sind letztlich wieder über das Ganze, nämlich die Pflanze selber, verteilt:

> Bei der Pflanze also sind die Glieder nur Besondere gegeneinander, nicht zum Ganzen; die Glieder sind selbst wieder Ganze, wie beim toten Organismus, wo sie auch in Lagerungen noch außereinander sind. Indem sich die Pflanze nun dennoch als das Andere ihrer selbst setzt, um ewig diesen Widerspruch zu idealisieren, so ist dies nur eine formelle Unterscheidung; was sie als das Andere setzt, ist kein wahrhaft Anderes, sondern dasselbe Individuum als das Subjekt (Hegel 1983, S. 372).

Die Teile der Pflanze sind daher nicht im eigentlichen Sinn Organe; sie sind „homogen" und bilden gleichsam Massencharaktere aus, sodass zudem die Reproduktion des Individuums (damit ist lediglich dessen numerisches Moment gemeint)[5] identisch wird mit der der Gattung. Pflanzen seien weiterhin nicht empfindend – ähnelten hier den Kristallen –, hätten kein „Selbst" und kein Selbstgefühl, auch entsprechend keine Bewegung.[6]

Dies zeigt noch einmal exemplarisch die – nicht nur empirischen – Probleme, die sich aus der kantischen Wahl eines Baums als Modell für Organismen ergeben und die Hegel mit Blick auf die fehlende Zentralorganisation deutlich macht. Denn abgesehen davon, dass der Ausdruck des Organs bei Pflanzen anders verstanden werden muss – bis hin in die zelluläre Organisation hinein –, ist auch die Form des Organismusseins eine grundlegend andere. Der Grund für die hegelsche Charakterisierung liegt allerdings in einem anderen Moment, nämlich in der Tatsache, dass als „Rekonstruktionsziel" der Darstellung die natürliche Organisation des Tieres, letztlich des Menschen, *feststeht* (als Gegenstand der Anthropologie):

---

[5]Auch hier begegnet die gleiche Schwierigkeit wie oben, die aus der Orientierung dort an höheren Tieren hier an höheren Pflanzen sich ergibt. Denn selbst die numerische Einheit einer Pflanze etwa muss auf Kriterien referieren und diese sind bei bestimmten Wuchsformen – man denke an Algen oder auch an Bärlappe (und weiter ließen sich rhizomatische Formen anführen; s. Strasburger et al. 1983) – nicht einfach der Empirie abzulesen. Es wäre dann auch bei Pflanzen ein „organismisches" Verständnis vonnöten.

[6]Wachstumsbewegungen werden – dieser Anschauung entsprechend – nicht als Bewegungsphänomene im eigentlichen Sinne verstanden.

> Die *Physiologie* der Pflanze erscheint notwendig als dunkler als die des tierischen Körpers, weil sie einfacher ist, die Assimilation wenige Vermittlungen durchgeht und die Veränderung als *unmittelbare Infektion* geschieht (Hegel 1983, S. 381).

Das Einfachsein ist also nicht aus der Empirie geschöpft – entsprechend sind auch die drei Kreise oder Prozesse, die das Leben charakterisieren, bei Pflanzen nur äußerlich gebildet. Dies gilt für den individuellen „Gestaltungsprozess", die Umweltinteraktion, wie auch für den Gattungsprozess (Hegel 1983, S. 394 f.). Sowohl das Organhaben wie die geschlechtliche Reproduktion ist also bei Pflanzen nur „formell" – es wird *wirklich* erst bei Tieren.

10.3   Das Tier als eigentliche Lebensform

Die zentrale Charakteristik des Tieres ist das „*Selbst*sein", die Individualität, die aber *nicht nur* eine numerische ist. Eine zentrale Rolle spielt dabei das *Gegliedert*sein des tierlichen Körpers, dieses ist als ein doppeltes angesprochen, nämlich zugleich objektiv ein *Gestaltet*sein des Tierlichen und subjektiv ein Gestaltetsein des Begriffs desselben. Der Unterschied zur Pflanze zeigt, dass dieser das Organhaben nicht, und jedenfalls nicht im selben Sinne zukommt, wie dem Tier:

> Indem die Pflanze zum Fürsichsein fortgehen will, so sind es zwei selbständige Individuen, Pflanze und Knospe, die nicht als ideell sind; dies beides in eins gesetzt, ist das Animalische. Der animalische Organismus ist also diese Verdoppelung der Subjektivität, die nicht mehr, wie bei der Pflanze, verschieden existiert, sondern so, daß nur die Einheit dieser Verdoppelung zur Existenz kommt (Hegel 1983, S. 430).

Wenn man vermuten möchte, dass es Hegel hier auf die allgemeine Charakteristik „des Tieres" ankommt, und diese mithin nicht nur *höhere* tierliche Lebensformen, letztlich sogar nur die Klasse der Wirbeltiere umfassen soll, dann muss der Unterschied ein solcher der Formbestimmung sein. In dieser Weise wurde schon von Aristoteles die Differenz gebildet. Die Pflanze wäre danach ein additiv gebildeter „Körper", wobei der Verlust eines Abschnitts zeigt, dass es sich nicht um eines seiner Glieder handelt. Die abgeschnittene Hand etwa, die Aristoteles als Beispiel angab, wäre auch hier im Gegensatz zum Pfropfreis, zur Frucht oder eben zur – angegebenen – Knospe zu denken. Insofern die Gliederung der Pflanze eine nur äußerliche ist, folgt sie wesentlich dem Äußeren – die Pflanze ist wahrhaftig das Ensemble der äußeren Verhältnisse, unterschieden vom geologischen

Prozess durch das Körpersein, was sich im Wachsen als einem „Selbstvollzogenen" ausdrückt. Erst das Tier ist – zumindest als vollkommenere Form – die Vollendung der Abschließung von außen und die Bildung eines Innen. Dies impliziert nicht Isolation, sondern echte Grenze:

> Die animalische Subjektivität ist aber dieses, in ihrer Leiblichkeit und dem Berührtwerden von einer äußeren Welt sich selbst zu erhalten und als das Allgemeine bei sich selbst zu bleiben. Das Leben des Tiers ist so, als dieser höchste Punkt der Natur, der absolute Idealismus, die Bestimmtheit seiner Leiblichkeit zugleich auf eine vollkommen flüssige Weise in sich zu haben, – dies Unmittelbare dem Subjektiven einzuverleiben und einverleibt zu haben (Hegel 1983, S. 430).

Die Glieder des (!) Tieres sind „Momente der Form", nur in Bezug auf die Form als solche bestimmt – wie das (!) Tier selbst auch. Beide gelten aber nicht für ein (!) Tier, jedenfalls nicht notwendig. „In" dem (!) Tier geht dann gleichwohl auch anderes, Nichtlebendiges vor sich, Mechanismus, Chemie etc. sind alle vorhanden, aber sie sind es nur uneigentlich (bezogen auf ihre jeweilige Form) und „im" Tier erst eigentlich (bezogen auf seine Form). Der Körper des Tieres ist nicht nur Resultat eines Prozesses – dies immer auch, sondern er *ist* dieser Prozess, das (!) Tier ist als Körper nur, insofern es lebt. Auch für das Wahrnehmen als eigentlichem Medium des Tierseins, insbesondere hinsichtlich „höherer Tiere", gilt dieser methodische Holismus, demgemäß eben nicht die Beine sich bewegten oder die Ohren hörten, sondern allererst das Tier (Hegel 1983, S. 432).

Das *theoretische* Verhalten, das im Gegensatz zur unmittelbaren Aneignung als eine Art der Selbstrücknahme verstanden wurde, die sich in voll entwickelter Form gleichwohl nur beim Menschen zeigt – womit Hegel die gesamte Darstellung ja auch begann –, ist gleichwohl nichtmenschlichen Lebensformen nicht fremd. Dies wird von Hegel in den tierlichen Formen der Zwecklichkeit gesehen, während dagegen der Pflanze entweder das bloße Folgen zukomme oder dasjenige – immerhin aktive – des Wachsens und Umsetzens (Assimilation im modernen Sinne genommen). Im Tier finden sich gleichwohl auch die „tieferen" Formen des Organisiertseins wieder, es bleibt im Unorganischen (sei es nur assimilierend), es hat pflanzliche Aspekte des Wachsens etc. Und dies erlaubt es endgültig den Übergang zur Rede vom Zweck – als Selbstzweck nämlich – zu vollziehen (Hegel 1983, S. 434 f.). Die *Erhaltungsformen,* die das Tier charakterisieren, sind als Kreise zu denken, die Selbstbildung, die Selbsterhaltung im engeren Sinne und der Gattungsprozess als nichterweiterte nichtidentische Reproduktion – also nicht als evolutionäre Transformationen im engeren Sinne (s. Kap. 14).

10.4 Die Gestalt als Prozess und die Invarianten des Lebendigseins

Die Prozesshaftigkeit der Gestalt wird betont mit Blick auf die Identität des Subjekts im Vollzug seiner lebendigen Veränderung. Es ist dabei, wie schon hinsichtlich der „statischen" Bestimmung, die von Kant her bekannte Invariantenstruktur im Blick, nämlich zum einen die *Erhaltung* der Organe gegeneinander und durcheinander, des Organismus vermittels der Organe und der Gattung vermittels des Organismus. Es zeigen sich aber auch Differenzen, nicht nur in der Form – die bei Kant durch das „Als-ob" gebildet wurde –, sondern auch im Detail. Die ersten beiden Invarianten bestimmt Hegel wie folgt:

> Sie [die Gestalt] ist als lebendig wesentlich Prozeß, und zwar ist sie als solche der *abstrakte*, der *Gestaltungsprozeß innerhalb ihrer selbst*, in welchem der Organismus seine eigenen Glieder zu seiner unorganischen Natur, zu Mitteln macht, aus sich zehrt und sich, d.i. eben diese Totalität der Gliederung, selbst produziert, so daß jedes Glied, wechselseitig Zweck und Mittel, aus den anderen und gegen sie sich erhält; – der Prozeß, der das einfache unmittelbare *Selbstgefühl* zum Resultate hat (Hegel 1983, S. 459).

Die „höhere Ruhe" des Organismus beschreibt in eins die Doppelung zunächst des Identischbleibens in der Veränderung des Anderswerdens im Gleichbleiben. Denn ein Organismus zeigt metabole Konstanz während er im Vollzug der Individualentwicklung Differenz hervorbringt – *et vice versa*. Diese Doppelung bestimmt Hegel als *Zweck* – das Leben als Zweck an sich – oder Selbstzweck:

> Die Bestimmtheit des Organs ist selbst nur, daß es sich zum allgemeinen Zwecke, das ganze Lebendige herauszubilden, macht. Jedes Glied reißt aus dem anderen an sich, indem jedes animalische Lymphe sezerniert, die, in die Gefäße gesendet, zum Blut zurückgeführt wird; aus dieser Sekretion nimmt jedes seine Restauration. Der Gestaltungsprozeß ist so durch Aufzehren der Gebilde bedingt (Hegel 1983, S. 460 f.).

Eine gewisse „systemtheoretische" Form der hegelschen Beschreibung kommt dabei durchaus zur Geltung, denn die jeweils wechselseitigen Verhältnisse sind eine Invariante dessen, was sich *als Organismus* in der Gestalt bestimmt – und die Angabe dieser Invariante erfolgt in explizitem Bezug auf die substanziellen Formen, die auch dann persistieren, wenn durch den beständigen „Restaurationsprozeß" von dem ursprünglichen Organismus keine *materiale* Identität mehr ausgesagt werden kann. Diese Form verbleibt in der argumentativen Struktur des σῶμα ὀργανίκόν, wobei auch Beziehungen zwischen den diesen Körper bildenden Teilen und Teilsystemen diskutiert werden (Hegel 1983, S. 461).[7]

Unter dem Titel der Assimilation bestimmt Hegel nun die Form des Prozesses näher, die dasjenige ist, welches als Lebendiges Gestalt hat. Dabei tritt das Resultat der vorherigen Betrachtung als Invariante auf – es ist also ein Prozess der Gestalt, für dessen Bestimmung die vorherige Darstellung *begriffliche* Voraussetzung ist. Das Sein der Gestalt ist der Prozess – zwischen beiden gibt es keine Differenz. Der als Assimilation angesprochene Vorgang wird in drei Weisen thematisiert, nämlich als theoretischer, praktischer und ideeller, der die Einheit beider bereitstellt, und als „die Umbildung des Unorganischen zum Zweck des Lebendigen, – d. i. der Instinkt und der Bildungstrieb" (Hegel 1983, S. 465). Das „theoretische" Moment bezeichnet die oben schon entwickelte Form der Aneignung, den im Bereich des nichtmenschlichen Lebens vor allem mit der Sensorik verbundenen Prozess der Assimilation.

Im Grundsatz ist also Wahrnehmung als sensorische Leistung eines Lebewesens selbst schon Assimilation[8] und mithin nicht die Abbildung von etwas Gegebenem, sondern dessen *Aneignung,* wobei der haptische Sinn die Grundlage alles Weiteren bildet (Schwere, Wärme und ihrer Veränderung); es folgen die luftvermittelten Sinne sowie die wässerigen und schließlich die des Lichts als höchste Form der Wahrnehmung. Während der Sinn damit noch durch das Empfindende als solches bestimmt ist, also wesentlich nur Empfindung der Widerständigkeit mit sich bringt, ist die zweite Form des Prozesses – als praktische – durch die Herausbildung des bloß Negativen als eines *bestimmten* charakterisiert. Das Objekt und das Subjekt treten auseinander, vermittelt über das Tun in der Wirklichkeit:

> Daß für den Organismus die Bestimmung von *Erregtwerden* durch *äußerliche Potenzen* an die Stelle des *Einwirkens äußerlicher Ursachen* gekommen ist, ist ein wichtiger Schritt in der wahrhaften Vorstellung desselben. Es beginnt darin der Idealismus, daß überhaupt nichts eine positive Beziehung zum Lebendigen haben kann,

---

[7]Dass dabei vor allem die Frage im Zentrum steht, inwieweit Teile eines Lebewesens als lebendig angesprochen werden können, auch wenn der Tod des Tieres selber, der Herzstillstand etc., schon eingetreten ist, verwundert nicht.

[8]Aristoteles betont die Nähe des Tastsinns zur Nahrungsaufnahme (etwa *De anima* 434 b 1 ff.), was einerseits mit der Abfolge der Vermögen zusammenhängt (*De anima* 416 a 19 ff.); zugleich gilt aber die Haptik als eine Verwirklichung der als deren Möglichkeit bestimmte Ernährung. Wahrnehmen ist damit nicht grundsätzlich von Ernährung getrennt – man könnte etwa pointiert sagen, dass Wahrnehmen eine Form der Aufnahme ist, nur nicht mehr im unmittelbaren Sinne der Ernährung.

deren Möglichkeit diese nicht an und für sich selbst, d.h. die nicht durch den Begriff bestimmt, somit dem Subjekte schlechthin immanent wäre (Hegel 1983, S. 469).

Diese Hervorbringung ist nicht additiv, sondern ein Selbstunterscheiden im Tun. Die Kritik sowohl an „Erregungstheorien" einerseits, an „Potenztheorien" andererseits, zeigt den Versuch Hegels an, dieses Selbstunterscheiden zurückzubeziehen, auf die eigentliche *Tätigkeit* des Lebendigen – das als Trieb in Erscheinung tretende Leben. Der Anschluss an Aristoteles – und insofern die Kritik am nur hypothetischen Moment der kantischen Bestimmung der inneren Zweckmäßigkeit – zeigt die „substanzielle" Auffassung Hegels deutlich:

> Da der Trieb nur durch ganz bestimmte Handlungen erfüllt werden kann, so erscheint dies als Instinkt, indem es eine Wahl nach Zweckbestimmungen zu sein scheint. Weil der Trieb aber nicht gewußter Zweck ist, so weiß das Tier seine Zwecke noch nicht als Zwecke, und dieses so bewußtlos nach Zwecken Handelnde nennt Aristoteles φύσις (Hegel 1983, S. 473).

Dadurch, dass „Handeln" als direkte Lebensäußerung aufgefasst wird, kann auch die Rede vom bewusstlosen Zweckverfolgen sinnvoll werden – genau an die Logik dieser Überlegungen knüpft auch die thompsonsche Unmittelbarkeitsthese des σῶμα ὀργανίκόν an (s. oben). Wie Aristoteles vermeidet also Hegel die direkte Identifikation von Intention und Reflexion im Handeln; es gibt dann *expressis verbis* in der Natur Zwecke – und zwar soweit es Lebendiges und insofern Leben gibt. Das *praktische* Moment der Assimilation besteht folgerichtig in der grundlegenden Weise des Zweckrealisierens, als welches Handeln in einem ebenfalls sehr weiten Sinne verstanden wird. Nach Maßgabe dieser Zweckbestimmung ist der Organismus zugleich die *Form* des Zweckzusammenhanges. Assimilation ist daher nicht etwas, das auch noch dazukommt zum Leben des Tieres, sondern dieses ist nichts anderes als jenes. Die Grade der Assimilation entsprechen daher dem Grad der Organisiertheit des Lebewesens, sodass sich ein praktisches Verhältnis zeigt – wie beim Menschen auch – in der *tatsächlichen* Umformung des äußerlich gegebenen, nach Maßgabe der Zwecke, die das Tier in seinem Instinkt realisiert. Jedenfalls ist mit der organischen Assimilation eine von der Anorganischen grundsätzlich unterschiedene Form des natürlichen Wirkens angesprochen, die aber die anorganischen Formen – im Sinne etwa des mechanischen und chemischen Prozesses – enthält, sie gleichsam nutzbar macht, wie Hegel am Beispiel der „Klauen und Zähne" für das Erstere, des „Speichels" für das Letztere verdeutlicht (Hegel 1983, S. 479).

10.5 Die funktionale Substanz

Es besteht aber gleichwohl ein grundsätzlicher Unterschied, der durch die besondere Weise des Eingebundenseins in das Organische begründet wird: Zwar handele es sich bei den umgebildeten Stoffen und den zugrunde liegenden Vorgängen um Mechanik oder Chemie, und insofern kann etwa Verdauen „als Neutralisieren von Säure und Kali gefaßt werden" (Hegel 1983, S. 479). Dies nivelliere aber den wesentlichen Unterschied nicht:

> Dennoch dürfen die Prozesse selbst nicht chemisch genommen werden, da das Chemische nur dem Toten zukommt, die animalischen Prozesse aber immer die Natur des Chemischen aufheben. Die Vermittlungen, die beim Lebendigen wie beim meteorologischen Prozeß vorkommen, kann man weit verfolgen und aufzeigen; aber diese Vermittlung ist nicht nachzumachen (Hegel 1983, S. 480).

Die Unmöglichkeit der Nachahmung wird durch die Besonderheit des organischen Prozesses bestimmt, sodass der gleichsam eigentlichen Mechanik oder Chemie eine organische an die Seite gestellt werden müsste. Dies ist *einesteils* unbestreitbar, weil die vorgelegte Beschreibung u. a. vom Zweckterm Gebrauch macht, der weder in Mechanik noch in Chemie zum Sprachspiel gehört. *Andererseits* wird nun die Frage nach dem *methodischen* Status der vorgelegten Beschreibungen unabweisbar dringlich. Hegel stellt dies unmittelbar in den Zusammenhang des besonderen Syllogismus, der das Organische regiert:

> Der Schluß des Organismus ist darum nicht der Schluß der *äußeren Zweckmäßigkeit*, weil er nicht dabei stehen bleibt, seine Tätigkeit und Form gegen das äußere Objekt zu richten, sondern diesen Prozeß, der wegen seiner Äußerlichkeit auf dem Sprunge steht, mechanisch und chemisch zu werden, selbst zum Objekt macht. Dies Verhalten ist als die zweite Prämisse im allgemeinen Schlusse der Zwecktätigkeit exponiert worden (…). – Der Organismus ist ein Zusammengehen seiner mit sich selbst in seinem äußeren Prozeß (…) (Hegel 1983, S. 482).

Die Tätigkeit des Organismus ist also wesentlich eine *Erhaltende* – die Stabilisierung der Grenze bedeutet hier, den Übergang in den bloßen Chemismus zu verhindern. Da die Zweckmäßigkeit – und entsprechend Zwecktätigkeit – nicht metaphorisch, askriptiv oder modellierend zu verstehen sein soll, sondern *wörtlich,* ergibt sich ein notwendiger Unterschied zu dem als nichtzweckmäßig Bestimmten:

> Die Veränderung der Nahrungsmittel empirisch bis zum Blut verfolgen kann weder die Chemie noch der Mechanismus, sie mögen's anstellen, wie sie wollen. Die Chemie kriegt aus beiden zwar etwas Ähnliches heraus, etwa Eiweißstoff, auch wohl Eisen und dergleichen, dann Sauer-, Wasser-, Stickstoff usf., oder aus der Pflanze ebenso Stoffe, die auch im Wasser sind. Allein weil beide Seiten schlechthin zugleich etwas anderes sind, so bleiben Holz, Blut, Fleisch nicht dasselbe Ding als jene Stoffe; und das ist kein lebendiges Blut mehr, was man so in jene Bestandteile zerlegt hat (Hegel 1983, S. 484).

Das Richtige an der These, dass ein und derselbe chemische Stoff inner- und außerhalb von Lebewesen *nicht* dasselbe sei, wäre mit dem modernen Ausdruck der „funktionalen Rolle" nur eher benannt als bestimmt. Denn dieser beschreibt oder identifiziert, was in einen Organismus mit eben diesem Stoff – über dessen chemische Bestimmung hinaus – vor sich geht. So ist zwar unbestreitbar das Kalzium, das der Verdauungstrakt aus dem Brot gewinnt, derselbe (chemische) Stoff wie Kalzium in einem Probenröhrchen im chemischen Institut. Erst die Einbindung in den Organismus wie etwa bei der Muskelkontraktion, was (eine) funktionale Rolle von Ca^{2+}-Ionen beschreibt, macht aber die Besonderheit des „organischen" Kalziums aus.

Dies kann durch die eigentümliche Doppelläufigkeit des organischen Prozesses verdeutlicht werden, dessen Resultat die (identische) Reproduktion des Organismus selber ist (Hegel 1983, S. 491). Für Hegel besteht das Wesentliche des Lebendigen nicht in der Form des mechanischen oder chemischen Prozesses oder Elements; konzediert man zudem die Notwendigkeit der zwecklichen Beschreibung, so ist es eine einfache Folge, dass die chemischen und physikalischen Vorgänge in der logischen Form der *Mittel* erscheinen, die im Vollzug der Zweckrealisierung konsumiert („weggeworfen") werden. Verstärkt wird diese These noch durch die Vermutung, dass das Eigentliche des Lebendigen durch andere als solche Beschreibungen notwendig verpasst werde:

> Der Verstand wird sich immer an die Vermittlungen als solche halten und sie als äußerliche Verhältnisse ansehen, mechanisch und chemisch vergleichend, was doch ganz untergeordnet ist gegen die freie Lebendigkeit und das Selbstgefühl. Der Verstand will mehr wissen als die Spekulation und sieht hoch auf sie herab; aber er bleibt immer in der endlichen Vermittlung und kann die Lebendigkeit als solche nicht erfassen (Hegel 1983, S. 494).

Doch gilt dies eben nur bezüglich der *zwecklichen* Beschreibung selber, die den methodischen Rahmen bildet. Diese Beschreibung wird durchgehalten, auch für die Begründung des Kunsttriebes, der sich als Ableger des allgemeinen Bildungstriebes erweist, welcher hier nicht wesentlich auf Reproduktion abziele, sondern auf jede Form des „Sich-selbst-sich-äußerlich-Machens" (Hegel 1983, S. 494). *In der* und *durch die* Aktivität in der Umwelt wird der jeweilige Gegenstand „auf eine Weise formiert, in der er das subjektive Bedürfnis der Tiers befriedigen kann" (Hegel 1983, S. 494). Das theoretische und das praktische Verhalten sind in der Aktivität im Außen noch nicht unterschieden. Es entwickelt sich durch das sich Abarbeiten am Äußeren ein echtes „Zwischen", das als Verhältnis von aktiv–passiv vonseiten des Organismus und passiv–aktiv von seiten der Außenwelt erscheint. In dieser Form ist die Zweckmäßigkeit der Natur dieser gleichsam eingebaut:

> Dieser Kunsttrieb erscheint als ein zweckmäßiges Tun, als Weisheit der Natur, und diese Bestimmung der Zweckmäßigkeit macht das Auffassen desselben schwierig. Sie erschien von jeher am verwundersamsten, weil man Vernünftigkeit nur als äußerliche Zweckmäßigkeit zu fassen gewohnt war und für die Lebendigkeit überhaupt bei sinnlicher Anschauungsweise stehenblieb (Hegel 1983, S. 494).

Die Zweckmäßigkeit der Natur steht, mit Blick auf den schon bei Kant in Anspruch genommenen Bildungstrieb in einem *analogen* Verhältnis zur Erkenntnisform des Verstandes – ohne diese sei, so die weitere Begründung, Natur im Grundsatz nicht zu erfassen (Hegel 1983, S. 494 f.). Die natürliche Stufenfolge wird daher am Leitfaden der Instinkte verstanden – die meisten im Gefolge Cuviers bei den Insekten, die geringsten beim Menschen –, wobei der Kunsttrieb als der „bewusstlose Werkmeister" (Hegel 1983, S. 495) der Tiere aufzufassen sei, der erst im menschlichen Künstler ganz zu sich selber komme. „Leben" kann daher als Tätigkeit verstanden werden „welche die äußerlichen Dinge formiert und sie zugleich in ihrer Äußerlichkeit läßt, weil sie schlechthin, als zweckmäßige Mittel, eine Beziehung auf den Begriff haben" (Hegel 1983, S. 495). Bei Tieren – oder allgemeiner bei Lebewesen – lassen sich daher auch die Mittelherstellung und -verwendung ohne Einschränkung nicht so sehr zuschreiben, sondern als Moment ihrer lebendigen Tätigkeit auffassen. Zu solchen zählen für Hegel nicht nur die für Aristoteles ebenfalls Standardbeispiele bildenden Spinnennetze, Bienenwaben und allgemein das „instinktartige Bauen von Nestern, Höhlen, Lagern" (Hegel 1983, S. 495), sondern auch die echte Verfertigung von Waffen. Im Gefolge von Treviranus werden darunter neben den Netzen der Spinne (soweit sie nicht zum Wohnen dienen, s. oben) auch die Arme der Polypen, das Gift gewisser Raupen oder der Stachel der Bienen gezählt (Hegel 1983, S. 495 f.). Die Gestalt ist also nicht ein Gegebenes, das an sich vorliegt, sondern bestimmt die organische Form, die Anordnung der Teile eines Lebewesens, deren Wirkung sich in der Assimilation in dem entwickelten mehrfachen Sinne zeigt; sie ist „tätige Gestalt" zugleich wie auch „gestaltete Tätigkeit".

Die Betrachtung ist allerdings bisher nur an *morphologischen* Individuen vorgenommen worden, deren Verhalten unmittelbar ihre Bedürfnisse reflektiert. Der Übergang zum Gattungsprozess integriert den nächsten „Funktionskreis", der in gewisser Hinsicht die beiden anderen als Momente umfasst und enthält.

10.6 Die Reproduktion

Mit dem Geschlechtsverhältnis und dem Bezug auf die Art ist das überindividuelle Moment tierlicher Individuen bezeichnet (für Pflanzen gilt dies nicht bzw. nur im Sinne des „noch nicht", also wesentlich defizient). Mit diesem Allgemeinen der Gattung – deren Begriff hier logisch, nicht biologisch gemeint ist – kann Hegel das Paradoxon von individuellem Tod und Erhaltung des Allgemeinen (und damit möglicher Individuen) thematisieren. Eine grundsätzliche Einschränkung der „nur" biologischen Gattung im Verhältnis zum jeweiligen Individuum besteht allerdings schon begrifflich darin, dass die Gattung in diesen Individuen nicht zu sich selber kommt: Im Gegensatz zur kantischen Bestimmung der Gattung als der vollständigen Entfaltung aller Anlagen der jeweiligen Lebensform (etwa des Menschen; s. Kap. 15), ist das Verhältnis hier nur auf der Ebene der einfachen Reproduktion von Individuen und Gattung thematisiert – mit dem Hervortreten des Geistes erst tritt die Gattung in die freie Existenz.

Erst im Menschen also besteht die Möglichkeit, dass die Gattung als solche in Individuen repräsentiert werde. Das Verhältnis von Individuum und Gattung ist mithin wesentlich auf die Seite der Gattung verschoben, sodass der Tod zwar als Zu-sich-Kommen der Gattung bestimmt werden kann; es findet aber eben damit nur ein Eingehen des Individuums in die Gattung statt, sozusagen ein einfaches Aufheben desselben – das sich in der Reproduktion als Zeugung anderer „derselben" Gattung bewährt. Dieser Prozess ist wiederum in drei Einzelmomenten artikuliert, welche das Geschlechtsverhältnis, das Artverhältnis und die Gattungserhaltung umfassen; die Einzelheiten brauchen uns nicht zu interessieren. Jedoch findet sich auch hier ein Leitmotiv, das schon die gesamte bisherige Darstellung durchzog, nämlich jenes der *Erhaltung* als Form des Lebens des Lebendigseienden. Dies trifft nun auch für die Reproduktion zu, die einerseits als Prozess gedacht ist, der aber andererseits auf jene Beschreibungen referiert, die wir bisher im Wesentlichen mit Blick auf *morphologische* Individuen vorgeführt bekamen. Insofern verwundert die auch hier prävalierende aristotelische Anschauung nicht, die für Hegel eine direkte Beziehung zur funktionalen Anatomie herzustellen erlaubt:

> Wie die sinnige Naturbetrachtung (der französischen Naturforscher vornehmlich) die Einteilung der Pflanzen in Monokotyledonen und Dikotyledonen, ebenso hat sie den schlagenden Unterschied aufgenommen, den in der Tierwelt die Abwesenheit oder das Dasein der *Rückenwirbel* macht; die Grundeinteilung der Tiere ist auf diese Weise zu derjenigen im wesentlichen zurückgeführt worden, welche schon *Aristoteles* gesehen hat (Hegel 1983, S. 500 f.).

Der methodische Kern der These, die sich an der Aufstellung eines Habitus orientiert, demgemäß „ein die Konstruktion *aller Teile* bestimmender Zusammenhang zur Hauptsache gemacht worden" sei (Hegel 1983, S. 501), bezieht sich direkt auf Cuvier. Die Aufstellung des Typus ist wesentlich so gedacht, dass jeder einzelne Teil eines Lebewesens in Proportionen zu den anderen Teilen steht, sodass gleichsam „aus der Klaue den Löwen"[9] eine *methodische* Prämisse wird. Dieser Typus erleide zwar jeweils durch klimatische und andere der Außenwelt zuzuschreibende Variationen, halte aber durch – und dies zeige sich eben auch dort, wo solche Einflüsse belebter Natur seien (Hegel 1983, S. 501). Deren „Erklärung" ergibt sich wieder mit Verweis auf menschliches Kunsthandwerk. Immerhin gebe es ja auch schlechte Künstler, bei denen die Willkür der Einfälle den Entwurf verderbe; in der Natur entsprächen den konzeptionellen Zufällen (das sind eben die Einfälle) die äußeren Bedingungen, unter denen es zur Veränderung komme: „Die Formen der Natur sind also nicht in ein absolutes System zu bringen und die Arten der Tiere damit der Zufälligkeit ausgesetzt" (Hegel 1983, S. 503).

Der *Begriff,* auf den das jeweilige Lebendige zu bringen wäre, verbürgt sogleich die Schwierigkeit, Missbildungen und Abweichungen verstehen zu können. Es sind diese – wie bei Aristoteles (Kap. 8) – wesentlich Störungen des „Normalen" durch äußere Einflüsse, die als zufällige auch nicht tatsächlich zu verstehen sind, womit die Typenidentität des Lebendigen sichergestellt ist.

10.7　Organisation als Spiegelung des Geistes in der Natur

Wir können nun zum Anfang unserer Darstellung von Hegels Überlegungen zurückkehren. Dort hatten wir das Verhältnis von Natur und Geist als *spekulatives* im Sinne des übergreifenden Allgemeinen aufgefasst. Die Differenz von Natur

---

[9] ἡλίκος ἄν ὁ πᾶς λέων γένοιτο κατ' ἀξίαν τοῦ ὄνυχος ἀναπλασθείς; Lucian, Hermotimus, 54.

und Geist war danach als eine solche *im* Geiste zu denken. Setzen wir dies voraus, dann lässt sich die Darstellung des Organisationsaspekts von Natur als eine *reflexive* Bestimmung auffassen. Dies heißt zunächst, dass „der Geist" – im Sinne jedenfalls *auch* des Denkens – Natur als organisierte und organisierende Gesamtheit bestimmt. *Diese Bestimmung folgt der Form des Denkens selber – als eines systematisch wie systemisch organisierten. System* aber – und zwar sowohl in subjektiver Form als System *des Denkens* wie auch in objektiver Form als *Resultat* eben dieses Denkens – ist das Denken selbst. Insofern kann die Darstellung *vom Resultat her* gelesen werden, denn welche „Stufen" auch immer vom noch Unbelebten als Möglichkeit des Lebendigen zum Lebendigseienden als deren Realisierung führen oder von Hegel der Anführung für relevant befunden wurden, so handelt es sich doch immer der Form nach um *funktionale* Beschreibungen.

Damit ist uns mehr geschenkt worden, als wir erhoffen durften, denn dadurch, dass das Lebendige selber als *organisiert* auftritt, wird die *theoretische Praxis* der Wissenschaft in ihrer Bedeutung für die Bereitstellung dieser organisierten Gegenstände *nicht* berücksichtigt. So sehr auf diese Weise die Prozessform des Lebendigen zur Darstellung kommt, so sehr wird aber zugleich der Prozess selbst an den Invarianten der Typen orientiert. Das Widerständige von Lebendigseiendem tritt daher auch nur in der Form der „theoretischen" Bestimmung auf – womit der anfängliche Pragmatismus kollabiert, was sich an der einfachen Aufnahme der Beschreibungen zeigt, die den Lebenswissenschaften entnommen sind.

Durch den hier zugrunde liegenden Funktionalismus, der das Moment der *tätigen* Auseinandersetzung mit dem Lebendigen nicht reflektiert, tritt auch die Transformation, die unstrittig ein Wesensmoment der hegelschen Auffassung des Lebendigen ist, in der Form der *Erhaltens* auf – und letztlich *nur* in dieser. Der Pragmatismus, der sich zweifelsfrei im bestimmungstheoretischen Anfang des praktischen Naturverhältnisses von Lebendigseiendem findet, wird durch die mangelnde Reflexion der *Strukturierungsmittel* für das theoretische Naturverhältnis nicht durchgehalten. Damit erscheint Theorie wesentlich als θεωρεῖν im Sinne des betrachtenden Handelns. Das *mediale* Moment von Bestimmung als einem praktischen Tun, geht auf diese Weise ebenso verloren, wie dasjenige des theoretischen Tuns. Beide Momente werden wir im Folgenden behandeln – beginnend mit einem pragmatischen Argument, das auf die Bereitstellung der *Anfänge* wissenschaftlicher Gegenstandskonstitution abzielt.

Teil III
Grundzüge theoretischer Biologie

Zur Grundlegung der Biologie

11.1 Erweiterte Fassung praktischer Sätze als Artikulation von Tätigkeitsverhältnissen

Wir hatten bei der Darstellung praktischer Sätze gesehen, dass diese situativer Natur waren, was sich aus ihrer doppelten Adressierung ergab, nämlich sowohl bezogen auf jene, die im Rahmen des Mitteilens den Satz äußerten, bzw. entgegennahmen, wie auch auf die Situation der Äußerung. Tatsächlich spielt dieses Moment für König nicht durchgängig eine wesentliche Rolle; dort nämlich, wo praktische Sätze zur Grundlage *wissenschaftlicher* Erklärungen werden, kommt es zu einer – in unseren Augen – Verkürzung, die den Anlass dazu gibt, den engeren Rahmen der königschen Überlegungen zu überschreiten.

Diese Verkürzung zeigt sich, wenn von einem *praktischen* „Dieses", das zugleich einen praktischen *Grund* abgibt, übergegangen werden soll zu einem *theoretischen* „Dieses". König verweist dabei zunächst auf den explanatorischen Rahmen, in welchem für *wissenschaftliche* Fragen relevante Sätze geäußert werden, der durch das Fragen nach etwas geprägt ist und zum Geben von Gründen auffordert.[1] Im Erklärungsschema, das als Schluss vorgestellt wird, fungierte danach der Minor als praktischer Satz – hier am Beispiel „Diese Kugel da hat einen Stoß bekommen" (König 1978e, S. 149). Dieser Satz antworte z. B. auf die

---

[1] Ob solches Fragen notwendig *nur* an der Enttäuschung von Erwartungen zu orientieren wäre – und insofern zu Störungsbeseitigungswissen führte, wie dies auch in der methodischen Philosophie angenommen wird – sei hier dahingestellt (König 1978e, S. 128 ff.). Uns erscheint dies *keine* notwendige Bedingung, noch nicht einmal für die Gewinnung methodischer Anfänge – es liegt also auch eine gewisse Differenz des hier vertretenen Ansatzes zur methodischen Philosophie vor.

© Springer Fachmedien Wiesbaden GmbH 2017
M. Gutmann, *Leben und Form*, Anthropologie – Technikphilosophie –
Gesellschaft, DOI 10.1007/978-3-658-17438-5_11

Frage, „warum diese Kugel da, die vorher ruhte, jetzt in Bewegung ist" (König 1978e, S. 192). Dem folgt die hier entwickelte Position insoweit, als es solche Sätze sind, die praktische Zusammenhänge *auslegen.*

Im Übergang aber zum theoretischen Erklärungsschema ändert sich die Sachlage. Denn hier würden zunächst *theoretische* Sätze auf- oder hinzutreten, die den praktischen Kontext *verlassen,* indem sie auf ein „Ding wie dieses" abzielten. Damit werde der Bezug auf eine Regel (ein Gesetz) hergestellt, wodurch der Satz eben nicht mehr von „dieser Kugel da" handele, sondern z. B. die Form bekomme „Eine Kugel, die einen Stoß bekommen hat (= eine solche Kugel – theoretisch diese Kugel), ist eine Kugel in Bewegung" (König 1978e, S. 154). Das Besondere theoretischer Erklärungen besteht darin, dass sie sich *qua* „wie ein", d. h. mit Blick auf die *Regel,* auf einen Zusammenhang bezögen, den König als einen funktionalen im *formalen* Sinne versteht, der also die Abhängigkeit von gewissen Zuständen von anderen Zuständen meint.

Ein großer Vorzug dieser Darstellung besteht darin, dass – wie oben an Enthymemen entwickelt – der durch den praktischen Satz dargestellte Sachverhalt nicht als Einzelfall eines allgemeinen Gesetzes verstanden werden darf, sondern umgekehrt das „wirkliche Tun", das durch den praktischen Satz artikuliert wird, die *Möglichkeit* des theoretischen Satzes wird. Hinzu kommt die für unsere weiteren Überlegungen ebenfalls wichtige Einsicht, dass Ursachen und Wirkungen keine „Dinge in der Welt" sind, sondern eine bestimmte *Strukturierung* von satzförmig geäußerten Sachverhalten. Allerdings – und hierin scheint eine Unterbestimmtheit zu liegen, die die Erweiterung der Rede von praktischen Sätzen erfordert – bleibt die *Gewinnung* genau jener Regeln, außerhalb der Darstellung. Dies hat u. a. zur Folge, dass eine Veränderung der Bedeutung von Termen möglicherweise einfach deshalb nicht gesehen werden kann, weil unterstellt wird, dass der praktische Satz *dasselbe* bedeutete, wenn er am Billardtisch oder bei Untersuchung von Gleitvorgängen an der schiefen Ebene geäußert würde, was m. E. an der grundsätzlichen Gleichheit deutlich wird, die König zwischen dem Kugelbeispiel und der Darstellung des Compton-Effekts sieht:

> Wäre es möglich, unmittelbar zu sehen, daß Elektronen aus einer Metallfläche heraustreten, so würde die entsprechende Frage sein: Warum fliegen mit einemmal Elektronen aus der Fläche? Weil Licht gewisser Art auf sie gefallen ist und weil Metallflächen, auf die solches Licht fällt, Flächen sind, aus denen Elektronen heraustreten (König 1978e, S. 180).

Das Problem liegt weniger in der – auch von König aufgeworfenen – Schwierigkeit, Elektronen Individualität in *derselben* Weise zuzusprechen wie Billardkugeln, als vielmehr darin, die Gleichheit des *Gegenstandseins* beider zu unterstellen. Dies lässt sich auch durch das Kugelbeispiel sehen, denn der Ausdruck „Stoß" wird in einem praktischen Satz anders aufzufassen sein als in einem theoretischen: Schon die Unterschiede von elastischem und unelastischem Stoß bezeichnen einen Unterschied, der etwa das Kugelsein von Kugeln selber betrifft und im Laborzusammenhang anderen Kriterien unterliegt als enthymematisch. Auch dürften sich mit „Stoß" im physikalischen Zusammenhang theoretische Konzepte wie die des Impulses verbinden – wenn man nicht gar die Beziehung zum Kraftsprachspiel herstellen wollte. Für theoretische Terme oder Konstrukte steht aber ein solcher direkter Anschluss (der über den bloßen methodischen Anfang hinausginge) gerade infrage, sodass der Eindruck entsteht, das Gegenstandseins sei gleichsam kanonisch an lebensweltliche Lagen gebunden.

Wir wollen die wichtigen Einsichten, die mit der Unterscheidung praktischer und theoretischer Sätze verbunden sind, für die Rekonstruktion des praktischen Moments der Lebenswissenschaft nutzbar machen, die angezeigte Verengung aber vermeiden. Das Ziel besteht vielmehr in einer *prozeduralen* Fassung der Unterscheidung von praktischen und theoretischen Sätzen – sodass erstere, zumindest in einer *bestimmten Form,* auch im theoretischen Zusammenhang erscheinen können.

Wir setzen daher nochmals bei der Feststellung an, dass praktische Sätze sich als „Handlungen in der Form von Sätzen" erweisen. Damit wurde abgezielt auf den Sachverhalt, dass sie zwar *Sätze* seien – und zwar notwendigerweise, weil sie sonst keine Mitteilung sein könnten –, aber als solche weder Repräsentationen nichtbegrifflicher Gehalte noch normativer Festlegungen.[2] Vielmehr kommt ihnen Bedeutung im Kontext der Äußerung zu, welcher ein Handlungskontext ist. Die Bedeutung liegt *zunächst* in nichts anderem als der Möglichkeit eines Zeigens –, etwa „Der Kamm liegt in der Schublade" oder „Es ist kein Brot da" (s. Kap. 7); doch ist dieses Zeigen auf folgende Weise doppelt bestimmend:

1. *Indem* der Satz geäußert wird, bestimmt er den Äußernden. Dies kann so verstanden werden, dass er nicht einfach eine *Meinung* verkündet (was vermutlich *auch* der Fall ist –, denn er „meint", dass der Kamm in der Schublade sei),

---

[2]Dies ist ein wichtiges Moment praktischer Sätze. Denn, zwar ist ihr propositionaler Gehalt und ihre performative Potenz jeweils deren *notwendige* Möglichkeit. Nicht aber „haben" sie deshalb propositionalen Gehalt oder „sind" normativen Charakters. Da sie „Handlungen in der Form von Sätzen" sind, können auch Sätze *normativen* Charakters im Vergleich zu diesen *theoretische* Sätze sein. In dieser Form treten sie uns z. B. im Rahmen von Rede-Handlungs-Theorien entgegen. Praktisch ist also nicht gleich normativ, so wenig wie das Theoretische das Normative ausschließt (im Detail s. Kap. 7).

sondern dass er sich in dem Meinen befindet, oder – noch stärker – im Meinen lebt, der Kamm sei in der Schublade. Das „Bedeuten" des Satzes besteht dann darin, das Verhalten desjenigen Äußernden als eines solchen zu bestimmen, der sich *praktisch* verhält *wie einer,* der meint, dass sich der Kamm in der Schublade befände. Die Kundgabe dieses sich „So-Verhaltens" als eines *praktischen* Dieses ist die Leistung des Satzes. Damit verbindet sich zugleich, dass diese Sätze nicht wahr oder falsch sein können – zumindest nicht in dem für theoretische Sätze relevanten Sinne. Gleichwohl kann es sich erweisen, dass der Kamm sich *nicht* in der Schublade befindet – was aber an der Authentizität des „In-der-Meinung-(Gewesen-)Seins" des Äußernden nichts ändert; für *theoretische* Sätze hingegen würde gelten, dass deren Falschsein nichts anderes bedeutete, als dass der sie Äußernde kein Wissen äußert (dazu im Detail Kap. 7). Die damit verbundenen ethischen Probleme wollen wir hier nicht weiter verhandeln – sie treffen allerdings wichtige Momente des für Enthymeme Entwickelten (s. Kap. 7 und 8).

2. Zugleich und *eodem actu* bestimmt der praktische Satz das, was wir mit König als die „Typik der Situation" bezeichnen können (König 2005, S. 139). Denn zwar können praktische Sätze „für sich" stehen – dies ist aber *nicht* identisch mit der Aussage, sie hätten eine Bedeutung „an sich". Sie bedeuten ja etwas „in einer Situation", wobei das „Passen-Können" zu Situationen generisch so zu verstehen ist, dass sie, indem sie einem etwas durch jemanden bedeuten (also zeigen), zugleich die Situation als eine praktisch so-und-so-beschaffene bestimmen. Genauer: Die Angemessenheit des So-und-so-Sprechens *zeigt* sich an dem geäußerten Satz, der damit die Situation in ihrer Typik *auslegt* (s. Kap. 4).

Tatsächlich ist mit dieser Doppelung ein wichtiges Moment enthymematischer und endoxaler Reden getroffen: Denn diese sind nicht einfach nur lebensweltliche Bestimmungen „ἐξ εἰκότων" oder „ὡς ἐπὶ τὸ πολύ", sondern ihre Funktion besteht gerade darin, das sowohl dem jeweiligen Handeln als auch der Situation *Angemessene* zu artikulieren. Demgegenüber hatten wir theoretische Sätze nicht als ausschließende Gegenteile von praktischen aufgefasst, sondern als deren (notwendige) *Möglichkeit.* Das eigentümliche Moment der Enthymeme, das in der Rede von Wahrscheinlichkeit und Üblichkeit seine Bestimmung findet, besteht aber vermutlich gerade darin, *innerhalb* der skizzierten praktischen Verhältnisse die *theoretischen* auszuzeichnen, dergestalt, dass eine *Bestätigung* des mit dem Satz Bedeuteten möglich wird. Der Übergang in theoretische Bestimmung expliziert das praktische Dieses – in beiden Hinsichten, jener der Situation wie jener des „Sich-Verhaltens-Zu". Die inferentialistischen ebenso wie die konstruktiven

Konzepte orientieren sich im Wesentlichen an diesem Moment *nach* Vollzug des Übergangs: Beide fassen also praktische Kontexte als „noch nicht" theoretische auf. Entsprechend können dann explizit Prädikatorenregeln festgelegt werden, Berechtigungen und Verpflichtungen zur Darstellung kommen etc. Das *praktische* Moment der materialen Inferenzen ist damit nicht getroffen: Es liegt in der Einheit von praktischem Meinen (als „sich verhalten zu") und praktischer Situation wie den *innerhalb* derselben auftretenden *theoretischen* Bestimmungen. Wir können diese Überlegungen nun zur Explikation der Einführungssituation nutzen: Diese Explikation bezeichnet den Übergang von der praktischen in die theoretische Situation. Die *Funktion* der Einführungssituation wäre danach weniger die Simulation von Erziehungsvorgängen als vielmehr die explizierte Darstellung von Tätigkeitsverhältnissen, in denen sowohl die Tätigkeit auf der Seite des Tätigen in der Logik von Handlungen bestimmt wird wie auf der Seite des Behandelten in der Logik des Gegenstandes. Wir wollen uns dies exemplarisch an der Rede von Pflanze und Tier verdeutlichen, die üblicherweise *resultativ* als Bezeichnung von Gegenständen aufgefasst werden – was *notwendig* möglich ist nach dem bisher Gesagten. Gleichwohl referieren wir damit aber zugleich auch auf Tätigkeitsverhältnisse, deren Typik wesentlich ist für das Verständnis des mit den Ausdrücken Bezeichneten.

11.2 „Pflanzen" und „Tiere" als Anzeige tätiger Verhältnisse

Wir gehen üblicherweise davon aus, dass die mit „Pflanze" oder „Tier" bezeichneten Gegenstände durch die Ausdrücke hinreichend genau bestimmt sind. Auch scheint es naheliegend davon auszugehen, dass diese Gegenstände eben genau das sind, was ihre Bezeichnung angibt – Tiere oder Pflanzen. Auf diese – übrigens lebensweltlich nur auf den ersten Blick stabile – Vermutung ließe sich reagieren, indem wir Grenzfälle anführten, etwa im Bereich der Protisten, bei Coelenteraten, vielen symbiontischen Lebensformen etc. Um dem zu entgehen, wäre sprachlogisch darauf hinzuweisen, dass der Übergang von der nominalisierten Form in die eigenschaftliche die Explikation des Gemeinten erleichtert: So ließe sich von „tierlichen" Lebensformen hinsichtlich ihrer Eigenschaften und Fähigkeiten anderes sagen, als von „pflanzlichen". Wir könnten dann gewisse *Erwartungen* formulieren, die sich an gewissen Üblichkeiten orientieren, wie etwa, dass Pflanzen sich meistens nicht bewegen (ὡς ἐπὶ τὸ πολύ), es sei denn im Sinne der Wachstumsbewegungen, dass sie unter Nutzung von Sonnenlicht, Wasser und mineralischen Nährstoffen gedeihen, schließlich dass sie regelmäßig nichtsexuelle Vermehrungsformen zeigen und sich zudem durch Zerteilung und Pfropfung zu neuen Formen zusammenfügen lassen. Hingegen wären tierliche Lebensformen dadurch bestimmt, dass sie meistens in der Lage sind, sich fortzubewegen, sich sexuell fortzupflanzen, zu atmen etc.

Diese Form der Ansprache ist ersichtlich endoxal, und leicht lassen sich entsprechende Ausnahmen finden. Gleichwohl sind diese „Üblichkeiten" eben nicht einfach zufällig – denn sonst könnten sie nicht endoxal sein. Allerdings ist der Bezugspunkt ein *praktischer,* kein theoretischer. Das schließt keineswegs aus, dass auch hier bestimmte *Formen* theoretischer Betrachtung eingehen – denn damit ist ja, wie oben gesehen, zunächst einfach der Übergang zur gegenständlichen Handhabung bezeichnet, der bei Heidegger, etwas schematisch, als jener vom Zuhandenen zum Vorhandenen figuriert. Während sich aber Heidegger gerade nicht an der Sprachfunktion und der Verfasstheit von Sätzen orientiert (im Gegensatz zur dazu kritisch formulierten Konzeption bei Misch 1967, 1994 und König 1937), geht es hier um das Verhältnis beider Aspekte, des sprachlichen wie des nichtsprachlichen Tuns. Dieses aber ist substruiert dem Unterschied, den wir nun entwickeln wollen, zwischen lebensweltlicher und wissenschaftlicher Praxis, welcher kein ausschließender ist. Es überrascht daher nicht, dass Äußerungen, die (historisch) als wissenschaftliche galten, zu *üblichen* Bestimmungen *einer* Sache werden – man denke nur an die zu Zeiten durchaus wissenschaftliche Handhabung der Kreuzung von Pflanzen durch Köhlreuther oder Mendel, die heute eher als grundlegende gärtnerische Technik verstanden würde (Jahn 1990; Gutmann 1996). Diese Transformation zur neuen Üblichkeit ist letztlich nichts anderes, als Ausdruck der praktischen *Bewährungsgeschichte* (und zwar innerhalb der Theorie[3]), die wir zumeist mit Blick auf den Gegenstand berichtet bekommen, an welchem z. B. von Mendel etwas entdeckt worden sei – was jederzeit auch der Fall ist. Ebenso üblich ist es, den Aspekt der Transformation der Praxis selber auf die Seite des Gegenstandes zu schlagen. Anders formuliert: *Nach* der Etablierung der mendelschen Experimentalpraxis ist der Umgang mit Lebewesen auch lebensweltlich ein anderer als vorher; genau dies bestimmt der Ausdruck der Bewährungsgeschichte. Der Unterschied als ein solcher verstanden, mithin *innerhalb*

---

[3]Wir fassen also Praxis ebenso wie Theorie als *analytische* Bestimmungen an einem Tätigkeitsverhältnis auf, das wir als Wissenschaft bezeichnen. Es ist daher nicht sinnvoll, von theoriefreier Praxis oder praxisfreier Theorie zu sprechen. Dies hindert nicht daran, spezifische Formen von Theoriestützung von Praxen zu identifizieren – dann ergibt sich die „Theorieabhängigkeit" von Tätigkeiten (wie etwa Beobachtungen) explizit mit Blick auf diese Theorien.

der jeweils betrachteten Praxis etabliert, hebt – wie unsere Überlegungen zur Deutung der Enthymeme im Sinne praktischer Sätze zeigten – wesentlich auf die Formen des *Umgehens,* auf die Handhabung *von etwas* ab. Dass es sich dabei nicht nur um ein „knowing how" in einem bloßen Gegensatz zum „knowing that" handelt, sondern um *die Art und Weise,* in der sich am Tun die *Widerständigkeit* von etwas bestimmt – und bestimmen lässt –, kann exemplarisch an den Typenausdrücken von pflanzlichen und tierlichen Lebensformen angedeutet werden. Zwar sind die Gegenstände selber nicht einfach Resultate der *Bedingungen,* die durch den Einsatz der Mittel geschaffen werden, sie sind aber von ihnen in genauer Weise nicht unabhängig. Unter den zahlreichen Formen tätigen Umgehens mit Lebendigseiendem, wollen wir uns auf drei paradigmatische Fälle beschränken, Konsumtion, Haltung und Züchtung – wobei den jeweiligen Mittelverhältnissen besondere Aufmerksamkeit geschenkt wird.

11.2.1 Umgang als Konsumtion

Im Falle der Konsumtion werden sich gewisse Identitäten und Differenzen von Pflanzen ergeben: So mögen sich Roggen und Weizen[4] einerseits hinsichtlich Wuchsform, Lebenszyklus etc. voneinander unterscheiden, während sie sich hinsichtlich anderer Kriterien ähneln mögen, wie etwa dann, wenn aus beiden Brote einer bestimmten Qualität und bestimmter Eigenschaften hergestellt werden sollen. Während die auf die taxonomischen Unterscheidungen abzielenden Bestimmungen invariant zur Nutzung sein können, gilt dies trivialerweise nicht mehr, wenn die entsprechenden Zwecke der Nutzung in die Taxonomie selber eingehen.

Das ist schon der Fall für die Unterscheidung giftiger und ungiftiger, genießbarer und ungenießbarer, aber auch nur sättigender und nicht sättigender Pflanzen. Hier ist es offenkundig, dass diese Unterscheidungen auf das Tun als Konsumtion verweisen – übrigens mit allen Differenzen, die sich aus dem Tun selber ergeben: Nicht jeder wird auf gleiche Weise auf gleiche Formen reagieren, was dem einen verdaulich ist, geht beim anderen fehl etc. Insofern solche Eigenschaften – wie Ungenießbarkeit – mit gewissen anderen sinnfälligen korrelieren, und sei es nur schwach, werden wir zudem eines Momentes des Formbegriffs gewahr. Die Form eines Lebendigen hat dieses ebenfalls nicht einfach „an sich", sondern „für uns

---

[4]Beides ist hier als nicht wissenschaftliche Rede gemeint.

an sich", im Sinne eines *Wissens von* etwas. Das Für-uns-an-sich ist aber gerade durch unser – hier – konsumtives Tun bestimmt. Das Tun tritt damit als Umgang zwischen das Wesen, von dem gilt oder gelten soll, dass es eine Form habe, und jenes, das diesem dieselbe zu- oder abspricht. Die Auszeichnung der Invarianten besteht ja gerade darin, von *Varianten* – seitens des Gegenstandes – *absehen* zu können. Dies ist aber kein *analytisches* Verhältnis, sondern ein praktisches – was in der Form der abstrakten Darstellung regelmäßig übersehen wird (s. etwa die Bestimmung des Verhältnisses von Abstraktor zu diesen repräsentierenden Konkreta bei Lorenzen 1987, Hartmann 1993). Während das Auftreten von Varianten (auf der Seite des Gegenstandes) lebensweltlich entweder keine Probleme bereitet (was das Erreichen der Zwecke anbelangt) oder im Störungsfalle zur Etablierung von Unterscheidungen führt (man denke an Pilztaxonomien), kann dies im wissenschaftlichen Zusammenhang grundsätzliche Schwierigkeiten evozieren – dann nämlich, wenn unversehens die praktisch gebildeten Äquivalenzen (welche die Invarianten der Rede etablieren) für Bestimmungen des Gegenstandes selber angesehen werden (z. B. bei der Nutzung von Modellorganismen).

Mit der Veränderung der konsumtiven Form des Tuns, wozu *auch* die Beseitigung von Störungen gehört, können sich die Zu- und Abschreibungen verändern. So werden z. B. Artischocken vermutlich erst im engeren Sinn genießbar, wenn gekocht – ein Ähnliches gilt z. B. von Kartoffeln. Manche Pflanzen werden überhaupt erst durch *Verarbeitung* essbar, weil sie in anderem Zustand möglicherweise sogar giftig sind. Damit ist *dasselbe* in Abhängigkeit vom Kontext gelegentlich ein Anderes. Die *Differenz* von Pflanze als Konsumiertes und dem Menschen als Konsumierenden ist mithin eine solche an der Tätigkeit an der Pflanze selber – nämlich *als Konsumtion*. Die scheinbar objektiven taxonomischen Bestimmungen von Pflanzen gegeneinander und in der Differenz zu Nichtpflanzen haben einen ähnlichen Ursprung. Bei Tieren gilt ein Nämliches, und ein vielleicht spektakuläres Beispiel mag im Fugu-Fisch gesehen werden, der erst nach einer gewissen Präparation[5] zumindest in Teilen als unbedenklich genossen werden darf. In all diesen Fällen werden die Eigenschaften der Lebewesen – als pflanzliche oder tierliche – zu Invarianten bezüglich des jeweiligen Tuns, zumindest im Sinne des „Üblicherweise". Bestimmte Eigenschaften werden dabei kontextinvariant sein, andere nicht, wobei die Übertragbarkeit nicht analytisch gilt.

---

[5]Präparation ist also eine Form der *Verarbeitung* – wir kommen darauf zurück.

11.2.2 Arbeit an den Bedingungen

Selbstverständlich ist die Anfertigung von Taxonomien von Lebensformen nicht reduziert auf deren *konsumtive* Nutzung – diese spielen gleichwohl für die Anfänge der Taxonomie als methodischer lebenswissenschaftlicher Disziplin eine zentrale, wiewohl gelegentlich paradoxe Rolle – s. im Detail Müller-Wille (1999). Für den wissenschaftlichen Kontext bildet sie einerseits ein notwendiges Arbeitsmittel, ist aber andererseits im *explanatorischen* Zusammenhang von sehr eingeschränkter Relevanz – insbesondere, wenn man sie mit chemischen Taxonomien vergleicht, wie dem Periodensystem seit Meyer und Mendelejew, welches auch projektive Aspekte zeigt, die etwa das Auffinden neuer Elemente betreffen (dazu systematisch Hanekamp 1997; Janich 1994). Dabei handelte es sich aber schon um theoriegestützte Taxonomie, was im Falle lebensweltlicher Taxonomie nicht relevant, im Falle lebenswissenschaftlicher nicht notwendig ist – im Gegensatz etwa zur Systematik, die sich als (evolutions-)*theoriegestützte* Taxonomie verstehen lässt (s. Gutmann 1996). Die *umgänglichen* Erfahrungen, die u. a. in den Aufbau solcher Taxierungen einmünden, beschränken sich nicht auf konsumtive Aspekte, die möglichen Inhaltsstoffe etc., sondern sie umfassen auch Erfahrungen, die sich auf die *Veränderung* der Bedingungen beziehen, unter welchen Lebewesen genutzt werden. Die Melioration etwa kann als Verbesserung der Wachstumsbedingungen aufgefasst werden, die in *einem gewissen Umfang* den Habitus bestimmt, etwa die Wuchshöhe; exemplarisch sei dabei an die geografische Variation von Löwenzahn gedacht, allgemeiner in der Form der Reaktionsnorm ausgedrückt. Diese beschreibt wissenschaftlich die phänetische Varianz bei identischer Wuchsform – etwa die Wachstumsdifferenzen dreier Klone von *Achillea lanulosa* auf drei unterschiedlichen Höhenlagen (Strasburger et al. 1983, S. 489 ff.). Die *Form* der Pflanzen bleibt von solchen Eingriffen häufig unberührt, soweit es die Ausbildung üblicher Teile anbelangt, gelegentlich auch die Proportionen derselben zueinander – es ist also immer derselbe Typus pflanzlichen Lebens.

Doch schon die Kultivierung bringt es mit sich, dass dieser Typus sich als immerhin plastisch erweist, in Eigenschaften, die bezüglich der bloßen Veränderung der Außenbedingungen invariant sind; denn die Pflanzen lassen sich verändern – wiederum in einem gewissen Umfang, wie etwa durch Etiolierung und Pfropfung. Sowohl in der ersten wie in der konsumtiven Praxis *zeigen* sich die Eigenschaften der Pflanze stabil gerade erst durch die Variation einerseits der Bedingungen, andererseits der Eingriffe – als solche sind sie eben *nicht analytisch* bestimmt, sondern praktisch, nämlich relativ zu unseren Handlungen und den Widerständigkeiten des Behandelten. Bei tierlichen Lebensformen sind natürlich analoge Betrachtungen möglich, für die exemplarisch auf Darwins (1896)

Unterscheidungen im „Domesticationbook" verwiesen sei, die sowohl die Haltungs- und Hälterungsbedingungen als auch die eigentliche Nutzung betreffen – man denke an die Anlage von Fischfarmen sowie den Arbeitseinsatz von Pferden oder Rindern. Diese Momente der praktischen Bestimmung durch die Arbeit an den Lebewesen werden so lange übersehen, als enthymematische Darstellungen als *absoluter* Anfang der Bestimmung von etwas – hier von Lebewesen und ihren Eigenschaften – genommen werden. Da Aristoteles jene Aspekte der Veränderung von Umgebungsbedingungen wie die kultivierenden Eingriffe, wesentlich ausblendete, erscheinen die enthymematisch bestimmten Eigenschaften daher als invariant. Auch wenn sich bestimmte Eigenschaften zumindest lebensweltlich vertrauter tierlicher Formen von pflanzlichen unterscheiden, gilt im Grundsatz dasselbe wie für diese, sodass wiederum die Typik der Lebensformen nicht einfach plastisch erscheint – bezüglich der hier relevanten Eingriffsformen.[6] Andererseits sind die Eigenschaften aber nicht analytisch fixiert, sondern zunächst (!) nur insofern invariant, als die Praxis und die in ihr auftretenden Mittel selber konstant bleiben.[7]

11.2.3 Tätige Veränderung und Erzeugung der Formen

Noch deutlicher als bei bloßer Konsumtion, Melioration, Kultivierung oder Haltung wird das interaktive Moment von Eigenschaftsbestimmungen, wenn wir die direkte *tätige Veränderung* pflanzlicher und tierlicher Lebensformen in den Blick nehmen. Die Unterscheidung von Haltung, Bereitstellung und Herstellung im engeren Sinne ist dabei keineswegs trennscharf, wie die für Darwin – aus anderen, gleichwohl systematischen Gründen – relevante Unterscheidung von natürlicher, unbewusster und methodischer Züchtung verdeutlicht (Darwin 1896, Vol. II).[8] Unterscheiden wir zunächst die Bereitstellung von der Haltung, dann zielte das erste auf ein bloßes Mittelverhältnis ab: Jede Form der nicht sogleich der Konsumtion dienenden Jagd oder des Sammelns würde darunter fallen. Im Gegensatz dazu zielt die Haltung auf die Erzeugung dauerhafter Bereitstellungsverhältnisse: Hier ist es also nicht mehr nur nicht mit der verzögerten Konsumtion

---

[6]Das ändert sich z. T. dramatisch bei theoriegestützten Praxen (s. Kap. 12, 13 und 14).

[7]Das heißt wieder nicht absolut konstant; es ist aber nicht *analytisch* angebbar, bezüglich *welcher* Mittel das gilt – sondern hier kommt wieder das Erfahrungsmoment der Widerständigkeit in den Blick.

[8]Zur modelltheoretischen Deutung s. Gutmann und Weingarten (1999).

getan, als vielmehr mit der Erzeugung von Interaktionsverhältnissen mit Lebewesen, die deren dauerhafte *Bereitstellung zum Zwecke der* Nutzung ermöglichen. Wichtig ist dieser Aspekt, weil allein durch die Entwicklung geeigneter Kultivierungs- und Haltungsbedingungen zwar schon Veränderungen der entsprechenden Lebewesen hervorgerufen werden können – selbst wenn sie sich wieder aus „Wildformen" rekrutieren lassen. Diese sind aber üblicherweise nicht dauerhaft, sondern an die gehaltenen Exemplare gebunden. Auch die bloße Fortpflanzung unter gehaltenen Tieren ist noch nicht identisch mit Züchtung als eigener Praxis. Wird aber die Züchtung von Lebewesen, die ihrerseits der Bereitstellung von zu haltenden oder zu kultivierenden Lebewesen dienen, zum Gegenstand der Handlung, dann ist der Übergang zur Züchtungspraxis vollzogen. Damit wird der Formaspekt erweitert um die explizite *Erzeugung* von Lebewesen, wobei sich die Form von Lebewesen im züchtenden Umgang als variabler erweist im Vergleich zu den vorhergehenden Praxen, denn regelmäßig lassen sich Invarianten der vorhergehenden Umgänge nun als Varianten züchterischer Bereitstellung verstehen. Dies beginnt mit „atavistischen" Merkmalen, die „früheren" Stufen der Züchtung entsprechen mögen, und geht weiter bis hin zur Erzeugung z. B. von Blütenständen und Blattanordnungen, die im rein sortierenden Umgang als echte Invarianten angesehen werden können (ein Beispiel an *Arabidopsis* dafür Goodwin 1994, S. 205). Das „Formhaben" der Lebewesen wird sich im züchtenden Umgang mit ihnen also wesentlich stärker nach den in den Umgang eingehenden Mitteln und deren interner Struktur richten: Viel mehr als vorher gilt nun, dass das An-sich der Lebensformen *ist,* was sie *für uns* im verändernden Umgang *zeigen.*

So sehr diese Formen zunächst als methodische Anfänge an noch lebensweltlichen Praxen orientiert sind, die zugleich den Rahmen der Gegenstandskonstitution abgeben, so wenig sind sie an diese gebunden. Vielmehr kann es zur Erzeugung auch solcher Gegenstände kommen, wie die für moderne genetische Forschung wichtigen Knock-in- oder Knock-out-Stämme[9] ebenso zeigen mögen, wie Kulturen verschiedener Zelltypen, Gewebeverbände bis hin zur direkten genetischen Veränderung durch Techniken wie CRISPER-CAS9 (Barrangou et al. 2015). In diesen Fällen ist es gerade die stark standardisierte Form der Bereitstellung, die den Übergang zur *Herstellung* fließend werden lässt, und die nun ihrerseits den Schein produziert, dass Lebewesen zumindest in dieser hoch standardisierten Praxis die

---

[9]Bei diesen Organismen werden Transgene eingeführt (knock-in) bzw. (knock-out) Gene deaktiviert (etwa Doyle et al. 2012). Im Überblick zu verschiedenen Modellorganismen, bei welchen durchaus von Herstellung gesprochen werden kann, Kück (2005). Dies ändert aber nichts daran, dass es sich *nicht einfach* um Artefakte handelt – was u. a. das Vertrauen auf die Fixierung ihrer Eigenschaften berührt oder berühren sollte.

gewünschten Eigenschaften in dem Maße erlangen können, in dem sie benötigt
werden. Der Unterschied zu anderen „Materialien" wird damit verwischt wie
zugleich die – gelegentlich trügerische – Sicherheit erzeugt, Lebewesen seien im
Grunde *nichts anderes* als artifizielle Systeme – nur eben recht komplexe. Hinzu
tritt auf der Seite des Umgangs die Transformation der lebensweltlichen in die
experimentelle *Handlungsform*, die im Grad der Standardisierung jener der Gegen-
standsseite nicht nachsteht (s. Hartmann 1998; Dingler 1928; Lange 1999; Janich
1997).

11.3   Erklärung als praktisches Tun

In den bisher skizzierten Verwendungsformen sind Erklärungen häufig mit Blick
auf das *Verfehlen* identifizierter Regelmäßigkeiten relevant (für elementare Mittelverhältnisse s. Heidegger 1993). Soll ein bestimmter Zustand reproduziert werden,
dann wird schon im lebensweltlichen Zusammenhang die Variation der Bedingungen von Verläufen oder Vorgängen systematisch wichtig, wie die der Handlungen innerhalb des Umgangs selber. Schon die Entwicklung von Kochrezepten
ist ein hinreichendes Beispiel für die handlungsleitende Funktion von Erklärungen dieses Typs, die etwa lauten: „Weil das Eiweiß erst stocken muss, bevor es
weiter verarbeitet werden kann" oder „Weil die Sahne zu Butter wird, wenn man
sie zu lange schlägt". Aber auch im Umgang mit Lebewesen sind solche endoxalen Wissensformen wirksam – man denke exemplarisch an die Einkreuzung in
Reinzuchtlinien mit der Absicht der Verhinderung von Inzuchteffekten einerseits,
der Erzielung von Heterosiseffekten andererseits. *Erklärungen* werden dabei auf
Regelmäßigkeiten Bezug nehmen, wie etwa das Wissen darum, dass fortgesetzte
Inzucht zur Ertragsminderung führen mag (s. Leibenguth 1982; Wright 1984c–f).

Ob und in welchem Umfang solche Erklärungen befriedigen, wird einerseits vom Gelingen der Praxis selber abhängen, und das heißt hier vom Erreichen der Zwecke, wie auch davon, ob und in welchem Umfang *andere* Fälle
durch dasselbe Erklärungswissen abgedeckt werden können; schließlich ob es
die Möglichkeit der Integration paradoxer Fälle gibt (eine notorische Schwierigkeit im endoxalen Bereich; s. Kap. 7 und 8). Und schon in diesem Zusammenhang werden Erklärungen *abgesichert* durch Standardisierungen sowohl auf der
Gegenstands- wie auf der Umgangsseite – mithin also eine gewisse Kontexttrans-
zendenz, ohne zugleich strenge Invarianz zu fordern. Gleichwohl bleiben Erklärungen des hier möglichen Typs zunächst kontextbezogen und eingeschränkt in
Reichweite, Skopus und Geltung. Da es hier nicht die Absicht ist, eine Art primitiver Erklärungstheorie zu liefern, sei lediglich daran erinnert, dass schon das

endoxale Schema eine gewisse Form der Erklärung bereitstellt – *weshalb* es explizit in die Nähe der Syllogismen geriet. In einigen Aspekten bleibt dieses Schema auch dann erhalten, wenn wir den Bereich der lebensweltlichen Praxis hinter uns lassen und den der Lebenswissenschaften betreten. Allerdings wird dabei die Tätigkeitsform im Ganzen – man ist geneigt zu sagen radikal – transformiert, und zwar sowohl auf der Seite der Gegenstände wie der Tätigkeit; dies hat, wie gesehen und weiter zu explizieren, grundlegende Konsequenzen für das Verständnis *materialer Inferenzen,* zu deren Formulierung nicht mehr von den investierten Mitteln abgesehen werden kann.

Methodisch relevant ist für den Stand unseres pragmatistischen Arguments jedoch vor allem die Tatsache, dass die *Mittel,* welche zwischen den Gegenstand und den Handelnden treten, in zunehmendem Maße komplexer werden, sodass zugleich die Verbindung zwischen Eingriff und Effekt zusehends *indirekter* wird. Dies kann bis zur Referenz auf ganze Experimentalsysteme führen, bei welchen die Unterscheidung zwischen dem, was kontextinvariante Eigenschaft des Lebewesen selber ist, und demjenigen, was sich überhaupt nur noch der *medialen* Struktur der Mittel verdankt, immer schwieriger wird.

11.4 Übergang vom Lebewesen zum Organismus

Der nun darzustellende Übergang fasst einige Momente dessen tätigkeitstheoretisch ins Auge, was sich in vollentfalteter Form an der experimentellen Praxis innerhalb der Lebenswissenschaften findet. Diese hat ihren Ursprung methodisch in den geschilderten lebensweltlichen Umgängen und erweist sich damit im Ganzen als manipulative Praxisform. Dabei werden sowohl die Bedingungen als auch die Ausführungen der jeweiligen Handlungen mit Blick auf das Gelingen der Manipulationen in zunehmendem Maße verallgemeinert – d. h., deren Kontextinvarianz wird handelnd *erzwungen.* Die Verallgemeinerungen betreffen regelmäßig die Tätigkeit an den Gegenständen (etwa das Züchten bestimmter Vorder- und Hinterlauf-Längenverhältnisse, das Beschneiden von Pflanzen zu bestimmten Zeitpunkten im Vegetationszyklus etc.), sie zielen aber auch auf die Bedingungen, unter welchen die Tätigkeit ausgeübt wird. Diese reichen von der Form der Fütterung über die Schaffung spezieller Haltungs- oder Hälterungsbedingungen (man denke an Inkubatoren im Rahmen der Geflügelzucht) bis hin zur Nutzung spezieller Zuchtrassen. In allen diesen Fällen liegen hypothetische Verhältnisse vor, die typische *materiale Inferenzen* in dem entwickelten Sinne repräsentieren. Denn im Antezedens dieser Schlüsse steht der Gegenstand der Bereitstellung oder auch der Erzwingung.

Damit stehen aber noch keine *Erklärungen* zur Verfügung, d. h. *Gründe,* die dafür gegeben werden könnten, *warum* etwa Pferde mit bestimmten Eigenschaften schneller sind, aber möglicherweise weniger Zugkraft entwickeln; *dass* z. B. bestimmte Zustände an Lebewesen vorliegen, *wenn* bestimmte Eingriffe erfolgen, oder auch nur Gründe dafür, *dass* sich regelmäßig gewisse Teile oder Eigenschaften von Lebewesen zusammen vorfinden. Fragen dieser Art markieren den Übergang vom mehr oder minder technischen Bewirkungswissen der bisher skizzierten Form zum eigentlich wissenschaftlichen Wissen – welches gleichwohl immer mittelgestützt bleibt.

Um solche Fragen einer Beantwortung zuzuführen, deren Geltung von lebensweltlichen Kontexten unabhängig *werden kann,* ist die Anfertigung von Beschreibungen von Lebewesen notwendig, die es erlauben, *kausale* Zusammenhänge darzustellen, worunter hier nichts weiter verstanden sei, als Erklärungen, die ausschließlich unter Nutzung physikalischen oder chemischen Wissens zustande kommen. Die Beschreibung des *Explanandums* geht dabei zunächst von dem praktischen Wissen um die infrage stehenden Vorgänge aus, wobei die relevante Leistung eine solche des Lebewesens ist, wie z. B. das Rennen oder das Tragen oder Ziehen von Lasten. Erst in einem zweiten Schritt wird nach *Teilen* des Lebewesens gefragt, welche eine definierbare Rolle für die Erzeugung der Leistung haben – hier also des Laufens oder Ziehens. Doch um auf Fragen des angesprochenen Typs befriedigende Antworten erhalten zu können, ist es notwendig, eine Strukturierung des Lebewesens so vorzunehmen, dass die jeweilige Leistung als *Resultat rein kausaler* Vorgänge verstanden werden *kann.* An dieser Stelle kommen technische, physikalische oder chemische, jedenfalls aber (zunächst) nichtbiologische Mittel ins Spiel – und zwar im Sinne des an ihnen und durch sie bereitgestellten kausalen *Gesetzeswissens.* Wir etablieren damit eine Asymmetrie, die für die Geltung der resultierenden Aussagen von Bedeutung ist, – denn wir benötigen sicher kein originär biologisches Wissen, um Artefakte – z. B. Maschinen – zu bauen oder zu betreiben. Das Umgekehrte gilt aber nicht, was wir oben bei Aristoteles schon sahen, allerdings eingeschränkt auf bestimmte Sorten von Artefakten.

Der *Grund* für die Nutzung solcher Artefakte liegt auf der Hand: Wir können deren Arbeitszustände, das Arrangement der Teile derselben ebenso, wie die resultierenden Leistungen ausschließlich unter Nutzung physikalischen, chemischen und technischen Wissens beschreiben und bestimmen. Dieses Wissen können wir nutzen, um Lebewesen so zu strukturieren, dass die Leistungen, welche das *Explanandum* bilden, *erklärt* werden, ein Wissen, das jenes γνωριμωτέρων ἡμῖν bildet, von dem her das bestimmt werden kann, was nach Abschluss der Erklärung als γνωριμωτέρων ἁπλῶς zumindest der Form nach gelten soll (unabhängig davon, ob wir das syllogistische Verfahren für hinreichend oder auch nur relevant halten oder nicht).

11.4.1 Das Als-ob als Identifikation oder als Modellierung

Für Erklärungen solcher Art genügt es im Einzelfall, auf die besonderen Verbindungen der jeweiligen bewegenden oder bewegten Teile hinzuweisen, die innerhalb einer Maschine für die Sicherstellung ihres Betriebes erzwungen werden müssen. So ist etwa der Kraftschluss eines Getriebes durch geeignete Maßnahmen herbeizuführen, *wenn* bestimmte Bewegungen erfolgen *sollen,* ebenso gilt dies für Material- oder Formschluss – in Abhängigkeit vom Maschinentyp. Auch die *Führung* von Kräften ist sowohl innerhalb einer Maschine wie der Maschine hinsichtlich ihres Einsatzes relevant für deren Funktionsfähigkeit. Dies alles *können* wir wissen, ohne zugleich etwas auch nur annähernd Entsprechendes von Lebewesen *sagen* zu können – und an genau dieser Stelle setzen die methodischen Überlegungen zur Nutzung von Maschinen ein, deren *übliche* Form die der *Identifikation* ist. Dabei tritt der Satz „Lebewesen sind Maschinen" als *theoretischer* Satz auf, die Prädikation als determinierende, und unversehens kommt Lebewesen das Maschinesein zu – wie eben Maschinen. Allerdings kann *auf dieser* Grundlage, die der *direkten* Übertragung und damit der *bloßen* Metapher entspricht, ein systematisches Argument entfaltet werden, das die Möglichkeit des Zutreffens des durch den Satz dargestellten Sachverhalts grundsätzlich infrage stellt. Darauf weist Rosen hin, der Organismen und Maschinen zunächst – in angezeigter Weise – als zur selben Gegenstandsgruppe zugehörig bestimmt, denn für beide gelte, dass sie gleichermaßen „autonomous action" aufwiesen, sowie „*organized*, heterogeneous, differentiated composite entities" seien (Rosen 1991, S. 182). Dies verhalte sich grundsätzlich invariant zum jeweiligen Erklärungsanspruch gegenüber dem Lebendigen, denn das, was *wissenschaftlich* als erklärungsbedürftig zu gelten habe, unterliege von der Antike bis zum Siegeszug der newtonschen Mechanik einem grundlegenden Wandel, dessen bestes Kennzeichen die Einziehung der Unterscheidung zwischen „belebt" und „unbelebt" sei:

> It was only then that a need for an explanation of life became manifest: indeed, life was now to be explained in terms of the same mechanics that had previously explained the motions of the comets, the planets, and the stars, for there now *was* no other accepted mode of explanation (Rosen 1991, S. 183).

Die mit der newtonschen Mechanik einsetzende Vereinheitlichung des Erklärungsmodus (die sich ja zumindest programmatisch bei Newton findet), führt in gewisser Hinsicht zum Kollaps der Metapher von der Maschinenartigkeit des Lebendigen – und zwar aus *formalen* Gründen. Die Herleitung wollen wir nicht im Detail verfolgen, sie wird aber gegründet auf dem Reduktionsschritt von Organismen als Produktions- oder Fabrikationseinheiten, welcher zunächst das historische Moment derselben negiere. In einem zweiten Schritt wird gezeigt, dass sich alles, was als Maschine gelten können soll, als Turingmaschine beschreiben lassen muss – genauer: die Vorgänge „in" der Maschine. Bezieht man Maschinen auf Organismen, dann ergibt sich folgende Abhängigkeit:

> We shall say that a natural system N is a mechanism if and only if all of its models are simulable. We shall further say that a natural system N is a machine if and only if it is a mechanism, such that at least one of its models is already a mathematical machine (Rosen 1991, S. 203).

Insofern diese Explikation der Church-These zutrifft, kann gesagt werden, dass jeder Mechanismus *per definitionem* eine rein syntaktische Struktur ist. Vergleiche man nun Maschinen mit Organismen, so zeige sich einerseits, dass die Maschinen-Metapher zu recht bestehe: In dem Maße nämlich, als für beide *relationale* Beschreibungen möglich seien. Allerdings bestehe sie zugleich zu Unrecht, insofern nämlich die *Identität* beider behauptet werde. Mithin lägen zwei verschiedene, aufeinander nicht reduzierbare Beschreibungen vor:

> For one thing, in a machine, the components themselves are direct summands of disjoint states, and the whole machine can itself be described as a direct sum of such summands. In an organism, we can make no such identification (…). This in turn reflects the general nonfractionability of components in an organism (Rosen 1991, S. 245 f.).

Dies ist zunächst ein „ontologisches" Argument, das auf die Dekomponierbarkeit von Maschinen im Gegensatz zu Lebewesen abzielt. Zugleich aber ergebe sich daraus ein grundlegender Einwand, der von einer „Verarmung der Implikationen" einer Maschine ausgeht (Rosen 1991, S. 246). Denn neben dieser Dekomponierbarkeit komme bei Maschinen hinzu, dass ihre Beschreibung in geschlossenen Ketten von „efficient causes" möglich sei, wohingegen sich bei Organismen eine „final causation" finde:

> In short, efficient causation of something *inside* the system is tied to final cause of something *outside* the system. As Voltaire once succinctly put it, "a clock argues a clockmaker", from which he then went on to conclude, by extrapolation, *"therefore a universe argues a God"*. This kind of dialectic is in fact, as we have seen, inherent in the concept of a machine; once one puts efficient causation of a system component into the environment, one thereby also puts final causation outside the environment (Rosen 1991, S. 246).

Genau diese Zweckbestimmung, die der Maschine inhärent sei (man ist geneigt
zu sagen, „insofern sie Maschine" ist), bedeute aber zugleich die *Externalität* des
Zweckes selber (denn dieser ist vom Ingenieur gesetzt). Etwas anders formuliert,
könnten wir danach zwar von der Zweckbestimmung zur Kausalbestimmung
übergehen, nicht aber umgekehrt. Die Behauptung der *Identität* von Lebewesen
und Maschine wäre damit entweder unvollständig (weil Zweckbestimmungen auf
der Ebene der reinen Funktionsbeschreibung einer Maschine nicht eingeholt werden können) oder widerspruchsvoll (weil die Externalität der Zweckbestimmung
aufgegeben wäre).

Gleichwohl verwehrt die Tatsache, dass Lebewesen (oder anderes) nicht aus
Teilen *aufgebaut* seien, noch nicht die Möglichkeit der *Unterteilung* von etwas
zum Zwecke der Analyse unter gegebenem Gesichtspunkt (z. B. der kausalen
Geschlossenheit der zerteilten Struktur) – es wäre nur nicht richtig, den *Aufbau*
des zerteilten Gegenstandes als *inverse* Operation seiner *Zerteilung* zu verstehen.
Ebenso wenig impliziert die Tatsache, dass etwas *als* Maschine beschreibbar ist,
noch nicht, dass es sich *um eine Maschine handelt* – dies entspricht formal der
Nivellierung des Regelbefolgens als bloßes Regelfolgen.[10] Eine alternative Deutung des Satzes „Ein Organismus ist eine Maschine" ergibt sich aber, wenn wir
den Status desselben anders bestimmen, als es bei Rosen der Fall war – nämlich
im Sinne eines praktischen Satzes, wobei der Maschinenartigkeit im Anfang als
Metapher modifizierende Funktion zukommt (als *Modell* dann *determinierende*).

11.4.2 Das Als-ob als Modellierung und als Zuschreibung

Genau dies ist die hier verfolgte Strategie, indem nämlich weder die Maschinenartigkeit des Lebendigen gefordert wird noch die Identifikation mit Maschinen.
Behauptet wird nur, dass wir durch den Satz eine *metaphorische* Struktur (in dem
oben explizierten Sinn) etablieren, wobei die *Gesetzmäßigkeiten,* welche mittels
der jeweiligen Artefakte eingeführt werden, zur *funktionalen Strukturierung* von
Lebewesen als Organismen zu nutzen sind. Und genau dies ist gemeint mit der
Aussage, dass Lebewesen so zu strukturieren seien, *als ob sie* funktionale Einheiten wären. Denn die Rede von der *funktionalen* Einheit erlaubt es uns, Lebewesen
so anzusehen, als wären sie Maschinen – welche die von uns beherrschbare und

---

[10]Dreyfus (1992) nutzt dieses Argument bekanntlich gegen Ansprüche der starken AI; allgemeiner ergibt sich aus Verhältnissen, die „κατὰ τὸν λόγον" beschreibbar sind, noch
nicht ihr Zustandekommen „μετὰ λόγου" (s. auch Wittgensteins Unterscheidungen bezüglich des „Regelfolgens", Philosophische Untersuchungen, S. 197 ff.).

beherrschte Form funktionaler Konstrukte vor Augen führt. So wie in Kap. 6 das Denken vonseiten des sinnfälligen Hervorbringens als Handwerken seine Explikation erhielt, gilt dies nun auch hier durch die vorgreifende Beschreibung des noch nicht *kausal* Bekannten, durch das *uns Bekanntere*. Die eigentliche Explikation nutzt Funktionsnormen, die den Bau und Betrieb von Maschinen regieren. Zugleich aber können *Erklärungen* angefertigt werden unter Investition von Äquivalenzen, die auf physikalische oder chemische Gesetzmäßigkeiten referieren. Diese erlauben auch die *quantifizierende* Explikation des metaphorischen Vorgriffes, nach dessen Maßgabe nun – *nicht* empirisch – gilt, dass alles, was „in Lebewesen" vor sich gehe, rein kausal zu erklären sei (dazu im Detail Gutmann 2014).

Die unschuldig klingende Formel vom Lebewesen „als ob es eine funktionale Einheit wäre", hat eine Reihe von methodischen Konsequenzen, denn sie etabliert *Erwartungen* an die Strukturierung von Lebewesen, die nicht zur empirischen Revision freigegeben sind – und zwar deshalb, weil sie *technische* Normen sind, die das Gelingen unserer Praxis sicherstellen. Wir werden z. B. nicht infrage stellen, dass die Teile, die sich präparativ in Lebewesen ausmachen lassen, untereinander kraftschlüssig verbunden sind; ebendeshalb werden wir auch von in diesem Sinne geschlossenen kinematischen Ketten *ausgehen,* sodass die Übertragung von Kräften als lückenlos *vorausgesetzt* ist. Wir werden ferner *erwarten,* dass sich Teile finden lassen, die vornehmlich *als* Kraft-, Arbeits- oder Transmissionsaggregate beschreibbar sind (orientiert zunächst an klassischen Maschinen wie etwa der Dampfmaschine[11]). Diese Erwartungen resultieren, wie gesehen, weder aus dem Sosein von Lebewesen noch aus der Vererbung von Berechtigungen durch kulturelle Weitergabe, sondern aus der *Form* der praktischen *Erarbeitung* funktionaler Zusammenhänge an Lebewesen.

Aus diesem Grund erscheint es gerechtfertigt, von der skizzierten Modellierung von Organismen als einer *Zuschreibung* zu sprechen, deren Gelingen gleichwohl präparativ sicherzustellen ist. Dabei gilt, dass jede Zuschreibung notwendig deskriptive Elemente enthält, also insofern eine Beschreibung ist. *Nicht* aber notwendig gilt das Umgekehrte – wiewohl jede Beschreibung nur als eine solche *auszuweisen* ist, wenn zumindest gewisse Adäquatheitskriterien formulierbar sind, die ihrerseits wieder normativer Natur sein werden. Der *Modus* der

---

[11]Dies ist nicht ganz so zufällig, wie es klingt, denn bei Dampfmaschinen findet sich die Nutzung einer Energietransformation, die in der Antike technisch im Dauerbetrieb kaum beherrschbar war. Es handelt sich um Maschinen, die die *Möglichkeit* von Bewegung erzeugen – hier als Kraftaggregate bezeichnet –, während die Antike im Wesentlichen mit Arbeitsmaschinen zu tun hatte, deren Transformationsaggregate „natürliche" Kräfte nutzten (s. Kap. 8).

Zuschreibung ist eine Invariante, die sich selbst in den abstraktesten Formen biologischer Theoriebildung wiederfinden wird (s. Kap. 12, 13 und 14). Mit diesen Überlegungen beginnend erfolgt die eigentliche Präparation. Leider hat das deskriptivistische Selbstverständnis von Anatomie und Morphologie dazu geführt, dass die als *normativ* ausgezeichneten Erwartungen als *empirische* Resultate der Beschreibung charakterisiert werden – ein „Selbst-Missverständnis", dem mit guten Gründen widersprochen wurde (exemplarisch Gutmann und Bonik 1981; Bock 1988, 1989; Gould 1970; im Detail Hertler 2001).

Eine solche – im Beispiel noch sehr grobe – Strukturierung eines lebendigen Körpers mit Bezug auf dessen Nutzung zu verschiedenen Zwecken, sei es des Wachsens, des Laufens etc., evoziert sogleich die Frage danach, *wie* zu teilen sei. Gehen wir wieder vom menschlichen Körper oder dem vertrauter Lebensformen aus, zeigt sich sogleich, dass eine Teilung nicht beliebig vorgenommen werden kann. Wohlgemerkt: *dann* nicht, *wenn* die genannte Hypothese in Geltung ist. Selbstverständlich lässt sich ein (Skelett-)Muskel in beliebige Richtungen schneiden; dabei stellen sich aber verschiedene Formen von *Widerständigkeiten* ein, in Abhängigkeit von den genutzten Mitteln sowie dem Verarbeitungszustand. Dies entspricht schon lebensweltlicher Erfahrung, wenn man z. B. Schnittführungen durch rohes oder gekochtes Muskelfleisch längs und quer zur Faserrichtung vergleicht, oder diese mit der Zerteilung von Nieren und Lunge aber auch von Weidenreisern in unterschiedlichen Schnittrichtungen.

Die Möglichkeit zur beliebigen Zerteilung impliziert daher nicht, dass *jede* Zerteilung eines lebendigen Körpers für beliebige Zwecke *tauge*. *Soll* aber der Körper als ein dienlicher und tauglicher Zusammenhang dargestellt werden können (!), bedarf es einer Zerteilung, die diese Darstellung erlaubt. Dies ist trivial und klingt auf den ersten Blick zirkulär; genau genommen ist es dies aber nur, wenn wir *schon* wissen, *für welche* Zerteilungen dies gilt.

Nun ist bekanntermaßen das Zerteilen nur der erste Schritt. Der zweite besteht in der Rückbeziehung der Teile aufeinander, was aber nur geschehen kann, wenn schon bei der Zerteilung *nach Kriterien* präpariert wurde, die es erlauben, nicht nur nichtbeliebige Zusammensetzungen zu erzeugen, sondern die auf die ursprünglich gestellte Frage, warum etwas so angeordnet sei, *sinnvolle* Antworten zulassen.

Methodisch ist hieran nur bedeutsam, dass die resultierenden Beschreibungen aus einer präparativen Praxis stammen, die zu „organismischen Konstruktionen" führt, und diese sind regelmäßig anfänglich „biomechanische" Gebilde. Selbstverständlich finden sich solche Verfahren innerhalb der Biologie – im Sinne der technischen Biologie – heute unter Nutzung von Maschinentypen, die in Struktur, Funktion und Funktionsprinzipien (damit auch der auftretenden Kräfte) weit jenseits dessen liegen, was auf der Ebenen der klassischen Maschinen auch nur denkbar war. Immerhin sind diese Verfahren *der Form nach* mit jenen identisch, deren erste Schritte wir bei Aristoteles kennenlernten. Dort wurden sie aber, wie gesehen, nicht in die Modellierung weitergeführt. Dieser Schritt fand sich zu einem gewissen Teil bei Kant, entbehrte aber der Explikation des *Verhältnisses* der kausalen und der funktionalen Darstellung der Strukturen. Beides kann *hier* geleistet werden, indem die präparative Strukturierung von Lebewesen deren Beschreibung bereitstellt, „als ob" sie funktionale Einheiten wären. Der Bezug auf die Maschine *sichert* also einerseits den *kausalen* Aspekt – durch die genannten Gründe. Er erzwingt aber zugleich den *technischen,* weil die Anordnung, Kraftführung oder Energietransformation für die präparative Erstellung der organismischen Konstruktionen eine zentrale Bedeutung hat. Es ist eben ein Unterschied, ob Kräfte direkt von Muskeln über bindegewebige Transmissionsaggregate auf Knochen und schließlich wieder auf Muskeln geleitet werden, oder der Antagonismus über flüssigkeitsgefüllte hydraulische oder gasgefüllte pneumatische Hüllensystemkonstruktionen hergestellt wird (dazu systematisch Gutmann und Bonik 1981; Gutmann 1995). Denn sowohl die notwendigen Eigenschaften der verwandten Materialien differieren, wie auch die Arbeitsweise der Strukturen selber. Man denke exemplarisch an ein „klassisches" auf biegesteifen Knochen basierendes Skelett-Muskel-Arrangement, wie es adulte Vertreter höherer Vertebraten aufweisen. Gesetzt den Fall, es sei über die modellierende Rede vom Ober- und Unterarm als Hebelkonstruktion die Äquivalenz durch die Gesetze etabliert, die Hebel regieren, dann lässt sich zeigen, dass die präparative Strukturierung für verschiedene Formen von Vertebratenextremitäten demselben Beschreibungstyp zuzuordnen ist, während dies weder für Extremitäten von Spinnen gelingt noch für den Körper von *Lumbricus spec.,* wenn letzterer für ein Hydroskelett oligochaeter Anneliden stehe. Ähnliche Gleichheits- und Differenzerfahrungen gehen z. B. in Funktionszu- und -beschreibungen von Ventilationsorganen ein, wie jenen von Pferde- und Menschenlunge einerseits im Kontrast zur Vogellunge oder diesen dreien im Unterschied zu Tracheen von Insekten andererseits. Normiert ist also die *technische* Form von Zugriff und Beschreibung, an denen sich die Differenz oder Identität der jeweiligen Widerständigkeit überhaupt *erst zeigt.*

11.5   Organismus und Bionomie

Das Beispiel der einfachen Maschine könnte den Eindruck erwecken, als erschöpfe sich die funktionale Strukturierung lebendiger Körper auf biomechanische Sachverhalte. Dieser Eindruck entsteht durch eine doppelte Reduktion, einerseits von Artefakten auf Maschinen, andererseits von Maschinen auf einfache Hebelmaschinen. Zudem stehen uns im methodischen Anfang sehr viel weitergehende Bestimmungen der Leistungen von Lebewesen zur Verfügung, die sich keineswegs in Bewegungsvorgängen erschöpfen – die wir hier zudem nur in der Form der *Lokomotion* modellierten. Vielmehr können wir auch metabole, sensitive, behaviorale oder kognitive Leistungen zum Gegenstand genau jener Fragen nehmen, mit der wir das Begründungsspiel eröffnet hatten: *auf welche* Weise, also *wie* Lebewesen die Leistung X eigentlich hervorbringen, *wie* sie einen definierten Zustand erreichen oder erhalten, *wie* sie schließlich *sich selber* im Laufe ihres Lebenszyklus verändern.

An dieser Stelle wird es wichtig, den Ausdruck „Maschine" nicht nur in üblichem Wortsinn zu verwenden, sondern letztlich auf alle Artefakte auszuweiten, an welchen gleichermaßen (relevante) *kausale* Erfahrungen vollzogen werden können. Nur auf diese Weise ist der Gesamtbereich des experimentellen Wissens einzubeziehen, welches neben dem hier vorwiegend betrachteten Verlaufswissen an Lebendigem, auch solches an Nichtlebendigem, einbegreift, neben technischem und physikalischem insbesondere chemisches Wissen, wie die Umsetzung von Stoffen, deren Eigenschaften und spezifischen Widerständigkeiten.[12] Diese Erweiterung ist schon dann notwendig, wenn z. B. metabole Strukturierungen vorgenommen werden sollen, die im Übrigen im methodischen Anfang derselben Form folgen. Man denke etwa an die Nutzung von Pfeffer-Zellen für die Ermittlung osmotischer Aktivität von Pflanzen, aber auch die von geschlossenen Behältern mitsamt der notwendigen mannigfaltigen Mess- und Registrierapparaturen, welche die Ermittlung – idealerweise – aller Edukte und Produkte erlauben, die von Lebewesen unter definierten Bedingungen umgesetzt werden (Richter 1982; Strasburger et al. 1983). Auch hier ist zunächst das „ganze" Lebewesen der Adressat der jeweiligen Messung, wobei sowohl die Bedingungen variiert werden, unter denen sich die infrage stehenden Leistungen vollziehen, als auch die Identifikation von relevanten Teilen am Lebewesen (etwa die Beiträge von Wurzeln, Blättern, Teilen des Stammes etc.). Die weitere Entwicklung der experimentellen Arrangements erlaubt die immer weiter gehende Bestimmung räumlicher, zeitlicher oder stofflicher Verhältnisse – man denke etwa an die Durchflusszytometrie, die es ermöglichte, zunächst in Abhängigkeit vom Beleuchtungszeitpunkt das Auftreten von Metaboliten im Zusammenhang der Assimilation zu identifizieren, die sich etwa per Dünnschichtchromatografie (oder anderer ähnlicher Verfahren) *chemisch* charakterisieren ließen. Der letzte Schritt, die Zusammenfügung

---

[12]Ein Hinweis auf die architektonischen Modellierungen im Gefolge von Frei Otto (1977, 1979) sei hier gestattet.

dieser Resultate *als* Zyklus,[13] zeigt zudem die nichtempirischen Momente solcher Darstellungen. Auch komplexe Abläufe wie z. B. fototrope Bewegungen bei Pflanzen lassen sich durch räumliche, zeitliche und stoffliche Strukturierung von Vorgängen in diesen Organismen kausal darstellen. So führt etwa die Lichtexposition einer Seite von Maiscoleoptilen zu Bewegungen in Richtung auf die Lichtquelle. *Erklärt* werden kann dies durch *asymmetrisches Wachstum* der beiden Coleoptilenseiten, das durch die longitudinale Reorientierung der corticalen Mikrotubuli auf der lichtzugewandten Seite und eine korrelierte, verstärkt transversale Anordnung der Mikrotubuli auf der lichtabgewandten ermöglicht wird. Dieser – durch die Veränderung der Auxinkonzentration gesteuerte – Vorgang führt im Resultat zur *Biegung* in Richtung auf die Lichtquelle. Die Produktion ebenso wie der Transport des Auxins, können wiederum Gegenstand weitergehender Erklärungen werden und so fort (im Detail Nick et al. 1990).[14]

Dies sind nun alles vertraute Formen experimentellen Designs – deren Resultate aber in gewisser Hinsicht selbst für das *Verständnis* rein molekularer Vorgänge immer noch relevant sind (s. unten). Auch die Strukturierungen molekularer Vorgänge zeigen nämlich jene funktionale Form, die wir bisher nur für die methodischen Anfänge näher betrachtet hatten und um deren Iterierbarkeit es uns hier zu tun ist. Mit der Erweiterung von „Maschine" auf Artefakte unter der Bedingung kausaler Geschlossenheit, die wir als *technische* Norm für die Beschreibung der Arbeitszustände derselben auffassen, ist der anfängliche Fokus, der ja für Aristoteles überhaupt der wesentliche Bezugspunkt war, verlassen und es können andere Leistungen von Lebewesen zum Gegenstand der funktionalen Strukturierung genommen werden. Wir können dies methodisch nachvollziehen, indem wir den *Sprachebenenwechsel* für den Übergang in die biologische Beantwortung der aufgeworfenen Fragen dadurch verdeutlichen, dass wir statt von Lebewesen, von organismischen Konstruktionen sprechen – dies lässt sich auch verkürzen zu „Organismen". Dabei verändert sich aber gelegentlich der Referent

---

[13]Auch solche Zyklen kann man nicht „sehen"; sie repräsentieren *räumliche, zeitliche* und *stoffliche* Aspekte von als *Umsetzungen* beschriebenen Vorgängen „in Organismen". Diese Repräsentationen werden mit zunehmender Komplexität der Beschreibungsmittel ihrerseits komplexer (s. Kap. 12 und 13).

[14]Sehen wir hier – wie bei allen genutzten Beispielen – von der Vergänglichkeit des zugrunde liegenden Wissens ab, und nur auf die *Form* der Erklärung, dann zeigt dieses Beispiel einerseits, dass wir schon ein *funktionales* Verständnis eines Lebewesens – oder seiner Teile – unterlegen müssen, um überhaupt eine Beschreibung (als Organismus nämlich) *anfertigen* zu können, die uns eine Erklärung erlaubt. Andererseits zeigt es die *Fortsetzbarkeit* des *explanatorischen* Schemas.

der Beschreibung, denn mit dem Übergang zur Konstruktion verbindet sich ein abstraktiver Vorgang. Wir haben es nun mit einem *Begriff* zu tun, der über die Gleichheit der Resultate der *präparativen Erstellung* eingeführt wird. Damit ist – wie bei jeder Abstraktion – zugleich notwendig ein „Informationsverlust" verbunden, denn dasselbe Abstraktum kann durch verschiedene Konkreta repräsentiert werden. So können etwa hinsichtlich *eines* Kriteriums lebensweltlich *verschiedene* Schnecken derselben Konstruktion zugeordnet werden – sie haben dann *dieselbe* Konstruktion (oder denselben Bauplan). Dieser Informationsverlust stellt sich übrigens auch bezüglich anderer Strukturierungsanfänge ein, etwa mit Blick auf die biologische Taxonomie, wobei es zwischen den Hierarchieebenen des taxonomischen und denen des konstruktiven oder gar des evolutionären Systems keine *notwendigen* Beziehungen gibt (s. Kap. 14).

Es bietet sich aus demselben Grund an, wie oben von *Organismen* anstelle von Lebewesen, *nun* statt lebensweltlich von Bewegungen, Regungen oder Leistungen wie etwa „laufen", „sich ernähren", „wachsen" oder „fortpflanzen", zusammenfassend von *bionomen* Leistungen zu sprechen. Diese umfassen eine Liste mit u. a. jenen Einträgen, die Thompson als dem Leben nicht angemessene Beschreibungsform kritisierte, nämlich etwa Propulsion, Sensorik, Verhalten, Reproduktion[15] oder Entwicklung. Es handelt sich damit nicht um eine *Verdoppelung* der Beschreibung des Lebewesens, sondern um die Anzeige jener *wissenschaftlichen* Kontexte, die wir mit der Konstitution der Gegenstände *einführen* – der experimentell-präparativen Bereitstellung von *Organismen,* die zugleich der Anfang des Prozesses der Verallgemeinerung der Eigenschaftszuschreibungen ist.

Der Ausdruck „Zweck", der in der Biologie regelmäßig zu Schwierigkeiten und Missverständnissen führte, kann nun genauer gefasst werden; es handelt sich nach dem Gesagten nämlich nicht um einen Naturzweck, sondern – in der Rede vom relativen Zweck – um die Angabe von etwas, *für das* ein lebendiger Körper als Mittel dienen *soll* (s. Kap. 9). *Dieser* Zweck ist einerseits bestimmt durch dessen Leistung, wie andererseits durch dasjenige, *als was* ein Lebewesen dienen soll, nämlich die *Struktur* des Mittels.[16]

Die Rekonstruktion dieser zweiten Deutungsform der Zwecklichkeit von Organismen (nicht von Lebewesen) hat zudem den Vorteil, dass die aufgezeigten Probleme, welche sich mit Naturzweckbestimmungen verbanden, *methodisch* vermieden werden. Vielmehr ist die Strukturierung in der Logik von Zwecken

---

[15]Die organismische Darstellung solcher Leistungen beruht ebenfalls auf dem züchterischen Umgang mit Lebewesen (s. Gutmann 1996; Wright 1984a, b).

[16]Zur Unterscheidung von Funktion und Fungibilität s. Gutmann (1996).

und Mitteln weniger eine Eigenschaft von Lebewesen als unserer *Beschreibung* derselben.

Methodologisch bedeutsam ist daran, dass es nicht nur um die Unterscheidung der beiden Formen der Rede ging (jener also von Lebewesen und Organismen), als vielmehr um die Darstellung ihres *Zusammenhangs*. Dieser Zusammenhang drückt sich darin aus, dass wir nicht einfach nur funktionale Strukturierungen von Lebewesen fordern, sondern zudem, dass sich *verschiedene* Strukturierungen derselben Leistung oder dieselben Strukturierungen verschiedener Leistungen in einen *konsistenten* und *kohärenten* Zusammenhang bringen lassen. Damit ist gemeint, dass einerseits ein funktionaler Zusammenhang verschiedener Leistungen so hergestellt werden muss, dass die Bedingungen der einen, z. B. des Metabolismus, nicht jenen der anderen, z. B. der Lokomotion oder der Reproduktion, widersprechen. Zum anderen wird damit gefordert einen expliziten kohärenten[17] *Zusammenhang* dergestalt herzustellen, sodass z. B. metabole Produkte die Edukte für die Energieversorgung der lokomotorischen Einheiten sind. Wir werden die konstruktive Kohärenz und Konsistenz als eine solche *erster* Ordnung bezeichnen – im Vorgriff auf jene zweiter und dritter Ordnung evolutionärer Rekonstruktion und Narration (s. Kap. 14).

In gewisser Hinsicht ist dies die *methodische* Reformulierung der *ontologischen* These von Leibniz, die ihn zunächst in direkte Konfrontation mit kartesischen Anschauungen brachte:

> Jeder organische Körper eines Lebewesens ist demnach eine Art göttlicher Maschine oder natürlichen Automats, der alle künstlichen Automaten unendlich weit übertrifft. Denn eine durch menschliche Kunst gebaute Maschine ist nicht Maschine in jedem ihrer Teile; so hat z. B. der Zahn eines Messingrades Teile oder Stückchen, die für uns nichts Kunstvolles mehr enthalten und denen man nichts von der Maschine anmerken kann, für die das Rad bestimmt war. Die Maschinen der Natur jedoch, d. h. die lebenden Körper, sind noch Maschinen in ihren kleinsten Teilen bis ins Unendliche (Leibniz 1966, S. 450 f.).

Der ontologischen Aussage über den Maschinencharakter von Lebewesen geben wir eine *methodische* Wendung: Denn selbst wenn wir gelegentlich komplexe

---

[17]Der Begriff der Kohärenz war ebenfalls zunächst im Zusammenhang der *biomechanischen* Beschreibung von Lebewesen entwickelt worden (Gutmann und Bonik 1981). Wir wollen ihn hier *methodisch* auffassen und deshalb auf alle Formen der funktionalen Strukturierung beziehen; es ergeben sich damit unterschiedliche Formen von Kohärenz, je nach Natur der Beschreibungsmittel.

Maschinen auftreiben könnten, deren Teile wiederum Maschinen[18] wären, hätte dies doch in wenigen Iterationen eine Ende. Für Lebewesen aber lässt sich dieser Satz als Aufforderung, genauer als *Prinzip* auffassen, die Funktionsbetrachtung nicht als einen abschließenden Akt zu verstehen – dann wäre nämlich der Unterschied zu Maschinen aufgehoben und wir hätten im Wesentlichen nur wieder die aristotelische Stellung erreicht. Handelt es sich aber um ein Prinzip, das Resultat der *funktionalen* Strukturierung erneut zum Ausgangpunkt weiterer funktionaler Strukturierungen zu machen, so spiegelt die Aufforderung den *normativen* Anspruch wider, den wir der Betrachtung von Lebewesen, als ob sie Artefakte seien, unterlegt hatten.

Dieser Übergang von der Rede vom Lebendigseienden zu dessen organismischer Form hat allerdings Folgen für das Verständnis des Referenten. In der praktischen Form des Lebendigseienden hatten wir ja nicht einen Körper vor uns, dem einerseits die Eigenschaft des Lebendigen zukam und der andererseits „sich bewegte" oder „entwickelte". Vielmehr verwies uns die aristotelische Bestimmung des Lebendigseienden auf dasjenige, das ein in seiner Tätigkeit Seiendes *ist* (so deuteten wir das „τὸ δὲ ζῆν τοῖς ζῷσι τὸ εἶναί ἐστιν", *De anima*, 415 b 13). *Diese Einheit* von Tätigseiendem und Tätigkeit legt es nahe, dem Lebendigseienden auch räumliche und zeitliche Aspekte zuzusprechen. Aber erst in der lebenswissenschaftlichen Strukturierung werden Raum und Zeit als *formaler* Ausdruck der Ordnung des in Tätigkeitseins des Lebendigseienden aufgefasst. Dabei kann es dann durchaus – abhängig von der jeweiligen Strukturierung und der daraus resultierenden Beschreibung des lebendigen Körpers – in der *ordo coexistendi* zu verschiedenen Zeitlichkeiten, wie in der *ordo succedendi* zu distinkten Räumlichkeiten „desselben Vorganges" kommen.

11.5.1 Von der Metapher zum Modell

In dem Bezug von Artefakten auf Lebewesen, liegt die Möglichkeit deren *innere* Organisation zu bestimmen – das also, was Kant, in scharfer Entgegensetzung zur relativen, als *innere* Zweckmäßigkeit bezeichnete (s. Kap. 9). Diese Leistung von *explizierten Metaphern*, die wir im Weiteren als Modelle bezeichnen wollen, gilt es nun etwas näher zu betrachten. Dabei ist im Auge zu behalten, dass Ausdrücke nicht Metaphern oder Modelle *sind*, sondern als solche verwendet werden

---

[18]Diese Möglichkeit hängt trivialerweise auch von der Verwendung des Ausdruckes „Maschine" ab.

können (s. o.), woraus folgt, dass ein Ausdruck, der in einem explikativen und expliziten Theoriekontext als Modell fungiert, durch Veränderung dieses Kontextes oder Übertragung in einen anderen, *metaphorische* Funktion gewinnen kann. Wir sehen es also einem Ausdruck nicht an, ob er Metapher oder Modell *ist,* sondern wir haben ihn als einen solchen aufzufassen und die inferentiell darzustellenden Folgen für den jeweiligen Kontext, in dem er auftritt, zu ermitteln. Diese Beobachtung ist deshalb wichtig, weil sie uns das Verhältnis von Metaphern und Modellen im Zusammenhang praktischer und theoretischer Sätze als ein *generisches* und *transformatives* zu verstehen gestattet, weshalb die *Zeit* im Sinne der *Reihenfolge* eine zentrale Funktion erhält. Sind nämlich Explikationen von Metaphern in Modelle und von praktischen in theoretische Sätze gelungen, dann kann zunächst das Verhältnis iteriert werden, mit der Folge, dass einiges davon, was im theoretischen Satz als Modell fungierte, als Metapher identifiziert wird, und sich innerhalb des theoretischen Satzes die Momente des praktischen reproduzieren. Zugleich wird im Lichte des Späteren, das zeitlich Erstere zu einem bloß Möglich-*Notwendigen* – der Anfang wird aufgehoben, in dem in Kap. 6 explizierten Sinn. Nehmen wir das Beispiel der Beschreibung der Muskelfunktion, dann verbleibt der aristotelische Vergleich von Lebewesen (und ihren Teilen) mit Maschinen *innerhalb* des praktischen Redens als Metapher (s. Kap. 7). Dieser wird bei Borelli zum Modell, an dem weiterführend bestimmte Eigenschaften von Muskeln kausal expliziert werden können (z. B. bei der Frage nach der Funktion der Kontraktion). *Indem* dies geschieht, erarbeiten wir eine Bestimmung von „Muskeln" im Rahmen theoretischer Sätze, in denen die Metapher als *Modell* fungiert und expliziert wird. Gleichwohl ist die Rede vom Zugfaseraggregat, die an das Modell anschließbar schien, eine *Metapher,* wenn wir nach den kausalen Zusammenhängen der Krafterzeugung „in" den Fasern fragen. Diese kann expliziert werden durch *Modellwechsel* auf die histologische, zelluläre oder molekulare Ebene, was wiederum Explikationen erlaubt, welche einerseits die neue Metapher durch ein neues Modell ersetzen, die aber gleichzeitig innerhalb des theoretischen Kontextes neue *praktische* Verhältnisse eröffnen, jene nämlich, die mit der zugrunde liegenden experimentellen Praxis der funktionalen Strukturierung verbunden sind. Beides mündet wieder in theoretische Kontexte strenger Modellierung – bis auf Weiteres und unter gesetzten Bedingungen. Dadurch, dass der Zusammenhang von praktischen und theoretischen Sätzen nun innerhalb der theoretischen Praxis selber etabliert ist, umfasst diese eben nicht nur das experimentelle Tun, sondern die Theorie selbst als Bestandteil der Praxis.

11.5.2 Die Aufhebung des Anfangs

Die vorgeschlagene Deutung des Verhältnisses von relativen und absoluten
Zwecken führt zu einer Explikationsmöglichkeit der zugrunde liegenden, lebensweltlichen und wissenschaftlichen Wissensformen vom Lebendigen, die wir nun
weiter verfolgen wollen. Dies zeigt sich zunächst am deutlichsten in der genaueren Fassung von bloßen und eigentlichen Metaphern. Ganz unabhängig davon,
dass wir hiermit den von König angezielten Rahmen der Fragestellung verlassen,
können wir nun nämlich *definieren*, dass *eigentliche* Metaphern solche sind, die –
mindestens – eine erfolgreiche Explikation erlaubten, was aber nicht eine einfache Übersetzung bedeutet als vielmehr eine Art *Aushandlung*. Dies ist nicht
einfach eine weitere, vermutlich *bloße* Metapher, sondern bezeichnet das auch-
empirische Moment der Modellierung: erst nach *erfolgter* Explikation, häufig erst
nach *Quantifizierung* derselben, kann nämlich überhaupt gesagt werden, ob und
in welchem Ausmaß das Modell angemessen war. In diesen Vorgang des Modellierens geht das je Vorgesetzte – etwa das Lebewesen als funktionale Einheit, der
Arm als Hebel – ebenso ein, wie das je Erreichte – etwa der Zusammenhang von
Skelett und Skelettmuskeln als Seilzugkonstruktionen, der Unterarm an Oberarm
und Schulter als Hebelkonstruktion – sowie die Differenz beider.[19] Diese Differenz gibt gleichsam das Maß an, in dem die Explikation erfolgreich war, ein Maß,
das einerseits auf den Stand der jeweiligen Technik referiert, und das es andererseits erlaubt, jene Aspekte an dem Verglichenen zu benennen – und gelegentlich
zu quantifizieren –, die sich im Modell *nicht* darstellen lassen. Mit dem Letzteren
sind z. B. Abweichungen gemeint, die sich zum „Erwartungswert" ergeben, der
aus den jeweiligen Gesetzen folgen würde, die in die Explikation eingehen, unter
Zugrundelegung der spezifischen Parameter (etwa hier: Muskelquerschnitte, Kno-
chenlänge etc.). Sie können zur Ermittlung von Besonderheiten der jeweiligen
Gegenstände führen, die als funktionale Einheiten oder als deren Strukturen expliziert und strukturiert wurden. Dies betrifft etwa Unterschiede im Grad der Biege-
steifheit von Knochen im Vergleich zu andern Materialien, der Elastizitätsmodule
und andere Materialeigenschaften; im Falle der Betrachtung des „ganzen" Lebewesens etwa die fehlende Einbeziehung der „Führung" von Kräften durch Bänder,
Sehnen oder anderer Muskeln etc. Die Abweichungen können schließlich zur
Revision des Modells im Ganzen führen, bis hin zum Nachweis seiner Inadäquatheit; für diese bildet das Scheitern der (allerdings identifizierenden) Nutzung von

---

[19]*Nach* der Erarbeitung der funktionalen Verhältnisse erscheint dann die Modellierung nur
noch als *Abbildung* der modellierten organismischen Zusammenhänge.

Computern als Modelle für neuronale Verhältnisse ein gutes Beispiel, ebenso wie der Versuch, die Bewegung eines Hydroskelettes in der für vertebrate Endoskelette entwickelten Form zu beschreiben (s. Dreyfus 1992; Borelli 1989, S. 215 f.; auch Kap. 12).

Die skizzierte Bewährungsgeschichte ist aber systematisch nichts anderes, als die in die Zeit entfaltete Form der Explikation metaphorischer Zugriffe auf (noch) nicht bekannte Gegenstände in explizite Modelle. Dass es sich dabei nicht um lineare Vorgänge handelt, bedarf keiner weiteren Rede; gleichwohl wird diese Zeitlichkeit *verschwinden* in dem, was nach gewissen Erfolgen der Modellierung noch als an Artefakten und Interventionen orientierte Resultate des vergleichenden und strukturierenden Handelns erschien. Der Gegenstand „verwächst" mit den Resultaten seiner Bewährungsgeschichte und erscheint nun an sich, was er zunächst wesentlich *für den Modellierenden* war. Die Unterscheidung von eigentlicher und bloßer Metapher wäre danach nicht vorderhand zu treffen, sondern nur mit *rücksichtlich*-vergegenwärtigendem Blick auf die Bewährungsgeschichte.

Wird diese Unterscheidung aber an die Geschichte der Bewährung gebunden, ergibt sich ein *relatives* Argument hinsichtlich der Geltung des resultierenden Wissens. Denn zum einen ist ein Ende dieser Geschichte nicht bestimmbar – vielmehr können auch solche Metaphern, die eigentlich schon abgelegt waren, wieder aufgenommen werden. Zum anderen kann gerade die *nicht gelingende* Explikation zu interessanten Einsichten führen (wie etwa das mechanische Modell Descartes oder das digitale von Neumanns).

11.5.3 Modellierungen höherer Ordnung – funktionale Form von Organismen

Die Bereitstellung der Gegenstände erfolgte in der Form der präparativen Erstellung: Weder werden sie einfach hergestellt (wiewohl dies im Weiteren durchaus möglich ist),[20] noch werden sie lediglich als Naturstücke aufgefunden (wiewohl auch dies nicht ausgeschlossen ist).[21] Doch ist damit nur ein *erster* Schritt getan – an welchen sich andere derselben Form anschließen können und werden, die

---

[20]Man denke exemplarisch an Modellorganismen, die, zunächst klassisch durch Züchtung vermehrt werden.

[21]Dem widerspricht nicht die Tatsache, dass deren biologische Darstellung *in derselben Form* stattfindet, wie dies etwa mit Modellorganismen geschieht.

immer weiter in die eigentliche biologische Theorie- und Begriffsbildung hinein-führen. Diese stellen als solche kein *philosophisches* Problem mehr dar – was aber nicht ausschließt, dass sie *wissenschaftstheoretische* Probleme bereiten, wie etwa die genauere Fassung des Funktionsbegriffs.

Für unsere Überlegungen ist es gleichwohl sinnvoll, den Zusammenhang mit lebenswissenschaftlichen Erklärungen soweit zu explizieren, dass die Verbindung zwischen den eröffneten präparativen Kontexten einerseits, den Redeformen andererseits, welche sich auf jene beziehen, deutlich wird, weil die Redeformen *durch* diese die spezifischen Berechtigungen und Verpflichtungen zu Zügen im – dann biologischen – Sprachspiel erhalten.[22]

Typisch lebenswissenschaftliche Fragen, die sich nach Maßgabe *biologischer* Strukturierung einer Beantwortung zuführen lassen, wären etwa jene danach, *wie* aus einem Ei ein Huhn entsteht, *wie* die Koordination von Motorium und Senso-rium bei Flusskrebsen während des Schwanzschlages erfolgt, oder *auf welche Weise* Kolibris den Auftrieb erzeugen, der für den Schwirrflug notwendig ist. Sehen wir wieder davon ab, dass solches Wissen auf Revision angelegt ist, und mithin seine Geltung verlieren kann, und sehen nur auf die Form desselben, dann wird die Möglichkeit der Beantwortung zunächst eine Beschreibung der jeweili-gen Leistung erfordern. Für das Beispiel des Vogelfluges begreift dies die Ermitt-lung von Flugphasen, relevanten Parametern (wie Gewicht, Längen- und Flächenverhältnisse der Flügel, verfügbare Muskelmasse etc.), aber auch die Beschreibung spezifischer Bewegungen von Teilstrukturen wie der Hand- und Armschwingen gegeneinander, der jeweiligen Rotationen ein. Die Erzeugung die-ser Bewegungen lässt sich ihrerseits zurückbeziehen auf jene Elemente, die für die Krafterzeugung und -transformation relevant sind, wie Muskeln, Bindege-webe, Sehnen, Knochen etc. Dabei sind wiederum weitere relevante Faktoren zu ermitteln, wie etwa das Arrangement dieser Elemente zueinander, die für den Antagonismus der jeweiligen Muskelgruppen notwendig sind, die Kraft- und Formschlüssigkeit ihrer Anordnungen, die auch die Sicherstellung der metabolen Versorgung umfassen. Fragen wir weiter – etwa nach der Erzeugung der Kräfte, welche als Grund der Flugbewegung aufgefasst wurden –, so lassen sich nun die

---

[22]Man könnte – wenn man vom eigentlichen Scorekeeping zur Kontoführungsmetapher im engeren Sinne übergeht – auch sagen, dass durch das präparative Handeln (dessen Sonder-form das experimentelle Handeln ist) die Währung bereitgestellt wird, in der hier die Aus-handlung von Berechtigungen und Verpflichtungen geschieht.

anatomisch identifizierten Elemente – Muskeln, Bänder etc. – *morphologisch*[23] integrieren. Die eigentliche *Erklärung* wird neben den Kraft erzeugenden Elementen vor allem auch die *Kraftführungen* berücksichtigen – ein Vorgehen, das einerseits seinen Ursprung in der technischen Betrachtung von Lebewesen als Organismen hatte, andererseits die Relevanz der „Anordnung" für das Verstehen der Spezifik der jeweiligen Konstruktion unterstreicht.

Dieses Moment ist natürlich für die weitere Modellierung relevant, welche die präparative Erstellung auch auf der zellulären Ebene leitet. Hier kommen in gewisser Hinsicht ganz ursprüngliche Modellierungen (*via* Seilzüge etwa; s. Borelli 1989) wieder zu ihrem Recht, denn die Entstehung der Kräfte, welche jene Bewegung hervorbrachten, die zunächst dem Organismus im Ganzen zugeschrieben wurde, lässt sich zurückbeziehen auf die Verkürzung der Sarkomere, aus welchen die Muskelfasern gebildet werden. Auch der oben morphologisch beschriebene Antagonismus der gestreiften Muskulatur kann durch die jeweils gegentaktige Verkürzung der Sarkomere erklärt werden. Im nächsten Schritt wird diese Verkürzung zum *Explanandum,* die sich nun nicht mehr sinnvoll an Hebel-und Seilzügen orientieren lässt, sondern auf das Ineinandergleiten von Aktinfasern, deren Verschiebung mit der Konformationsänderung von Myosinelementen korreliert, und damit die Verringerung des Abstandes zwischen den Z-Scheiben verursacht. Der Zusammenhang zum Energiestoffwechsel ergibt sich, wenn nach den Gründen für diese Konformationsänderung gefragt wird, wobei auf die ATPase-Funktion des Myosins zu verweisen wäre – die chemophysikalische Energie des ATPs führt im Rahmen des Querbrückenzyklus zur periodischen Ablösung und Wiederanheftung an das Aktin. Die Gründe für das Vorliegen von ATP sind dann im allgemeinen Energiestoffwechsel zu finden, sei er anaerob *via* Glykolyse, sei es aerob *via* Citratzyklus (Eckert 1986).

Die bisher die Darstellung dominierende Analyserichtung zum Molekularen darf aber nicht den Blick dafür trüben, dass auch „horizontal", auf derselben Strukturierungsebene angesiedelt, z. B. nach den anatomisch-morphologischen, histologischen, zellulären und molekularen Grundlagen der Reizleitung und Signalsteuerung an den Endplatten gefragt werden kann.

---

[23]Der Unterscheid zwischen Anatomie und Morphologie wird regelmäßig übersehen. Er spielt in der aktuellen lebenswissenschaftlichen Debatte keine Rolle mehr, ist aber methodisch wichtig. Man könnte Anatomie als analytisch-präparatives Verfahren verstehen, das von der Differenz der Formen, an denen die Präparation erfolgt, absieht. Hingegen erarbeitet die morphologische Betrachtung die Differenz der oben als Konstruktionen angesprochenen Abstrakta (dazu Gudo et al. 2007; Gould 1970; Gutmann 1995).

11.5.4 Logik des Funktionsbegriffs

Unsere Rekonstruktion von „Organismus" hat für den Funktionsbegriff einige grundlegende methodische Folgen, die dann leicht übersehen werden, wenn wir Funktionen und Strukturen als *Natursachverhalte* auffassen und nicht als begriffliche Elemente unserer *Beschreibung* von Natursachverhalten oder Naturstücken:

- Zum einen ist die funktionale Askription nicht atomar, sondern relational. Es ließe sich also der *regulativen* Fassung des *Kausalprinzips,* die Welt so zu betrachten, „als ob sie" in Ursache-Wirkungs-Zusammenhängen organisiert sei, eine solche des *Funktionsprinzips* an die Seite stellen, nämlich Lebewesen so zu betrachten, „als ob sie" in Funktions-Struktur-Beziehungen organisiert seien (s. Kap. 9). Ganz analog würden wir damit zugleich erwarten, dass eine – empirisch – identifizierte Funktion keine abschließende Beschreibung des Sachverhalts liefere.
- Wir *erwarten* zum zweiten, dass die jeweilige Funktion in ihrer kausalen Darstellung von den Beschreibungsmitteln abhängt, die ihrerseits das jeweilige Erkenntnisinteresse reflektieren.
- Doch kommt noch ein drittes Moment hinzu, welches insbesondere in dem später zu behandelnden systemischen Argument zu starken ontologischen Spekulationen führt, und das bis in die Systembiologie hinein eine regelrechte Pathosformel darstellt. Gemeint ist der notwendige Bezug auf den „größeren" Zusammenhang – seien es die „NHJ" bei Thompson, seien es die „wholes" bei Bertallanffy – oder die entsprechende Rede innerhalb der synthetischen Biologie (s. unten). Dieses holistische Moment können wir nun sehr genau verorten, denn „das Ganze" ist nichts anderes, als der *Begriff* der funktionalen Einheit, auf welche wir – praktisch – Lebewesen gebracht hatten. Dieser Begriff ist selber eine *normative* Einheit von Anweisungen, nach welchen Lebewesen weniger zu betrachten als mehr zu *handhaben* sind.

Das – begrifflich vorausgesetzte – Ganze erzwingt also die Form der – möglichen – Strukturen, wie umgekehrt, die resultierenden Strukturen, die Bedingungen des – möglichen – Ganzen anzeigen. Diese doppelte Bestimmtheit von Struktur und Konstruktion hat weitgehende Folgen für die biologische Praxis und das Verständnis ihrer Resultate. Damit wird die Auszeichnung der Strukturen von der Form der funktionalistischen Präparation des Lebewesens und seiner Teile abhängig. Erst bezogen auf diesen Kontext bestimmt *sich* die Differenz zum *einheitshabenden* Körper des Lebendigseienden, denn erst in der lebenswissenschaftlichen Strukturierung lassen sich zeitliche, räumliche, stoffliche und sonstige Differenzen der Vorgänge bilden, die „an" oder „in" dem Lebewesen als Konstruktion „vor sich gehen". *Erst in dieser Strukturierungsform zeigen sich* die Heterochronien, -topien oder -tropien bezüglich des präparierenden Beobachters einerseits, der durch die Präparation eröffneten „Ebenen" der organismischen Konstruktion andererseits – die Tätigkeit, welche *praktisch* die Einheit des Lebendigseienden verbürgte, wird in ihrer lebenswissenschaftlichen Strukturierung zur *formalen* Einheit als *Bionomie* des Organismus. Es wird dann möglich, die *Einheit* eines Lebendigseienden durch die Einheit der verschiedenen zeitlichen, räumlichen, stofflichen etc. Muster der organismischen Vorgänge auszudrücken. Diese Einheit ist nun aber keine unmittelbare der Tätigkeit des Lebendigseienden mehr, das ein *Einheitseiendes* war, sondern dieses wird in der Form seiner Strukturierung zu einem *Einheithabenden.*

11.5.5 Unterbestimmtheit der Strukturen

Der methodische Anfang versorgte uns – wie gesehen – mit ersten Bestimmungen von Teilen, deren Darstellung uns einen ersten begrifflichen Zusammenhang zu explizieren gestattete, nämlich jenen der funktionalen Einheit. Doch schon auf dieser Ebene der noch enthymematischen oder endoxalen Begriffsbildung gilt, dass aus den analytisch erhaltenen Teilen das Ganze *weder* gebildet *noch* aufgebaut werde. Das Erstere ergibt sich gleichsam von selber, denn die Teile waren Resultat *unserer* Zerteilung der lebensweltlich vertrauten Lebewesen, sodass die Umkehrung der Operation nicht zum Edukt zurückführt – oder jedenfalls nicht führen muss, denn gelegentlich gelingt dies z. B. bei Mischungen von Stoffen; bei Lebewesen regelmäßig nicht.[24] Ebenso wenig gilt aber, dass das Lebewesen aus diesen Teilen „aufgebaut" sei, im *methodischen* Sinne. Damit ist gemeint, dass der Ausgang von lebensweltlich einsichtigen Teilen (wie etwa Beine, Arme, Hirn) nicht identisch sein muss mit der Bestimmung jener *Strukturen,* welche die Elemente der Konstruktion bilden. So lässt sich zwar *sagen,* dass z. B. die Beine bei der Erzeugung der Laufbewegung eine funktional bestimmbare und kausal darstellbare Rolle haben, nicht jedoch gilt, dass „die Beine" laufen – sondern vielmehr das Lebewesen.

Der Ausgang von dieser *holistischen Askription* erlaubte es uns überhaupt erst, sinnfällige Strukturen auszuzeichnen, welche die geforderte Leistung

---

[24]Die Fälle, die für Tiere in Betracht kommen, sind lebensweltlich unvertrauter Natur, wie etwa Dictyostela, Poriferen oder Coelenteraten (im Überblick Westheide und Rieger 1996).

erbringen. Dass es sich aber nur um eine „Teil-"Leistung handelt, ergibt sich, wenn wir die *Bedingungen* der Funktionsausübung in Betracht ziehen – zu welchen u. a. die Vorspannung der Wirbelsäule, die Einbeziehung der Muskulatur des Beckenbereiches etc. gehören. Die *Bedingungen* sind aber *ebenso* Leistung jener Konstruktion, deren Teile wir analytisch identifiziert und präpariert hatten als Träger der Leistung (eben Laufen). Diese *meristische Reduktion* hat zur Folge, dass dabei der Ausdruck „Bein" auf mehrfache Weise verstanden werden kann, einmal *lebensweltlich* im methodischen Anfang und ein weiteres Mal *lebenswissenschaftlich,* etwa biomechanisch mit Blick auf die weiteren Verbindungsstrukturen. *Innerhalb* des biologischen Sprachspiels können dann noch weitere Strukturierungsregeln hinzutreten, wie etwa im entwicklungsbiologischen oder evolutionsbiologischen Kontext, die nicht identisch sein müssen mit den – hier – biomechanisch identifizierten.

Damit bestimmt die Konstruktion als begrifflich-präparativer Rahmen die Identifikation der Strukturen und Elemente – und mithin kommt es im „Naming" von Strukturen zu Homonymien (einige Beispiele für „typische" Formen *qua* Äquivalenz gibt Goodwin 1994, S. 181 ff.). Dies gilt nicht nur innerhalb eines Konstruktionstyps (wie hier exemplarisch in der taxonomischen Einheit höherer Vertebraten – Mammalier – bestimmt), sondern übergreift selbstverständlich auch den trivialen und wohlbekannten Fall des Vergleichs zwischen unterschiedlichen Konstruktionsniveaus.

Die Bedeutung dieser Unterscheidungen wird erst im Zusammenhang der evolutionären Rekonstruktion deutlich werden, *hier* dienen sie nur der organismischen Taxierung (s. Kap. 14). So haben die *Beine* von Pferden und jene von Flusskrebsen nur den Namen gemeinsam, repräsentieren aber grundlegend andere Strukturen und insofern Konstruktionstypen. Tatsächlich lassen sich einige der großen Theoriedebatten innerhalb der Biologie mit solchen Divergenzen der logischen Kontexte von Ausdrücken in Zusammenhang bringen – man denke exemplarisch an den Archimerenstreit, dessen Ausläufer bis zur Auszeichnung des Zootypes mit Blick auf homöotische Gene reichen, und der letztlich noch die Differenzbildung zwischen Ecdysozoa, Lophotrochozoa und Deuterostomia bestimmt (s. Syed et al. 2007; Gutmann und Syed 2013). Dies ist nicht Ausdruck der Nachlässigkeit lebenswissenschaftlicher Begriffsbildung (die damit nicht bestritten sei), sondern vielmehr *notwendige* Folge der Transformation wissenschaftlicher Praxis – deren Element die Theoriebildung selber ist. Damit bestätigt sich für die Biologie ein Diktum Cassirers, das – hier auf astronomische Theoriebildung bezogen – der Tatsache Rechnung trägt, dass Praxis nichts anderes ist, als die Einheit der *Selbsttransformation* der Tätigkeit:

Kein einzelnes astronomisches System, das Kopernikanische so wenig wie das Ptolemäische, sondern erst das Ganze dieser Systeme, wie sie sich gemäß einem bestimmten Zusammenhang stetig entfalten, darf uns demnach als Ausdruck der „wahren" kosmischen Ordnung gelten (Cassirer 1980, S. 427).

Da wir Wissenschaft von vornherein als Tätigkeitsverhältnis aufgefasst haben, als eine durch den Einsatz und die Entwicklung von Mitteln charakterisierbare Praxis, gilt auch für die Lebenswissenschaft, dass die innerhalb der Theorie (die ein Element der Praxis ist) auftretenden Begriffe die Invarianten der Transformation dieser Praxis sind. Deren *Bedeutung* lässt sich aber nur mit Blick auf die jeweilige Transformation der Praxis explizieren. *Dass* wir (!) sowohl die mendelschen Faktoren wie die homöotischen Funktionseinheiten mit dem Ausdruck des Gens belegen, zeigt deutlich, dass das inferentialistische Verständnis von Wissenschaft erst durch *tätigkeitstheoretische* Reflexion die Explikation solcher Ausdrücke *ermöglicht* wird.

11.6 Experiment und Theoriebildung als Invarianten biologischer Erklärung

Wir können nun an den Anfang unserer Überlegungen zurückkommen, der u. a. durch die These gebildet wurde, dass Erklären als praktisches Tun ein selbstverständliches – und vermutlich notwendiges, jedenfalls aber *notwendig* mögliches – Moment eines Tätigkeitsverhältnisses sei. Wissenschaftliches Erklären unterscheidet sich in gewisser Hinsicht *eben auch* der Form nach von solchem wesentlich *praktischen* Tun – wobei deren formale Strukturen mehr oder minder unstrittig sind, ohne dass dies für *Bedingungen* ihres Verständnisses gilt (s. Nagel 1979; Hartmann 1993). Wir hatten daher auf die Notwendigkeit verwiesen, die Transformation der Tätigkeitsverhältnisse selber in den Blick zu nehmen, ausgehend von solchen Formen, die durch enthymematische oder endoxale Reden artikuliert werden, hin zu stark standardisierten Formen des experimentellen Handelns. Dies erwies sich als notwendig, weil die Bedingungen des Gelingens wissenschaftlichen Erklärens nicht nur zu ermöglichen, sondern zu erzwingen sind – und zwar durch das als „Standardisierung" angesprochene Tun. In dem Maße, in welchem die Funktionalisierung der Umgänge mit Lebewesen voranschreitet, wird auch deren Funktionalisierung selbst erfolgen. Genau dies ist aber die *begriffliche* Bestimmung experimentellen Handelns – in den Lebenswissenschaften –, nämlich als manipulative Praxis, welche die Bedingung der Möglichkeit von Theorie beinhaltet. So werden gewisse Korrelationen oder Zusammenhänge aus funktionalen Strukturierungen ableitbar sein, die durch Konstruktion geeigneter Experimentalsysteme gleichwohl erst zu bestätigen sind, wie umgekehrt solche Korrelationen Anlass z. B. kybernetischer Modellierungen sein können – man denke exemplarisch an Substratinduktion oder Endprodukthemmung im Laktoseoperon (lac-Operon). Ohne dass dieser Zusammenhang hier näher expliziert wurde – einiges davon ist Aufgabe der nächsten Kapitel –, dürfte deutlich geworden sein, dass Theoriebildung und experimentelles Handeln *analytische* Unterscheidungen an dem als Tätigkeitsverhältnis aufgefassten wissenschaftlichen Tun selbst sind.

Die funktionale Strukturierung kann daher bis hin zum Übergang in die rein organismische Form führen, die uns in Systembiologie und synthetischer Biologie entgegentritt, in welcher Lebewesen überhaupt nur noch bezüglich ausgezeichneter Funktionalität als Einheiten auftreten. Mit der Theorieform der Rede über Lebendiges ist aber zugleich die *Rückwirkung* auf unseren Ausgangspunkt zu reflektieren, der sich – jedenfalls der Erwartung nach – verändert haben wird. Es war dies ja eine der wesentlichen Einsichten der an König entwickelten Überlegungen, dass es sich bei der Explikation von Metaphern um einen doppelläufigen Vorgang handelt (s. Kap. 6).

Die biologische Theorieform ist aber gleichwohl bis jetzt nur in der Weise angesprochen, als sich neben *ersten Begriffen* aus der Konstitution biologischer Gegenstände, insbesondere durch Iteration der Modellierung und kohärente Extension, weitere Ebenen der begrifflichen Konstruktion ergeben haben. Dies führt dazu, dass wir uns in der Entfaltung biologischer Praxis zusehends weiter von den jeweiligen lebensweltlichen Anfängen entfernen. Die eigentümliche *Entfremdung,* die Husserl in dem Verlust der Lebensbedeutsamkeit der Wissenschaft als spezifisch modernen Prozess ausmachte und insbesondere anhand von Physik und Mathematik thematisierte, erweist sich aber bei genauerer Betrachtung als ein doppelläufiger Prozess (s. Gutmann und Rathgeber 2011):

1. Zum einen und zunächst handelt es sich tatsächlich um einen *Verlust* der „ursprünglichen Füllen" des lebensweltlichen Umganges. Durch Abstraktion und deren Iteration kommt es zur Gesetzesbildung und damit zur Etablierung einer Gegenwelt. Genau genommen wird nicht eine wie auch immer vorgegebene Welt verdoppelt als vielmehr an der Wirklichkeit – im wörtlichen Sinne, als das durch Wirken an etwas und dessen Gegenwirkung – ein Feld der *Möglichkeit* bestimmt, das als Konzept die Lebenswelt zu einem bloßen *Fall* werden lässt. In der Tat ist die ursprüngliche Lebensbedeutsamkeit damit verloren gegangen, was sich nach Husserl etwa an der Entwicklung der Geometrie z. B. aus der – namengebenden – Feldmesskunst dokumentieren lässt. Indem die

wirkliche Welt zu einer *bloßen* Möglichkeit wird, verliert sie zugleich auch ihre fundamentale Funktion gegenüber der zunächst bloß möglichen der wissenschaftlichen Begriffsbildung.

2. Das eigentümlich *Tragische* dieses Prozesses liegt aber nun darin begründet, dass der angezeigte Modus der Entwicklung wissenschaftlicher Begriffe gleichsam die Bewegungsform des wissenschaftlichen Geistes benennt, womit die Entfernung von der lebensweltlichen Basis nicht etwa ein Widerfahrnis, eine zu vermeidende Entwicklung wäre, sondern die Bewegungsform der Transformation der Wissenschaften selber bezeichnete.

Die von uns gewählten methodischen Anfänge haben daher ihren durchaus *historischen* Ort *innerhalb* der Entwicklung der Wissenschaft selbst. Diese ist nicht absolut zu begründen, sondern nur relativ – zu jenen Praxen, die als lebensweltliche in der Form enthymematischer und endoxaler Schlüsse artikuliert sind.

Theoriebildung als Praxis 12

Bisher wurde der Begriff „System" sehr sorgfältig vermieden – es hatte dies kategoriale Gründe, denn bisher war es für die begriffliche und praktische Struktur der Theorie der Biologie nicht notwendig, Systeme einzuführen. Wenn dies nun an dieser Stelle geschieht, dann nicht etwa, um einem allgemeinen Trend nachzugeben – es findet sich ja das System prominent als Namensgeber einer ganzen biologischen Disziplin, die wir weiter unten analysieren wollen. Vielmehr erlaubt uns die Nutzung systemtheoretischer Elemente eine gezielte Erweiterung der bisherigen Gegenstandskonstitution. In gewisser Hinsicht eröffnen systemtheoretische Mittel die eigentliche *biologische* Theoriebildung, zumindest dann, wenn sie als *beschreibungssprachliche* Mittel so weit rekonstruiert und rekonfiguriert sind, dass sie den hier geforderten *methodischen* Ansprüchen tatsächlich genügen. Ist eine solche Rekonstruktion gelungen, dann hat dies zwei für das Projekt einer konstruktiven theoretischen Biologie relevante Konsequenzen:

1. Auf diese Weise wird der Übergang von der Praxis vollzogen, innerhalb derer die Theorie nur die Funktion der systematischen Strukturierung von Gegenständen und der Bereitstellung der daraus resultierenden materialen Inferenzen hatte, hin zur Theorie als eigenständiger Praxis. Innerhalb dieser treten die praktischen Bestände zwar immer noch auf, sie haben aber jetzt eine andere *Funktion,* indem sie auf die innerhalb der Theorie abgeleiteten Verhältnisse als Plausibilisierungsinstanzen wirken. Sie sind damit nicht überflüssig, stellen aber gemessen an der Entfernung von den methodischen Anfängen in immer geringerem Ausmaß Wissen bereit, das unabhängig von biologischem Wissen im entwickelten Sinne gilt. Etwas anders formuliert, ist die Theorie als Praxis das eigentliche Medium der Entwicklung der Wissenschaft selber.

© Springer Fachmedien Wiesbaden GmbH 2017
M. Gutmann, *Leben und Form,* Anthropologie – Technikphilosophie –
Gesellschaft, DOI 10.1007/978-3-658-17438-5_12

2. Damit verlassen wir in zunehmendem Maße die Theorie der Biologie, in der
wir uns bisher bewegten, und wenden uns der theoretischen Biologie in konst-
ruktiver Form zu, für die der Begriff des Systems von Bedeutung ist. Dies gilt
einerseits faktisch, durch dessen bloße Verwendung, woraus sich gleichsam
von selber der Auftrag der *wissenschaftstheoretischen* Reflexion seines Status
ableitet. Andererseits gilt dies aber auch *methodisch* insofern, als mit der allgemeinen Systemtheorie sich Ansprüche verbanden, die explizit den Gegenstand der Theorie der Biologie bilden (s. unten). Es ist also für den Übergang
zur theoretischen Biologie ebenfalls von Bedeutung, diese Dimension des
Begriffs „System" einer Prüfung zu unterziehen.

Um einerseits die Bedingungen ihrer Verwendung eruieren zu können, andererseits ihren methodischen Status zu identifizieren, bedarf es zunächst einer Sich-
tung systemtheoretischer Kategorien.

12.1 Grundlagen der Systemtheorie aus Sicht der Wissenschaftstheorie

Eine der folgenreichsten Formulierungen, jene von Bertalanffy, scheint sich
zunächst in heute vertrauten Anschauungen zu bewegen, denn Systeme werden
als ubiquitär anzutreffende Gegenstände aufgefasst, für welche gilt:

> Not only are general aspects and viewpoints alike in different sciences; frequently
> we find formally identical or isomorphic laws in different fields. In many cases,
> isomorphic laws hold for certain classes or subclasses of "systems", irrespective of
> the nature of the entities involved. There appear to exist general system laws which
> apply to any system of a certain type, irrespective of the particular properties of the
> system and of the elements involved (Bertalanffy 1969, S. 37).

Die damit formulierten Ansprüche einer allgemeinen Systemtheorie betreffen also
mehrere Ebenen, da sowohl die Gegenstände, als Systeme, „gleich" seien und
mithin denselben Gesetzen folgten, wie auch das Wissen von ihnen – unabhängig
von der möglichen materialen Differenz – ein selbiges sei. Insofern dies gilt,
muss es möglich sein, zu einer echten Integration eben dieser unterschiedlichen
Wissenschaften und Wissensformen[1] zu gelangen, was von Bertalanffy auch

---

[1]Bertalanffy behauptet tatsächlich beides; hier genügt es aber, die Abhängigkeit des Systems von anderen begrifflichen Strukturen so weit zu entwickeln, dass dessen kategorialer
Status hinreichend dargestellt werden kann.

angestrebt wird. Die Vermutung der Vorfindlichkeit unterschiedlicher Systeme verdeckt aber, dass es auch innerhalb der Form des Systemseins Unterschiede gibt, deren Berücksichtigung für die Vereinheitlichungsfunktion der Systemtheorie essenziell ist. Denn während „konventionelle" Physik im Wesentlichen auf geschlossene Systeme referierte – wie etwa Bertalanffys Darstellung der thermodynamischen Grundannahmen zeigen sollen –, ließen sich Systeme finden, denen das eigentliche Augenmerk der Systemtheorie gilt, nämlich „offene" (Bertalanffy 1969, S. 39). Wir blenden für die weitere Darstellung die für Bertalanffy und die zeitgenössische Diskussion noch relevante Frage nach der Adäquatheit der Abgrenzung zur Physik hier aus, deren Beantwortung davon abhängt, ob und in welchem Maße die Darstellung physikalischer Systeme tatsächlich an „Gleichgewichtsbedingungen" gebunden ist und wie sich die Entstehung von Ordnung mit den Gesetzen der Physik verträglich beschreiben lässt (dazu etwa Schrödinger 1989; Heisenberg 1987; Bohr 1987). Offene Systeme jedenfalls sind durch besondere Merkmale bestimmt, die sie von geschlossenen unterscheiden; zunächst eben die Tatsache, dass sie von Energie und Materie „durchflossen" werden, sich in ihnen „Äquifinalität" zeige (denn hier könne, im Gegensatz zu geschlossenen Systemen, ein und derselbe Endzustand durch verschiedene Anfangsbedingungen erreicht werden) sowie eine gewisse Tendenz, den zweiten thermodynamischen Hauptsatz zu „verletzen" (weil Entstehung von Ordnung „gegen" die Entropiezunahme möglich sei). Die allgemeine Systemtheorie bedeutete – so Bertalanffy – eine erhebliche Verallgemeinerung der Physik selber, sodass die genannten Differenzen letztlich als Scheinwidersprüche auflösbar seien.

Doch ist damit noch nicht geklärt, was eigentlich unter dem Ausdruck „System" verstanden werden soll. Zunächst ist nur klar, dass ein System ein Komplex von „Elementen" ist – eine Bestimmung, deren Vagheit hingegen weder akzeptabel sei noch hingenommen werden müsse (Bertalanffy 1969, S. 38). Eine genauere Darstellung der Rede von Elementen zeigt, dass diese durch drei Unterscheidungen bestimmt werden, nämlich hinsichtlich ihrer Zahl, ihrer Art und der Relationen untereinander. Im einfachsten Fall ergäben sich Komplexe, deren Eigenschaften *summativ* aus denen der Elemente folgten – es ließen sich also auch *keine* Unterschiede ausmachen zwischen dem Fall, dass sich das Element inner- oder außerhalb des Systems befinde, wie das Beispiel des Molekulargewichts zeige. Für *konstitutive* Elemente gelte dies allerdings nicht, denn deren Eigenschaften hingen spezifisch von den Relationen ab, die sie innerhalb des Systems ausbilden. Als Beispiel gelten allgemein „chemische Eigenschaften", wie etwa das Auftreten von Isomerie (Bertalanffy 1969, S. 55). Elemente seien zunächst als *gegeben* und *atomar* anzunehmen, wobei sich der Unterschied von summativen und konstitutiven Komplexen ergibt unter Berücksichtigung der

Relationen zwischen den Elementen. Insofern kann auch die Rede von „emergenten" Eigenschaften einfach aufgenommen werden, denn diese sind „not explainable from the characteristics of isolated parts" (Bertalanffy 1969, S. 55). Ob dies als „Lösung" des Emergenzproblems gelten kann, muss hier nicht interessieren; methodologisch sind aber zwei Aspekte für ein konstruktives Verständnis von System und Element wichtig:

1. Ein Komplex *konstitutiver* Elemente ist identisch mit dem, was durch den Ausdruck „Ganzes" bezeichnet wird.
2. Es werden mindestens *zwei* Beschreibungen zugleich benötigt, um zu einer systemtheoretischen Strukturierung von Gegenständen zu gelangen, nämlich einerseits die resultative des Systems und seiner (!) Elemente und andererseits eine solche des Gegenstandes, der *als* System strukturiert wird.

In der weiteren Darstellung der Systemtheorie zielt Bertalanffy im Wesentlichen auf die rein *formalen* Aspekte dessen ab, was als System mit seinen Elementen konstitutiv in Erscheinung treten kann, wobei eine letztlich axiomatische Form angestrebt wird, die das physikalische Vorbild der Theorie verdeutlicht (Bertalanffy 1969, S. 55). In dieser allgemeinen Form würde die Systemtheorie zu einer Theorie *aller* Systeme, sodass nun eine Äquivalenzklasse über den Prädikator „strukturierungsgleich" gebildet werden kann, wenn wir die aufgeführten Bestandteile als „Strukturierung" verstehen. Invariant also zu den jeweils spezifischen Elementen, seien es Zellen, morphologische Individuen, Arten, Kristalle oder Bücher, zu den Relationen zwischen diesen (sei es „Signaltransduktion", „Verhalten", „Reproduktion", „Bindungswinkel" oder „Thema") kann von einem „System" gesprochen werden, wenn es die genannte Struktur *darstellt*. Insofern gelten dann für alle diesen Begriff von System explizierenden Gegenstände auch dieselben Eigenschaften und Regeln.

Folgt man dieser Bestimmung von System, dann ist jederzeit eine Hierarchisierung von Systemen möglich, und zwar sowohl nach der Seite der Elemente wie der Systeme, denn ein Element kann selber als System (von Elementen, die dann Subelemente wären) verstanden werden, wie umgekehrt ein System als Element eines Supersystems (das dann auf die gegebenen Elemente als Subelemente referierte). Das von Bertalanffy angeführte Beispiel der Hydra oder der Planarie, die einerseits Individuen sind, andererseits zerteilt werden können und u. U. mehrere Individuen regenerieren, zeigt diese Möglichkeit an. Durch den Bezug *materialiter* verschiedener Gegenstände auf ein und dieselbe Beschreibungsform – die des Systems nämlich – ergibt sich zudem notwendig, dass die Eigenschaften der gewählten Beschreibung gleichermaßen von diesen Gegenständen auszusagen sind. Dies erlaube es z. B. „Finalität" einzuführen als Eigenschaft aller so beschriebenen Systeme. Im Gegensatz zur „anthropomorphen" Rede, die etwa auf einen Schöpfer abziele, welcher Zwecke in unterschiedlichste Gegenstände implementiere (bis hin zur besten aller möglichen Welten), ließe sich Finalität als Resultat der Nutzung ein und desselben Prinzips verstehen, nämlich jenes des minimalen Abstands vom Gleichgewicht:

> We may express this as follows. In case a system approaches a stationary state, changes occurring may be expressed not only in terms of actual conditions, but also in terms of the distance from the equilibrium state; the system seems to "aim" at an equilibrium to be reached only in the future. Or else, the happenings may be expressed as depending on a future final state (Bertalanffy 1969, S. 75).

Durch die Orientierung an dem Prinzip der kleinsten Wirkung scheint zugleich eine nichtteleologische Formulierung zwecklicher Bestimmungen möglich, was durch die paradoxal klingende Rede von der Abhängigkeit von zukünftigen Zuständen eines Systems ausgedrückt wird. Doch auch weitere Eigenschaften gelten von jenen *als Systemen* beschriebenen Gegenständen gleichermaßen, wie etwa die hierarchisierte Ordnung, die Ganzheit etc. Daraus ergibt sich für Bertalanffy die Möglichkeit, Systemtheorie als eben jene Form der Darstellung von Gegenständen – inklusive des Lebendigen – zu verstehen, welche die Einheitswissenschaft der Realisierung einen Schritt näher brächte (Bertalanffy 1969, S. 87). Diese rede zwar nicht notwendig einer „ultimate reduction" das Wort, welche sich anheischig mache, alle Gesetzmäßigkeiten inklusive jener der Biologie auf die der Physik zu reduzieren. Immerhin aber sei es durch die Systemtheorie möglich, „structural uniformities" zu identifizieren, die im Sinne von Homologien alle Gegenstandsbereiche gleichsam vertikal strukturierten. Systemtheorie wäre die allgemeine Theorie dieser Gegenstände – jedenfalls ihrer Form – und lieferte mithin auch das zentrale einheitliche Instrument der *Erklärung,* auf welches letztlich alles wissenschaftliche Bemühen hinausliefe – und dies in einer eindeutigen Sprache, die nicht nur mit alten Gespenstern aufräume (wie etwa dem Vitalismus der Biologie), sondern zudem die Quantifizierung von Qualitäten zulasse (Bertalanffy 1969, S. 86). In der Tat scheinen sowohl die vorgestellte Theorieperspektive wie auch die aus ihr seit mehreren Dezennien erwachsenden Resultate in den verschiedensten Disziplinen zumindest eine gewisse Plausibilisierung dieser Vermutung zu erlauben; gleichwohl evoziert dies aber die Frage nach dem Grund in der Sache.

12.2   Strukturebenen systemtheoretischer Beschreibungen

Bertalanffy weist gelegentlich darauf hin, dass die Vereinheitlichung verschiedenster Gegenstandsbereiche nicht einfach nur eine Sache der Beschreibung derselben sein könne – eine solche wäre auf dem jetzigen Stand der Entfaltung des systemtheoretischen Arguments noch nicht überraschend, sondern erwartbar, denn es handelt sich bisher um eine Beschreibung von etwas nach Maßgabe von Regeln oder Gesetzen, denen es als folgend bestimmt ist (also κατὰ τὸν λόγον). Denn nur auf der Grundlage dieser Vermutung ist es überhaupt sinnvoll möglich, zwischen bloßen Analogien und Homologien zu unterscheiden. Analogien seien – mit Blick auf Lebendigseiendes – „superficial" und würden mit Bezug auf die *simulacra vitae* expliziert, exemplarisch belegt am Kristallwachstum oder dem Verhalten osmotischer Zellen. Die Differenz aber läge begründet darin, dass in beiden Fällen *unterschiedliche* Gesetze gälten. In dieselbe Kategorie gehörten danach Vergleiche von Populationen mit Individuen, welche es erlaubten, von der Geburt, dem Aufwachsen, schließlich Altern und Sterben der ersteren zu sprechen. Im Unterschied dazu lägen bei echten Homologien identische Gesetze vor, was es gleichwohl erlaube, dass die „efficient factors" differierten (Bertalanffy 1969, S. 84). Nun hatte aber die Untersuchung der konzeptionellen Fehler der „anthropomorphic interpretations" gerade die folgende Einsicht erbracht:

> The conceptual error of an anthropomorphic interpretation is easily seen. The principle of minimum action and related principles simply result from the fact that, if a system reaches a state of equilibrium, the derivatives become zero; this implies that certain variables reach an extremum, minimum or maximum; only when these variables are denoted by anthropomorphic terms like effect, constraint, work, etc., an apparent teleology in physical processes emerges in physical action (…) (Bertalanffy 1969, S. 76).

Der kurze Hinweis von Bertalanffy, dass Homologien gleichwohl auf unterschiedliche "efficient factors" zurückzuführen seien, kann als Unaufmerksamkeit gelesen werden. Sie lässt sich aber auch verstehen als Anzeige der Notwendigkeit, neben der, *formaliter,* die *explanatorischen* oder *explikativen* Strukturen bereitstellenden systemtheoretischen Beschreibung – mindestens – *eine weitere* Beschreibung zur Verfügung zu haben, um *überhaupt* zu einer systemtheoretischen Beschreibung kommen zu können. Tatsächlich ist Bertalanffy nicht gezwungen, diesen Aspekt weiter ausführen, denn die Frage danach, *wie* Systeme zustande kommen, wird letztlich delegiert an eine passende Ontologie:

> Reality in the modern conception, appears as a tremendous hierarchical order of
> organized entities, leading, in a superposition of many levels, from physical and
> chemical to biological and sociological systems. Unity of Science is granted, not
> by a utopian reduction of all sciences to physics and chemistry, but by the structural
> uniformities of the different levels of reality (Bertalanffy 1969, S. 87).

Dadurch, *dass* die Realität selber die vorzügliche Eigenschaft hat, gerade so organisiert zu sein, wie es für die Nutzung systemtheoretischer Beschreibungen und Strukturierungen hinreichend ist, entfällt in der Tat die Notwendigkeit eines Ausweises des Geltungsursprunges der Rede von „Systemen in der Natur".[2] Auch wenn nicht eine starke Reduktionshypothese vertreten werden soll – unterschiedliche „Ebenen" der Hierarchie der Natur sind auch seitens der Systemtheorie zugelassen –, so muss doch, allein um „echte" von „unechten" Homologien unterscheiden zu können, der Bezug auf diese Ebenen selber schon möglich sein – und zwar ohne erneuten Bezug auf die systemtheoretische Beschreibung. Wäre dies nicht möglich, dann wäre allein die Tatsache, dass verschiedene „levels or strata of reality" (Bertalanffy 1969, S. 87) sich gemäß denselben Gesetzen beschreiben ließen (hier den systemtheoretisch formulierten Korrelationen und Abhängigkeiten) schon *hinreichend* dafür, deren Identität zu fordern. Dies widerspräche aber gerade der Aussage, dass es sich um „verschiedene" handele.

12.3 Leben als Leistung

Ein besonderes Anliegen der Systemtheorie bestand in der – heute allerdings nicht mehr relevanten – Auseinandersetzung mit dem Vitalismus. Methodisch von Interesse ist aber nach wie vor die Weise, in welcher Leben innerhalb der Systemtheorie bestimmt wird, zeigt sich daran doch ein wesentliches Moment ihrer Abhängigkeit von anderen Begriffen. Was Leben ist, ergibt sich für Bertalanffy mit Blick auf den Unterschied, der zu machen sei zwischen einem lebendigen, einem toten und einem kranken Lebewesen:

> From the standpoint of physics and chemistry the answer is bound to be that the
> difference is not definable on the basis of so-called mechanistic theory. Speaking in

---

[2]Der Geltungs- soll vom Entstehungsursprung unterschieden werden; für die Ermittlung des letzteren gibt es einige systemtheoretische Versuche (etwa Ebeling und Feistel 1986). Diese sind allerdings weiteren methodischen Kritiken ausgesetzt, die wir hier nur in Ansätzen entfalten können. Auf die Geltungsprobleme, die aus dem Übergang von „Es gibt kein Leben" zu „Es gibt Leben" resultieren, kommen wir aber zurück (Kap. 14).

terms of physics and chemistry, a living organism is an aggregate of a great number of processes which, sufficient work and knowledge presupposed, can be defined by means of chemical formulas, mathematical equations, and laws of nature. These processes, it is true, are different in a living, sick or dead dog; but the laws of physics do not tell a difference, they are not interested in whether dogs are alive or dead. This remains the same even if we take into consideration the latest results of molecular biology. One DNA molecule, protein, enzyme or hormonal process is as good as another; each is determined by physical and chemical laws, none is better, healthier or more normal than the other (Bertalanffy 1969, S. 139).

Während Bertalanffy die Differenz zwischen der physikochemischen Beschreibung und der biologischen wesentlich im Unterschied der Zustände der jeweiligen Systeme verortet, wäre zum einen zu fragen, ob sich Unterschiede zwischen lebenden und toten Lebewesen[3] in physikalischer und chemischer Hinsicht überhaupt formulieren lassen. Zum anderen wäre zu fragen, ob und wenn ja *wie* dieser Unterschied selber auf der Grundlage einer physikalischen oder chemischen Beschreibung von Lebewesen einzuführen wäre. Unstrittig dürfte es wohl sein, dass die Beschreibungen von toten und lebendigen Lebewesen zwar unterschiedliche sind; so werden wir Vorgänge in lebendigen finden, die in toten nicht vorhanden sind *et vice versa.* Zugleich ist es aber auch unstrittig, dass die Beschreibungen *als solche* sich gerade *nicht* unterscheiden; anders formuliert folgen sowohl tote wie lebendige Lebewesen denselben physikochemischen Gesetzen.[4] Insofern lässt sich das „fehlende Interesse" der Physik oder Chemie direkt mit den Erkenntnisinteressen dieser Disziplinen in Verbindung bringen – die Beschreibungsmittel jedenfalls differieren nicht.

Die zweite Frage aber, ob es möglich sei, unter Nutzung solcher Beschreibungsmittel *allein* die geforderte Unterscheidung zwischen lebendigen und toten Gegenständen zu etablieren, ist damit noch nicht beantwortet. Folgen wir Bertalanffy, dann ist zwar lebensweltlich eine solche Unterscheidung möglich, *begründet* jedoch wird diese Differenz damit, dass die Prozesse in einem lebendigen Lebewesen „geordnet" seien; und der Begriff der Ordnung wäre gerade *kein* solcher der Physik und Chemie. Um diesen einzuführen, sei es vielmehr notwendig, ein Modell zu haben, welches Ordnung als „Konstrukt" bestimmt.

---

[3]Wir behandeln kranke Lebewesen oder deren Teile nicht getrennt. Im Grundsatz gilt hier, dass wir zur – physikochemischen – Unterscheidung „dysfunktionaler" von „funktionalen" Lebewesen normativer Investitionen bedürfen. Die dabei relevanten technischen Normen haben wir bei der Einführung des Funktionsbegriffs exemplarisch dargestellt (s. Kap. 11).

[4]Es geht hier nicht um die Frage, ob es chemische Naturgesetze gibt oder nicht – behauptet sei nur, dass sich im chemischen Zusammenhang Gesetzmäßigkeiten angeben lassen; die Beziehungen zur Physik bleiben unerörtert (dazu Hanekamp 1997).

Dieses Modell sei jenes der Maschine, wobei die Geschichte der neuzeitlichen Philosophie wesentlich durch einen Wechsel des jeweiligen *Explikans* definiert sei: Stand am Anfang z. B. die – durchaus komplizierte – mechanische Uhr, für Descartes, Borelli oder Harvey, so war die nächste Stufe durch die Dampfmaschine bestimmt, die im Organismus eine chemodynamische Maschine sah. Es schloss sich die kybernetische Maschine der Regeltechnik an und aktuell seien es die molekularen Maschinen, welche die Last der Explikation trügen (Bertalanffy 1969, S. 140). Auch wenn der Erfolg der Maschinenmetapher nicht bestritten werden könne, so seien deren Einschränkungen in gleicher Weise unübersehbar, denn zum einen bleibe ihr *Ursprung* unbekannt (wolle man keinen Uhrmacher annehmen), zum anderen seien Regulationsvorgänge nach massiven Störungen ohne Ordnung nicht vorstellbar. Der stärkste Einwand aber ist der folgende:

> A machinelike structure of the organism cannot be the ultimate reason of the order of life processes because the machine itself is maintained in an ordered flow of processes. The primary order, therefore, must lie in the process itself (Bertalanffy 1969, S. 141).

Der Maschinencharakter des Lebendigen steht also durchaus nicht infrage – vielmehr bestand die Stärke des Maschinenmodells nachgerade darin, dass die Identifikation streng galt: Lebewesen waren ja – für Bertalanffy – als Maschinen bestimmt. Gleichwohl sei der Maschinencharakter des Lebendigen selber eine abgeleitete Größe, die sich aus der Tatsache ergebe, dass das Lebendige die Eigenschaft des Organisiertseins aufweise, was Folge der Tatsache sei, dass Lebewesen offene Systeme der skizzierten Form sind. Diese Abhängigkeitsbeziehungen erlauben die Formulierung einer enkaptischen Reihe: offenes System/ Organisiertheit/Maschine/Lebewesen, nach welcher der eigentliche Unterschied zu den oben formulierten Maschinenmodellen letztlich nur darin bestünde, dass beide, Lebewesen wie Maschinen, als offene Systeme beschrieben werden. Diese allgemeine Identifikation führe zu einer Lösung von drei Problemen, dem der Unterscheidung von tot und lebendig, der Regulation und der Evolution.

Der Ausgang vom Fließgleichgewicht offener Systeme erlaube zunächst die Differenzbildung von lebendig zu nichtlebendig. Denn nur letztere seien in der Lage, die bezeichneten (Un)Gleichgewichte zu erhalten, und im Vollzug dieser Erhaltung erhalten sie auch sich selber – und zwar als Sich-Erhaltende. Die Lösung des Regulationsproblems ergebe sich daraus von selbst, denn Feedbacks der unterschiedlichsten Art seien ein wesentliches Bestimmungsstück zumindest komplexer systemischer (etwa physiologischer) Beschreibungen des Lebendigen. Besonders interessant sei aber Lösung des evolutionären Problems; die evolutive

Transformation setze nämlich das Vorliegen der so bestimmten Systeme schon voraus:

> In contrast to this it should be pointed out that selection, competition and "survival of the fittest" already *presuppose* the existence of the self-maintaining systems; they therefore cannot be the *result* of selection. At present we know no physical law which would prescribe that, in a "soup" of organic compounds, open systems, self-maintaining in a state of highest improbability, are formed. And even if such systems are accepted as being "given", there is no law in physics stating that their evolution, on the whole, would proceed in the direction of increasing organization, i.e. improbability (Bertalanffy 1969, S. 152 f.).

Konsequent ist diese Entwicklung unstrittig *dann,* wenn wir die Identifikation von *Leben* und *lebendigen Systemen* akzeptieren. Doch ist damit noch nicht geklärt, woher eigentlich diese Systeme selber stammen. Die dafür angebotene Lösung zeigt, dass die *Gegenstandskonstitution* mit systemtheoretischen Mitteln gerade nicht geleistet werden kann, denn zwar sei kein „watchmaker" nötig, nicht einmal ein blinder – immerhin aber gelte:

> Production of local conditions of higher order (and improbability) is physically possible only if "organizational forces" of some kind enter the scene; this is the case in the formation of crystals, where "organizational forces" are represented by valences, lattice forces, etc. Such organizational forces, however, are explicitly denied when the genome is considered as an accumulation of "typing errors" (Bertalanffy 1969, S. 153).

Bemerkenswert ist dies deshalb, weil die Forderung nach „organizational forces" wesentlich durch die geschilderten begrifflichen Grundlagen des Ansatzes erzwungen wird – ein Zug, der im Übrigen dem kantischen ähnelt, welchen dieser aber mittels Referenz auf bildende Kraft glaubte vollziehen zu können (s. Kap. 9). Dieser Zwang lässt sich in dilemmatischer Form darstellen und zielt auf die Aussage der Gegebenheit des Lebendigen als eines *systemisch organisierten* ab:

1. Hält man nämlich an der Prämisse fest, dass Lebendiges unmittelbar organisiert *ist*, dann dürfte der Übergang von einem Zustand, der beschreibbar ist mit dem Satz „Es gibt kein Lebendiges", zu einem solchen, welches dargestellt würde durch „Es gibt Lebendiges", nur dadurch möglich sein, dass Kräfte wirken, die als solche „Organisation" im Sinne offener Systeme hervorrufen. Wären diese derselben Art, wie die als Beispiel angeführte Kristallbildung, dann entfielen aber jene Differenzen zu unbelebten Systemen, auf welche es

Bertalanffy ankam – und mithin müsste doch wieder auf nichtsystemische Lebensbegriffe oder deren Momente referiert werden.

2. Hält man umgekehrt an der These fest, dass das Zustandekommen von systemisch Organisiertem (Leben) nicht seinerseits auf systemisch Organisiertes zurückzuführen ist, so kann man auf die genannten Kräfte verzichten. Es ist dann aber zugleich die *Entstehung* von Organisiertheit nicht auf der Grundlage der Systemtheorie (alleine) darstellbar.

Ein Ausweg bietet sich an, indem zunächst die Frage nach der *Entstehung* von Leben – unabhängig in welcher Beschreibung – abgetrennt wird von der Frage nach der *Organisation* desselben. Dies erlaubt es, die Funktionalisierung von Lebewesen als jene Form zu erkennen und zu entwickeln, die der Biologie als Wissenschaft des Lebendigen angemessen ist. Gleichzeitig wäre dann aber die Systemtheorie – die wir hier nur in der (immerhin wirkungsmächtigen) Variante der Theorie offener Systeme vorgenommen haben – *eine* Form von Beschreibungssprache, welche zur (funktionalen) Strukturierung von Lebewesen genutzt werden kann. Allerdings ist die Voraussetzung für diese Nutzung der Rede von „System" die Einsicht, dass nicht etwas ein System *sei,* sondern als ein solches *dargestellt* werde.

12.4 Auflösung der Aporie

Die Auflösung der „systemtheoretischen Aporie" ist möglich, wenn wir auf den oben gewählten methodischen Anfang zurückkommen. Hier bestand der erste Schritt in der Konstitution von Gegenständen der Biologie in der Beschreibung (und angeschlossenen Strukturierung) von Lebewesen als funktionale Einheiten, was zur Rede vom Organismus oder genauer von „organismischer Strukturierung" führte. Das Besondere der *als* Strukturen angesprochenen *Teile* von Lebewesen besteht darin, dass die Abgrenzung der Strukturen durch das jeweils zugrunde gelegte Modell und die daraus gewonnenen beschreibungssprachlichen Mittel mit Blick auf die zugrunde liegenden Fragestellungen erfolgt.

Dies alles war sagbar, auch ohne dass von Systemen und deren Elementen bzw. den Relationen zwischen diesen die Rede war. Wir können aber jederzeit einen weiteren Sprachebenenwechsel vollziehen, indem wir nämlich von Strukturen *als* Elementen eines Systems sprechen. Dies scheint ein einfacher Nachvollzug des soeben kritisierten systemtheoretischen Arguments zu sein. In der Tat besteht aber ein wesentlicher Unterschied darin, dass die Strukturen, auf welche „als Elemente" referiert wird, schon vorliegen, ohne dass wir auf ein System zu referieren hätten, „dessen" Elemente sie sind. Dies evoziert die Frage, wie und wo das System eigentlich ins Spiel kommt, deren Beantwortung insofern von der größten methodischen Bedeutung ist, als – zumindest auf den ersten Blick – das System „gegeben" sein muss, damit wir überhaupt wissen können, was *dessen* Elemente sind. Tatsächlich ist auch dieses Problem auf der Grundlage unserer organismischen Strukturierungen zu lösen – und zwar genau dann, wenn *wir* Zwecke investieren, die uns die *Zusammenstellung* der Elemente zum System erlauben. Diese Zwecke sind keine Fiktion eines Wissenschaftlers, der sich gleichsam verzweifelt an die Stelle der Natur setzte, um diese mit den Mitteln seines Verstandes zu organisieren. Vielmehr ergeben sie sich aus der jeweiligen *Fragestellung,* also den *vor* der Strukturierung zu investierenden Erkenntnisinteressen. Nehmen wir dazu das oben behandelte Beispiel der Darstellung von Muskeln, welche an Knochen ansetzen und diese um Gelenke bewegen. Wenn erklärt werden soll, auf welche Weise z. B. die Hebebewegung des Unterarms bei fixiertem Oberarm zustande kommt, so lassen sich Muskeln als Kraftaggregate, Sehnen, Bänder und Knochen als Transformationsaggregate strukturieren. Diese werden im zweiten Schritt als Elemente eines Systems verstanden, dessen *Grenze* durch den Oberarm gebildet wird. Dieser – als Fixpunkt der Bewegung verstanden – geht ebenso mit gewissen biomechanischen Eigenschaften in die Strukturierung ein, wie die am Unter- und Oberarm ansetzenden Muskeln etc. Es werden nun solche Strukturierungen biomechanisch zutreffend sein, die es uns erlauben, unter Angabe der aus der Bewegung und der relevanten Materialeigenschaften der Strukturen zu ermittelnden Parameter genau jene Bewegung hervorzubringen, die wir erklären oder auch nur beschreiben wollen. Als relevant können jene Eigenschaften angesprochen werden, die im Zusammenhang der biomechanischen Beschreibung berücksichtigt werden müssen; hierzu würden etwa weder die Neurone gehören noch die Knochenhäute, die Gelenkkapseln oder die Epidermis. Die Systemgrenze ist also einerseits willkürlich – sie ergab sich ja aus der *Frage* nach der Erzeugung der „Bewegung von A" –, andererseits ist sie es nicht – wie wir oben schon sahen –, denn sie ergibt sich nur mit Bezug auf die Widerständigkeit des zu strukturierenden Körpers. Doch ist die Grenze jederzeit veränderbar – nämlich dadurch, dass wir sie *anders* ziehen, womit andere Strukturen als Elemente des zusammenzustellenden Systems genutzt würden.[5]

---

[5]Es sei nochmals daran erinnert, dass selbstverständlich nicht *jede* Systemgrenze für eine gegebene Fragestellung *sinnvoll* ist – also die Beantwortung der jeweils gestellten Frage erlaubt. Doch zu ermitteln, *wo* diese liegt, ist Gegenstand der präparativen Praxis (s. oben).

Die vorgeschlagene Strategie hat allerdings einige Folgen für das Verständnis der Rede vom System. Ersichtlich nämlich treten die entwickelten Aporien hier einfach deshalb nicht auf, weil *vor* der Betrachtung eines Systems zunächst eine Gegenstandskonstitution zu erfolgen hat – in diesem Fall also die Strukturierung eines Lebewesen als Organismus. Damit entfällt die Vermutung, es lägen Systeme in der Natur vor, deren Beschreibung darauf zu achten hätte, dass wir Natur „in den Gelenken" zerteilen. Es könnte allerdings der Eindruck entstehen, dass Systemtheorie letztlich nur eine redundante Formulierung dessen sei, was auf der Ebene der Gegenstandskonstitution und der an diese angeschlossene Begriffsbildung eigentlich schon vorlag. Diese These soll hier nicht vertreten werden. Vielmehr kann gelten, dass die Darstellung organismischer Verhältnisse *als* systemische Verhältnisse durchaus eine weitergehende, allerdings *formalisierte* Begriffsbildung ermöglicht – ein Sachverhalt, der es uns gestattet, die folgenden Rekonstruktionen zur *theoretischen Biologie* zu zählen, und nicht mehr zur Theorie der Biologie.

Dies gilt sowohl vertikal, d. h. super- wie supraorganismisch, also auch horizontal, d. h. im Blick auf Vernetzungen der jeweiligen Beschreibungs- und Strukturierungsebene. Paradoxerweise liegt der Gewinn der Nutzung systemtheoretischer Beschreibung gerade in dem Verlust von Information, dann nämlich, wenn komplexe Relationen zwischen definierten Strukturen zu einfachen Elementen eines Systems werden, das nun seinerseits lediglich durch In- und Output definiert werden kann. Ein gutes Bespiel für die (im Wesentlichen) horizontale Gliederung liefert die Darstellung der an Zuckerproduktion und Verstoffwechselung beteiligten Reaktionen als „Erhaltungszusammenhang" („b" in der Darstellung bei Bertalanffy 1969, S. 157).

Das zweite Moment der vertikalen Verknüpfung liefert die zweite Darstellung, welche die Blutzuckerregulation mit Blick auf die jeweils beteiligten anatomischen, morphologischen und physiologischen Strukturen bzw. Reaktanden aufzeigt. Nimmt man beides zugleich in den Blick, dann folgt daraus, dass Systemtheorie ein Instrument der *kybernetischen* Strukturierung organismischer Verhältnisse ist, bei dessen Anwendung organismische Strukturen sowohl vertikal wie horizontal zerschnitten werden können – womit die ursprünglichen, im methodischen Anfang fixierten Strukturverhältnisse *nicht mehr* mit den jeweiligen Systemgrenzen zusammenfallen müssen. Es ergeben sich vielmehr Verknüpfungen, welche die „Identität" des ursprünglichen „Systems" transzendieren – und dies ist ein wesentliches, im Rahmen der aristotelischen Biologie wegen der strikten Orientierung am Einzelnseienden kaum erreichbares Moment. Doch bleibt das im methodischen Anfang investierte Wissen insofern in Geltung, als sich an ihm zunächst die systemtheoretischen Strukturierungen zu bewähren haben. Damit lassen sich Äquivalenzen auszeichnen, die es erlauben, gelingende Zusammenstellung von Systemen von misslingenden zu unterscheiden. Bezüglich schon etablierter funktionaler Strukturierungen innerhalb eines Lebewesens, zwischen diesen oder diesen und der Umgebung[6] können genau jene Bestimmungen der Tätigkeiten von lebendigen Körpern *als Leistungen* von ausgewählten *Elementen* vorgenommen werden, die diese Leistungen hervorbringen. Je nach Fragestellung differiert das *Explanandum* – und mithin auch die als relevant anzusprechenden Elemente. Die *Zusammenstellung* dieser Elemente ist aber kein rein *formales* Tun – sie wird nämlich *materialiter* durch Bezug auf jene Leistungen kontrolliert, die *formaliter* durch die Äquivalenzrelation der „Leistungsgleichheit" regiert wird. Wiederum ist es von der Widerständigkeit des Untersuchungsgegenstandes abhängig, ob eine Zusammenstellung von Elementen *als* System hinreichend ist, für die Beschreibung der ausgezeichneten Leistung des lebendigen Körpers oder seiner jeweiligen Teile. In der Grenzziehung drückt sich also – jedenfalls vermittelt über die Widerständigkeit des betrachteten Gegenstandes – das jeweilige Strukturierungsinteresse in einem nicht trivialen Sinne aus.

12.5   Identität in der Differenz: das NK-Netzwerk

Um die methodische Struktur des systemischen Argumentes innerhalb der theoretischen Biologie darstellen und damit zugleich seine Grenzen und Antizipationen rekonstruieren zu können, seien drei Beispielfälle vorgeführt, welche nicht einfach nur systemische Invarianten zeigen, sondern „dieselben" – bezogen auf die investierten Beschreibungsmittel. Bevor wir die materiale Struktur von neuronalen Netzen in zwei Komplexitätsstufen sowie genetische Netzwerke einer näheren Analyse unterziehen können, ist es nötig, zunächst ihre *gemeinsame* formale Struktur zu erarbeiten.

Es handelt sich dabei um eine Erweiterung des oben skizzierten Systemkonzepts um einige – für die biologische Verwendung nicht unwichtige – kybernetische Aspekte. Diese Erweiterung besteht in der Verwendung von sog. booleschen Netzwerken, welche sich als NK-Netzwerke darstellen lassen (s. Kauffman 1993, S. 188 ff.). Als Grundlage wird ein „NK"-System verwendet, ein System aus N Elementen für die ein Koppelungsgrad (K) der Interaktion definiert wird. Als Extrema dieser Koppelung sind vollständige Koppelung (K = 0) und vollständige Unabhängigkeit der Elemente untereinander (K = N − 1) bestimmt. Das System ist ein Ensemble von Elementen, die durch eine oder mehrere, beliebige, aber

---

[6]Diese kann ihrerseits aus Inputs von Lebewesen bestehen, muss es aber nicht.

„wohlbestimmte" Eigenschaften charakterisiert sind. Um dynamische Veränderung des Systems zu modellieren, sind gewisse Regeln festzulegen, aus denen die Relationen der das System bildenden Elemente folgen. Da ein System aus einer festgelegten Menge von Elementen besteht, kann die Änderung durch einen Austausch derselben erfolgen. Die dabei entstehende Mannigfaltigkeit ist so geordnet, dass von einem Element zu einem anderen übergegangen werden kann. Übergänge können nach Maßgabe definierter Wahrscheinlichkeiten erfolgen, wobei die Wahrscheinlichkeiten sich nach bestimmten Leistungswerten richten.

Die Verwendung von booleschen Konstrukten bedeutet, dass solche Systeme aus Elementen konstruiert werden, welche sich in zwei Zuständen befinden, die sich zueinander kontradiktorisch verhalten[7] – der Einfachheit halber als „an" und „aus" bezeichnet. Das dynamische Verhalten der Elemente wird von einer „booleschen Funktion" geregelt – also etwa der Übergang „an–aus" oder umgekehrt. Bekanntlich lassen sich durch Kombination solcher Elemente Junktoren darstellen, wobei zwei Inputs entweder „an–aus" oder „an–an" zeigen, also eine *oder*- bzw. *und*-Schaltung repräsentieren. Das NK-System kann so konfiguriert werden, dass die Zahl der Inputs die Zahl der booleschen Funktionen bestimmt, die das Verhalten der jeweiligen Elemente definieren (nämlich nach $F = 2^{2^K}$; Kauffman 1993, S. 188). Ein solches Netzwerk wird als autonom bezeichnet, wenn es keinen Input von außerhalb hat, d. h., dass das Verhalten des Systems dann ausschließlich von dem Verhalten der das System bildenden Elemente abhängt. Da das Verhalten der Elemente voneinander abhängt, lassen sich – zumindest grundsätzlich – „Verhaltenstafeln" formulieren, die den jeweiligen Zustand eines Elements in Abhängigkeit von den jeweils anderen darstellen. Die „Trajektorie" des Systems wird von jenen Folgezuständen gebildet, die das System durchläuft und die den Zustand jedes einzelnen Elementes festlegen. Eine wesentliche Eigenschaft solcher – einfacher – Systeme besteht darin, dass sie dynamische Attraktoren aufweisen, also bestimmte Zustände, die, wenn erreicht, immer wieder durchlaufen werden.

In solche Systeme lassen sich Veränderungen einfügen, indem etwa an einem Element die boolesche Funktion abgeändert wird (z. B. von jetzt „an" auf „aus"), was aber die wesentlich komplexere Gestaltung von Netzwerkten nicht ausschließt, die z. B. durch Variation des Verhältnisses von K zu N zu erreichen ist. Wird der Zustand „K = 2" erreicht, dann kommt es zu einem Phasenübergang, ein zunächst chaotisches Netzwerk geht zu einem geordneten Verhalten über (Kauffman 1993, S. 198). Es sind solche Übergänge, die mit dem Begriff

---

[7]Dies ist keine notwendige Bedingung, sie ist aber für viele derselben gültig und erleichtert die Darstellung. Für die *Form* der Systeme trägt sie nichts aus.

der „Selbstorganisation" belegt werden – ohne dass damit schon klar wäre, was dieses „Selbst" sein soll, noch was genau unter dessen „Organisation" zu verstehen wäre. Dies scheint auf der Ebene des als Modell angesprochenen Konstrukts relativ einfach, denn der Ausdruck „Selbst" bezieht sich zunächst lediglich auf das *Verhalten* des Systems, welches durch die jeweiligen Zustandstafeln und die Übergangsregeln bestimmt ist. Die *Organisation* des Systems ist mithin gegeben, nämlich durch den Programmierer (oder Experimentator), der das System aus den genannten Elementen zusammenstellt (also *organisiert*) und die entsprechenden Regeln gibt. Ein solches System ist also *nicht* selbstorganisiert, sondern von einem an der Klärung bestimmter Fragen interessierten Wissenschaftler. Die Rede von der Organisation ist gleichwohl gerechtfertigt, denn *damit* die bezeichneten Elemente zu einem System zusammengestellt werden können, ist es notwendig, die Zwecke anzugeben, nach denen die Auswahl (oder ggf. Konstruktion) der Elemente stattfindet. Nun kommt aber noch ein Moment hinzu, das dynamische Systeme konstituiert: Die booleschen Netzwerke wurden ja nicht ohne Grund zusammengestellt, sondern *damit* durch sie *etwas* ermittelt werden kann. Im gegebenen Zusammenhang ist zu bedenken, dass das, was wir als *ein* Netzwerk angesprochen haben, nur die Organisationsform eines *Ensembles* ist:

> Here the space is the space of Boolean *NK* networks. Each network is a one-mutant neighbor of all those networks which differ from it by alteration of a single connection or by alteration of a single Boolean function. More precisely, each network is a one-mutant neighbor of all those which alter the beginning or end of a single input connection or which alter a single bit in a single Boolean function (Kauffman 1993, S. 211).

Man lasse sich durch die biomorphe Metapher nicht irritieren, denn der Ausdruck „Mutation" bezeichnet nichts weiter als die Tatsache, dass ein Element des Ensembles verändert wird – etwa eine seiner Verbindungen zur Umgebung. *Was* untersucht werden *soll*, ist das Verhalten solcher Netzwerke (Elemente) unter Auswahlbedingungen. Die Auswahlbedingungen, die bestimmte der Elemente gegenüber anderen als „besser" auszeichnen, sind dabei letztlich willkürlich – und insofern wundert es nun auch nicht, dass an dieser Stelle der an der Klärung von Fragen interessierte Wissenschaftler auftaucht:

> For our current purpose, I shall define the fitness of a Boolean network in terms of a steady target pattern of activity and inactivity among the *N* elements. This target is the (arbitrary) goal of adaptation. Any network has a finite number of state cycle attractors. I shall define the fitness of any network by the *match* of the target pattern to the closest state on any of the net's state cycles. A perfect math yields a normalized fitness

of 1.0. More generally, the fitness is the fraction of the N elements which match the target pattern (Kauffman 1993, S. 211).

Daran wird deutlich, dass es sich um einen *Optimierungsprozess* handelt. Optimierung setzt allerdings voraus, dass die Optimierungsziele gegeben sein müssen, da andernfalls keine Bewertung der je erreichten Generationen möglich ist – und mithin auch keine „Proliferation" der jeweils relativ besseren Konfigurationen. Die Ziele sind zunächst durch den Experimentator gesetzt; ein Sachverhalt, der sich zeigt, wenn die Netzwerkte typische „Spiele" absolvieren sollen, wie sie im Rahmen spieltheoretischer Konzepte auftreten; das "Mismatch-Game" mag als Beispiel gelten, bei dem das Ziel darin besteht, jeweils Muster zu generieren, die denen des Gegners entgegengesetzt werden. Das Optimierungskriterium besteht also in der Erhöhung des jeweiligen Kontrasts. Im Ensemble der Netzwerke „spielt" ein jedes gegen ein jedes andere, wobei Information über den Stand des jeweiligen Partners einfließen muss. Die Dynamik kommt durch die biomorphe Metapher der Population ins Spiel:

> To study the adaptive behavior of game-playing Boolean networks, we utilize the standard population genetics paradigm. At each generation, a new generation is created by biased sampling such that the chance of having an offspring is proportional to fitness. After a new generation of networks has been created, different classes of mutations occur with differing probabilities in each network. In order of frequency, the Boolean function governing a site may be altered bit by bit, thereby changing the logic of the network; an input to or output from a binary element to another element in the network may be altered, thereby changing the wiring diagram of the system; or a binary element may be entirely deleted from or added to the network. This general flexibility allows networks to change the values of P, K, and N. In addition, subtle sculpting of the basins of attraction and attractors can occur (Kauffman 1993, S. 223).

Die Tatsache, dass die Beschreibung des Spieles auch ohne Bezug auf die Populationsbiologie gelingt, zeigt, dass es sich an dieser Stelle um *bloße* Metaphern handelt. Die differenzielle Reproduktion bedeutet ja letztlich nichts weiter als die Erhöhung der Abundanz einer – im genannten Sinne – *besseren* Konfiguration vor den jeweiligen erneuten Spielzügen. Erst durch den Bezug auf das „standard paradigm" der Populationsgenetik lässt sich das *Repräsentat* der genutzten Modelle ausmachen, und erst in diesem Zusammenhang kann der Übergang von der (biomorphen) Metapher zum Modell vollzogen werden. Der eigentlich relevante Schritt für die biowissenschaftliche Fragestellung besteht also in der „Interpretation des Modells"; wir werden im Weiteren sehen, dass erst diese Interpretation die Rede von der Selbstorganisation in einem biologischen Sinn ermöglicht.

12.5.1 Das Netz der Kognition

Die eigentliche biologische *Eindeutung* lässt sich an drei grundlegenden Beispielen darstellen, die die große Variabilität der Modellierungsmöglichkeiten dokumentieren. Dabei wird jeweils eine besondere Modellierung vollzogen, die ihrerseits auf mehrere Formen von Beschreibungsmitteln zurückgreift – mindestens sind dies immer zwei, nämlich eine grundlegend funktionale und daran angeschlossene eine kybernetische. Erstere weist allerdings ebenso regelmäßig eine semantische Tiefenstaffelung auf, im Sinne der iterativen Modellierung (s. Kap. 11). Das Grundmodell der NK-Netze legt es unmittelbar nahe, den Bezug zu neuralen Strukturen herzustellen. Dies ist historisch tatsächlich eines der frühesten Beispiele der Verwendung kybernetischer Modellierung, wobei eine Identifikation grundlegend ist:

> Since McCulloch and Pitts (1943) introduced the "formal neuron" as an on-off idealization of real neurons, it has been clear that neural networks can be modeled as complex networks of binary switching elements. Neurons receive excitatory and inhibitory inputs from other neurons. McCulloch and Pitts realized that this mechanism could be captured by utilizing a special subclass of Boolean functions called *threshold functions*. A formal neuron with many excitatory and inhibitory inputs fires at any moment if the sum of the excitatory activity from its active excitatory inputs minus the sum of the inhibitory activity from its active inhibitory inputs exceeds a threshold. The Boolean "Or" function is such a threshold function (Kauffman 1993, S. 227).

Ersichtlich handelt es sich nicht um eine einfache einschrittige Modellierung, wobei die Auszeichnung der beiden Schaltzustände zwar einerseits notwendige Voraussetzung der weitergehenden Verschaltungen ist – aber *keine* hinreichende Bedingung. Gleichwohl ist es nicht zutreffend, dass Neurone „digitale" Schalteinheiten „sind" – eine Situation, die schon von Neumann als Problem empfand (s. Dreyfus 1992, S. 159 ff.). Denn zum einen finden sich an und zwischen Neuronen zahlreiche Prozesse, die tatsächlich „analog" sind (Neumanns „mixed characters"), wie etwa die elektrochemischen Vorgänge am Axonhügel (der „Addition"[8] von EPSPs und IPSPs), aber auch die Diffusionsvorgänge entlang der Membran, innerhalb des Zellmetabolismus etc. Zum anderen ist der Apparat des Zellmechanismus und -metabolismus, aber auch die Einbindung in das umliegende Gewebe etc. nicht digital im eigentlichen Sinne.

---

[8]Die Metaphorik der Beschreibung beginnt also schon sehr früh – denn genau genommen wird am Axonhügel nichts *addiert* (so wenig übrigens wie *im* Computer!).

Dem widerspricht *nicht,* dass wir bestimmte Leistungen von Neuronen *als* digitalisiert *beschreiben* können, wie z. B. die unterschiedliche „Codierung" im Übergang vom Axonhügel zum Neuriten: Während wir im ersten Fall von einer (analogen) „Verrechnung" der Amplituden afferenter Impulse sprechen können, erfolgt – nach Erreichen einer spezifischen Schwelle – die Erzeugung von Impulsen frequenzorientiert, bei invarianter Amplitude des einzelnen Impulses. Entsprechend ist dann von einer elektrochemischen Umsetzung des Impulses *qua* Neurotransmitter am präsynaptischen Spalt zu sprechen, der am postsynaptischen Membranfeld wieder zu einer amplitudenorientierten „Verrechnung" führt. Wir sehen aber an dieser Beschreibung, dass sie schon die Modellierung des Neurons als *kybernetischer* Konstruktion hinter sich hat – denn weder werden Impulse „summiert", noch finden Verrechnungen statt, allerdings lassen sich bestimmte chemoelektrische Vorgänge auf diese Weise *beschreiben.* Mit Blick auf diese „ist" dann das Neuron ein „formales Neuron" im Sinne von McCulloch und Pitts – und kann als ein modelliertes Element eines NK-Netzwerkes angesehen werden. Das Verhalten solcher Netzwerke kann seinerseits zum Gegenstand der weiterführenden Modellierung werden – etwa, wenn die Leistung eines *random net* als „Lernen" bestimmt ist. Das Verhalten solcher Netzwerke muss aber spezifiziert und z. B. mit einer entsprechenden *fitness function* ausgestattet werden, d. h., das „Lern-Verhalten" muss als Optimierung verstanden werden, die zu Netzstrukturen mit zunehmender Fitness führt:

> Learning in neural-net models occurs by tuning of the synaptic weights which govern how strongly one input neuron affects the postsynaptic neuron (…). Insofar as it is imagined to achieve useful attractors, learning is a *walk in synaptic weight space seeking good attractors.* Presumably, such a walk would be extremely difficult for chaotic attractors. Some general mechanism must temper such chaos and corral it into order (Kauffman 1993, S. 229).

Die resultierende Interaktion zwischen den Netzwerken und ihrer jeweiligen Umgebung, aus der diese ihre Inputs beziehen, kann als Adaptation an dieselbe beschrieben werden. *Insofern* dies der Fall ist, lässt sich zudem sagen, dass die Netzwerke „klassifizieren":

> Any such network (which is described as being classifying, MG) has internal dynamics whose attractors represent alternative asymptotic states of the network. The alternative attractors in a fixed environment from which the network receives inputs can be thought of as alternative classifications of the same environment. Similarly, alternative environments which map to the same attractor can be seen as classifications of those different environments as "the same" by the network. Thus such networks inevitably classify and have internal models of their worlds (Kauffman 1993, S. 233).

Wiederum ist die Rede von „klassifizieren" nicht (nur) deskriptiv, denn das Bilden von Klassen ist eine *menschliche* Tätigkeit. Wir sehen daran rückwirkend, welchen Deutungsproblemen sich Brandoms ähnliche Nutzung von „klassifizieren" aussetzt (s. oben), was *hier* an der Rede von „to be thought of as" und „to be seen as" deutlich wird. Ersichtlich nämlich ist damit auf einen Beobachter zweiter Ordnung referiert, „für den" diese Beschreibung als Zuschreibung kontrollierbar wird. Die Klassifikationsleistung, die in die Auszeichnung einer *Äquivalenz* mündet, wird also nur bezüglich einer durch diesen Beobachter anzufertigenden Beschreibung zu erbringen sein, welche dieser zuschreibend kontrollieren kann – und *muss,* wenn es nicht *bloße* Metaphorik bleiben soll.

Immerhin aber lässt sich sagen, dass Netzwerke auf unterschiedliche Weise auf bestimmte Inputs reagieren. In der Beschreibung, die durch den die Netzwerke Nutzenden angefertigt wird, ist diese unterschiedliche Weise *als* Klassifikation durch das Netzwerk zu bestimmen – nämlich *dadurch,* dass in der Beobachtung des Systems die Attraktoren innerhalb der fixierten Umgebung als *Ausdruck* der Identifikation durch das System beschrieben werden. Im obigen Beispiel also agiert das System identifizierend bei festgehaltenem Attraktor, differenzierend bei festgehaltener Umgebung, was gleichwohl nur „in der Beobachtung" gilt. Jedoch wird genau dies von jedem Netzwerk gesagt werden können, solange es in der genannten Weise auf Inputs reagiert. Ob damit aber ein „Erfolg" im Sinne der definierten Aufgabe erzielt wurde, sehen wir den Zuständen des Systems nicht an – worin zugleich der besondere Reiz „konnektionistischer" Modelle zu bestehen scheint.

12.5.2 Strukturelle Äquivalenz?

Dass mit der durchgeführten Darstellung nur ein erster Schritt der systematischen Theoriebildung erreicht ist, zeigt ein Blick auf aktuelle Modellierungsformen neuronaler Strukturen. Denn auch das gesamte Hirn eines Organismus – etwa von *Homo sapiens* – kann Gegenstand der Modellierung werden, wobei die leitende These nun darin besteht, das Organ im Ganzen als „neuronales Netz" zu verstehen, wiewohl als ein komplexes. Diese Modellierung kann auf sensomotorische Leistungen bezogen werden, wobei die gesetzte Aufgabenstellung (hier z. B. die Hervorbringung komplexen Verhaltens im Sinne der Reproduktion eines optischen Reizes durch Ansteuerung eines robotischen Armes – aber auch komplexerer Aufgaben) das Kriterium für die gelungene Modellierung bildet:

> The focus of this past work has been on scaling to larger numbers of neurons and more detailed neuron models. Unfortunately, simulating a complex brain alone does

not address one of the central challenges for neurosciences: explaining how complex brain activity generates complex behavior. In contrast we present here a spiking neuron model of 2.5 million neurons that is centrally directed to bridging the brain-behavior gap (Eliasmith et al. 2012, S. 1202).

Die *Basis* für die Modellierung ist im Grundzug immer noch ein Wissen, welches *unabhängig* von der Modellierung *als* komplexes System besteht:

> Our model embodies neuroanatomical and neurophysiological constraints, making it directly comparable to neural data at many levels of analysis (Eliasmith et al. 2012, S. 1202).

Doch kann der Bezug auf die funktionale Struktur oder deren vermutete Form auch stärker in den Blick geraten, wobei nun einzelne Neurone, einzelne Neuronverbindungen (etwa im Sinne von Feedbackschleifen) oder dreidimensionale Säulen als Inneres der Blackbox erscheinen, in die damit Licht gebracht werden soll:

> We set out to address the problem which connectivity data and which level of abstraction are adequate to reproduce the reported differences in cell-type specific activity. To this end, we use a minimal, but full-scale model of layered cortical microcircuits (...). The model is a multilaminar extension of the balanced random network model that distinguishes excitatory and inhibitory cell types with a cell-type independent, sparse, random connectivity (Potjans und Diesmann 2014, S. 786).

Auch in dieser Darstellung der zu modellierenden Strukturen ist die Differenz von Beschreibungsmittel einerseits, Beschreibungsgegenständen anderseits *nivelliert* – das Modell scheint sich dem Modellierten regelrecht anzunähern.

Wiederum definieren die In- und Outputverhältnisse die relevanten Informationen sowie die zulässigen Operationen des Systems – mit Bezug auf Messungen, die an „echten" neuronalen Netzen (also Gehirnen) gewonnen wurden (hier an primären visuellen und somatosensorischen Regionen bei der Ratte, an Area 17 gewonnenen Daten der Katze)[9] – und in der Tat beginnt die Arbeit am Modell auch genau dort:

> We first compare the 2 major connectivity maps from anatomy and physiology. The observed consistencies and differences drive the development of the methodology to combine the 2 data sets algorithmically by correcting for the different experimental

---

[9]Die mit dieser Verbindung verschiedener „species" verbundenen methodischen Probleme sind natürlich vielfältig – zumal es eben nicht nur andere Arten, sondern Ordnungen sind!

procedure: We apply the lateral connectivity model and employ available information of the specific selection of target types (Potjans und Diesmann 2014, S. 786).

Im Gegensatz aber zum Modellierungsgegenstand ist das „Netz" keine Hard-, sondern eine *Softwarestruktur,* die sich durch entsprechend programmierte Algorithmen erzeugen lässt. Zusammenfassend können wir für die neuronale Modellierung wiederum mehrere Ebenen der Äquivalenzbildung ausmachen, während die Basis *formaliter* derselben Natur ist, wie im erläuterten Fall. Zunächst nämlich ist das Zielsystem *unabhängig* von der systemischen Modellierung präparativ zu erarbeiten. Wir kennen schon bestimmte Leitfähigkeitseigenschaften von Neuronen, aber darüber hinaus auch weitere histologische wie zelluläre, die mit der Leitfähigkeit direkt nicht verknüpft sind. Hierbei handelt es sich um funktionale Äquivalenzen im Sinne organismischer Strukturierung, wie wir sie oben kennenlernten (also „bionome Leistungen"; s. Kap. 11). An diese lassen sich mehrere Modellierungen anschließen, die jeweils unterschiedliche Aspekte der Leistungsbeschreibung betreffen. Dies beginnt mit der Äquivalenz zu Leitern (Hodgkin und Huxley 1952), die es erlaubt, Ersatzschaltbilder zu formulieren. Hinzu treten Darstellungen als kybernetische Elemente – eine Modellierung, die mit der Identifikation von *Schwellenwerten* und damit der Darstellung als „Schalter" beginnt und mit derjenigen von Rückkoppelungen sowohl im Sinne der Exzitation und Inhibition nicht endet. Schließlich lassen sich aus solchen kybernetischen Grundelementen aufgebaute „Säulen" konzipieren, die durch strukturelle Äquivalenzen z. B. mit „Säulen" im Neokortex definiert werden. Diese Äquivalenzen sind jederzeit zu erweitern – man denke nur an die regelmäßig unberücksichtigten metabolen Aspekte von Organismen (auch im neuronalen Apparat), die jeweils ihre spezifischen räumlichen, zeitlichen und stofflichen Eigenheiten mit sich bringen: Signale müssen über bestimmte Wege von einer Struktur zur anderen gelangen, Stoffe müssen transportiert und umgesetzt werden, es ergeben sich Latenzen elektrischer Vorgänge etc. Diese stellen keine grundsätzlichen Grenzen des systemischen Modellierens dar – sie erbringen aber unterschiedliche materiale Inferenzen; das Lebendige wird der Form nach in derselben Weise strukturiert.

12.5.3 Differenz der Identität

Damit sind die materialen Möglichkeiten der „Anwendungen" von formalen Systemen keineswegs erschöpft. Es lassen sich mit deren Hilfe vielmehr auch Entwicklungsvorgänge modellieren, wie etwa im Rahmen embryogenetischer Fragestellungen. Gleichwohl werden unterschiedliche Aspekte thematisiert, zum einen die genetische Regulation selber, zum anderen die Differenzierungsvorgänge im Zusammenhang von „Morphogenen".[10] Die grundlegende Darstellung der biologischen (!) Zusammenhänge ist wiederum kybernetisch, wobei die unterschiedlichsten „Ebenen" der funktionalen Vernetzung in die Beschreibung integriert werden:

> In overview, the problem is to find a way to think about genetic systems containing thousands of genes whose products turn one another on and off. It is the integrated dynamical behavior of this regulatory system which coordinates the expression of different genes in each cell type of the organism and underlies the orderly unfolding of ontogeny. (…) Further, chromosomal and point mutations are continually "scrambling" the "wiring diagram" and the "logic" of the regulatory system. The obvious question is this: How can such a genomic system manage to behave with sufficient order to control ontogeny? (Kauffman 1993, S. 441).

Die Anführungen zeigen deutlich den metaphorischen Charakter der als Beschreibung auftretenden *Zuschreibungen*. Wir lassen diese hier als elliptische Formen der Rede auf sich beruhen und weisen nur auf einige nicht unwesentliche Konsequenzen der Beschreibungsform hin, die weniger dem empirischen Wissen geschuldet sind (dies wohl jeweils auch) als vielmehr dem *kybernetischen* Paradigma. Darunter soll der Versuch verstanden werden, nichttechnische Zusammenhänge in die Form von Aussagen zu bringen, die für technische in ihrer Geltung und ihrer Bedeutung darstellbar sind. Bekanntermaßen ist es möglich, „kybernetische" Konzepte zu verwenden und etwa im Maschinenbau einzusetzen, ohne auf biologisches Wissen zu referieren. Obgleich zwar regelmäßig die Darstellung kybernetischer Modelle von dem Blick auf biotische und z. T. auch biologische Wissensformen inspiriert ist, lassen sich diese geltungsmäßig abtrennen, ohne dass die resultierenden technischen Lösungen dadurch unmöglich würden – dies gilt sogar dann, wenn die vermuteten *biologischen* Beziehungen sich nachträglich als falsch herausstellen. Der Grund für die auf den ersten Blick erstaunlich anmutende Robustheit liegt einfach darin, dass Regel- und Steuerprobleme im Felde der Technik von Anbeginn gelöst werden mussten – sei es, dass dies explizit zu Rudern oder anderen Anhängen führte, um Schiffe zu steuern, sei es, dass die Maschine über Fliehkraftregelung „selbsttätig" bestimmte Aspekte ihrer Leistung „kontrollierte".

---

[10]Die Modellierungsgrundlagen sind natürlich älter als diese Anwendungen der Theorie komplexer Systeme; s. Turing (1952). Eine wesentliche Konstante bildet dabei die *Identität* der Beschreibung des *Explanandums* – was uns aber angesichts der Doppelläufigkeit von Erklärungen nicht überrascht.

Nun besteht die erste Investition der systemischen Strukturierung biologischer Verhältnisse (hier bestimmter Aspekte der Entwicklungs- und Produktionsgenetik) darin, die Vorgänge an Genen *als Produktionsvorgänge* zu beschreiben, und zwar in der Form von Steuer- und Regelbeziehungen. Daran zeigt sich vermittelt die zweite Dimension des oben sogenannten Paradigmas, dass es nämlich wesentlich um die Etablierung von *Kontrollregimen* geht. Insofern ist weder die Darstellung der Aktivität genetischer Agenzien als Elementen von Feedback-Loops voraussetzungsfrei noch die Vermutung, es müsste durch das „genetic system" die Individualentwicklung[11] kontrolliert werden.[12] Doch kommt im Falle der Selbstorganisationstheorien noch ein Drittes hinzu, das sich aus den immanenten Anforderungen an den Theorietyp ergibt: Es muss ja die *Tätigkeit* des Kontrollierens ihrerseits als Leistung eben *des Systems* angesehen werden, dessen – hier genetische – *Produktion* kontrolliert werden soll. Versteht man unter dem Ausdruck des „genetischen Programms" nicht eine Metapher für die modellierende Strukturierung von z. B. zellulären Produktionsvorgängen (etwa von Proteinen mittels DNA etc.), sondern einen *wörtlichen* Ausdruck (dies ist bis in die synthetische Biologie hinein häufig anzutreffen; s. unten und Kap. 13), dann ergibt sich das Problem, dass „genetische Programme" nicht im Sinne von „klassischen" Von-Neumann-Architekturen verstanden werden dürfen.[13] Hingegen kämen „parallel processing networks" sehr wohl infrage, wobei diese eine wesentliche Eigenschaft der skizzierten kybernetischen Beschreibung von Genen und ihren Produkten aufweisen, nämlich dass sich diese untereinander und gegenseitig beeinflussten (im Sinne von Hemmung und Exzitation; Kauffmann 1993, S. 442). Die eigentliche Modellierung vollzieht sich in der oben schon für andere Gegenstände bekannten Weise, indem zunächst für die Transkription eine kybernetische Deutung angelegt wird, wobei als aufeinander regelnd bezogene Agenten (vereinfachend) CAP, cAMP, Sigmafaktor und Coreenzym benannt werden, deren Verhältnisse zueinander innerhalb des Laktoseoperons eine *not-if*-Schaltung repräsentiert, während die Schalttabelle für den gegenüberliegenden Promotor durch eine *und*-Schaltung zur

---

[11]Diese ist genau genommen keine Ontogenese; s. Kap. 14.

[12]Wie wenig trivial das Letztere ist, zeigt ein Blick in die einschlägige biotheoretische Literatur, in der gerade um alternative Beschreibungen gerungen wird. Exemplarisch ist etwa der Versuch von Moss (2003), dem Gen-P das Gen-D gegenüberzustellen, das wesentlich als Ressource von Entwicklungsvorgängen gedacht ist und nicht als dessen kontrollierendes Agens.

[13]Kauffman zielt dabei auf lineare Anweisungen ab, die es erlauben, eine Turingmaschine zu implementieren. Diese sind zudem durch eine zentrale Steuereinheit bestimmt, die die Regelsätze enthält oder bereitstellt, welche im Rahmen der Abarbeitung des Programms jeweils anzuwenden sind.

Darstellung kommt. Die boolesche Funktion für die durch den Promotor im Operon organisierten Strukturgene ergibt wiederum eine *not-if*-Schaltung (Kauffman 1993, S. 444 ff.). Selbstverständlich werden die Grenzen der „Idealisierung" gesehen, hier mit Blick auf die Inadäquatheit „binärer" Beschreibungen:

> We must remember, however, that the idealization is false. "Inactive" genes in bacteria exhibit a low level of transcriptional activity such that an average of fewer than 1 but more the 0 product molecules per cell are present. Furthermore, an active gene can exhibit graded levels of activity. Thus while the binary picture captures important features, all it can do is give us the logical dynamical features of the regulatory circuitry and tell us how the circuitry behaves over time (Kauffman 1993, S. 440).

Ganz unabhängig von der Frage, ob es angemessen ist, Idealisierungen mit „wahr" oder „falsch" anstelle etwa von „passend" und „unpassend" zu bewerten, zeigt sich daran – wenig überraschend – dasselbe Bild wie im Falle der „neuronalen Netze":[14] Die *Strukturen* der Beschreibungssprache geben den Standard ab für die *Strukturierung* der Beschreibungsgegenstände. Die binäre Codierung ist eine der Folgen dieses Sachverhalts. Wie bei der neuronalen Modellierung auch, besteht die nun zu beantwortende Frage darin, *ob* sich Constraints ausmachen, d. h. stabile Zustände finden lassen, in die das System auf der Grundlage seiner dynamischen Struktur „von selbst"[15] geraten kann. In diesem Fall – es handelt sich um das berühmte lac-Operon – werden die Constraints in „canalizing Boolean functions" gefunden, hier also in den Repressoren, deren An- oder Abwesenheit die Aktivität der Strukturgene bestimmt. Auch andere Konfigurationen erscheinen denkbar – die im Rahmen der zugrunde liegenden kybernetischen Beschreibung einerseits trivial sind, andererseits aber die Reichweite wie Einschränkungen der Modellierung anzeigen. Denn grundsätzlich lässt sich *formal* jeder Input als *Resultat* aus vorhergehenden Inputs verstehen, sodass etwa das Schalten auf „on" seinerseits als Summe von „non-off" und „off" codiert werden kann, und für „off" entsprechend. Mit Blick auf die „biologischen" Entsprechungen der kybernetischen Beschreibungen wäre etwa daran zu erinnern, dass die Funktion eines „Repressors" seinerseits Resultat einer Exzitation sein kann, dann nämlich, wenn ein Molekül erst zusammen mit einem weiteren Stoff (dies kann

---

[14]Dies gilt übrigens auch dann, wenn die zweiwertige Struktur der betrachteten einfachen Regulationen als Grenzfall von Modellen bestimmt wird, die über „sigmoidal response functions" glatte Verläufe darzustellen erlauben (Kauffman 1993, S. 449).

[15]Wir können unten den Referenten dieses Ausdruckes näher bestimmen. Hier sei er nur als vage Anzeige der „Autonomie" des Systems verstanden, eines Systems also, das keine (zumindest keine steuernden oder regelnden) externen Inputs erfährt.

wiederum ein Molekül sein, muss es aber nicht) eine *repressive* Funktion entfaltet. Der Repressor würde also in diesem Fall erst durch einen Korepressor oder generell einen Kofaktor auf „on" geschaltet. Diese Regelung lässt sich – *formal* beliebig – erweitern, denn auch die Kofaktoren können Gegenstand der Regelung sein. Zudem lässt sich die *Herstellung* der Repressoren selber in diesen Regelkreis einbeziehen etc.[16]

Die scheinbar fixierte Bestimmung der Funktion – hier etwa „Repressor" – ist daher von den jeweiligen Bedingungen der Ausführung abhängig. Dies erlaubt es, innerhalb eines Organismus zahlreiche regelnde Verbindungen auf allen Ebenen der metabolen Strukturierung herzustellen – und z. B. ganze Stoffwechselkreise miteinander über zentrale Stoffe regelnd zu verknüpfen (exemplarisch etwa das ubiquitäre ATP als Energieäquivalent, NADH, aber auch Acetyl-CoA oder Pyruvat; s. Stryer 1988, S. 313 ff.). Dieses Phänomen ist allerdings keine Besonderheit molekularer oder genetischer Regulation, sondern findet sich letztlich überall dort, wo mittels Funktionen die Strukturierung organismischer Verhältnisse erfolgen soll. So kann ein und derselbe Muskel im Zusammenspiel mit anderen Muskeln (auch vermittelt über bindegewebige oder knöcherne Strukturen) einmal z. B. als Extensor dienen, in einem anderen Fall als Vorspanner – und diese Funktionen können je nach „Arbeitszustand" der Konstruktion einander abwechseln.[17]

Methodologisch von Bedeutung sind aber auch im Fall der Nutzung boolescher Netze für genetische Modellierungen die Eigenschaften der Beschreibung selber. Denn gefragt nach den möglichen Attraktoren, die sich auf der Grundlage der DNA-Menge pro Zelle finden lassen, zeigt sich, dass die Zahl der Attraktoren bei einer Inputzahl je Gen von K=2 in etwa der Zahl der Zelltypen entspricht, die das jeweilige Lebewesen konstituieren. Trägt man die entsprechenden Daten auf, dann ergibt sich eine Kennlinie von „bacteria" über „sponge", „jellyfish", „annelid" (segmented worm) zu Mensch, bei der die Zunahme der Zahl an Zelltypen jener der Attraktoren entspricht (Kauffman 1993, S. 440). Lassen wir den naheliegenden Einwand beiseite, dass die verwendeten Kategorien wie „Annelid" oder gar „Coelenterat" viel zu grob sind, um einer ernst gemeinten evolutionären

---

[16]Für das Beispiel von Transkriptionsfaktoren s. Stryer (1988, S. 718 ff.), für Attenuation und die regulatorische Funktion von kleinen RNA Molekülen s. Lewin (1994, S. 470 ff.).

[17]Ein Beispiel dafür wäre etwa die saltatorische Bipedie mit ihrem komplexen Zusammenspiel der Muskel-Skelett-Sehnen-Elemente (Herkner 1989). Aber auch im Falle von Hydroskeletten tritt dies auf, wenn wir etwa an die wechselnde Funktion der drei Hauptmuskelformen (longitudinale, zirkuläre und transversale Muskeln) eines Regenwurms denken, im Vollzug von Kriech- oder von Grableistungen; auch Vorspannungsmuskelelemente bei Flusskrebsen sind ein gutes Beispiel (s. Rayner 1965; Rayner und Wiersma 1964, 1967).

Reihe zu entsprechen, dann liegt ein Hauptproblem dieser Analogie aber gerade darin, dass wir nicht mehr zwischen den (Neben)effekten der Verwendung einer Beschreibungssprache und den beschriebenen Gegenständen unterscheiden können. Schlägt man die Beschreibungssprache statt zu den Beschreibungsmitteln zu den Naturstücken, dann liegt es allerdings nahe, der Natur selber zu unterstellen, sie sei – in wesentlichen Hinsichten – als komplexes dynamisches System auf zahlreichen Ebenen strukturiert (s. Syed et al. 2010).

12.6 Konstruktive Systemtheorie

Die ausführliche Rekonstruktion von Varianten der Systemtheorie ist für unser epistemisches Projekt deshalb von Bedeutung, weil an ihnen wesentliche Bestimmungsstücke modernen, aber auch aktuellen biologischen Denkens deutlich werden. Denn die Rede vom System ist in einem ersten Schritt *unabhängig* von biologischen Grundlagen oder Annahmen. Tatsächlich zeigen systemtheoretische Konzepte einen sehr weiten Anwendungsskopus von Elektrotechnik über Chemie bis zur Soziologie.[18] Dieser inhaltlichen Vielfalt steht eine große Konstanz der beschreibungssprachlichen Grundformen gegenüber, welche wir nun methodisch deuten können:

1. Die Basis eines systemtheoretischen Arguments ist die Beschreibung von *etwas* „als" System – in unserer oben etablierten Rede also „als ob es ein System wäre". Für die Biologie ist es dabei notwendig, dass das, was als System zu beschreiben ist, seinerseits schon in funktionalen Strukturierungen vorliegt. Die gegenstandskonstitutive Modellierung von Lebewesen und ihren jeweils interessierenden Leistungen und Eigenschaften ist eine notwendige Bedingung dafür, vom System sprechen zu können.
2. Dies gilt zum einen von der sog. Systemgrenze, denn diese ist nicht als solche gegeben, sondern wird mit Blick auf die organismische Strukturierung eingeführt, nach *Maßgabe* der jeweiligen Erkenntnisinteressen und der Struktur der jeweiligen Modellierungspraxis (s. Kap. 8 und 11).
3. Doch nicht nur die Systemgrenze ist zu investieren, bevor die eigentliche systemische Strukturierung einsetzen kann; das Gleiche gilt vielmehr auch für die Elemente „des" Systems. Diese sind in der Tat genau dann gegeben, wenn es möglich ist, funktionale Strukturierungen von Lebewesen und ihren Teilen

---

[18]Exemplarisch Hejl (1992), Koutroufinis (1996), Porr (2002), Luhmann (1994).

anzufertigen, *ohne* schon auf systemische Beschreibungen *konstitutiv* zu referieren. Auch diese Möglichkeit hatten wir oben ausgewiesen, sodass die Verfügbarkeit erster Strukturen für die Integration in den systemischen Verband als gegeben angenommen werden kann. Dies impliziert keinesfalls, dass die so gegebene Strukturierung eine endgültige sei. Es kann sich nämlich gerade *durch* die Einstellung solcher erster Strukturen in eine systemische, z. B. auf die Regelung der Produktion bestimmter Stoffe abzielende, Form *erweisen,* dass die Aufteilung des Lebewesens anders vorzunehmen ist – um die systemischen Darstellungszwecke einzuholen. Man denke exemplarisch an die Darstellung der Flugfähigkeit von Vögeln. Hier ist die Pneumatisierung der Knochen zwar zunächst einfach als Materialeigenschaft in die technisch-biologische Strukturierung zu integrieren. Spätestens aber, wenn das Zusammenspiel von Lunge, Kreislaufsystem (!) und Bewegungsapparat dargestellt werden soll, ist die sinnfällige Aufteilung in Knochen und Lungen nur noch bedingt hilfreich.

4. Damit kommen wir zu einem weiteren, für das Verständnis der reduzierten Relevanz der Rede vom Leben in der für *praktische* Verhältnisse entwickelten Form *innerhalb* der modernen Lebenswissenschaften zentralen Aspekt, den wir in der bisherigen Darstellung ohne weitere Analyse einfach dem Wortlaut nach mitgeführt haben, nämlich das „Selbst", welches für Selbstorganisationstheorien methodisch *wesentlich* ist und dessen epistemische Funktion wir unten näher rekonstruieren.

5. Die Universalien, die auf verschiedenen Ebenen seitens der skizzierten Systemtheorien der lebendigen Form dargestellt wurden, sind also wesentlich zunächst einfach der Verwendung ein und derselben Beschreibungssprache zu verdanken. Dass dieses alleine nicht die *Identität* der beschriebenen Gegenstände verbürgt, benötigt kaum der weiteren Ausführung. Doch ist der Einwand schwerwiegender, dass wir es auch nicht mit *denselben* Gesetzen zu tun haben, denen die jeweiligen, *materialiter* verschiedenen Systeme folgen. Diese Form der Universalien ist nämlich nur dann *interpretierbar,* wenn wir die jeweiligen Gegenstände bestimmen können, hinsichtlich deren wir die systemische Beschreibung als *gelungen* beurteilen. Unstrittig sind z. B. Gene, Neurone oder Gewebe in bestimmten Hinsichten *als* binäre Funktionsträger mittels boolescher Netze *darstellbar;* bestimmen sie damit eben die *materiale* Identität eines (formalen) Netzes als ein je *besonderes.* Mithin wäre aber die Behauptung der Identität der als Netze dargestellten Gegenstände gleichbedeutend mit der Einziehung gerade jener Kenntnisse, die durch die Beschreibung *als Netz* überhaupt erst erarbeitet wurden.

Die konstruktive Systemtheorie, deren methodische Anfänge, deren methodischer Ort und deren Geltungsbedingungen hier exemplarisch rekonstruiert wurden, unterscheidet sich von nivellierenden Ansätzen in genau den genannten Hinsichten. Zunächst ist der Anfang mit der konstruktiven Organismustheorie so gewählt, dass sowohl die Auszeichnung der Elemente als solche („Organismen") wie auch als Komponenten höherer Beschreibungsebenen („organismische Konstruktionen" wie Populationen, Ökosysteme etc.) und weiterer niedrigerer Beschreibungsebenen („organismische Strukturen" wie „Organ", „Gewebe", „Zellen" etc.) darstellbar werden, *ohne* dass die Präexistenz dieser Ebenen oder deren Beschreibungsinvarianz angenommen werden muss. Durch Auszeichnung der jeweiligen Beschreibungs- und Strukturierungszwecke sind vielmehr erst die Kriterien formulierbar, die es uns erlauben, gelungene von misslungenen Grenzbestimmungen der Systeme zu unterscheiden.

Gleichwohl ist dieser Übergang zur Rede vom System nicht ohne Folgen – denn erst durch die Investition einer systemtheoretischen Beschreibungssprache wird es möglich, *materialiter* verschiedene Sachverhalte *formaliter* identisch zu handhaben. Wir haben also letztlich erst in der Rede vom biologischen System die Möglichkeit zum Übergang in eine eigene theoretische *Praxis* eröffnet. Die Identifikation, die sich *(formaliter)* auf der Ebene dieser Metabeschreibung ergibt, ist *materialiter* nur vermeidbar, wenn die jeweiligen organismischen Strukturierungen im methodischen Anfang angegeben und beibehalten werden. Indem wir diesen Übergang zur biologischen Theorie vollziehen, ist aber nicht mehr Lebendigseiendes im Blick, sondern nur noch *lebendige Dinge,* deren Lebendigsein sich als reiner Funktionskomplex, aufgefasst in der Systemform als Relationengefüge, wiederfindet. Wird der *explanatorische* Zusammenhang vergessen, dann finden wir in der Tat nichts weiter vor als „systemische" Elemente in funktionaler Verknüpfung, die aber „an sich" keinen Zusammenhang mehr haben.

12.6.1 Das Selbst der Systeme und deren Organisation

Wir wollen zum Abschluss auf die methodischen Probleme zurückkommen, die sich mit dem Begriff der Selbstorganisation verbinden, welcher sowohl für die rekonstruierten Komplexitätstheorien wie auch für die im nächsten Kapitel vorzunehmende Systembiologie und synthetische Biologie von konstitutiver Bedeutung ist. Sichtbar werden diese methodischen Probleme, wenn wir nach dem Referenten des Ausdrucks „selbst" von selbstorganisierenden Systemen fragen.

Kant nutzt die Rede von der Organisation als Bestimmungsstück für die Einführung von Naturzwecken (Kap. 9). Dabei kommt es zu einer bemerkenswerten

Unterscheidung, die wir oben für die Rekonstruktion des Status der Naturzwecke schon zitiert hatten. Hier wurde das Besondere von Naturzwecken in solchen Werkzeugen (ὄργανα) gesehen, die als Teile von etwas nicht nur um „der andern und des Ganzen willen existierend" zu denken seien (Kant 1983a, S. 321). Vielmehr wäre dieses Werkzeug ein die „andern Teile (folglich jeder den andern wechselseitig) hervorbringendes Organ" (Kant 1983a, S. 321), wodurch es sich von den Werkzeugen der Kunst unterscheide:

> (…) und nur dann und darum wird ein solches Produkt, als organisiertes und sich selbst organisierendes Wesen, ein Naturzweck genannt werden können (Kant 1983a, S. 322).

Man kann die resultative und die prozedurale Rede von „organisiert" und „organisierend" als bloße Explikation eines und desselben Gedankens verstehen: Es wäre danach das Produkt (also der Naturzweck), das in seinem Tun einerseits die Organisation seiner selbst hervorbringe, andererseits diese *erhalte*. Doch ist damit noch nicht gesagt, *wie* eigentlich das Reflexiv zu verstehen sein soll. Zu diesem Zweck ließe sich zunächst unterscheiden zwischen der Feststellung, es liege da etwas vor, von dem gelte, es sei ein *sich organisierendes,* und von dem *außerdem* gelte, es sei ein *organisiertes,* ohne dass zugleich das Reflexiv auch diesen zweiten Aspekt umfassen soll. Der begriffliche Gewinn, den wir so erzielen können, ist dann darstellbar, wenn wir fragen, woher denn das Organisiertsein eines Lebendigseienden eigentlich stamme, *ohne* dass wir auf seine Tätigkeit als ein Sichorganisierendes verweisen. Damit wäre das Organisiertsein die eigentliche Bestimmung von etwas als Naturzweck – was ja auch einem wesentlichen Aspekt des „ὄργανα-Seins" der besonderen Werkzeuge ausmacht, die Kant in dieser Bestimmung zu treffen sucht.

Kehren wir für die weitere Klärung noch einmal zum Modellorganismus zurück – zum Baum –, welcher es Kant ermöglichen sollte, die besondere Form der Interaktion solcher Werkzeuge zu bestimmen, und verzichten wir zunächst auf den Bezug auf dessen Organisiertsein. Dort war ja die Rede davon, dass ein Naturwesen – der Baum – „sich" hervorbringe, was wir zusammenfassend als Individualentwicklung bezeichnen können, um uns nicht nur auf das bloße Größenwachstum beschränken zu müssen. Gleichwohl bleibt auch hier die Frage bestehen, woher denn dasjenige kommt, von dem gilt, dass *es* nach Abschluss der Hervorbringung als dieser Baum da „sich" hervorgebracht hat.

Genau dieses Problem wird verdeckt durch die Wahl des Modellorganismus für den ja galt, dass ein Teil eines Baums schon der ganze Baum – man ist geneigt zu sagen *in nuce* – sei. Denn nun ist immer wieder auf diesen Baum da zu verweisen, der in sich zugleich ein Besonderes ist (als ein Dieses) und ein Allgemeines, weil ihm mehrere Bäume entspringen können. Trotz der – hier für Kant relevanten – vegetativen Vermehrung ist die Situation in dieser (!) Hinsicht *dieselbe,* wie im Falle eines Organismus mit obligat sexueller Vermehrung, also z. B. die durch den Satz „Hühner entwickeln sich aus Eiern" dargestellte. An diesem wird aber der begriffliche Vorgriff deutlicher, denn versteht man das Verb „entwickeln" irreflexiv, dann kann „dieses Huhn" nicht der Handlungsträger sein. Wir können den reflexiven Schein dadurch beseitigen, dass wir entsprechend umformulieren und etwa konstatierten, dass aus „diesem Ei" ein Huhn werde, entstehe oder hervorgehe und weiter fragen, *auf welche Weise* dies geschehe.

Bekanntermaßen haben wir damit den Anfang einer entwicklungsbiologischen Darstellung der „nichterweiterten nichtidentischen Reproduktion" erreicht (dazu Kap. 14), und wir können auch hier die *kausalen* Faktoren bestimmen, die für die Herausbildung von Teilen des Lebewesens oder seiner adulten funktionalen Form im Ganzen relevant sind. Dies kann als „Selbstorganisation" beschrieben werden; es ergibt sich dann aber ebenfalls die angezeigte Asymmetrie, dass nämlich diese Beschreibung auf die funktionale Strukturierung der sich entwickelnden Gegenstände referiert, nicht aber notwendig umgekehrt.

12.6.2 Schwache und starke Selbstorganisation

An dieser Stelle können wir auf unsere Unterscheidung zwischen der resultativen und der prozeduralen Rede von „organisieren" zurückkommen: Unter dem entwickelten methodischen Gesichtspunkt kann nämlich das Fehlen des Reflexivs so verstanden werden, dass das Organisiertsein nicht *demselben* Zusammenhang entstammt wie das „Sichorganisieren". Mit Blick auf die Tätigkeit des Organisierens lassen sich zwei Aspekte unterscheiden, die regelmäßig identifiziert werden:

1. Zum einen nämlich wird das Organisieren von schon als organisiert bestimmten Systemen als deren Leistung im Sinne der *Erhaltung* aufgefasst. In dieser Form ist die Produktion des Systems die Reproduktion als nichterweiterte identische (Immer-wieder-)Herstellung. Wir könnten diese Situation dadurch darstellen, dass *Selbstorganisieren* die Tätigkeit der Erhaltung des Systems bezeichnet, wobei eine Situation beschrieben werden kann durch den Satz: „System A zeigt zum Zeitpunkt t_1 Organisation X", während für eine bestimmte zeitlich folgende Situation der Satz gilt: „System A zeigt zum Zeitpunkt t_2 Organisation X". Nutzen wir an dieser Stelle die von Maturana (1988, S. 92) vorgeschlagene Differenz, dann ließe sich sagen, dass zwar die *Struktur*

des Systems einem permanenten Wandel unterliegt, nicht aber seine *Organisation*. Dabei bildet die Organisation des Systems die Invariante des durch beide Sätze beschriebenen Sachverhalts. Entscheidend ist nun, dass das Vorliegen des Systems trivialerweise *angenommen* werden muss, da andernfalls nicht gesagt werden könne, es handele sich bei dem vorliegenden System um ein solches, das eine Organisation des Typs X aufweist.

2. Zum anderen wird darunter die *Entstehung* des Systems verstanden, was sich so auffassen lässt, dass einer Situation, die durch den Satz bestimmt wird: „Es liegen keine Systeme des Typs X vor", eine Situation folgt, für die der Satz gilt: „Es liegen Systeme des Typs X vor". Beschreibt der Typus die Organisation des Systems, dann kann von der Selbstorganisation eines Systems gesprochen werden.

Tatsächlich sind beide Aspekte zunächst unabhängig voneinander – und genau dies erlaubt die Lösung des angezeigten Problems der Unterbestimmtheit des Reflexivs von Selbstorganisation. Für den ersten Fall gilt ja zunächst, dass ein System schon vorliegt bzw. bereitgestellt wird, dergestalt, dass Zustandsänderungen des Systems „von selbst" zustande kommen. Dieser erste Fall lässt sich gut an zwei Beispielen, den sog. Bénard-Zellen und der sog. Belousov-Zhabotinsky-Reaktion erläutern. Für die Entstehung von Bénard-Zellen gilt etwa das Folgende:

> Wird eine Flüssigkeitsschicht (z. B. Silikonöl) von unten kräftig erhitzt (…), so entsteht ein Temperaturgefälle ΔT zwischen der Grundfläche und der Oberfläche mit $T_G > T_0$. Für kleine (unterkritische) Temperaturdifferenzen $(T_G\text{-}T_0) < \Delta T_{krit}$ befindet sich die Flüssigkeitsschicht in Ruhe, und die Wärme wird lediglich durch Wärmeleitung transportiert. Oberhalb einer kritischen Temperaturdifferenz $(T_G\text{-}T_0) > \Delta T_{krit}$ setzt nach Bénard Konvektion ein; dabei entsteht ein geschlossenes System schöner, hexagonaler Zellen (…) (Ebeling und Feistel 1986, S. 43).

Daran ist zu sehen, dass die *Beschreibung* des Systems gelingt, *ohne* dass die Rede von Selbstorganisation überhaupt erforderlich ist – auch wenn man einwenden mag, dass es ja nur ein Beispiel für eine *dissipative* Struktur sei und nicht notwendig gelte, dass jede dissipative Struktur zugleich schon selbstorganisierend sei. Immerhin nämlich lässt sich an diesem Beispiel die erste Verwendung von „selbst" erläutern, die für die weitere begriffliche Entwicklung entscheidend ist: Die benannten Strukturen stellen sich ohne weiteres Zutun des Experimentators ein. Nennen wir dieses das prozedurale Reflexiv, dann zeigt sich zugleich, worauf es bezogen werden muss: nämlich das experimentelle Konstrukt, bestehend aus der erhitzten Scheibe, dem eingebrachten Silikonöl und damit zugleich der Berandung – die ja nicht nur deshalb wichtig ist, weil andernfalls die Flüssigkeit entwiche, sondern die zugleich eine *absolute* Grenze für die Ausbildung des Effekts herstellt.

Gleichwohl kann in einem *zweiten* Schritt – wie im Text zu sehen – der Übergang zu einem „System" von Zellen vollzogen werden. Damit ist es also das *Verhalten* „des Systems", das sich ändert, und mithin ergibt sich eine *zeitliche* Reihe, die dadurch darstellbar ist, dass zunächst zutrifft „Es finden sich keine Wabenmuster" und dann „Es finden sich Wabenmuster". Die Differenz lässt sich *erklären,* indem für das System eine angemessene Beschreibung gewählt wird – hier die Beschreibung des von unten erhitzten Öls als ein Transportmedium für Wärme mit den entsprechenden Formalisierungen für die Temperaturdifferenzen, die Entropieproduktion etc. Auch dieses experimentelle Konstrukt kann – wie jedes andere – der Variation unterworfen werden, sodass eine ganze Effektfamilie hervorgebracht wird, in Abhängigkeit von den relevanten Parametern (Ebeling und Feistel 1986, S. 44 ff.). Die Beschreibung aber, die sich in Fortsetzung der Behandlung von Konvektionswalzen auf strömungsdynamische Effekte bezieht, operiert nun mit dem Begriff der Organisation und scheint semantisch deutlich reicher:

> Aus den betrachteten hydrodynamischen Beispielen ist abzulesen, dass eine Erzeugung hochorganisierter Strukturen durch kooperative Bewegung der Flüssigkeitsmoleküle nur in einem bestimmten Bereich der Abweichungen vom Gleichgewicht möglich ist. Einerseits muss ein minimaler Abstand vom Gleichgewicht eingehalten werden; andererseits wird bei extrem großen Abweichungen die Ordnung durch die dann einsetzenden chaotischen turbulenten Bewegungen wieder zerstört (Ebeling und Feistel 1986, S. 48).

Hier kommt also die Organisation ins Spiel und sogleich entsteht der *sprachliche* Eindruck, dass damit mehr gesagt wurde als oben schon unter Beschränkung auf Wirbelbildung oder auf Konvektionswalzen. Damit gehört die Rede von der Organisation in die Beschreibung des „Mechanismus", der für die *Erklärung* des Effekts herangezogen wird, und selbst hier ist er verzichtbar.

Doch lassen sich neben solchen „statischen" Prozessformen auch dynamische finden, die mit der *Umsetzung* von Stoffen verbunden sind. Es handelt sich ebenfalls um „dissipative Strukturen", die im (thermodynamischen) Ungleichgewicht vorkommen. Bei solchen Reaktionen kommt es einerseits darauf an, besondere Bedingungen herzustellen, welche die Entfernung vom Gleichgewicht erzwingen. Andererseits müssen die Reaktanden der Umsetzungen in besonderer Weise miteinander verbunden sein. Solche Umsetzungen bilden oszillierende Reaktionen, wie sie etwa in der Form von Bray- oder Belousov-Zhabotinsky-Reaktionen begegnen (Ebeling und Feistel 1986, S. 53).

Im Falle der Bray-Reaktion werden ein Reduktionsschritt, der ausgehend von Iodat zur Bildung von elementarem Iod führt, und ein Oxidationsschritt gekoppelt, der von Iod wieder zu Iodat führt. Unabhängig vom genauen Reaktionsmechanismus liegt das für uns interessante Moment dieser Reaktion (oder genauer Reaktionsfolge) in ihrer *immanenten* Zyklizität, denn die Sauerstoffproduktion erfolgt nicht linear, sondern oszillierend. Bekannt sind in diesem Zusammenhang auch chemische Systeme, die oszillierende Farbwechsel in der Lösung zeigen, wie etwa im Fall der Joduhr von Briggs und Rauscher oder auch der Belousov-Zhabotinsky-Reaktion, bei der Farbfolgen in sehr komplizierten Form- und Musterwechseln auftreten (Ebeling und Feistel 1986, 1149, S. 54 ff.). Diese entstehen ausgehend von „Führungszentren", d. h. Bereichen, von denen z. B. Ringwellen ihren Anfang nehmen, deren Ausbildung vor allem von der Konzentration der beteiligten Reaktanden abhängig ist und weniger von Verunreinigungen (Ebeling und Feistel 1986, S. 61).

Das besondere Moment solcher Systeme besteht darin, dass bestimmte Schritte der Umsetzung über die Reaktanden miteinander verbunden sind, sodass Rückkoppelung und Bistabilität entstehen. Das Verhalten solcher Komponenten wird wie folgt beschrieben:

> (…) im überkritischen Bereich dominieren dagegen infolge eines kooperativen Verhaltens der Moleküle die Bildungsprozesse. Der kooperative Charakter ist dadurch bedingt, daß an jedem elementaren Bildungsprozeß mindestens zwei X-Moleküle teilnehmen, wodurch eine Koppelung entsteht. Die formale Ähnlichkeit der (…) dargestellten Situation mit dem Bénard-Effekt (…) und dem Laser (…) ist überraschend. Der Übergang vom individuellen zum kooperativen Verhalten erfolgt in allen Fällen sprungartig beim Überschreiten gewisser kritischer Werte der Systemparameter (Ebeling und Feistel 1986, S. 58).

Diese Beschreibung klingt stärker als sie ist, denn sie bringt nichts zur bisherigen *chemischen* Beschreibung der *Umsetzungsdynamik* hinzu, außer dass die Rede von kooperativem Verhalten intentional klingt – was sie nicht ist. Nimmt man solche Reaktionssysteme als Beispiele für Selbstorganisation, dann ist wieder zu fragen, was genau eigentlich der Träger der Zuschreibung ist – also jene Einheit, von der gesagt wird, dass sie „sich selbst" organisiere. Zunächst trifft hier Ähnliches zu wie im Falle der Bénard-Zellen: So wenig wie dort die Petrischale oder die Heizplatte durch die Reaktion des Öls bereitgestellt wurden, gilt (Ebeling und Feistel 1986, 1149, S. 54 ff.) dies hier. Wie oben ist es daher das *Verhalten* des Systems, auf das sich der Ausdruck bezieht – nun aber in zwei Hinsichten:

- Zum einen nämlich findet die Reaktionsfolge „von selbst" statt – wie oben hat also der Experimentator nichts weiter beizutragen, *nachdem* die Bedingungen für die Reaktion bereitgestellt wurden.

- Doch ergibt sich noch etwas, das über das einfache dissipative System hinausgeht, welches wir als statisch bezeichneten: Der Farbumschlag der Cer-Ionen im Rahmen der Reaktion, die ja als solche *unsichtbar* ist.

Beides ist unstrittig Teil des Reaktionsgeschehens, und ebenso unstrittig verändert sich mehr, als durch diese beiden Bestandteile beschrieben wird. *An ihnen* aber wird das Verhalten des Reaktionssystems festgemacht und an ihnen findet die Rede von der Selbstorganisation ihre Referenz. Denn auch diese Abfolge ergibt sich ohne Zutun des Experimentators. Wie im ersten Beispiel auch bezieht sich „selbst" gerade nicht auf das System, sondern auf ein bestimmtes Verhalten, welches die Dynamik des Systems ausbildet: Die – hier periodische – Veränderung ist es also, deren Zustandekommen den Referenten das prozedurale „Umsetzungsreflexiv" abgibt.

Diese Bestimmung von „selbstorganisierend" kann also bezogen werden auf das Verhalten von Systemen, die schon bereitgestellt wurden. Sie sind das Resultat eines Handelns, das als „Organisieren" ganz Unterschiedliches heißen kann. Der Bezug auf die Zwecklichkeit ist allerdings nicht zufällig, denn genau aus dem jeweiligen Zweck ergeben sich die geeigneten Bestandteile, die Bedingungen, unter denen sie zusammengebracht werden, sowie die eigentliche zeitliche und räumliche Abfolge von Handlungen, die am Ende zum Vorliegen des organisierten Systems führten.

Die beschriebene Situation ändert sich nun, wenn wir zum zweiten der eingangs unterschiedenen Fälle übergehen. Hier gilt nicht, dass sich Zustände eines Systems ohne Zutun des Experimentators ändern, sondern dass ein System selber *entsteht* – also der Übergang von der Situation „Es existiert kein System" zu „Es existiert ein System". Tatsächlich können dafür zunächst zahlreiche Beispiele angeführt werden, z. B. die Morphogenese oder die Embryogenese im Ganzen. Doch auch hier bleibt zunächst unklar, was genau der Referent des Reflexivs sein soll, womit wir zum Beispiel des Huhns zurückkommen, welches aus dem Ei gebildet wird. Hier sagten wir nun, dass starke Selbstorganisation verstanden werden könne als Entstehung aus einem Zustand, in dem noch keine Organisation vorliegt.

Tatsächlich stellt sich die Frage, in welchem Sinn diese Situation eigentlich gegeben ist, denn es kann ja nicht bezweifelt werden, dass das Ei zwar – in vielerlei Hinsicht – *einfacher* ist als das aus ihm hervorgehende Huhn, wie die Eichel gegenüber dem Baum. Nicht aber kann bezweifelt werden, dass sowohl das Ei wie die Eichel „organisiert" sind – oder so beschrieben werden können. Soll aber gesagt werden, worin die Organisation beider eigentlich besteht, dann ließe sich z. B. verweisen auf deren zelluläre Strukturierung – im Falle des Hühnereies etwa die Differenz von Dotter und Eiweiß, die Eihülle, welche ihrerseits von einer bie-gesteifen Hülle umgeben ist, die Chalaza etc., auch wird sich ein Zytoskelett finden etc. Ähnliche Betrachtungen lassen sich für die Eichel anstellen.

Damit wäre also nicht etwa *keine* Organisation gegeben, sondern eine Organisation ausgedrückt in der Struktur des gegebenen Gegenstands zum Zeitpunkt t_1, gefolgt von weiteren bis hin zum Zeitpunkt des Schlupfes t_2. Die Organisation aber ist nichts anderes als die *Form* unserer funktionalen Strukturierung des Gegenstands zu den genannten Zeitpunkten, mithin die Invariante der Beschreibung der Transformation der strukturellen Verhältnisse zwischen den beiden Zeitpunkten t_1 und t_2. Diese Transformation ist kontinuierlich, wie wir dies für organismische Verhältnisse im Sinne der Kohärenz und Konsistenz methodisch forderten (s. Kap. 11 und 14).

Dies bedeutet, dass wir die Veränderung der jeweiligen Strukturen in der Zeit verfolgen können, und dass sich in Bezug darauf *erklären* lässt, *welche* funktionale und kausale Relevanz die Strukturen zu einem beliebigen Zeitpunkt t_n für diejenigen zum Zeitpunkt t_{n+1} haben etc. Wenn wir diese Transformation der Organisation von t_n zu t_{n+1} als Selbstorganisation beschreiben, dann behaupten wir damit zugleich,

1. dass es einen Gegenstand gibt, dessen Veränderung wir *als* Transformation beschreiben, wobei die Anfänge der Transformation (Eier) ebenso bekannt sind wie die Endzustände (schlupffähige Hühner) und wie die Transformationsschritte (z. B. ausgedrückt in den Normentafeln der Individualentwicklung von Hühnern);
2. dass wir ferner über eine funktionale Strukturierung dieser Stadien dergestalt verfügen werden, dass sie uns Auskunft geben über die kausalen Verhältnisse zwischen Strukturen untereinander, der Konstruktion und den Strukturen sowie deren Zustände in der zeitlichen Folge.

Damit liegt aber gerade kein Übergang vor von einem Zustand, in dem *keine* Organisation existiert, zu einem solchen, in dem das der Fall ist; vielmehr wird lediglich gesagt, dass die Strukturierung eines als organisiert beschriebenen Gegenstandes sich in der Zeit verändert. Das „Selbst" der Organisation ist also immer schon gegeben, nämlich in der funktionalen Strukturierung eines Gegenstands mit Blick auf die bekannte Endstrukturierung.

Dies heißt nicht, dass die Hervorbringung des Huhns aus einem Ei nichts anderes sei als das Resultat der Beschreibung des Vorgangs durch den strukturierenden Biologen; sehr wohl aber gilt dies für die Organisation und die dieser unterliegenden Transformation der Strukturierung. Damit ist das Selbst der

Organisation die Anzeige des Vorgriffs, den wir als *erklärende* Biologen tätigen mit Blick auf einen Vorgang, von dem sicher gilt, dass er sich auch vollzieht, wenn er weder beschrieben noch erklärt wird. *Soll* er aber beschrieben oder erklärt werden, dann ist dessen Organisation ebenso Resultat unseres Tuns wie die Darstellung seiner Transformation – *als Selbstorganisation*. Auch für den Fall der als stark beschriebenen Selbstorganisation gilt also, dass es sich um einen Vorgang in der Form der *funktionalen Askription* und nicht um einen Naturvorgang handelt. Letzteres ist aber jederzeit der Fall für das Hervorgehen von Hühnern aus Eiern, welche ihrerseits gelegentlich Eier hervorbringen etc.

Selbstorganisation wird zu einem Naturvorgang genau dann, wenn wir die Tätigkeit des Strukturierenden und damit Organisation *erzeugenden* Wissenschaftlers auf die Seite des Naturstücks schlagen.

Systembiologie, synthetische Biologie und der Verlust der begrifflichen Basis   13

Im Rahmen der Systemtheorie tritt Lebendiges nur noch in der Form seiner *funktionalen* theoretischen Strukturierung auf, sodass die *substanzielle* Fassung des Lebensbegriffs überall dort überwunden zu sein scheint, wo der Systembegriff zu seiner vollen methodischen Entfaltung kommt. Systembiologie ist ein rezenter Versuch, durch Radikalisierung dieses Systemisierungsprozesses einen Rekurs auf nichtsystemische Strukturierungen des Lebendigen überflüssig werden zu lassen.

Unabhängig von der genaueren Fassung dessen, was mit Systembiologie gemeint ist – insbesondere in Abgrenzung zur synthetischen Biologie[1]– oder gemeint sein soll, ergibt sich gleichsam als Nebenfolge, dass der Begriff der Funktion nicht nur wesentlich nichtintentionale Bedeutung anzunehmen, sondern zudem als Zentralbegriff der *Strukturierung* biologischer Gegenstände regelrecht zu verschwinden scheint (Keller 2007). In der Abkehr von starken (intentionalen) Funktionsbegriffen könnten wir immerhin eine aufklärerische Perspektive entdecken, denn sie befreite uns von einigen „worrisomely adaptationist notions as ‚value‘ and ‚desire‘" (Keller 2007, S. 311).

Doch ist dies nur *ein* Moment systembiologischer Betrachtung – es kommt ein *methodisches* in der Nutzung von Technologien hinzu, die eine ganz und gar neue Form von Wissenschaft verspricht, eine solche nämlich, die nicht auf Hypothesen, sondern auf „Daten" fußt. Einige wesentliche Besonderheiten von Systembiologie sind wie folgt benennbar:

---

[1]Dies ist im Schrifttum keineswegs streng, die Übergänge sind zahlreich, was z. B. mit der Nutzung gleicher Techniken zusammenhängt (z. B. Vashee et al. 2012).

© Springer Fachmedien Wiesbaden GmbH 2017
M. Gutmann, *Leben und Form*, Anthropologie – Technikphilosophie –
Gesellschaft, DOI 10.1007/978-3-658-17438-5_13

> By contrast, systems biology is concerned with the relationship between molecules and cells; it treats cells as organized, or organizing, molecular systems having both molecular and cellular properties. It is concerned with how life or the functional properties thereof that are not yet in the molecules, emerge from the particular organization of and interactions between its molecular processes. (…) It shies away from reduction of the system under study to a collection of elementary particles. Indeed, it seems to violate many of the philosophical foundations of physics, often in ways unprecedented even by modern physics (Boogerd et al. 2007a, S. 4).

Während der erste Aspekt mit dem klassischen Verständnis von Biologie noch durchaus vereinbar scheint, zielt der zweite auf eine Transformation der Wissenschaft selbst ab, die durch die Befassung mit emergenten Eigenschaften auch für die Philosophie einen neuen Typus darstellt – zumindest, wenn man die Ankündigung der Verletzung physikalischer Prinzipien ernst nimmt. Systembiologie wäre danach notwendig als Erweiterung und Transzendierung von Biologie anzusehen, da nur auf diese Weise der besonderen Form des Lebendigen entsprochen werden könne:

> The aim of systems biology is to understand how functional properties and behaviour of living organisms are brought about by the interactions of their constituents (…). For new properties to arise in interactions, the latter must effect or affect processes that are nonlinear in terms of their kinetics or inhomogeneous in terms of their organizations. Consequently, precise and comprehensive, quantitative experimental analyses of living systems at levels between the system and its molecules are a requirement for systems biology, as is the accurate interpretation of the resulting experimental data. Both need to be able to address systems that are complex enough to effect functionality of life (Boogerd et al. 2007a, S. 3).

Als die beiden Wurzeln der Systembiologie werden die – auch ohne das Systemdenken zustande gekommenen – Komponentenkonzepte der molekularen Disziplinen benannt, während die zweite explizit auf die Nutzung komplexer funktonaler Darstellungen im Sinne von Nichtgleichgewichtsthermodynamik und die damit verbundenen formalen mathematischen Modelle abzielt. Dem entspricht auch ein Selbstverständnis innerhalb der Disziplin, das solche Formen der Modellierung biologischer Verhältnisse zum Gegenstand hat:

> Novel challenges, however, lie in the description of dynamical, mesoscopic, open, spatiotemporally extended, nonlinear systems, operating far away from thermodynamic equilibrium which are the most important type to understand, as these are the systems that support life (Boerries et al. 2012, S. 5).

Die Liste, unabhängig von ihrer Vollständigkeit, ist jedenfalls mit Blick auf die Kap. 12 dargestellten systemischen Beschreibungsmittel durchaus anschlussfähig, wobei der Nichtgleichgewichtsthermodynamik eine dominierende Rolle zukommen mag (s. etwa Prigoyne 1985). Die Empfehlung, insbesondere mit Blick auf „complexity" als Zentralbegriff, *systemtheoretisches* Vokabular zur Beschreibung der „biological phenomena" zu nutzen, entspricht dieser Ausrichtung von Systembiologie (Boerries et al. 2012, S. 7 ff.). Dies allein dürfte die Bezeichnung als *neue* Disziplin oder Form von Biologie noch kaum rechtfertigen; immerhin ist selbst das im Zentrum stehende Anliegen auch im Rahmen „klassischer" systemtheoretischer Ansätze durchaus vertreten, nämlich jene Lücke zu studieren, die sich „between (‚dead') molecules and life" befinde (Boogerd et al. 2007a, S. 6).

Hinzu kommt, dass die Beziehung zur klassischen Systembiologie explizit hergestellt wird (Stephan und Friston 2012, S. 507 ff.). Sowohl in Bezug auf die genutzten Techniken wie auch auf die Modellierungsansätze und -methoden ergeben sich wesentliche Übereinstimmungen (exemplarisch etwa die Modellierung von Kinetiken; Klipp et al. 2009, S. 13 ff., 2016, S. 40 ff.). Anders sei das aber insofern, als – entsprechend der beiden angezeigten Wurzeln der Systembiologie – zwei Formen der Ausübung von Biologie in der Systembiologie explizit zusammengebracht werden sollen:

1. Die Top-down-Systembiologie beginnt mit Strukturierung von „Daten", die im Rahmen von High-throughput-Technologien zur Verfügung gestellt werden. Diese Daten beziehen sich auf das Verhalten von Makromolekülen auf „Systemebene", woraus sich ihre „Herkunftsbezeichnung" ergibt, nämlich als *metabolomics, genomics, transcriptomics, fluxomics.* Diese Bezeichnungen zeigen allerdings an, dass eine funktionale Beschreibung organismischer Verhältnisse schon vorliegen muss; denn es werden ja nicht *irgendwelche* Daten als „Genomics" angesehen, sondern nur solche, die einem Vorverständnis des – hier – namengebenden „Genetischen" entsprechen. Gleiches gilt auch für die anderen Paronyme, die auf Metabolismus oder Transkription referieren, sodass die zusammenfassende Bezeichnung als *functional genomics* gerechtfertigt erscheint (Boogerd et al. 2007a, S. 6).
2. Im Gegensatz dazu können unter Bottom-up-Ansätzen solche verstanden werden, die mit der Interaktion einzelner Moleküle beginnen und deren Zusammenfügung zu funktionierenden Systemen bestimmen.

Wir werden die Form, in der die Synthese beider Ansatztypen gelingen soll, noch näher betrachten. Hier sei zunächst eine weitere Besonderheit von Systembiologie angeführt, die für das Verständnis ihres Gegenstandes von Bedeutung ist, nämlich die Übertragung von *In-vitro*-Beobachtungen auf *In-silico*-Modelle, welche die Entwicklung technischer Systeme erlaube (Kitano 2002). Daraus ergebe sich nun eine enge Verbindung aus Ingenieurskunst und Biologie:

> The top-down systems biologist exhibits the pragmatism of an engineer for which phenomenological explanations suffice, whereas the bottom-up systems biologist is more guided by a desire to understand mechanism or systems-theory principles (…) (Boogerd et al. 2007a, S. 7).

Die Nutzung der Datensätze ist danach mit dem *Ingenieurshandeln* verbunden, die der „klassischen" Molekülinteraktionen mit dem *epistemischen Interesse*, das auch für die bisherige Biologie relevant sei. Der Verzicht auf die Suche nach Mechanismen – und insofern auch auf Erklärungen – wird für die Top-down-Ansätze durch die unerhörte Datenfülle erkauft, die es erlaube, Zusammenhänge herzustellen, die für den Bottom-up-Ansatz durch dessen eigene Struktur jenseits des Möglichen lägen. Diese Synthese von „top-down" und „bottom-up" soll im Wesentlichen durch den Perspektivwechsel ermöglicht werden, denn das Ingenieurshandeln zielt auf das *Herstellen*, das Handeln des Biologen im klassischen Sinne auf die Episteme, das *Verstehen* natürlicher Zusammenhänge. Das Verhältnis dieser beiden Tätigkeiten zu bestimmen, ist methodisch insofern relevant, als erst dadurch sicherzustellen wäre, *ob, dass* und *wie* beide auf *denselben* Gegenstand referieren – etwa „das Leben".

13.1 Neue Kategorien für das Leben – oder alter Wein in neuen Schläuchen?

In der Tat wird eine kategoriale Neuausrichtung gegenüber der „klassischen" Biologie gefordert, schon unter der Perspektive, dass datenbestimmte Biologie, nicht auf einzelne oder isolierte Systeme und deren Zusammenstellungen, sondern auf ganze Strukturierungsebenen und deren Interaktionen untereinander referiert. Die Transformation der Biologie *als Wissenschaft,*[2] durch den Einsatz z. B. der angesprochenen High-throughput-Technologien soll deshalb Folgen haben für die Philosophie

---

[2]Die nicht unberechtigte Frage: „Als was denn sonst?" ist leicht zu beantworten mit Blick auf die zweite Form der hier rekonstruierten lebenswissenschaftlichen Forschung, nämlich der synthetischen Biologie. Die fehlende Differenzierung von Wissenschaft und Technik ist einer der Gründe für die Verwirrung, die über den Status der synthetischen Biologie sowohl innerhalb der Biologie wie der Philosophie besteht.

selbst, weil sich aus dieser neuen Form von Biologie auch *begriffliche* Neubestimmungen ergäben. Dieser Eindruck wird verstärkt, wenn wir einen der Zwecke näher betrachten, welcher für die Systembiologie leitend ist oder sein soll:

> With systems biology, life, first at the simplest level of unicellular organism, then at the level of all organisms except primates, and perhaps ultimately at the level of intelligent human beings, will become calculable. Herewith, the domain of 'metaphysics' that relates to life may be shrunken. The philosophy of what life is may be assisted by computer models that enables them to calculate the behaviour of living organisms. Either this leads to a definition of life in terms of minimum behaviour that is calculated by those in silico replica of living organisms or a new definition of life is achieved, which should then be much clearer than the present in terms of distinguishing it from the one that could be calculated (Boogerd et al. 2007b, S. 325).

Die *neue* Definition von Leben ergäbe sich danach aus der Lösung von der Organismusbindung, die für die klassische Biologie noch relevant war, und führte gleichwohl zur Berechenbarkeit des Lebendigseienden auf allen Ebenen der Beschreibung. Diese Definition ist aber *nicht* zunächst eine Leistung des Philosophen, sondern des Systembiologen, mithin Resultat *empirischer* Forschung, welcher der Philosoph die Definition absehen könne. Doch noch ein Zweites komme hinzu, mit dem der Biologe weiterzuhelfen verspricht, bestehe doch die Möglichkeit der Vereinbarkeit von mechanistischen und emergentistischen Ansätzen. Dieses Bemühen drücke sich in der Parallelisierung von Top-down- und Bottom-up-Darstellungen aus, deren Besonderheiten näher bestimmt werden könnten:

> Here we shall first indicate why the 'just understand the system' methodology does not work, i. e. why by themselves biochemistry and molecular biology cannot produce biology. The reason is again the essential nonlinearities of biological systems. Much of biology depends on dynamic phenomena that emerge in nonlinear interactions. These cannot be understood by the simple addition of the behaviour of the components in isolation. This is one reason why biology lies outside the realm of biochemistry and molecular biology sensu stricto (Westerhoff und Kell 2007, S. 36).

Es sei also wesentlich der Wechsel der Beschreibung von Systemen unter Nutzung „klassischer" biochemischer Kinetiken hin zu solchen Systemen, die explizit nichtlineare Effekte zeigen, welcher den Beitrag der Systembiologie zum eigentlichen Verständnis „des Lebens" liefere. „Leben verstehen" wäre dann die wesentliche Leistung der Systembiologie, was gleichwohl nicht, mittels einfacher Ergänzung durch Top-down-Ansätze geschehen könne. Vielmehr bedürfe es zugleich der Orientierung am komplexen Phänomen des Lebens selbst, wodurch im Erfolgsfalle das von Crick (1966) propagierte „ultimate aim" der Biologie in greifbarer Nähe rücke:

At present one can determine for all genes in a genome simultaneously whether they are expressed at the level of mRNA. Soon this will also be possible at the level of protein and in terms of their relationships to further levels of functionality, e. g. at the level of metabolites. Through functional genomics, therefore, everything will potentially soon be knowable and known about living cells. For unicellular organisms this should imply that everything will be known about a living organism, albeit that collections of such cells remain highly heterogeneous (…). Every component can be manipulated by expressing the corresponding gene in the organism under the control of a regulatory element that can be steered by the experimenter. Everything will come to be known therefore and systems of life will come under complete experimental control. The limitations of the 'undefinedness' and inaccessibility to falsification-verification experiment of biology, will soon be gone. Finally biology can stop collecting stamps and become 'proper Physics', or so it would seem (Westerhoff und Kell 2007, S. 41).

Gegen diese prinzipielle Wissbarkeit aller Eigenschaften lebendiger Systeme lassen sich selbstverständlich sowohl empirische wie nichtempirische Einwände formulieren. Der gewichtigste nichtempirische dürfte in der Unbestimmbarkeit der Rede von der *Vollständigkeit* des Wissens liegen. Lassen wir dies außer Betracht, dann liegt der erste „neue" Aspekt in der Form, in welcher Top-down- und Bottom-up-Ansätze aufeinander bezogen werden können sollen: Die *vollständige* Kontrolle aller genetischen Systembestandteile – und am Ende nicht nur dieser – ist der eigentliche Schritt, der durch die Integration der Ingenieursperspektive getan werden könne. Das „Leben" würde mithin Gegenstand der vollständigen Manipulierbarkeit durch den Biologen – und insofern könne nun der Übergang zur Biologie als einer Wissenschaft vollzogen werden, die tatsächliche Erklärungen ermögliche *wie die Physik*.

Ersichtlich hängt aber die Realisierbarkeit dieses Ziels davon ab, dass die Kontrolle, die durch den Systembiologen ausgeübt wird, die „richtige" Kontrolle ist. Denn dass Kontrolle in *vielerlei Hinsicht* über etwas ausgeübt werden kann, bedarf keiner weiteren Darstellung. Mithin kann z. B. die Fähigkeit, die Eigenschaften eines Minimal-Cell-Systems zu kontrollieren (vgl. hierzu Vashee et al. 2012), jederzeit konzediert werden – ohne dass damit schon etwas ausgesagt wäre über das Verhalten von Zellen „in der Natur". Ist aber *dies* das Ziel, worauf ja die Betonung des neuen Lebensbegriffs zumindest hindeutete, dann wären gerade jene Kenntnisse, die den Bottom-up-Ansätzen entstammten, diejenigen, welche die *Kriterien* für die gesuchte Form der Kontrolle abgäben. Dies bedeutet aber, dass das *neue* Element des Ingenieurshandelns in der Systembiologie nur dann relevant werden kann, *wenn wir schon* über die Kenntnisse von Mechanismen „in der Natur" verfügen. Genau diese beiden Funktionen aber werden der klassischen Biologie konzediert – und zwar durch die Theoretiker der Systembiologie selber. Denn diese erbringe einerseits ein Wissen über die Mechanismen („in der Natur"), wie sie andererseits die Kriterien für die Auswahl der Datensätze bereitstelle, nach welchen z. B. die Genomics ihren Namen erhielten.

Dies führt uns abschließend zu einer weiteren vermuteten Besonderheit der Systembiologie, nämlich dem oben ausgezeichneten Ziel, eine Theorieform bereitzustellen, die zu einer Vereinbarkeit „schwach-holistischer" und „reduktiver" Ansätze führe. Dazu ist die Beschreibung der Eigenschaften nichtlinearer Interaktionen zwischen den „klassischen" Komponenten innerhalb eines Organismus ausschlaggebend, eine Grundlage um auch weitere Ziele zu erreichen:

> The main one, of course, is to understand more general principles underlying the behaviour and mechanistic workings of the complete biological systems that sustain life. (…) A second aim then is the ability to understand the inner workings of particular living systems. Ultimately this is best done by having a computational or mathematical model of the system in terms of its components and the quantitative nature of the interactions between them. (…) A third aim derives from the ability to make predictions about the possible future behaviour of the system on the basis of changes we make to our models.(…) A related, fourth aim of modelling is the use of the model for technological or therapeutic purposes. The fifths or ultimate aim of systems biology combines the above; it is the aim of accomplishing the mission of the life sciences and understanding living systems in molecular terms, thereby opening such "applied" avenues as prognosis, diagnosis, preventive medicine and lifestyle adjustment, therapy, drug design and biotechnology (Westerhoff und Kell 2007, S. 48).

Systembiologie erscheint auch in dieser Darstellung der Ziele als Hybrid, denn einerseits ist sie reduktiv in einem strengen Sinn, da nur Moleküle und ihre jeweils physikalisch und chemisch beschreibbaren Interaktionen als relevante materiale Referenzen für Erklärungen auftreten sollen,[3] andererseits erscheint sie jedoch als nicht reduktiv, denn es sollen ausdrücklich „emergente" Eigenschaften zugelassen werden (Westerhoff und Kell 2007, S. 63 f.).

Wir wollen an dieser Stelle die Frage nach einer wissenschaftlich zulässigen Definition von „Emergenz" auf sich beruhen lassen (zur Kritik s. Janich 2011). Die *Spannung* jedenfalls zwischen der Vermutung *emergenter* Effekte einerseits und der *gleichzeitigen* Forderung nach der *Kalkulierbarkeit* des Verhaltens der dynamisch interagierenden Elemente bleibt unaufgelöst – insbesondere, wenn ein

---

[3]Der Verweis auf die so mögliche Abwehr des Vitalismus dürfte allerdings die eigene Argumenthöhe unterschreiten (s. Westerhoff und Kell 2007, S. 56).

Ziel tatsächlich in der Bereitstellung medizinischer Diagnose und Therapie bestehen sollte.[4]

Methodisch entscheidend für unsere weitere Rekonstruktion ist das Verhältnis jener beiden Aspekte bei der Bestimmung der jeweiligen Eigenschaften, das die signifikante doppelläufige Struktur der γνωριμώτερα aufweist – weil nur so überhaupt *gesagt* werden *kann,* es *entstünden* Eigenschaften, die sich nicht linear aus den Eigenschaften der konstitutiven Elemente ergeben. Denn erst mit Blick auf das Resultat kann bestimmt werden, welches die jeweils relevanten Elemente waren. Die Erklärung der Herausbildung des Resultats ist zunächst nur mit Blick auf die notwendigen Bedingungen möglich – und erst hier eröffnet sich die Problematik „emergenter" Eigenschaften (Stephan 2007). Damit steht Systembiologie allerdings vor exakt denselben Problemen wie diejenigen Wissensformen, an deren Stelle sie treten will, ohne sich zugleich von ihnen lösen zu können.

13.2   Das System der Systembiologie

Diese eigentümlichen Widersprüche zwischen den erklärten Zielen von Systembiologie einerseits und den dafür benötigten Mitteln andererseits werden noch deutlicher, wenn wir uns zum Abschluss dem Ausdruck „System" zuwenden, der regelmäßig nicht als Begriff auftritt, sondern eher als Bezeichnung von Gegenständen mit bestimmten Eigenschaften:

> Living systems appear as highly complex integrated units formed out of many different and complex chemical aggregates. Nothing similar in degree of complexity exists in the inorganic world, neither among human-made artefacts, where systems lack the deep integration and autonomy characteristics of living organisms (Moreno 2007, S. 244).

Der Ausdruck System wird im engen Zusammenhang mit *technomorphen* Ausdrücken gebraucht, wie „mechanism", „device", „hardware" und „software", hier zunächst, um die grundlegende Differenz zu menschlichen Artefakten hervorzuheben, was aber nicht hindert, dass die *Funktionsweise* dieser ausnehmend besonderen Systeme in der Form von Produktionszusammenhängen beschrieben wird, die als *Maschinen* bestimmt sind. Wir haben es also mit derselben Metaphorik zu tun, wie dies im Rahmen der „klassischen" Biologie der Fall war (s. Kap. 11 und 12).

---

[4]Dazu etwa Meyers (2012).

Der Unterschied betrifft lediglich den Komplexitätsgrad sowie die eigentümliche Reflexivität dieser Maschinen:

> In contrast to any man-made machine, living organisms are self-made machines, in the sense that all the complex components are made within the system (Moreno 2007, S. 244).

Gemeinsam ist beiden Typen von Maschinen, dass durch sie etwas hergestellt wird; es differiert nur der Gegenstand, denn Lebewesen produzierten *sich selber*. Damit haben wir in einer bestimmten Form die Reflexivität von Lebewesen wieder eingeholt, wie sie uns in der aristotelischen und der erweiterten lebensweltlichen Rede begegneten. Doch liegt der wesentliche Unterschied darin, dass die Differenz zwischen Maschine und Lebewesen *innerhalb* der Klasse von Maschinen etabliert wird. Im Gegensatz zur aristotelischen Darstellung, bei der diese Differenz innerhalb der Natur auftrat, greift hier also die Technik über. Sie gleicht damit der kantischen Differenzierung innerhalb der Klasse der Maschinen, ohne aber das Moment des „Als-ob" zu berücksichtigen, was immerhin Anlass unserer modelltheoretischen Überlegungen wurde.

Auf diese Differenz kommt es aber gemäß der Forderung seitens der Systembiologie selbst an, denn nur eine bestimmte Unterklasse von Maschinen scheint jene besonderen Eigenschaften zu haben, die etwa zur Kategorie der Ganzheit führen könnten. Bei dem Versuch, die Möglichkeit solcher „sich selbst erzeugender Maschinen" zu zeigen, ergeben sich geradewegs jene Paradoxien der „Selbstorganisation ohne Selbst",[5] die in Kap. 12 näher betrachten wurden:

> To consider the whole network as a result of a former (lower) level made up of simpler isolable components whose properties determine their interactions would be partial, and ultimately, useless. The reason is that many of these components can only exist as such, as a consequence of the recursive maintenance of the whole network. In other words, complex components depend on the whole system (Moreno 2007, S. 244).

Zunächst entspricht die Bestimmung der Komponenten im System der Ganzheit bei Kant oder Bertalanffy, denn diese fungieren *als Komponenten* nur, insofern sie *Teil* des Systems sind. Damit müssen zugleich die Komponenten als solche *eines Systems* ausgezeichnet werden, das sich aber erst einstellt, *nachdem* diese sich zueinander verhalten *wie im System*. Es liegt also ein „πρότερον-ὕστερον"

---

[5]S. etwa Koutroufinis (1996).

vor, das in ähnlicher Weise auch die Rede von der „zirkulären Kausalität"
bestimmt. Die Konzeption der zirkulären Kausalität geht von den Paradoxa aus,
die sich durch die Selbstbezüglichkeit der als Produktion beschriebenen Reproduktion einstellen:

> The building blocks can of course be supplied by the environment, but even if the
> system has to fabricate them this is not a problem; all it needs is to be able to make
> the specific catalysts that will accomplish the synthesis. However, the machinery
> that constructs the catalysts must itself be replaceable by the system, lest it fails; this
> implies even more additional machinery. It is clearly here that the linear hierarchy of
> efficient causes followed up to now seems to wander off into an infinite regress that
> is incompatible with the existence of real autonomous systems. In some way, this
> hierarchy of efficient causation must fold back into itself, must close, must become
> circular (Hofmeyr 2007, S. 227).

Sehen wir davon ab, dass es insbesondere die identifizierende Rede im Blick auf
Artefakte ist, welche die eigentlichen Schwierigkeiten überhaupt erst dadurch
erzeugt, dass Reproduktion solch lebendiger Maschinen nur noch als *Produktion*
verstanden werden kann, dann ergibt sich das Problem der Zirkularität auch im
Falle der Inkorporierung externer Komponenten. Genau genommen besteht in
der Internalisierung externer Edukte *als Komponenten* in das System das *logische*
Problem dieser Beschreibung. Denn eine solche *Internalisierung* kann erst dann
stattfinden, wenn die *Differenz* von Innen und Außen *vorliegt*. Im Falle der „sich
selbst" fabrizierenden Fabrik zeigt sich dieses Problem schon an der Formalisierung als Abbildungsrelation:

> Such a mapping is usually depicted as:
> $f\colon A \longrightarrow B$ or, equivalently, $A \xrightarrow{i} B$
> (Hofmeyr 2007, S. 229)

Ersichtlich ist der Wertverlauf der Funktion – diese verstanden als Abbildungs-
vorschrift für zwei Objektklassen (Input und Output) – erst dann bestimmbar,
wenn die Objektklassen selber schon verfügbar sind. Nun lassen sich Klassen
beliebiger Art einführen – benötigt wird dazu aber in jedem Fall ein Prädikat,
invariant zu welchem die jeweilige Klasse konstruiert wird. Die Differenz, über
der die Abbildung eingeführt werden soll, ist damit aber schon etabliert, *bevor* die
Abbildung stattfinden kann (sonst wird eben nichts abgebildet) – andernfalls sich
die bekannten Paradoxa einstellen:

> No mapping can be defined before its domain and range are stipulated; however, if
> the range contains the mapping itself as an element, it cannot be stipulated before

the mapping is given. Thus, in the words of Rosen (…), „neither the mapping f nor its range can be specified until the other is given" (Hofmeyr 2007, S. 230).

Dasselbe Argument lässt sich auch gegen die Rede von der Abbildung anführen, wenn der Übergang von einer rein formalen zu einer materialen – hier also biologischen – Bestimmung dieses Ausdrucks vollzogen werden soll. Wir müssen dann nämlich schon über eine Strukturierung von Verhältnissen *als Produktionsverhältnisse* verfügen (etwa die Herstellung von Proteinen *via* Aminosäuren durch RNA-DNA-Interaktion), um *sagen* zu können, dass „durch" diese Elemente zwei bestimmte Objektklassen aufeinander abgebildet werden (dazu im Detail Syed et al. 2010). Das Problem dieser Auszeichnung ist ersichtlich nicht durch immer weitergehende Integration von externen Komponenten in die *als Fabrik* bestimmte biologische Einheit zu lösen – es bleibt vielmehr ein Anfangsproblem, und genau dieses Anfangsproblem soll durch die „Zurückbiegung" der Kausalität (hier in losem Anschluss an Aristoteles als *„Causa efficiens"* bezeichnet) gelöst werden:

> Von Neumann's so-called kinematic, self-reproducing machine consists of a general purpose fabricator P + Φ(X), which is an automaton consisting of two parts: A constructor P that fabricates a machine X form spare parts according to Φ(X), the blueprint for X. When supplied with its own blueprint Φ(P) the constructor makes itself (Hofmeyr 2007, S. 236).

Diese Beschreibung zeigt das Problem sehr gut, das in der logischen Struktur „sich selbst" erzeugender Maschinen besteht: Es handelt sich nämlich um zwei Relationen, von denen eine reflexiv ist, die andere irreflexiv, und deren Konjunkt die „selbsterzeugende" Maschine repräsentiert. Allerdings eben *nur,* wenn das Erzeugen im ersten Schritt irreflexiv ist – nämlich als Maschine. Im Gegensatz zu Organismen, bei denen sowohl das Selbstorganisieren wie das Selbstorganisiertsein *zugleich* als Leistung *der sie jeweils hervorbringenden*[6] Organismen verstanden werden muss (s. Kap. 12).

In der Tat wäre das Problem dann gelöst, wenn *vor* jeder Fabrikation von etwas das Fabrizierende gegeben wäre. Dann könnte zumindest Folgendes gesagt werden: Indem die Anweisungen für die Produktion eines Fabrikators durch den Fabrikator selbst *befolgt* werde, erstellt „sich dieser selbst". Doch wiederum ist die Referenz des Reflexivs eine Typenreferenz. „Dieser" kann nicht „sich", sondern nur „einen wie diesen" produzieren. Setzt man die „Existenz" des Plans

---

[6]Dies gilt zumindest solange, *als „omnis vivum ex vivo"* zutrifft. Die synthetische Biologie scheint auch damit zu brechen (s. unten).

(Blueprint) als gegeben voraus, dann ist immerhin ein solcher Anfang denkbar, doch auch dieser hätte zumindest noch eine Bedingung zu erfüllen:

> In these terms the mapping would be:
> $(f, \mathrm{i}){:}A \longrightarrow B$
> $a \mapsto b = (f, \mathrm{i})\ (a)$
> with (f, i) is an element of the Cartesian product $f \times I$ (Hofmeyr 2007, S. 230).

Eine solche Fassung des Konstruktionsproblems entspricht der Beschreibung von herstellenden Handlungen aus der Sicht des Herstellers – etwa des Technikers (s. Cassirer 1985). Diese Beschreibung erzwingt aber die angezeigte Zirkularität, und zwar in einem schlechten Sinne. Denn deren *epistemische* Funktion bestand ja gerade darin, die Differenz zwischen dem als Fabrik beschriebenen *Dieses* einerseits und dem theoretischen *Dieses,* als welches sich das erste *Dieses* nach der Beschreibung (!) wiederfindet, aufzuheben. Die Identifikation gelingt aber nur unter Preisgabe der Differenz zwischen Beschreibungsmittel und Gegenstand, denn nun muss zugleich behauptet werden, dass *dieser Organismus keine und* dass er *eine* Fabrik sei. Aufgehoben wird damit die „Beschreibung als etwas“ und mithin gerade jene Bestimmung, die es uns erst ermöglichte, einen epistemischen Gewinn aus dem Übergang von der Metapher (das Lebewesen als eine Fabrik, die sich selbst herstellt) zum Modell zu ziehen – bestimmte Aktivitäten des Organismus lassen sich beschreiben *als Herstellungsvorgänge* in einer Fabrik, deren Produkte als Edukte für die Erhaltung des Organismus eingesetzt werden.

13.3   Antizipationen der Systembiologie

Unsere Rekonstruktion der argumentativen Struktur von Systembiologie hat zunächst die Einsicht erbracht, dass sowohl im Falle von Bottom-up- wie von Top-down-Ansätzen ein schon in Geltung befindliches *funktionales* Wissen vorliegen muss, das Systembiologie mit Systemtheorien sowohl „klassischen“ wie komplexitätstheoretischen Zuschnitts verbindet. Selbst wenn also durch den Einsatz aktueller Techniken ein bisher nicht gekanntes Ausmaß an Datenfülle verfügbar ist und z. B. zeitliche Abläufe wesentlich besser darstellbar werden, als dies vor wenigen Jahren auch nur denkbar erschien, bleiben diese durch die angezeigte Basis an die Geltung der in die funktionale Strukturierung eingehenden Äquivalenzen gebunden.

Dem widerspricht nicht die erweiterte Möglichkeit „systemischer Identitätsbildung“, wie wir sie im Grundsatz schon bei der klassischen Systemtheorie kennenlernten und die für die entwickelte Systemtheorie als theoretische Praxis gleichsam selbstverständlich wurde (s. Kap. 12). Hierfür gibt es systematische Vorläufer in der vorsystemischen Biologie, wenn wir etwa an die Darstellung von Stofftransformationen in *Kreisläufen* denken, die an bestimmten Transformationsschritten durch bestimmte Metaboliten miteinander verbunden waren. Durch die Radikalisierung der Systemisierung lassen sich nun Zusammenhänge räumlicher, zeitlicher wie stofflicher Art herstellen, die auf der Ebene der rein funktionalen Strukturierung nicht sichtbar sind – ein Beispiel für solche „correlation networks" ist die Darstellung der Interaktionen für ein Gen *(Pou5f1)*, das bei pluripotenten Stammzellen relevant ist (VanBurren 2012, S. 69; zur technischen Seite s. Klipp et al. 2009, S. 315 ff.).

Damit bleibt immer noch die Frage offen, ob es anderer *begrifflicher* Grundlagen bedarf – und wenn ja, ob sich diese *signifikant* von denjenigen unterscheiden, die wir in Kap. 11 bei der Einführung organismischer Konstruktionen schon kennenlernten. Nimmt man die Vorschläge auf, die im Rahmen der bisherigen Reflexion auf Systembiologie sowohl seitens der theoretischen Biologie wie seitens der Theorie der Biologie unterbreitet wurden, dann lassen sich methodisch die dort vorgeschlagenen Kandidaten auf jene Bestimmungsstücke zurückbeziehen, die auch schon für die klassische Systembiologie einschlägig waren, wie etwa „Ganzheit" oder auch lapidar „Organismus", „System" und „Element". Aus unserer Rekonstruktion lässt sich unschwer ableiten, dass diese Kategorien schon der funktionalen Strukturierung selbst zu verdanken waren – mit anderen Worten, dass sie *schon vorliegen* müssen, *damit* überhaupt systembiologisch argumentiert werden kann.

Das offenkundige „Vergessen" dieser begrifflichen Grundlagen zeugt gleichwohl davon, dass diese seitens der Systembiologie zu den Natursachverhalten gezählt werden, also als *begriffliche* gar nicht mehr bekannt sind. Dies führt dazu, dass die Differenz zwischen Gegenstand und Eigenschaft gleichsam ontisch aufgehoben wird: Während nämlich Leben in der „klassischen" Systembiologie immerhin noch als *Leistung* von Systemen begriffen werden konnte, fällt es für die Systembiologie mit der Interaktion der Elemente einfach zusammen – und zwar in der Form, dass die Darstellung der Träger als *Maschinen* auf die Kalkulierbarkeit des Lebens selbst übergreift. Dies spiegelt sich in dem Versuch wider, *In-silico*-Modellierungen lebendiger Systeme bereitzustellen, weswegen eine Vorverständigung über Minimalsysteme und deren Leistungen unabdingbar ist. Solche Minimal Cells *sind* eben keine Zellen, sondern modellierte Systeme (sowohl *materialiter* als auch *formaliter*) bezogen auf die Erwartungen an lebendige Einheiten (etwa *veritable* Zellen) – sodass sie zumindest bestimmte Leistungen erbringen können (s. etwa Lee und Lee 2016).

Gerade diese Erwartung ist aber weitgehend strukturgleich zu jener im Rahmen klassischer Systeme – selbst wenn dem „self-assembly" in der Systembiologie eine größere Rolle zukommt. Da Reproduktion hier nur noch in der Form der *Produktion* angesprochen ist, spielen die dabei verwendeten Beschreibungen der Produktionsvorgänge eine tragende systematische Rolle. Die Analyse der Struktur solcher *technomorpher* Metaphern führt uns zu einer weiteren Form, in der Leben im Rahmen moderner Wissenschaft verhandelt wird, nämlich der synthetischen Biologie.

13.4   Was ist „synthetische Biologie"?

Das Anliegen von synthetischer Biologie ähnelt jenem von Systembiologie – insofern jedenfalls, als deren Propagatoren einen radikalen Bruch verheißen mit der Form, in der Lebendiges durch die bisherige Biologie bestimmt wird. Entsprechend dem Bemühen, Systembiologie gegenüber klassischer Biologie zu konturieren oder abzugrenzen, findet sich auch bei der synthetischen Biologie der Versuch, jene Momente zu benennen, die diese etwa von Genetik oder Molekularbiologie unterscheiden, was wiederum zu Charakterisierungen von synthetischer Biologie nach verschiedenen Kriterien führen kann, wie etwa den Verfahrenstypen, den Objekten oder den Anwendungsfeldern (Köchy 2012). Auch die Tatsache, dass weder über Gegenstand, Methode noch Zweck von synthetischer Biologie Einigkeit herrscht, markiert eine gewisse Ähnlichkeit zur Systembiologie; immerhin aber findet man den expliziten Hinweis, dass synthetische Biologie über „natürliche" Vorbilder hinausgehe – und zwar nicht nur in der Methode, sondern insbesondere im Gegenstand:

1. Raw materials: Synthetic elements would be constructed from basic elements (synthetic or purified oligonucleotides in the case of synthetic DNA) in the lab (and not as part of a natural cellular process).
2. No natural counterpart: Synthetic elements or networks would not have an identical copy in natural cells. The caveat would be synthetically created whole genomes of existing organisms – although a minimal genome (critical genes for survival) organism would be more likely.
3. Programmable: Synthetic regulatory elements and net-works engineered in cells would be controllable with external stimulus in a deterministic fashion.
4. Synthetic whole genome: Starting with synthetic oligonucleotides as raw materials, the end product would be an artificially assembled genome or „minimal genome" (Bhutkar 2005, S. 21).

Die Unterschiede zwischen synthetischer und klassischer Biologie sind ersichtlich nicht grundsätzlicher, sondern eher gradueller Natur, denn die Bereitstellung von Rohmaterialien ist auch genetischen und molekularbiologischen Methoden nicht fremd. Zwar soll die Bindung an „natürliche" Prozesse aufgegeben werden, was im Rahmen der „klassischen Biologie" nur bis zu einem gewissen Ausmaß gelinge; wie in dieser sei aber auch hier die Bereitstellung der herzustellenden Substanzen als *Produktion* zu verstehen, in deren Vollzug sie „konstruiert" würden.

Eine deutliche Erweiterung aber bilden die folgenden drei Aspekte, die auf eine immer weiter reichende Artifizialisierung der Einheiten abzielen, aus denen ursprünglich die Komponenten der Konstruktion gewonnen wurden. Die Einbringung von Elementen in einen Organismus wäre danach ohne „natürliches Vorbild". Auch wenn ein existierendes Lebewesen genutzt würde, um etwa über ein „Chassis" zu verfügen, wären doch die Genome, sei es als Ganzes oder in Teilen, vollständig synthetisch bereitzustellen. Während der vierte Aspekt die vollständig synthetische Erzeugung ganzer Genome bedeutete (z. B. Lee und Lee 2016), bringt der dritte Aspekt allerdings noch ein Element ins Spiel, das nicht in den vorherigen aufgeht. Denn nicht nur sollen die so erzeugten künstlichen Organismen „programmierbar" sein; vielmehr sollen sie *so* programmiert werden, dass ihr Verhalten im Ganzen *determinierbar* ist (van Hove et al. 2016). Wiederum nimmt dies eine zentrale „informatische" bzw. kybernetische Metapher auf, die in den modernen Lebenswissenschaften wohlvertraut ist; Lebewesen erscheinen danach in Teilen oder als Ganzes durch „Programme" bestimmt (wie etwa genetische in der Form von DNA; s. Zitat oben).

Gleichwohl hat diese Rede einen radikaleren Zungenschlag, denn das Programm ist einerseits – wie die Hardware – durch Konstruktion *sensu stricto* zustande gekommen, also ganz dem Gedanken des Ingenieurs entsprungen, der nun tatsächlich dem platonischen Bild des δημιουργός entspricht. Zum anderen aber soll es sich um eine Programmierung handeln, die zu einem explizit *trivialen* Verhalten führt: Die Steuerung durch externe Stimuli würde aus dem Organismus z. B. eine Art biologischer Schalter machen. Lassen wir die Frage nach der Realisierbarkeit solcher Zwecksetzungen wieder ganz beiseite und sehen nur auf die beschreibungssprachlichen Mittel, so fällt – viel stärker noch als im Rahmen der Systembiologie – die Verwendung *technomorpher* Metaphern auf. Dieser vollständige Übergriff des „engineering paradigm" verstellt aber nicht eine immerhin mögliche epistemische Ausrichtung, welche die synthetische Biologie sowohl mit Systembiologie wie mit der von beiden zu transzendierenden klassischen Biologie verbindet:

> Synthetic biology has a broader scope, however, in that it attempts to recreate in unnatural chemical systems the emergent properties of living systems, including inheritance, genetics and evolution. Synthetic biologists seek to assemble components that are not natural (therefore synthetic) to generate chemical systems that support Darwinian evolution (therefore biological). By carrying out the assembly in a synthetic way, these scientists hope to understand non-synthetic biology, that is, 'natural' biology. This motivation is similar in biomimetic chemistry, where synthetic enzyme models are important for understanding natural enzymes (Benner und Sismour 2005, S. 533).

Die Beschreibung sowohl der herzustellenden Stoffe als auch der resultierenden „lebendigen" Einheiten erfolgt in der Form von Metaphern, wie sie auch systembiologischen Beschreibungen von „lebendigen Systemen" zugrunde liegt. Gleichwohl ergibt sich aber eine spiegelbildliche Ansicht mit Blick auf das Tun der Wissenschaftler. Während diese nämlich als Systembiologen die Funktionsweise der Natur untersuchen, um deren Prinzipien auf die Spur zu kommen, und damit letztlich zu physikalischen Darstellungen von Lebewesen übergehen zu können, ist das Tun hier vollständig im „engineering paradigm" beschrieben – indem der Forscher sich als Ingenieur des Lebendigen versteht. Die Folgen sind weitreichend, da auf diese Weise sowohl das „natürliche Vorbild" verlassen wird – denn es ist ja nicht zunächst ein auf *Erklärung* abzielendes Tun (dies findet ebenfalls statt, wie sich gleich zeigen wird), sondern auf *Herstellung* –, als auch der *begriffliche* Rahmen dessen, was in der Analyse der Formbestimmung des „Lebendigseienden" den methodischen Anfang abgab. Entsprechend radikal scheint (!) der Bruch mit diesen Anfangsbestimmungen von „Leben" zu sein:

> To a synthetic biologist, life is a special kind of chemistry, one that combines a frequently encountered property of organic molecules (the ability to undergo spontaneous transformation) with an uncommon property (the ability to direct the synthesis of self-copies), in a way that allows transformed molecular structures themselves to be copied. Any chemical system that combines these properties will be able to undergo Darwinian selection, evolving in structure to replicate more efficiently. In a word, 'life' will have been created (Benner 2003, S. 118).

Ausgehend von organismischen Strukturierungen – die hier allerdings als bloße Beschreibungen des Lebendigen an sich erscheinen – ist Leben „nichts anderes" als ein chemischer Prozess, der innerhalb maschinenartig konfigurierter Systeme auftritt – daher findet sich die Maschinenrhetorik auch ubiquitär (exemplarisch van Hove et al. 2016). Durch das Übergreifen der Systembeschreibung, die sich an der *technomorphen* Metaphorik der genutzten Modelle orientiert, wird das Lebewesen zum „organi(smi)schen Labor" (Gutmann 2014), „in dem" nichts anderes mehr vor sich geht als die Umsetzung chemischer Stoffe unter Energietransformation.

Während in der Systembiologie das Moment des *Verstehens* lebendiger Systeme das wesentliche Ziel abgab, dem die Herstellung z. B. von *In-silico*-Modellen untergeordnet wurde, kehrt sich dieses Verhältnis in der synthetischen Biologie regelrecht um. Immerhin aber ist die *epistemische* Perspektive (des nun rein im Ingenieursparadigma erscheinenden Tuns der Systembiologie) nicht ganz und gar aufgegeben, was im Zitat von Benner und Sismour (2005, S. 533) wenigstens noch als Hoffnung erscheint. Dies erlaubt es uns, das Selbst(miss)verständnis der synthetischen Biologie als radikal neuer Form von Wissenschaft zu bestimmen und die Beziehung zur systemischen Biologie (in welche wir ja auch die Systembiologie gestellt hatten) herzustellen (s. Gutmann 2014):

1. Prävaliert nämlich die epistemische Zielsetzung eines besseren *Verständnisses* des natürlichen Originals, dann liegt zunächst trivialerweise die Form der funktionalen Strukturierung von Lebewesen als Organismen zugrunde. Die synthetische Biologie ermöglichte dann die Plausibilisierung der durch *systemische* Biologie bereitgestellten Vermutungen und Hypothesen – und zwar in genau dem Maße, in welchem die Modelle die Vorgänge oder Eigenschaften aufweisen, die für das modellierte „Original" angenommen wurden. Wie im Verhältnis zwischen technisch-biologischer Beschreibung einerseits, dem bionischen Nachbau andererseits bliebe dann synthetische Biologie an diese epistemischen Zwecke gebunden – es wäre folglich von *Organismen* und eben nicht von *Lebewesen* die Rede, wie mithin auch nicht „Leben" erzeugt würde, sondern bestimmte funktionale Verhältnisse an Artefakten, deren *epistemische* Funktion die von Modellen wäre, welche dem besseren Verständnis des Modellierten dienten. Die Rede von „living machines"[7] entpuppte sich dann ebenso als eine bloße Metapher wie die Rede von der „Herstellung" von Leben.
2. Steht aber die Zielsetzung im Vordergrund, Artefakte – und das heißt hier *Organismen* und deren Strukturen oder Substrukturen – hervorzubringen, so würde synthetische Biologie vollends zu einer Form von *Ingenieurskunst*. Diese wiese zwar – insbesondere was das *Ausmaß* der Verfügbarmachung des bisher dem Lebendigen zuzurechnenden anbelangt – gegenüber der Gentechnik eine erheblich gesteigerte Durchdringungstiefe auf, die sich in der Vollständigkeit der „Materialbeherrschung" dokumentierte. Sie wäre aber dem *Typus* nach nicht wesentlich von dieser unterschieden. Die dem Technischen

---

[7]Dazu etwa Deplazes et al. (2009), Deplazes und Huppenbauer (2009).

entstammenden Metaphern wären danach *angemessene* Beschreibungen der Zwecksetzungen des *Wissenschaftlers,* nämlich für die Herstellung *organismischer* Verhältnisse, ohne dass der Bezug auf natürliche Verhältnisse normativ relevant wäre. Es würden dann aber ebenfalls weder Lebewesen noch Leben erzeugt, sondern organismische Konstrukte – welchen der selbe Status zukäme, wie anderen Artefakten.

Gleichwohl radikalisiert synthetische Biologie – in einem gewissen Gegensatz zur Systembiologie – das „Ingenieursparadigma" in dem Sinne, dass das Herstellen, jedenfalls dem Anspruch nach, nun ganz und gar an die Stelle des Hervorbringens, das Produzieren an die des vollzüglichen Tuns, das Konstruieren an die des Entwickelns tritt.

13.5   Beschreibungsabhängigkeit der Erklärung

Unsere Verhältnisbestimmung von synthetischer und systemischer Biologie (zu der wir auch die Systembiologie zählen, zumindest in der oben als einfache Weiterführung der klassischen Biologie rekonstruierten Form) offenbart ein *praktisches* Verhältnis in dem Sinne, dass es sich um zwei aufeinander bezogene Betrachtungsweisen handelte, wobei die systemische Beschreibung organismischer Verhältnisse von systemischer Biologie geliefert wurde – aufbauend auf der funktionalen Strukturierung, deren askriptive Form wir oben entwickelten. Bezogen auf diese ließe sich synthetische Biologie als *eine* Möglichkeit der Bestätigung der systemischen Beschreibungen verstehen, insofern als an dem Erfolg der Synthese die Triftigkeit der systemischen Analyse „überprüft" werden könnte.

Nun ist der Ausdruck „überprüfen" notorisch mehrdeutig – und er war bisher von uns nur exemplarisch verwendet worden, etwa dort, wo es um den Vergleich zwischen im Modell vorhergesagten und tatsächlich gemessenen Werten (z. B. des Auftriebs) ging (s. Kap. 11). Genau diese Anschauung kann für den vorliegenden Fall nicht genutzt werden – und zwar wegen der Beschreibungsabhängigkeit der in die systemische Datenstrukturierung eingehenden Resultate. Anders gesagt: Die funktionale Strukturierung z. B. von metabolen Zusammenhängen ist nicht einfach nur indirekt, sondern zudem komplex in einem Ausmaß, das direkte Interaktionen der Reaktanden zwar keinesfalls ausschließt, sie aber eben auch nicht *als solche* hervortreten lässt. Das eigentümlich Uneigentliche der Rede vom Überprüfen kommt dadurch zum Ausdruck, dass sich schon die funktionale Strukturierung der angesprochenen komplexen metabolen, genetischen oder morphologischen Verhältnisse erheblicher *theoretischer* Zurüstung verdankt.

Die Identifikation von Funktionen außerhalb des methodischen Anfangs auch nur eines Metaboliten ist, wie gesehen, nicht atomar, sondern wesentlich relational und methodisch gesehen holistisch: Jede Funktionsbestimmung verweist auf andere Funktionsbestimmungen, Funktionsträger und aus den allgemeinen Bedingungen der Funktionsfähigkeit des jeweiligen Systems sich ergebende Constraints. Einerseits ist diese epistemische Situation nicht unvertraut: Wir sahen ja schon bei der methodischen Rekonstruktion des σῶμα ὀργανίκόν als organismische Strukturierung, dass der Ausdruck der Funktion kein primär empirisches, sondern ein *begriffliches* Implikat aus der Form der Ansprache des Lebendigseienden im *explanatorischen* Zugriff ist, woraus sich die Vermutung ergab, dass letztlich keine „funktionslosen" Strukturen auszuzeichnen seien (s. Kap. 11). Dies galt einerseits trivialerweise, denn der Ausdruck „Struktur" war gerade über funktionale Modelle eingeführt worden. Das nichttriviale Moment bestand andererseits darin, dass das „Wassein" der Struktur eben auch nur *qua* Modell bestimmbar blieb. So konnte sich bezüglich mehrerer konsistenter und kohärenter Strukturierungen von Teilen von Lebewesen zwar Beschreibungsinvarianz einstellen. Nicht aber konnte diese einfach *erzwungen* werden, was die Nichtbeliebigkeit des als Struktur Bestimmten zur Folge hatte, die Beschreibungsinvarianz letztlich aber zu einem nur empirischen Kriterium werden ließ. Daraus ergab sich, dass „Struktur" nicht mehr *als solche* festzulegen war, sondern in bestimmten Kontexten die Grenzen der vorher identifizierten Strukturen neu gefasst werden mussten, sei es dass diese in Gänze, sei es als Teil in die neue eingingen, sodass eine Struktur in einem Kontext z. B. Teile mehrerer Strukturen übergreifen konnte, welche in anderen Kontexten auftraten.

Wie gesehen, findet sich genau dieses Moment in systemischen Strukturierungen, am stärksten in der Systembiologie, bei der regelmäßig die Einheit von Vorgängen nicht mehr an den „klassischen" Funktionseinheiten orientiert werden soll. Verstärkt wird dieses Moment des nichtatomaren von Funktion, weil hier „innerhalb" eines Organismus *virtuell* sämtliche kohärenten und konsistenten Strukturierungen einander gegenseitig Element oder Grenze werden, eine Unterscheidung, die ohnehin relationaler Natur ist. Doch kommt ein weiterer Aspekt hinzu, der zwar für die Wahl der methodischen Anfänge ausschlaggebend war, häufig aber durch den nivellierenden Gebrauch generischer Singulare (die Maus, der Mensch) verschleiert wird: die Tatsache nämlich, dass regelmäßig exemplarübergreifende Strukturierungen die funktionale Individuation erlauben, was sich paradigmatisch für genetische Fragestellungen zeigen lässt. Dies impliziert keinesfalls *beliebige* funktionelle Zusammenhänge; es legt aber die Möglichkeit nahe, dass „gefundene" Zusammenhänge nicht notwendig „natürlicherweise" vorhanden sein müssen.

Damit kann nun ebenfalls von der Möglichkeit funktionaler Zusammenhänge gesprochen werden, die in einem solchen organismischen System auftreten mögen, *ohne* dass sie (bisher oder noch) *tatsächlich* genutzt würden. Anders formuliert: An dem Gelingen einer definierten funktionalen Strukturierung *allein* kann die Unterscheidung von „natürlicherweise vorhandenen" Zusammenhängen von solchen, für die das nicht gilt, nicht vollzogen werden – vielmehr scheint uns hier der Bezug auf die Bewährungsgeschichte notwendig. Doch auch diese liegt nicht jenseits der immanenten Logik, die sich aus der γνωριμώτερα-Struktur des Erklärens notwendig ergab und in die Aufhebung des Anfangs als eines bloß ersten einmündet (s. Kap. 8).

Diese Situation wird gleichsam notwendig, wenn wir im Sinne der synthetischen Biologie von der *explanatorischen* Perspektive zur *herstellenden* übergehen, mit dem Zweck der Überprüfung am gelingenden Nachbau.[8] Dieser Nachbau ist nämlich ein solcher von Naturstücken *in der Beschreibung* als ein System – wie oben entwickelt. Nur dieses Moment also, die Einholung der investierten Beschreibung, kann daher Resultat des Nachbaus sein.

13.6 Evolution als umfassende systemische Transformation

Versteht man Systemtheorie nicht zunächst als Beschreibungsmittel, sondern als Ausdruck der Organisation des Lebendigen (oder gar „der Natur"), dann ist auch ein weiterer Radikalisierungsschritt der Systemisierung plausibel. Es lässt sich nämlich jede Form lebendiger Organisation als Moment systemischer Transformation auffassen – also nicht mehr nur der gleichsam noch an klassischen Gegenständen orientierte Bezug komplexer Systeme:

> The debate over the adequacy of current evolutionary theory has again moved center stage (…). In essence, this controversy is about how to integrate recent empirical and theoretical advances within evolutionary biology and related fields into the core of evolutionary theory and how to broaden its explanatory scope. These advances include insights from molecular and developmental biology that have led to the concepts of developmental and regulatory evolution and genomic networks (…), and a deeper integration of ecological and evolutionary theory has refocused attention on

---

[8]Für den rein ingenieurstechnischen Zugriff gilt diese Einschränkung trivialerweise nicht, denn hier wird ja insbesondere darauf verwiesen, dass es nicht nur keiner „natürlichen Vorbilder" bedürfe, sondern diese auch für das „Design" irrelevant seien.

complex phenomena such as phenotypic plasticity or the ideas of niche construction with its focus on multiple inheritance systems (…). Another challenge has been to expand evolutionary explanations to human psychology, sociality, language, culture, technology, economics and medicine (…) (Laubichler und Renn 2015, S. 565).

Diese Erweiterung des systemischen Blicks führt zur Forderung nach einer „neuen", grundlegend umstrukturierten Evolutionstheorie (Extended Evolutionary Synthesis, EES), deren Differenz zur „klassischen" Evolutionstheorie (welche hier mit der Synthetischen Theorie[9] identifiziert wird; Laland et al. 2015, S. 2) kaum größer gedacht werden kann. So sei etwa die „genzentrierte" durch eine organismuszentrierte Sichtweise zu ersetzen, wie auch die These des Gradualismus zugunsten „variabler Veränderungsraten" aufzugeben sei (Laland et al. 2015, S. 2). Dadurch, dass als Gegenstände „integrierte Systeme" fungieren, lassen sich nicht nur die „vertikale" Verbindung der „horizontalen Schichten" der Natur in die Betrachtung einbringen, sondern auch die Relationen, die sich auf der jeweiligen Ebene selber horizontal ergeben. Dies scheint in der Konsequenz nicht nur zur angedeuteten Revision von Evolutionstheorie zu führen, sondern gar eine neue Form von Kausalität nahezulegen – die uns als Typ im Rahmen der Systembiologie schon begegnete, allerdings unter dem Titel der zirkulären Kausalität:

> The term 'reciprocal causation' simply means that process A is a cause of process B and, subsequently, process B is a cause of process A, with this feedback potentially repeated in causal chains (Laland et al. 2015, S. 6).

Diese Darstellung von Kausalität – die im Gegensatz zur „unidirektionalen" stünde – beschreibt also wesentlich interaktive Verhältnisse (womit unter Umwelt vor allem auch andere Organismen zu verstehen sind). Der gewählte Plural ist hier methodisch entscheidend, sodass es zur Rede von „mehreren Ursachen" von etwas kommen kann.[10] Eine Erläuterung verdeutlicht, dass es sich genau genommen um „regulative" Vorgänge handelt, d. h. solche, die sich im Rahmen klassischer Systemtheorie unter Nutzung von Regulationsbeziehungen darstellen lassen:

---

[9] Dabei ist zu bedenken, dass auch die Synthetische Theorie keine einheitliche Formation darstellt, sondern das Resultat mehrerer Integrationsschritte (s. Gutmann 1996).

[10] Damit mutet der Ausdruck „Ursache" nicht nur eigentümlich an – es ist nun vielmehr zu klären, in welchem Sinne mehreres die Ursache von einem sein kann (dazu Kap. 11 und König 1978e und das Vorwort).

Reciprocal causation (organisms shape, and are shaped by, selective and developmental environments). Developmental processes, operating through developmental bias and niche construction, share with natural selection some responsibility for the direction and rate of evolution and contribute to organism–environment complementarity (Laland et al. 2015, S. 2).

Die starken, intentionalen Ausdrücke lassen sich zunächst schwach übersetzen, mit dem Hinweis auf die Beeinflussung von z. B. der Umgebung durch den Organismus (genauer: seine Tätigkeit). Die dabei relevanten *kausalen* Zusammenhänge können dann benannt werden, ohne etwa die These vertreten zu müssen, die Umwelt sei eine *Ursache* des Organismus – wiewohl sie auf ihn unstrittig einwirkt.

Nimmt man das Beispiel als Hinweis auf die Veränderung des Kausalverständnisses, das zur Erweiterung der Evolutionstheorie zur EES führte, dann besteht *eine* Veränderung darin, die beschriebenen Verhältnisse *innerhalb* des jeweiligen Systems explizit als *Regulation* zu adressieren. Es ginge dann also nicht um die *Hervorbringung* von A *durch* B, sondern um die Hervorbringung von (z. B. entwicklungsbiologischen oder metabolen) Zuständen von A, deren Regulation entweder ganz oder in Teilen von Zuständen von B abhängen. Damit ist aber weder A die Wirkung von B noch letzteres der ersteren Ursache.

Auf dieser Grundlage ist – wie uns die Rekonstruktion der Systemtheorie zeigte – keinerlei grundsätzliche Beschränkung der Gegenstandsbereiche mehr notwendig, was in dem Erklärungsanspruch der erweiterten Evolutionstheorie zum Ausdruck kommt (Laland et al. 2015; Fuentes 2016).

Ein Blick auf die (hypothetische) Darstellung der Entwicklungskontrolle eines aus drei Exemplaren gebildeten „Superorganismus" (Laubichler und Renn 2015, S. 572) möge paradigmatisch die angestrebte Erweiterung des *explanatorischen* Schemas der EES anzeigen: In der Interaktion von Individuen eusozialer Insekten – hier repräsentiert durch eine Königin, eine Arbeiterin und eine Larve – kommt es zur gegenseitigen Beeinflussung der drei Individuen, wobei die Entwicklungsvorgänge der Larve mit endokrinen, neuronalen und reproduktiven Vorgängen sowohl *an* als auch *in* den beiden anderen Individuen verknüpft werden. Hier findet nun – unabhängig von dem *faktischen* Zutreffen der jeweiligen kausalen Ketten im Einzelnen – eine gegenseitige Beeinflussung statt, die sowohl räumlich, zeitlich wie stofflich weiter differenziert werden kann. Die folgenden Ausführungen legen allerdings die Vermutung nahe, dass es sich dabei weder um einen neuen Kausal*begriff* handelt noch um den Nachweis des ontischen Vorliegens „integrierter Systeme". Offenkundig ist nämlich die Beschreibung der Individuen, die als *Teile* des Superorganismus angesprochen werden, ohne Bezug auf Systeme sinnvoll möglich, ebenso wie die für die Interaktion innerhalb der so ausgezeichneten funktionalen Zusammenhänge – also die oben als endokrine, neuronalen oder reproduktiv bezeichneten. Entsprechend ist auch die kausale und funktionale Strukturierung z. B. stofflicher Zusammenhänge innerhalb der jeweiligen morphologischen Individuen möglich, *ohne* Nutzung systemtheoretischer Sprachstücke. Das Umgekehrte gilt hingegen – trivialerweise – nicht. Damit haben wir es mit einem klassisch systemtheoretischen Ansatz zu tun, bei dem unstrittig komplexe Regulationsverhältnisse zur Darstellung kommen.

So wenig also die Rede, dass (bestimmte) adulte Insekten Eier legen, aus *denen* „sich" Larven entwickeln, die nun, ihrerseits als Adulte, wieder Eier legten, durch die systembiologische Darstellung einfach *ersetzbar* ist, so wenig ist damit die Einsicht schon erlangt, *welche* Regel- und Stellgrößen den Entwicklungsvorgang selbst funktional und kausal strukturieren. Die ebenfalls unbestreitbare Stärke des systemischen Arguments läge methodisch gerade darin, dass die *Grenzen* der funktionalen Systeme nicht mit Grenzen der sie bildenden *morphologischen* Individuen zusammenfallen müssen – wie in unserem Beispiel etwa drei Exemplare (in unterschiedlichen Stadien des Life-Cycle der Lebensform) zu einem (systemischen) Individuum zusammentreten.

Doch liegt in dieser Stärke zugleich die *Schwäche* des systemischen Arguments, welches die systemtheoretische Beschreibungssprache auf die Seite der Naturgegenstände selbst schlägt – eine Schwäche, die sich zeigt, wenn Evolutionstheorie in der vorgeschlagenen Weise systemisch erweitert wird. Mit dieser Erweiterung wurde ja zugleich „unidirektionale" Kausalität durch „reziproke" ersetzt, welche sich in unserer Rekonstruktion als ein Anschlussphänomen systemischer Beschreibung (und zwar im Allgemeinen) verstehen ließ (s. oben). Die Transformation eines Systems kann aber nur *erklärt* werden, wenn dessen Grenzen bestimmt sind, was auf zwei Weisen möglich ist:

1. Entweder ist die Grenzbestimmung vollständig relational – es wäre dann die Beschreibung aufzusuchen, die alle Faktoren enthält, welche auf die Regulation von Transformationen von Organismen Einfluss nehmen. Gegenstand der Transformation wäre dann in letzter Konsequenz „das Leben" selbst inklusive seiner Bedingungen, welche die Systemgrenze konstituierten – und mithin wäre die „reziproke Kausalität" die adäquate Darstellung der „Selbst-Hervorbringung" des Lebens. Allerdings reduzierte sich die Erklärung auf die lapidare Feststellung, dass „das Leben" *sich* zugleich Ursache und Wirkung sei.[11]

---

[11]Unabhängig davon, was genau damit eigentlich gemeint sein soll.

2. Eine methodische Alternative wird durch die konstruktive Systemtheorie bereitgestellt, welche die Grenzbestimmung an der investierten Fragestellung orientiert, sodass die *relevanten* Faktoren bezogen auf die in die Beschreibung eingehenden Elemente ausgezeichnet werden können. Damit bilden die Erklärungsgegenstände den notwendigen *Bezugspunkt* einer Erklärung, sodass „unidirektionale" Kausalität ebenso statthaben kann wie die Darstellung der Regulation in komplexen Systemen.

Während wir im ersten Fall zu einer sachhaltigen Erklärung nur gelangen, indem wir Relevanzkriterien investieren, die ohne Bezug auf „reziproke Kausalität" gewonnen wurden, ermöglich uns der zweite Fall die Darstellung evolutionärer Transformation von Gegenständen, die *vor* der eigentlichen Rekonstruktion schon funktional strukturiert gegeben sein müssen. Damit ist zwar möglicherweise eine erhebliche Erweiterung evolutions*biologischer* Kenntnisse verbunden – die Struktur des evolutions*theoretischen* Arguments bliebe davon aber so lange unberührt, als die Theorie der Evolution nicht mit einer bestimmten Variante von Evolutionstheorien gleichgesetzt wird – wie hier der „synthetischen Theorie".

Evolutionsbiologie und Evolutionstheorie 14

Für die weiteren Überlegungen wollen wir die innerhalb der Biologie unübliche Unterscheidung zwischen evolutionsbiologischen und evolutionstheoretischen Aussagen treffen (s. im Detail Gutmann und Syed 2012). Exemplarisch mögen die Aussagen „Vögel entwickeln sich aus Reptilien" oder „Hemichordata sind Postsequente des Chordatenstamms" für *evolutionsbiologische* stehen. Bezüglich der – in diesem Fall objektsprachlichen – biologischen Aussagen über die benannten Gegenstände wie Aves, Reptilia oder Hemichordata fungieren evolutionsbiologische *metasprachlich,* da sie sich auf die Transformation des Gegenstandes beziehen; die biologische Strukturierung von Reptilien, Vögeln oder Chordaten wird also vorausgesetzt.

Hingegen wären Beispiele *evolutionstheoretischer* Aussagen Sätze wie „Reproduktion ist der Mechanismus von Evolution" oder „Die Erhaltung der Funktionsfähigkeit ist eine notwendige Existenzbedingung für evolutionäre Zwischenstadien". Solche Aussagen fungieren – gegenüber den dann objektsprachlich auftretenden evolutionsbiologischen – *metasprachlich,* und als solche setzen sie deren Vorliegen und *Geltung* schon voraus.

Im Weiteren werden wir uns auf *evolutionstheoretische* Reflexionen beschränken, welche die *Form* evolutionsbiologischer Aussagen bestimmen und diese begründen; dies geschieht mit Blick auf die Art und Weise, in welcher Leben und Lebendigseiendes zum Gegenstand *evolutionsbiologischer* Darstellung wird.

© Springer Fachmedien Wiesbaden GmbH 2017
M. Gutmann, *Leben und Form,* Anthropologie – Technikphilosophie –
Gesellschaft, DOI 10.1007/978-3-658-17438-5_14

14.1   Die Besonderheit von Evolution

Evolution ist ein ganz besonderer Gegenstand – und ähnlich schwer zu fassen, wie der mit „Leben" bezeichnete. Im Gegensatz aber zu Lebendigseiendem, mit welchem wir exemplarisch in Einführungssituationen verfahren können, stehen uns keine Analoga für Evolution zu Verfügung. Dies gilt selbst für verfügbare Gegenstände, denn wir könnten zwar an einzelnen Lebewesen oder auch Gruppen derselben *Veränderungen* in der Zeit anzeigen, wären damit aber immer noch nicht in der Lage, die für evolutionäre Veränderungen *relevanten* Modifikationen exemplarisch zu benennen. Ähnlich wie für „Geschichte" dürfte es sich bei Evolution um einen Bestandteil einer Metasprache handeln, was nahelegt, unter dem damit bezeichneten Gegenstand einen gleichermaßen besonderen zu verstehen. Immerhin kann auch innerhalb der Lebenswissenschaften auf eine gewisse Sonderstellung von Evolution hingewiesen werden, die Dobzhansky in seiner bekannten Charakterisierung von Evolution verdeutlicht, der zufolge in der Biologie nichts „sinnvoll sei, außer im Lichte der Evolution". Um die Besonderheit sowohl des Begriffs wie des Gegenstandes bestimmen zu können, wollen wir uns hier auf das *argumentative* Umfeld beschränken, das Dobzhansky zu dieser These geführt hat – und dabei stand zunächst die Differenz zwischen „funktionaler" und „reproduktiver" Betrachtung im Fokus, die *beide* für die Biologie gleichermaßen unverzichtbar seien:

> Both the Cartesian and the Darwinian approaches are essential for understanding the unity and the diversity of life at all levels of integration. Nevertheless, at the lower levels of integration the type of question most frequently asked is „how things are", while at the higher levels an additional question insistently obtrudes on the mind of the investigator – „how things got to be that way" (Dobzhansky 1964, S. 449).

Der systematisch wichtige Aspekt beim Übergang vom funktionalen zum evolutiven Argument liegt also für Dobzhansky im „level of integration", d. h. in der Besonderheit der *Gegenstände* biologischer Forschung. Durch diese *gegenständliche* Formulierung bedingt, ergibt sich die Auszeichnung der evolutionären vor der funktionalen „Ebene" – zugleich wäre der Primat des darwinistischen vor einem funktionalistischen Ansatz gewahrt.[1] Und genau mit Blick auf diese ontische Vorentscheidung ergibt sich die folgende, hinlänglich bekannte Aussage:

---

[1]Dies ist vor dem Hintergrund des umfassenden Anspruches der „Synthetischen Evolutionstheorie" nachvollziehbar; es erscheint gleichwohl nicht begründet (s. Weingarten 1992, 1993; Gutmann 1996; Hertler 2001).

> I venture another, and perhaps equally reckless, generalization – nothing makes sense in biology except in the light of evolution, *sub specie evolutionis*. If the living world has not arisen from common ancestors by means of an evolutionary process, then the fundamental unity of living things is a hoax and their diversity is a joke (Dobzhansky 1964, S. 449).

Evolution käme also eine wesentliche Bedeutung zu, welche über die der funktionalen Biologie deutlich hinauswiese. Diese Verhältnisbestimmung erweist sich allerdings bei näherem Hinsehen entweder als trivial oder als falsch. Falsch wäre sie, wenn damit die *Unmöglichkeit* funktionaler Biologie behauptet werden soll, ohne dass zugleich ein Bezug zur Evolution hergestellt werde. Denn es ist leicht zu zeigen, dass *geltende* funktionale Beschreibungen von Lebewesen und deren Teilen, Eigenschaften oder Fähigkeiten angefertigt werden können, die von der Geltung evolutionärer Aussagen über deren Zustandekommen unabhängig sind:

Nehmen wir an, es läge eine funktionale Strukturierung der Funktion des Herzens für die Erzeugung des Blutdruckes sowie der damit zusammenhängenden funktionalen Verhältnisse zum Aortenbogen und dem Körperkreislauf beim Menschen vor. Von dieser soll ferner gelten, dass sie sich als passend erwiesen hat, z. B. für die Darstellung der gemessenen Blutdruckverhältnisse, – was für das Gelingen von Operationen hilfreich sein wird. Nehmen wir ferner an, es läge eine Darstellung der evolutionären Transformation des Blutkreislaufsystems höherer Vertebraten vor, von der sich herausstellt, dass sie im Lichte neuen evolutionären Wissens nicht zutrifft, – so wird diese Revision nicht direkt auf die funktionale Strukturierung des rezent-biologischen Sachverhalts durchschlagen. Bemerkenswerterweise gilt aber dasselbe nicht umgekehrt – d. h., *ohne* dass wir einen *Begriff* des Blutkreislaufsystems höherer Vertebraten hätten, könnten wir keine evolutionäre Darstellung davon anfertigen.

Trivial erscheint Dobzhanskys These dann, wenn unter „Sinn" nicht mehr verstanden werden soll, als dass die *Einheit* des Lebendigen durch den Bezug auf gemeinsame Vorfahren[2] gedacht werden könne. Allerdings ist eine Folge dieser Deutung, dass es sich dann nicht mehr um einen einfachen *empirischen* Satz handeln kann – denn unabhängig von der Notwendigkeit eines solchen argumentativen Zuges wäre die Einheit hier wesentlich durch den Bezug auf den Begriff von Evolution gestiftet, der damit die *Funktion* eines Postulats erhielte. Dies widerspricht

---

[2]Es muss sich keinesfalls um „einen" Vorfahren handeln; zu diesem Problem s. die Rekonstruktion am Ende des Kapitels.

einer gewissen Üblichkeit innerhalb der Evolutionsbiologie, Evolution als *Tatsache* anzusprechen, wie etwa in der folgenden Form:[3]

> Das zentrale Postulat (Stammesgeschichte der Organismen) wurde durch so viele Dokumente (z. B. die Fossilreihe) untermauert, dass wir die Evolution als historische Tatsache akzeptieren müssen (Kutschera 2001, S. 229 et passim).

Das Bemerkenswerte an dieser Bestimmung von Evolution besteht in dem Beiwort „historisch". Denn es wird ja nicht „Evolution" beschrieben, sondern es werden z. B. Fossilien zu Reihen zusammengeführt, verschiedene dieser Fossilreihen in ein zeitliches und generisches Verhältnis zueinander gesetzt, diese wiederum zu Daten über Umgebungsbedingungen, die ihrerseits aus entsprechenden Befunden ermittelt werden etc. Damit wird die Tatsache „Evolution" aber zu einem *Sachverhalt,* der durch bestimmte Sätze und deren Verknüpfungen dargestellt wird – und mithin wäre sie von einem grundlegend anderen Charakter als etwa die durch den Satz „Menschen sind zweibeinige Säuger" dargestellte Tatsache. Wäre dies anders, so gäbe es vermutlich nicht nur keinen Dissens über den Status von Evolution – man könnte vielmehr jeden auftretenden Zweifel durch einfaches Aufzeigen des Referenten beseitigen. Mit dem Verweis aber auf *Geschichte* stellt sich jene Doppeldeutigkeit des Ausdrucks ein, der sowohl das *Geschehen* bezeichnet als auch den *Bericht* darüber. Dieser besondere Status wird dadurch unterstrichen, dass die *Darstellung* von Evolution nur indirekt erfolgt – und erfolgen kann –, nämlich mit Blick auf die als „Dokumente" bezeichneten Wissensbestände. Es muss nicht betont werden, dass es sich hierbei um eine unpassende Rede handelt – Dokumente sind jedenfalls Artefakte. Immerhin könnte von Quellen die Rede sein, wobei aber weder Quellen noch Dokumente für sich zu sprechen vermögen – sie müssen vielmehr (durch den Historiker) zum Sprechen gebracht werden. Es wird sich unten zeigen, dass dasselbe auch für Fossilien gilt.

In diesem Zusammenhang der angedeuteten Eigentümlichkeiten des mit Evolution bezeichneten Verlaufs sind die Versuche zu verstehen, einerseits den Theoriecharakter von Evolution selbst in Abrede zu stellen, andererseits aber der Besonderheit ihres Tatsacheseins gerecht zu werden. So ließe sich etwa fordern, Evolutionstheorie sei eine besondere Theorie und als ganze nicht überprüfbar – immerhin aber in den aus ihr abgeleiteten Hypothesen (Oeser 1987). Dem könnte zum einen entgegnet werden, dass es sich dann eben entweder *nicht* um eine

---

[3]Dass hier zudem ein *Postulat* mit einer *Tatsache* identifiziert wird, wollen wir auf sich beruhen lassen.

besondere Theorie handelte – weil das genannte Kriterium *cum grano salis* für manche naturwissenschaftliche Theorien (einer gewissen Komplexität) zuträfe. Oder es läge der Verdacht nahe, dass es sich um eine Immunisierungsstrategie handelte, weil nicht einfach *beliebige* Hypothesen zu überprüfen wären, sondern diejenigen, die für Evolutionstheorie als solche *spezifisch* sind. Um diese kennen zu können, bedarf es freilich eines *Begriffs* von Evolution – und dieser ist nicht unabhängig von den Mitteln der Beschreibung jener Veränderung von Lebewesen, die *als* Ausdruck evolutiver Transformation gelten sollen.

14.2 Formen evolutionsbiologischen Rekonstruierens

Erschwert wird die Identifikation der zu überprüfenden Behauptungen u. a. dadurch, dass es weder historisch noch *systematisch* zutreffend ist, von „der" Evolutionstheorie zu sprechen. Nicht nur fanden sich vor Darwin wie auch im zeitgenössischen Diskurs mehrere Transformations- und Evolutionskonzepte – vielmehr gilt dies bis heute, und zwar sowohl *innerhalb* des differenzierten Feldes der darwinschen und darwinistischen Traditionslinien (exemplarisch etwa Gould 2002; Rippel 1989; Mayr 1984) wie auch *außerhalb* derselben, etwa im Rahmen nicht- oder antidarwinistischer Ansätze, z. B. Uexkülls (1973), D'Arcy Thompsons (1983) oder des Strukturalismus (Webster und Goodwin 1982, 1996; Goodwin 1994). Die Positionen unterscheiden sich z. T. erheblich, sowohl mit Blick auf die Prämissen und Prinzipien wie auch mit Blick auf Skopus, *explanatorische* Reichweite und Geltung (Hertler 2001; Jahn 1990; Gutmann und Syed 2012).

Gemeinsam ist evolutionären Rekonstruktionen der unterschiedlichsten Art zumindest der *Ausgangspunkt* in einer Einteilung der Lebewelt, die nach verschiedenen Kriterien erfolgen kann. Dabei tritt ein schon von Aristoteles gekanntes Problem auf, das in der Unterscheidung wesentlicher und nichtwesentlicher Merkmale seinen Ausdruck fand und das im evolutionären Zusammenhang üblicherweise unter der Differenz zwischen *dem* natürlichen System und den künstlichen *Systemen* gefasst wird. Die Einteilung soll nämlich so erfolgen, dass die Natur „in ihren Gelenken zerteilt" werde, was in diesem Fall bedeutet, dies so vorzunehmen, dass keine bloß künstlichen Gruppen entstehen. Damit ist *methodisch* das Problem der Auswahl der Merkmale verbunden, dergestalt, dass diese nicht primär die Zwecke des Naturforschers repräsentieren, sondern den *natürlichen* Zusammenhang der Formen. Andernfalls ist eine bloß zweckmäßige Auswahl naheliegend, mit radikalen Folgen für den methodischen Status der resultierenden Gruppen:

> From this remarks it will be seen that I look at the term species as one arbitrarily given for the sake of convenience, to a set of individuals closely resembling each other, and that it does not essentially differ from more fluctuating forms. The term variety again, in comparison with mere individual differences, is also applied arbitrarily, for conveniences sake (Darwin 1897, I, S. 66).

Während die Arten rein konventionale Einteilungen seien, wäre dies dort anders, wo die Verwandtschaftsverhältnisse das Kriterium abgäben – denn dann könnte das System durch seine Hierarchie die *Verwandtschaftsgrade* wiedergeben. Die Aufgabe der evolutionären Rekonstruktion bestünde dann darin, die gegebene Lebewelt im Sinne der näheren und weiteren Verwandtschaftskreise zu organisieren und zudem in das so entstehende *zeitliche* Gefüge nichtrezente Formen zu integrieren, deren Reste als Fossilien vorliegen und die zunächst in eine Form zu bringen sind, die sie den rezenten vergleichbar werden lässt.[4]

Das erste methodische Problem, die „richtigen" Merkmale auszuwählen, um zu „guten" evolutionären Aussagen zu gelangen, hängt mit der materialen wie formalen Unterbestimmung des Ausdrucks „Merkmal" zusammen. Zunächst kann darunter nämlich jede beliebige Eigenschaft, Fähigkeit oder Fertigkeit von Lebewesen fallen – sei sie physiologischer, genetischer, behavioraler oder morphologischer Natur. Doch auch in formaler Hinsicht ist der *begrifflich* fungierende Ausdruck unterbestimmt, denn es können damit sowohl funktionale wie nichtfunktionale, strukturelle, aber auch reproduktive Eigenschaften gemeint sein. Die *methodologischen* Schwierigkeiten bei der Auswahl von Merkmalen, die „natürliche" Zusammenhänge identifizieren, zeigen sich an der Unterscheidung von solchen, die ihre Ähnlichkeit bei verschiedenen Gruppen von Lebewesen der gemeinsamen Abstammung, und solchen, die diese der bloß gleichen Nutzung verdanken – also der Unterscheidung von Homologien und Konvergenzen:

> Die Homologie soll auf gemeinsamer Abstammung beruhen, die gemeinsame Abstammung wird aber erst aufgrund der Homologien erschlossen; also liegt ein vollendeter methodischer circulus vitiosus vor (Hertwig zit. nach Weingarten 1992, S. 206).

Die *Identifikation* von Merkmalen ließe sich aber auch abtrennen von deren *Bewertung* – als Ausdruck von Homologien oder Nichthomologien (etwa Rieppel 1999). Ein solcher Schritt erzeugte allerdings das Problem, dass nun ein Wissen

---

[4]Es handelt sich auch dabei um „präparative" Verfahren, in die verschiedenste Wissensformen eingehen; einen guten Überblick (etwa zur Taphonomie) bieten Briggs und Crowther (1990).

verfügbar sein muss, das es erlaubt, die Unterscheidung zu *begründen* – was bedeutet, dass es entweder der Kenntnis der Homologien gar nicht bedarf, um *diese* Unterscheidung zu treffen und evolutionäre Transformationen zu rekonstruieren, oder (falls dieses Wissen wiederum auf Homologien[5] referierte) in einen erneuten Zirkel zu geraten. Doch schon die *Identifikation* der Merkmale ist methodologisch nicht trivial, weil es der Kriterien bedarf, um Merkmale von Nichtmerkmalen zu unterscheiden. Das grundlegende Problem besteht dabei weniger in den Kriterien, die üblicherweise angeführt werden, wie die der Lage oder der spezifischen Qualität und der Stetigkeit (s. etwa Remane 1952; Siewing 1982, 1985), als vielmehr darin, z. B. die Lage des gegebenen Merkmals A von x im Vergleich zur Lage des Merkmals A' von y als durch gemeinsame Verwandtschaft und eben nicht durch bloß identische Nutzung entstanden behaupten zu können. Wir benötigen also schon eine „Normalform", auf welche wir die zu vergleichenden Lebewesen gebracht haben müssen, um identische Lagen oder Qualitäten als Ausdruck *tatsächlich* vorliegender Homologie verstehen zu können – und eben dies ist der methodische Kern des Archetypen- oder des Naming-Problems (dazu Young 1993; Webster und Goodwin 1996; im Überblick Gudo et al. 2007; Wagner und Laubichler 2001).

Für funktionsorientierte Ansätze hatten wir oben gezeigt, dass sich *Strukturen* aus der jeweiligen Modellierung ergeben, mit deren Hilfe sie lebenswissenschaftlich beschrieben und präpariert werden. Dies führte uns zur Einsicht, den Ausdruck eines „funktionsfreien" Merkmals letztlich als *contradictio in adiecto* anzusehen, was im Widerspruch zur phylogenetischen[6] Merkmalskonzeption steht, denn Merkmale können dort, müssen aber nicht funktioneller Natur sein, sodass phylogenetische Sortierung auch ohne Kenntnis evolutionärer Mechanismen möglich wäre (Ax 1984, S. 134 ff.). Da zudem Lebewesen als aus Merkmalen *bestehend* verstanden werden, ergibt sich, dass die diese bezeichnenden Ausdrücke nicht die Funktion von *Begriffen* erhalten, wie dies bei funktionsorientierten Ansätzen der Fall ist, welche die Identität der Struktur durch die jeweilige Funktion bestimmen, d. h. die Art der Nutzung innerhalb des organismischen Verbandes, woraus die Kontextabhängigkeit von Strukturen folgt, die auf den Merkmalsbegriff durchschlägt. Die *Teile* von Lebewesen müssen daher nicht

---

[5]Zum „Lesrichtungsproblem" s. Peters und Gutmann (1971).

[6]Phylogenese ist nicht einfach ein anderes Wort für Evolution – sondern der Gegensatz zur Ontogenese innerhalb eines spezifischen evolutionstheoretischen Konzepts. Wir werden daher zwischen Evolution und (Individual-)Entwicklung unterscheiden – und nutzen den Ausdruck „Phylogenese" ausdrücklich terminologisch.

mit deren *Strukturen* zusammenfallen. *Schließlich* hat die begriffliche Bestimmung von Merkmalen den oben entwickelten *funktionellen Holismus* zur Folge, was zu einem weiteren Widerspruch insbesondere hinsichtlich phylogenetischer Ansätze führt, die auf der Separabilität von Merkmalen beharren, sodass diese zu atomaren Einheiten werden (Ax 1984, S. 117).

Ein Anschlussproblem merkmalsorientierter Ansätze besteht darin, dass Merkmale, die *nicht mehr* präsent sind, auch nicht für nichtrezente Formen in Anspruch genommen werden sollten. Geschieht dies doch, werden rezente Formen zu „Vertretern" älterer Lebensformen, was sich in der These von einem „bunten Mosaik heterochron evolvierter Eigenschaften" ausdrückt (Ax 1984, S. 115). Dies führt aber einerseits auf das oben angezeigte Zirkelproblem zurück (denn wir müssten nun die langsamer von schneller evolvierenden Merkmalen unterscheiden), andererseits gerät man in einen gewissen Konflikt mit der Vermutung, dass alle rezenten Formen als evolutionär abgeleitet gelten müssen – wiewohl nicht alle in derselben Weise.[7]

Die Alternative, die wir hier methodologisch entwickeln, besteht darin, funktionales Wissen vorauszusetzen und damit jene Form der Strukturierung von Lebewesen, die wir oben zur Einführung organismischer Konstruktionen nutzten.[8] Dieser funktionale Zugriff kann wiederum auf verschiedene Weise erfolgen, etwa im Sinne der „paradigm method", die insbesondere für extinkte Formen eingesetzt wird und auf deren Vergleich mit bestimmten rezenten Formen abzielt (Lauder 1995, 1998; Rudwick 1998). Auch die verschiedenen Ansätze der Funktions- und Konstruktionsmorphologie können hier genannt werden, welche Lebewesen als ganze oder ihre Teile durch Vergleich mit technischen Konstruktionen als funktionale Gebilde verstehbar machen (Bock 1988, 1989; Bock und Wahlert 1965; Gould 1970; Gutmann 1995; Schmidt-Kittler und Vogel 1991).

Diese organismuszentrierte Denkweise erlaubt es zudem, dem Merkmalsbegriff von Anfang an eine *distinkte* Bedeutung zu verleihen: Darunter kann nun nämlich eine komplexe *funktionale* Einheit verstanden werden, die als „building

---

[7]Damit ist u. a. die Möglichkeit verschiedener evolutionärer Raten angesprochen (Eldredge und Gould 1972; dazu Vogel 1985), sodass z. B. der direkte Vergleich etwa von rezenten und extinkten Krokodilen oder Schildkröten sinnvoll erscheint. Aber auch auf andere Mechanismen sei verwiesen, wie etwa bei Red-Queen-Modellen (Ebert 2005; Ebert und Hamilton 2005).

[8]Dies ist selbst dem Gründungsvater der phylogenetischen Methode nicht fremd, und er weist explizit auf das schwierige Verhältnis von „Merkmal" und „Funktion" hin (Hennig 1980, S. 184 f.).

blocks" sowohl morphologische, physiologische als eben auch entwicklungsbiologische Strukturierungen übergreift.[9] Doch schließt dies die Beziehung auch zu reproduktiven Modellierungen keinesfalls aus (Wagner 1995, 2014). Damit liegt ein funktionales, nicht nur strukturalistisches Verständnis von „Organismus" zugrunde, das, wie das hier vertretene, Teile von Lebewesen nicht einfach mit Strukturen von Organismen identifiziert; auch das Beharren auf der Angabe von Invarianten verbindet beide Programme – wiewohl *wir* diese Invarianten in *methodischen* und nicht in *ontologischen* Erwägungen finden.

Ein anderer Ausweg aus der skizzierten Form der Merkmalsorientierung besteht in der Formalisierung der Reproduktionsverhältnisse, bzw. der Form selber. Das erste ist Gegenstand populationsgenetischer Modellierungen, wobei nun rein formale Fallunterscheidungen für die Veränderung von Populationen über Fitnesslandschaften formuliert werden – unabhängig davon, was im engeren Sinne unter den jeweiligen Merkmalen und unter den die Population bildenden Organismen verstanden wird. Allerdings ist populationsgenetische Modellierung noch keine *evolutionsbiologische,* sodass die *Deutung* dieser *formalen* Zusammenhänge *als* reproduktive Einheiten – d. h. im engeren Sinne als Populationen – die notwendige Voraussetzung für das Verständnis der Veränderung reproduktiver *als* evolutionärer Verhältnisse ist (Wright 1931, 1984a, b). Die Invariante der Transformation wäre damit die Kenntnis der durch die Gipfel der Landschaft repräsentierten Formen. Wird hingegen die Form der Lebewesen *geometrisiert* – sei es in planaren kartesischen Koordinaten, sei es in Polarkoordinaten –, dann ist die Veränderung dieser Kontur oder jene der Teile selber als evolutionärer Prozess aufzufassen, wobei die Invarianten nun zugleich die Transformationsinvarianten der geometrischen Formen sind. Dies erlaubt es Formen, die lebensweltlich als ungleich[10] verstanden werden, als Varianten durch *geometrische* Transformation ineinander zu überführen (D'Arcy Thompson 1983; Webster und Goodwin 1996). Auch hier ist allerdings die eigentliche Deutungsleistung als evolutionärer Prozess erst möglich, *nachdem* eine Zuordnung zu Lebensformen erfolgt ist.

---

[9]Die Prävalenz spezifisch entwicklungsbiologischen Denkens zeigt sich etwa an der Referenz auf Constraint-Konzepte (hier als canalization formuliert), die sich an Waddington anlehnen (Wagner 2014, S. 151 ff.).

[10]Wie wenig trivial das ist, zeigt die Tatsache, dass auch lebenswissenschaftlich solche Urteile vorkommen – man denke exemplarisch an die Beurteilung von Chordaten-Antesequenten (s. unten).

14.3   Evolutionär relevante Übergänge

Im Gegensatz zur Deutung Dobzhanskys ist für uns die evolutionäre Dimension der Betrachtung des Lebendigen der funktionalen nicht nur nicht vorgeordnet – sie erweist sich vielmehr als von dieser abhängig. Doch ist damit zunächst nur der jeweilige *Anfang* von Rekonstruktionen gewonnen – eine durch definierte Strukturen oder deren Komplexe ausgezeichnete Taxonomie[11] von Lebensformen bzw. deren wissenschaftlicher Strukturierungen. Die eigentliche *Rekonstruktion* bezeichnet die Aufgabe, jene Formen zu identifizieren, *aus welchen* die rezente Lebewelt als entstanden gedacht werden kann. Da aber einerseits gilt, dass *alle* rezenten Formen als Resultate von Transformationen zu verstehen sein müssen – wiewohl nicht notwendig in gleicher Weise –, und andererseits, dass die Unterscheidung von „ursprünglich" und „abgeleitet" nicht durch einen Vergleich alleine gelingen kann, muss ein anderer Weg beschritten werden.

Üblicherweise wird dabei nach einer gemeinsamen Vorform gefragt, deren Bestimmung davon abhängt, *wie* die Formen beschrieben wurden. Im Falle phylogenetischer Rekonstruktionen wird zunächst die Ermittlung von Differenzen der jeweiligen Gruppe erfolgen – gemessen an der Zahl von Veränderungen in Merkmalen, welche eine beliebig herausgegriffene Form in eine andere zu überführen gestattete. Der Erwerb oder Verlust von Merkmalen erfolgt dabei binär – was mit Blick auf die prädikative Grundform auch naheliegt (also „verfügt über Merkmal A" oder nicht), aber keineswegs notwendig ist. Jede entstehende Verzweigung repräsentiert einen Schritt in der Differenzbildung des Merkmalsraums, dessen Extension durch die betrachteten Gruppen vorgegeben ist. Dabei ist aber zu beachten, dass es sich bei den Knoten, die jeweils einer binären Unterscheidung entstammen, nicht um Lebewesen oder Populationen handelt – sondern eben um Merkmalsträger oder Semaphoronten.[12]

An dieser Stelle kommt der systematische Unterschied zwischen merkmals- und funktionsbasierten Ansätzen am deutlichsten zum Tragen. Denn da erstere Merkmale atomar verstehen, können zunächst die Veränderungen von Lebewesen mit Blick auf die rezenten Formen an eben diesen Merkmalen expliziert werden,

---

[11]Diese ist im hier vertretenen Ansatz eine Taxonomie funktionaler Formen; *methodisch* gilt die Vorordnung der Gegenstandsbestimmung vor die Transformation aber auch für merkmalsorientierte Ansätze.

[12]Hierbei wäre anzumerken, dass „σῆμα" eben *nicht* Merkmal bedeutet, sondern Zeichen. Die *Deutung* eines solchen ist aber von dessen *Natur* unabhängig – das angesprochene Methodenproblem ist damit also nur verschoben, aber nicht gelöst.

mit der Folge, dass nun bestimmte Merkmale als „älter" gegenüber „jüngeren" gelten, wobei letztere zu den Endpunkten der Kladogramme weisen, erstere zu den ursprungsnäheren Knoten. Ein gutes Beispiel liefern hier die Einsortierungen der Pharynxapparate von Plathelminthen durch Ax (1984, S. 145 ff.), sodass „der Rest" des Lebewesens gleichsam ausgeblendet wird bzw. sich seinerseits an den *rezenten* Formen orientiert, was den *Anachronismus* deutlich werden lässt (dazu unten mehr). Der zugrunde liegende Merkmalsatomismus erlaubt es generell, Evolution nicht auf Organismen oder gar Life-Cycles beziehen zu müssen, sondern sich z. B. an genetischen oder molekularen Einheiten zu orientieren. Dadurch kommt es zu der eigentümlich metonymen Rede von der „Evolution des Hämoglobins", „des Gehirns" oder des „Lac-Operons".

Im Resultat ergibt sich eine Abfolge von Merkmalskonfigurationen, deren *methodisch* erste in den miteinander verglichenen rezenten Formen, deren methodisch *letzte* in derjenigen Form zu finden ist, von welcher her alle in den Vergleich eingegangenen als durch Aufteilung auseinander hervorgegangen gedacht werden können. Diese Organisation des Datenraums wird üblicherweise unter Nutzung von Optimierungsprinzipien vorgenommen, deren Bekanntestes das „Parsimony-Prinzip" ist (zu weiteren Modellen s. Wägele 2000; Page und Holmes 1998). Es handelt sich dabei um die Vorschrift, den Übergang der betrachteten Merkmalskonfigurationen (was aktuell in der Regel genetische Sequenzen bedeutet) so vorzunehmen, dass mit einer möglichst geringen Zahl an Unterteilungen operiert werden kann. Jedoch gilt natürlich auch hier, dass das Interesse nicht primär an sparsamen, sondern an *zutreffenden* Darstellungen[13] von Transformationen besteht.

Damit stellt sich die Frage nach der *Rechtfertigung* der Regeln, die zur Strukturierung des Datensatzes verwendet werden, wobei schematisch zwei Argumente anzuführen sind, dessen eines auf eine bloß *methodische* Regel, dessen anderes auf eine *Eigenschaft* von Evolution selbst abhebt. Im zweiten Fall handelt es sich um eine Aussage über die Form, in der Evolution verlaufe:

> The second view is that parsimony is based on an implicit assumption about evolution, namely that evolutionary change implies that the tree that minimises change is likely to be the best estimate of the actual phylogeny. Under this view, parsimony may be viewed as an approximation to maximum likelihood methods (…), and indeed it was in this context that parsimony methods were first proposed by Edwards and Cavalli-Sforza (Page und Holmes 1998, S. 191).

---

[13]Dies kann relevant sein, wenn zwar Transformationen mit weniger Schritten dargestellt werden können, diese aber über nicht funktionsfähige Stadien führten; dazu unten mehr.

Hier wäre es also Evolution selbst, welche die Form der sparsamsten Differenzbildung annimmt. Im Gegensatz dazu steht die Vermutung, dass es sich lediglich um eine methodische Regel handelt, die möglicherweise Ausdruck von Wahrscheinlichkeit ist, aber letztlich über die zugrunde liegenden biologischen Zusammenhänge wenig verrät:

> The first is that parsimony is a methodological convention that compels us to maximise the amount of evolutionary similarity that we can explain as homologous similarity, that is, we want to maximise the similarity that we can attribute to common ancestry. Any character which does not fit a given tree requires us to postulate that the similarity between two sequences shown by that character arose independently in the two sequences – the similarity is due to homoplasy not homology (Page und Holmes 1998, S. 190).

Setzt man die zweite Position an, so kann selbstverständlich auch ein an Organismen gewonnener Datensatz auf die genannte Weise optimiert strukturiert werden. Damit ist dann allerdings so lange keine *evolutionäre* These verknüpft, als nicht unabhängig von der Optimierung gewonnene Kriterien für die *Auswahl* eines solchen Datensatzes genutzt werden. Der Verweis auf formgleiche Argumente führt wieder in einen Zirkel, während der Verzicht mit dem Verlust der Möglichkeit verbunden ist, evolutionär *relevante* von *irrelevanten* Strukturierungen zu unterscheiden. Setzt man hingegen die erste Position an, dann kann zwar ein Datensatz, der unter Nutzung solcher Prozeduren gewonnen wurde, zu Recht als *evolutionär* bezeichnet werden. Die *Begründung* dafür muss aber offen bleiben, indem auf anderes Wissen zu verweisen wäre, aus dem diese *Form* der evolutionären Transformation folgt. Dieses Wissen ist dann entweder *ohne* jene Prozedur zustande gekommen, sodass sich diese als unnötig erweist (denn wir wissen ja *dann* auch *ohne* sie, *dass* Evolution ein Optimierungsgeschehen *ist*), oder es ergibt sich wiederum ein Zirkel, wenn auf eben das durch die Prozedur erst erarbeitete Wissen zurückzugreifen ist.

Bemerkenswerterweise sind die beiden bezeichneten Deutungsweisen mit dem *gleichen* methodologischen Problem konfrontiert, dem Verweis auf *anderes* Wissen, das ohne die zu rechtfertigende Prozedur gewonnen werden kann (s. im Detail Sober 1988). Immerhin ließe sich noch das Prinzip der minimalen Wirkung anführen, das zwar der Physik entstammt, gleichwohl aber in der Biologie schon an verschiedenen Stellen seine Anwendung fand (s. Kap. 12). Dies wird allerdings so lange nicht als valide Lösung gelten können, als sich nicht *direkte* Korrelationen zwischen der benötigten Energie einerseits und den Übergängen zwischen Merkmalskombinationen andererseits herstellen lassen. Wiederum wäre dabei auf Wissen zu verweisen, das nicht auf solche Prozeduren gegründet ist.

Wir können die Frage hintanstellen, ob und ggf. welche *kosmologischen* Gründe sich angeben ließen, „in der Natur" ein generelles Regiment zu erblicken, welches im Resultat zur Einhaltung eines generellen Prinzips der minimalen Wirkung führt. Zunächst wäre ohnehin zu klären, ob es sich dabei um eine Eigenschaft der Natur oder eher (jedenfalls auch) ihrer Beschreibung durch uns handelt. Für unsere Darstellung ist der Hinweis hinreichend, dass die Form dieses Prinzips noch keine Auskunft über seine materiale Anwendung auf *biologische* Strukturen gibt, denn eine Transformation, die nach *einem* Kriterium die wenigsten Transformationsschritte umfasste, muss dies nicht zugleich nach einem *anderen* Kriterium. Die *biologische* Deutung ist also von der investierten biologischen Beschreibung abhängig.

14.4 Das Problem phylogenetischer Homonymie

Wir hatten für phylogenetische Darstellungen von Evolution auf Merkmalskonfigurationen abgehoben – und nicht auf Organismen. Der Unterschied zwischen Merkmalsträger und Organismus ist insofern wichtig, als nur für die *methodisch* ersten Formen die Relation zwischen Merkmalskonfiguration und Lebensform eindeutig ist. Dies gilt aber nicht mehr für die folgenden Konfigurationen, die zwar dieselben *Bezeichnungen* für die jeweiligen Merkmale tragen, von denen aber nicht mehr gesagt werden kann, wie genau diese Merkmale eigentlich ausgesehen haben. Man könnte versuchen, jene Formen, für die sich im „Fossil Record" die älteste Entstehungszeit identifizieren lässt, als ursprünglich anzugeben, eine molekulare Uhr zu nutzen oder generell den Bezug auf eine Außengruppe herzustellen (im Überblick Ax 1984; Rippel 1999; Wägele 2000). Dieser Übergang vom Kladogramm zum eigentlichen Phylogramm ist notwendig an Informationen gebunden, die nicht dem Phylogramm selbst zu entnehmen sind.

Genauer: Es muss mindestens für die Außengruppe schon bekannt sein, dass sie *nicht* in einem näheren Verwandtschaftsverhältnis zur untersuchten Gruppe steht. Dies ist an sich schon ein methodisches Problem – verdeckt aber das hier ins Zentrum gestellte, dass über die Knoten in Bezug auf die den Merkmalskonfigurationen zuzuordnenden Lebewesen keine *biologischen* Aussagen möglich sind. Damit stellt sich das oben schon bemerkte „Naming-Problem" ein, dass nämlich letztlich jedes Element innerhalb einer Merkmalskonfiguration zu jedem Element in einer der folgenden oder vorhergehenden Konfigurationen ein *Homonym* darstellt. Über die *tatsächlichen* Zustände der Merkmale kann aber gerade keine Aussage gemacht werden. Am Beispiel etwa des Coeloms beim Menschen lässt sich dann zwar *sagen,* dass bei (als zeitlich älter gedeuteten) Vergleichsformen – z. B.

Anneliden – ein Coelom auftritt, das am Ende zum Menschencoelom umgebildet wurde. Dies impliziert aber, *dass* das Annelidencoelom eben jenen älteren Zustand der Menschenentwicklung *repräsentiert,* sodass die Frage berechtigt erscheint, was, außer der Bezeichnung, die Identität des Referenten sicherstellt!

Um dieses Problem besser fassen zu können, sei auf eine Schwierigkeit historischer Darstellungen verwiesen, nämlich des oben schon angedeuteten Anachronismus. Unter einem solchen verstehen wir die Inanspruchnahme eines an zeitlich späteren Sachverhalten gebildeten Begriffs für solche, die einem historisch früheren Zeitpunkt entstammen. Man denke exemplarisch an den Ausdruck „Reich" für die Bezeichnung des *Imperium Romanum* oder „Sklaverei" für ökonomische, soziale und politische Praxen während des 19. Jahrhunderts in den USA, des 5. vorchristlichen Jahrhunderts in Athen und des 1. nachchristlichen Jahrhunderts in Rom.[14] Die Bedeutung des Ausdrucks verändert sich, obgleich die Bezeichnung identisch bleibt.

Die Situation in der Phylogenese ist *insofern* identisch, als jene Organismen, die (zeitlich) *früher* im Phylogramm abtrennen, zu Merkmalen führen, welche *dieselbe* Bezeichnung tragen wie jene Merkmale, die an den Verzweigungsknoten auftreten. Pointiert formuliert treten in der Phylogenese des Menschen an irgendeiner Stelle Coelome von Organismen auf, die in der rezenten Lebewelt bei Anneliden zu finden wären – etwa *Nereis spec.* Dieser Anachronismus bleibt so lange methodisch unbedenklich, als nicht der Verweis auf – hier – *Nereis spec. wörtlich* genommen wird. Die Bezeichnung tritt dann allerdings *metaphorisch* auf, und das bedeutet, dass es eigentlich heißen müsste, dass in der Phylogenese von *Homo sapiens* zu einem definierten Zeitpunkt ein Coelom auftritt „*wie* bei *Nereis spec.*". Die Rede „wie bei" verbirgt, dass es sich um einen Vergleich handelt, der aber eine *dreistellige* Relation bildet im Sinne von „A ist wie B nach Kriterium X" – und dies evoziert die Frage, welches denn das Vergleichskriterium ist. Wird nun die Antwort gegeben mit Verweis auf *diejenigen* Merkmale, nach denen *Nereis spec.* in der Rezenttaxonomie eingeordnet wurde, dann liegt jener Anachronismus vor, den wir oben am historischen Beispiel erläuterten.

Die Alternative besteht darin, unter dem Ausdruck – hier – Coelom nicht die Bezeichnung eines Teils eines Lebewesens, sondern einen *Begriff* zu verstehen. Die Bedeutung des Begriffs ist aber abhängig von dem Kontext seiner Verwendung.

---

[14]Dies nötigte also dazu, Synonymie der Ausdrücke „slave", „δοῦλος" (auch „ἀνδράποδον") und „servus" zu vermuten – was eben nur sehr bedingt zutrifft. Einen methodisch guten Überblick bietet hier Finley (1980, 1985) in seinen Untersuchungen des gesellschaftlichen Konzepts von Sklaverei in der Antike.

14.5 Rekonstruktion als Praxis

Um zu explizieren, was es bedeuten kann, den Ausdruck Coelom als Begriff zu verstehen, schließen wir unsere Überlegungen direkt an das oben zum methodischen Anfang der funktionalen Form biologischen Wissens Gesagten an – denn die durch die organismische Strukturierung erarbeiteten *Konstruktionen* sind genau jene „Kontexte", innerhalb derer Strukturen als funktionale Einheiten kohärent eingebunden sind (s. oben). Dabei werden Konstruktionen durch Präparation von Lebewesen gewonnen – und zwar dergestalt, dass alle jene Lebewesen *dieselbe* Konstruktion repräsentieren, die *keine* Unterschiede hinsichtlich des Resultats der präparativen Erstellung zeigen. Es ergibt sich eine *konstruktive* Taxonomie, die ihrerseits hierarchisch strukturiert ist und oberhalb der Konstruktion auch noch größere Einheiten kennt, wie etwa Konstruktionstypen und Konstruktionsniveaus (s. Gudo et al. 2007).

Gehen wir von solchen Konstruktionen aus, dann kann z. B. der Ausdruck Coelom über seine *Funktionen* innerhalb dieser kohärenten Konstruktionen definiert werden – zu nennen wäre hier die Sicherung des Antagonismus der die Segmente eines Anneliden konstituierenden Muskeln (Zirkulär-, Longitudinal- und Transversalmuskeln) im Rahmen eines sog. Hydroskeletts. Hinzu kommen Exkretionsfunktionen über die in die Dissepimente eingebundenen Metanephridien, reproduktive Funktionen, was die Einbindung der Gonaden anbelangt etc. (Gutmann 1966, 1973). Ändert sich die Konstruktion, dann kann auch die Funktionsbeschreibung differieren. Dies mag das Beispiel von Enteropneusten anzeigen, bei denen einerseits Coelomeinheiten, *biomechanisch* als Hydroskelett fungierend, verbleiben, sich andererseits aber ebensolche innerhalb des Meso- und Metasomas durch die Einrichtung des Peribranchialapparats grundlegend verändern – bis hin zur „retroperitonealen" Situierung der Gonaden (im Detail Gutmann 1967, 1973; Gutmann und Syed 2013). Noch stärker differiert dies im Falle des Wirbeltierstamms – wobei noch die Veränderung von Funktionen im Laufe des Life-Cycles hinzutritt (Überblick bei Gutmann 1966).[15]

---

[15]Hierin liegt übrigens auch einer der wesentlichen Gründe für den *Beginn* der funktionalen Strukturierung mit dem sich bewegenden Körper – dessen als Strukturen bestimmte Teile *haben* nämlich nicht einfach einen Ort und *sind* in der „zugehörigen" Zeit. Vielmehr sind diese Teile eines Lebendigseienden *als* Raum und Zeit erfüllende *lebenswissenschaftlich* beschreibbar. Dies drückt sich dadurch aus, dass wir diese Teile als funktionale Zusammenhänge im Sinne räumlicher und zeitlicher Musterbildungen strukturieren – und zwar bezüglich der durch den beobachtenden Präparator ausgezeichneten präparativen Ebenen in *heterotope* und *heterochrone*. Diese treten zwar erst in der *lebenswissenschaftlichen* Beschreibung als solche auf – haben ihren *Grund* aber in der Form, in der Lebendigseiendes als solches tätig ist, *indem* es lebt (s. oben). Eine ontologische Lesart dieser Überlegungen kann „prozessphilosophisch" formuliert werden (Gutmann 1995).

Die wesentliche Differenz zur phylogenetischen Bestimmung des Ausdrucks „Coelom" besteht darin, dass er konstruktionsmorphologisch über die *Prinzipien* definiert wird, die in seine Funktionsbeschreibung eingehen – und die u. a. technischer, physikalischer oder chemischer Natur sind. Wird von diesen – an der rezenten Lebewelt gewonnenen – Konstruktionen zu Antesequenten übergegangen, dann ist entsprechend der Funktionsbedingungen der Struktur – hier des Coeloms – dessen Bedeutung durch die Konstruktion bestimmt, sodass wir nun als Invariante die Funktionsprinzipien erhalten, welche die Struktur definieren. Die Aufgabe des Konstruktionsmorphologen besteht also darin, nicht die Addition oder den Verlust von Merkmalen zu beschreiben, die an die Rezentformen gebunden bleiben, sondern die Transformation der gesamten Konstruktion – innerhalb derer die als „Merkmale" bezeichneten Strukturen *funktionieren*. Wir haben damit genau genommen *zwei* Verwendungen des Ausdrucks Coelom, eine merkmalsorientierte und eine funktionsorientierte, wobei nur die letztere eine kontextsensitive Bedeutung erhält. „Coelom" wird hier also zum *Begriff,* der bestimmt ist durch die Resultate der Funktionsbeschreibung innerhalb der Konstruktion.

Doch ergibt sich daraus eine weitere Differenz zum merkmalsorientierten Vorgehen, die wir auf die Doppelläufigkeit der Erklärung zurückbeziehen können. Der Rückschluss auf die Antesequenten erfolgt nämlich einerseits – wie in der Phylogenetik auch – aus der Gegenwart in die Vergangenheit. Er führt zu einer Beschreibung der Antesequenten, bei der aber – und dies ist der erste Unterschied – die Kohärenz der jeweiligen Struktur (hier Coelom) mit den anderen, dann invarianten Strukturen herzustellen ist, was im Einzelfall scheitern mag, sodass dann andere Rekonstruktionswege zu beschreiten sind.[16]

Doch kommt ein weiteres Moment hinzu: Es muss nämlich von dem Antesequenten ausgehend die Transformation zum Postsequenten vorgestellt werden, die ihrerseits unter Bedingungen steht. So ist die – wie gesehen – Funktionsfähigkeit der Strukturen wie der gesamten Konstruktion hinsichtlich der gesamten Bionomie sicherzustellen, was u. a. Veränderungen im Coelom, die eine Funktionsunfähigkeit der Konstruktion im metabolen oder reproduktiven Zusammenhang implizieren, ausschließt. Ferner darf es nicht zur Auflösung der Kohärenz oder Konsistenz der Konstruktion kommen, indem nur sukzessive Veränderungen zugelassen sind – was sich aus der Erhaltung der Kohärenz

---

[16]Ein schönes Beispiel ist der Versuch, in eine hydrosekelettale Konstruktion direkt einen Branchialapparat zu integrieren. Dies gelingt erst, *nachdem – via* chordaartiger Längenstabilisierung – die Funktion des Hydroskeletts für die Propulsion reduziert werden kann (im Detail Gutmann 1972).

via z. B. Kraft-, Form- und Materialschluss ergibt. Erst wenn durch explizite Angabe der Transformationsbedingungen, die z. B. auf die „Optimierung" von Funktionen abzielen, die Postsequente auch *tatsächlich* erreicht wird, kann die Rekonstruktion als gelungen gelten. Wir können hier also von Kohärenz und Konsistenz zweiter Ordnung sprechen – mit Blick auf die für organismische Konstruktionen geltenden Kriterien erster Ordnung (s. oben).

Damit ergibt sich eine Abfolge von Beschreibungen der betrachteten Struktur, die zwar dieselbe Bezeichnung trägt – hier also Coelom – die aber genau genommen nicht auf „eine Struktur", sondern auf deren Transformationsreihen innerhalb von transformierten Konstruktionen referiert. Wir könnten dies durch C_{n-0} ausdrücken, sodass C_0 den methodischen Anfang der Funktionsbeschreibung des Coeloms bezeichnet, z. B. von *Nereis spec.* Durch die Doppelläufigkeit, die sowohl jedes einzelne Antesequenten-Postsequenten-Paar wie auch die gesamte Rekonstruktionsreihe bis zum letzten Postsequenten charakterisiert, wird das angezeigte methodische Problem des Anachronismus umgangen.[17]

Dies erlaubt auch die Bestimmung des Status jenes technischen Wissens, das – wie oben gezeigt – in die konstruktionsmorphologische Strukturierung von Lebewesen einging. Da wir dies in der Form der modellierenden Strukturierung im Sinne eines praktischen „Als-ob" nutzten und eben *nicht identifizierend*, gelten die Bedingungen, die wir in der Explikation des Lebensbegriffs dargestellt hatten und die wir nun jenen der Transformation technischer Einheiten („Maschinen") gegenüberstellen können. Für diese kann im Zuge der Veränderung, z. B. der Optimierung von Leistungen etc., der Betrieb eingestellt und nach Vollzug der Veränderung wieder aufgenommen werden – in Abhängigkeit vom Maschinentyp. Die *Funktionsfähigkeit* ist also ggf. erst für den Betrieb wiederherzustellen – im Gegensatz zu Organismen, bei denen auch während der Transformation unausgesetzt die Funktionsfähigkeit im Sinne bionomer Kohärenz notwendig sichergestellt sein muss.

Dass ferner der Modus der Entwicklung (wie jener der Reproduktion) differiert, bedarf nach der Anfangsbestimmung in Kap. 11 keiner weiteren Ausführung. Während aber im Falle maschineller Systeme die Optimierung von Leistungen *sensu verbis* verstanden wird, dient die Rede im Falle von Organismen

---

[17]Es ist also auch nicht hinreichend, darauf hinzuweisen, dass „wie bei A" nicht die Identität zur Rezentform bezeichnet – so zutreffend dies ist (Ax 1984). Vielmehr ist die Rede von „A-förmig" zu explizieren, was innerhalb des konstruktionsmorphologischen Konzepts gelingt.

als Anzeige des Modus der evolutionären Transformation im Sinne des modellierenden Als-ob.[18]

14.6   Begriffliche Bestimmung von Evolution (Invarianten)

Wir können nun einen ersten Abstraktionsschritt vornehmen, um zu verdeutlichen, dass mit der Skizze des konstruktionsmorphologischen Arguments nicht eine vergangene Form evolutionsbiologischen Argumentierens wiederbelebt, sondern ein notwendiges Bestimmungsstück expliziert werden sollte. Den Anfang nahm unsere Darstellung in der Charakterisierung der Besonderheit evolutionärer Aussagen – die in unserer Terminologie *als evolutionsbiologische* Gegenstand evolutionstheoretischer Reflexion waren. Die Analyse der Verhältnisse von funktionaler und evolutionärer Perspektive zeigte dabei eine wesentliche *Geltungsasymmetrie,* die wir als *Abhängigkeit* evolutionsbiologischer Aussagen von funktionalen identifiziert hatten – im Gegensatz zu Dobzhansky aber als *methodisches,* nicht als gegenständliches *Apriori.* Das zeigt sich schon in der, dem methodischen Anfang zugrunde liegenden Redeform, die nämlich normativ ist und wie folgt lauten könnte: „Beschreibe die rezente Lebewelt so, *als ob* sie Ergebnis eines natürlichen Veränderungsvorganges wäre!"

Auf dieser Grundlage können die bisher entwickelten Besonderheiten evolutionärer Aussagen eine Deutung erhalten. Denn die *normative* Basis widersetzt sich sinnvollerweise der Falsifikation im engeren Sinne. Auch kann erst auf dieser Basis die eigentliche Rekonstruktion vorgenommen werden – hier unterscheiden sich die präsentierten Ansätze zwar hinsichtlich der Gegenstandskonstitution und der Interpretation der Rekonstruktionsprinzipien, nicht jedoch in Bezug auf den Aspekt *rücksichtlicher* Vergegenwärtigung.

Das explizierte konstruktionsmorphologische Argument erlaubt uns aber zudem die Lösung eines weiteren *evolutionstheoretischen* Problems, das für jede Rekonstruktion von Transformationen relevant ist. Damit nämlich Transformationen erarbeitet werden können, bedarf es der Invarianten – und dies sind formal zunächst diejenigen Aspekte eines Gegenstandes, die bezüglich der Regeln, die

---

[18]Zum Konzept des „Ökonomieprinzips" s. Peters (1985). Unsere Überlegung antwortete zugleich auf die Kritik am „Ökonomieprinzip" als untaugliches Rekonstruktionsprinzip (Ax 1984, S. 139 ff.). Würde der Modellierungsaspekt übersehen, dann träfe die Kritik.

für Transformationen zugelassen sind, unverändert bleiben.[19] Wir hatten die unter dem Titel der „Funktionsfähigkeit" zusammengefassten Momente als Kohärenz und Konsistenz der Konstruktion bezeichnet. Diese Invarianten lassen sich etwas präziser fassen, wenn wir sie auf die verschiedenen Gegenstände beziehen, die wir bisher als Gegenstände der Transformation behandelt haben; denn Transformation ist nicht reduziert auf *evolutionäre* Veränderungen:

1. *Individuelle Form.* Individuen werden als theoretisches „Eines von diesen" verstanden, wobei die „Form" die für die Beschreibung der Individuen und ihrer Leistungen zugelassenen organismischen Strukturierungen bezeichnet. Die Tätigkeiten solcher Individuen bestimmen die Art und Weise ihres Seins als nichterweiterte Reproduktion, insofern die Form die Invariante für die Darstellung der Veränderungen abgibt, die sich im Rahmen des Vollzugs dieser Tätigkeiten identifizieren lassen. Damit ist das bezeichnet, was als Einheit der Veränderung gilt, hinsichtlich derer sich Veränderungen vollziehen, etwa im Sinne von Metabolismus, Regeneration, modelliert etwa über Fließgleichgewichte etc. (s. Kap. 12).
2. *Entwicklungsform.* Bezogen auf den Typenstandard unter 1 lässt sich die Entwicklung von Individuen als nichterweiterte nichtidentische Transformation verstehen. Die Invarianten dieses Typenstandards werden zu den *Varianten* innerhalb des Life-Cycle der reproduktiven Einheiten jener Formen, was üblicherweise als Individualentwicklung bezeichnet wird.
3. *Evolutionäre Form.* Formal lässt sich evolutionäre Transformation auffassen als *erweiterte nichtidentische* Reproduktion. Dabei bilden die Invarianten von 1 und 2 die *Varianten* der Transformation.

Die bisherigen Betrachtungen konnten mehr oder minder ungebrochen die Formbestimmung von Lebewesen als Organismen anführen, wenn die Invarianten der jeweiligen Tätigkeiten anzuführen waren. Die schon des Öfteren bemerkte Eigentümlichkeit, dass Lebewesen durch ihre Tätigkeit *in* derselben *sich* und damit *dieselbe* erhalten, hatte genau hier ihren systematischen Ort: *Indem* Lebewesen z. B. atmen, sich bewegen oder ernähren, kommt es ihnen zu, bei allen Veränderungen dennoch „dieselben" zu bleiben. Diese Eigentümlichkeit kann organismisch als

---

[19]Dies hat übrigens gar nichts mit Biologie zu tun, sondern ist auch für rein formale oder ideale Gegenstände wie die der Geometrie einschlägig – s. Cassirers (1980) Rekonstruktion des kleinschen Programms und der in ihm formulierten Transformationsgruppen, welche die Invarianten für die jeweiligen Geometrien festlegen.

Metabolismus beschrieben werden oder als Lokomotion etc. Dabei wird die *Konstanz* dieser Bestimmung als Form eben jener Verläufe ausgezeichnet, die „in" oder „an" dem Organismus vor sich gehen. Das schwache Reflexiv verdankt seine Möglichkeit genau diesem Moment, das wir als Reproduktion bezeichnen. Doch schon bei der Individualentwicklung kommt ein Moment hinzu, das nicht mehr auf die Beschreibung einzelner Lebewesen allein referieren kann. Hier ist vielmehr im Sinne der nichterweiterten nichtidentischen Reproduktion auf ein Allgemeines zu verweisen, das die aristotelische Darstellung im Verhältnis von εἶδος und γένος verortete, das also das einzelne Lebewesen als eines von diesen anzusprechen hat, denen es *generisch* entstammt.

Nehmen wir nun die erweiterte nichtidentische Reproduktion in den Blick, dann werden die Invarianten der nichterweiterten nichtidentischen Reproduktion zu den Varianten der Transformation. Diesen Transformationsvorgang hatten wir bisher nur am konstruktionsmorphologischen Beispiel behandelt, also bezogen auf Konstruktionen, die in präziser Weise auf Informationen über Lebewesen verzichteten und damit ein Wissen ermöglichten, das an diesen selbst nicht zu erlangen war:[20] Die Konstruktionen wurden ja an Lebewesen erarbeitet, sodass all jene in dieselbe Konstruktion eingruppiert wurden, welche invariant zur Präparation ununterscheidbar sind.

Andererseits handelt es sich aber nur um eine Teiltheorie einer umfassenden Evolutionstheorie – und zwar jene Teiltheorie, die der Lösung des Rekonstruktionsproblems gewidmet ist. Da diese zudem organismustheoretisch formuliert wurde, kann zumindest *die Form* einer Gegenstandstheorie angedeutet werden, die sich in der Zielsetzung mit anderen organismustheoretischen Ansätzen einig weiß, gleichwohl aber auf dem methodischen und nicht primär ontischen Zuschnitt des Organismusbegriffs beharrt (dazu exemplarisch Wagner und Laubichler 2001; Wagner 2014; Oyama et al. 2001; s. auch die Darstellung zur EES in Kap. 13). Identifiziert man als Mechanismus von Evolution die *Reproduktion* – was durchaus an darwinsche, nicht jedoch an darwinistische Überlegungen anschließt – dann muss im Weiteren sowohl ein reproduktionstheoretisches wie auch vererbungstheoretisches Konstrukt bereitgestellt werden, was auf dem Boden einer Rekonstruktionstheorie allein nicht zu bewerkstelligen ist. Immerhin lassen sich aber die vorgeschlagenen Rekonstrukte so weit reformulieren, dass die Funktionen dieser Teiltheorien zumindest sichtbar

---

[20]Wir haben es also mit abstraktiven Verfahren zu tun, was keinesfalls eine bloße Weltverdoppelung bedeutet, sondern eine notwendige Folge jeder wissenschaftlichen Betrachtung ist – hier stimmen wir Krohs (2004) Kritik an nichtpragmatistischen Ansätzen zu.

gemacht werden können – was hier im Zusammenhang der biologischen Eindeutung der Antesequenten-Postsequenten-Reihen geschehen soll.

14.7   Die Form evolutionärer Transformation

Unsere Rekonstruktion des Gegenstandes evolutionärer Transformation hatte zur Feststellung geführt, dass dieser zunächst durch funktionale Strukturierungen vorzulegen ist. Der exemplarisch angegebene Satz „Vögel entwickeln sich aus Reptilien" muss also auf die allgemeine Form „A evolviert zu P" gebracht werden, wobei P die funktionale Strukturierung einer rezenten Lebensform darstellt (oder deren Eigenschaften, Fähigkeiten, Fertigkeiten, Interaktionen etc.). Als solche ist die Rekonstruktion evolutionärer Verhältnisse Resultat *menschlicher* Tätigkeit. Mit Blick auf die hier eingenommene konstruktive Perspektive ist es daher wenig überraschend, dass sich aus diesem Handlungscharakter *methodische* Konsequenzen für die Bestimmung der Eigenschaften von „Evolution" ergeben, welche wir zum Ende des Kapitels entwickeln wollen.

Auf der Grundlage dieser Form evolutionärer Entwicklung gilt trivialerweise, dass das, was Gegenstand der Transformation sein soll, schon gegeben sein muss. Wir setzen daher an, dass das P der Transformation durch funktionale Strukturierung gegeben ist. Invariant zum Transformationsgegenstand können wir weitere Aussagen formulieren, die uns die Form evolutionärer Transformation angeben, was gegenstandsinvariant durch die Verteidigung folgender Sätze geschieht:

1. Es gibt einen Zeitpunkt, ab dem der Satz zutrifft, dass es P gibt.
2. Es lässt sich ein Zeitpunkt bestimmen, zu dem der Satz „Es gibt P" nicht zutrifft, wohl aber der Satz „Es gibt *noch* kein P".
3. Ferner wird gesagt werden können, dass es einen Zeitpunkt gab, auf den bezogen der Satz „Es gibt noch kein P" wahr ist, wie auch der Satz „Es gibt Formen, *aus* welchen P hervorgegangen ist".

Der erste Satz markiert unseren methodischen Anfang, den Vorgriff der evolutionären Transformation – womit zugleich auch das „noch" des zweiten Satzes gerechtfertigt werden kann, wenn die rezente Lebewelt als Produkt eines Transformationsvorgangs verstanden werden *soll*. Obgleich mit der Rede vom Zeitpunkt zeitliche Verhältnisse im Blick sind, soll es hier lediglich auf die *Reihung* (als methodische) ankommen; Zeit wird also – in diesem Zusammenhang – ausschließlich ordinal verstanden.[21]

Der zweite Satz bezeichnet eine Investition, die der Form nach für alle Entwicklungstheorien gilt – also auch für solche, deren Gegenstand die nichterweiterte, nichtidentische Reproduktion ist. Denn auch hier lassen sich Zeitpunkte ausmachen, an denen z. B. „noch kein Huhn" vorliegt. Um die Beziehung zum Formbegriff deutlicher werden zu lassen, sei aber gesagt, dass „noch keine Huhn-Form" vorliegt – womit die Invariante solcher Transformationen benannt ist (das Weitere s. oben). Im Falle evolutionärer Transformationen gilt ein Gleiches, d. h., der zweite Satz ist wie folgt aufzufassen: „Es liegt noch keine P-Form vor". Die Invariante ist zunächst dieselbe wie oben – sie unterscheidet sich aber insofern, als sie hier den gesamten Life-Cycle umfasst, im Gegensatz zur nichterweiterten, nichtidentischen Reproduktion nämlich sowohl adulte wie nichtadulte Stadien.[22] Die Invariante hatten wir oben auf die Züchtung zurückbezogen, genauer auf die Formalisierung der Züchtungsziele, die wir im Vorgriff als Bauplan bezeichnet hatten.

Der zweite Satz erweitert also die logische Struktur von evolutionärer Transformation gegenüber entwicklungsbiologischer. Er enthält zudem eine Anweisung zur Erzeugung einer Reihe, deren Charakter durch den dritten Satz genauer bezeichnet wird: Es soll nun nämlich übergegangen werden zu Formen, die nicht (mehr) P entsprechen. Diese Antesequenten sollen zudem aufgefasst werden als Formen, *aus denen* P hervorgegangen ist – genau dies besagt der dritte Satz. Da es sich nicht primär um eine *zeitliche* Reihe handelt, sondern um eine *methodische,* lässt sie sich von beiden Seiten lesen: Es können also die im methodischen Anfang bestimmten Formen als Postsequenten, die ihnen vorhergehenden als

---

[21]Diese Operation ist bei *methodischen* Bemühungen um die Einführung des Zeitbegriffs wohlbekannt. Sie begegnet in der aristotelischen Bestimmung als ἀριθμὸς κινήσεως κατὰ τὸ πρότερον καὶ ὖστερον (*Physik* 219b 2) ebenso wie in der physikalischen Darstellung als Parameter. Konstruktiv kann dies entsprechend genutzt werden (Janich 1980). Dabei bleibt aber zu bedenken, dass es sich lediglich um Darstellung von Zeit als *extensiver* Größe handelt – deren intensives Moment kann (hier) unberücksichtigt gelassen werden. Seine Relevanz erhält es erst im letzten Schritt evolutionärer Darstellung, das wesentlich auf das historische Moment abzielt und das dem τὸ δὲ ζῆν τοῖς ζῶσι τὸ εἶναί ἐστιν (*De anima,* 415b 13) gerecht werden soll.

[22]Damit ist gleichwohl noch keine Entscheidung für den Gegenstand selbst getroffen, denn „Life-Cycle" bezieht sich zwar bei Entwicklungstheorien auf – zunächst morphologische – Individuen, kann aber, allgemeiner gefasst, auf beliebige Transformationen einer gegebenen Form bezogen werden (z. B. auch auf Pflanzensukzessionen, die dorsale Urmundlippe des Amphibienkeims oder die gegenläufigen Schwankungen von Größen und Zusammensetzungen miteinander verbundener Räuber-Beute-Populationen).

Antesequenten verstanden werden, wie zugleich diese Postsequenten der ihnen vorhergehenden Antesequenten sind etc. Dieser dritte Satz muss nicht verstanden werden als Ausschluss möglicher (späterer) Nebenordnungen von P und nP. Bezeichnen wir A als Antesequent von P, dann widerspricht nichts der hier aufgeführten Form evolutionärer Transformation, dass P und A koexistieren.

14.8   Reihe und Feld als Invarianten der narrativen Konstruktion

Nennen wir die Bildung der Reihe P zu A_1–A_n Rekonstruktion, dann können wir auch in der Form dieser Reihe die immanente Doppelläufigkeit wiederentdecken, die wir methodisch im Verhältnis der γνωριμώτερα identifiziert hatten: Sowohl im Ganzen der Reihe A_1–A_n bleibt der Bezug auf P notwendig, wie auch für jedes Glied der Reihe der dann jeweiligen Postsequenten, also etwa A_4–A_n etc.

Diese Darstellung erlaubt uns, das oben angedeutete „historische" Moment evolutionärer Aussagen zu bestimmen, indem wir nochmals zur eigentümlichen Doppelläufigkeit der γνωριμώτερα zurückkehren, die wir als allgemeine Form von Erklärung überhaupt verstanden hatten. Das *Explanandum* erschien danach *zweimal* – einmal *vor* der Erklärung und einmal *nach* derselben, nämlich im Lichte des *Explanans*. Wir finden diese Doppelbewegung hier wieder:

1. Die Konstruktion der gegebenen Lebensform erscheint als *Resultat* eines Transformationsvorgangs, der sie mit anderen (ebenfalls gegebenen Lebensformen) verbindet. Hinsichtlich der ermittelten antesequenten Form ist die postsequente nun das „Erklärte", als das aus ihrer jeweils letzten Vorläuferform Abgeleitete.
2. Indem die anfängliche Konstruktion zu einer *nur* folgenden wird, zu einem Postsequenten, ist sie zugleich das Kriterium für die Adäquatheit der Rekonstruktion.

Dieses Doppelverhältnis gilt, wie oben gezeigt, für jedes Antesequenten-Postsequenten-Paar, wobei die Umkehrung keine einmalige sein muss, sondern iteriert werden kann – in Abhängigkeit von den je betrachteten Strukturen, Funktionen oder Merkmalen. Doch ist die bisherige Betrachtung stark reduziert, indem wir in Form von linearen Reihen argumentierten. Selbstverständlich besteht die *formale* Möglichkeit, an jeder Stelle mehrere Transformationswege zu eröffnen – wir gelangen dann über alternative Rekonstruktionen eher zu Feldern als zu Reihen. Die Konstruktion der Reihen bzw. Felder erfolgt vom methodischen Anfang her retrodiktiv „zurück", sowie „verzweigend zur Seite". Abb. 14.1 zeigt dies exemplarisch an der Rekonstruktion evolutionärer Verhältnisse verschiedener Chordaten-Postsequenten.

In das sich ergebende Netz von Bestimmungen können nun zunächst die Elemente des methodischen Anfangs einbezogen werden, den der Vergleich der Konstruktionen miteinander bildete. Die Überleitung von einer dieser Anfangsformen in eine andere ist aber nur eine *formale* Transformation – da wir es mit organismischen

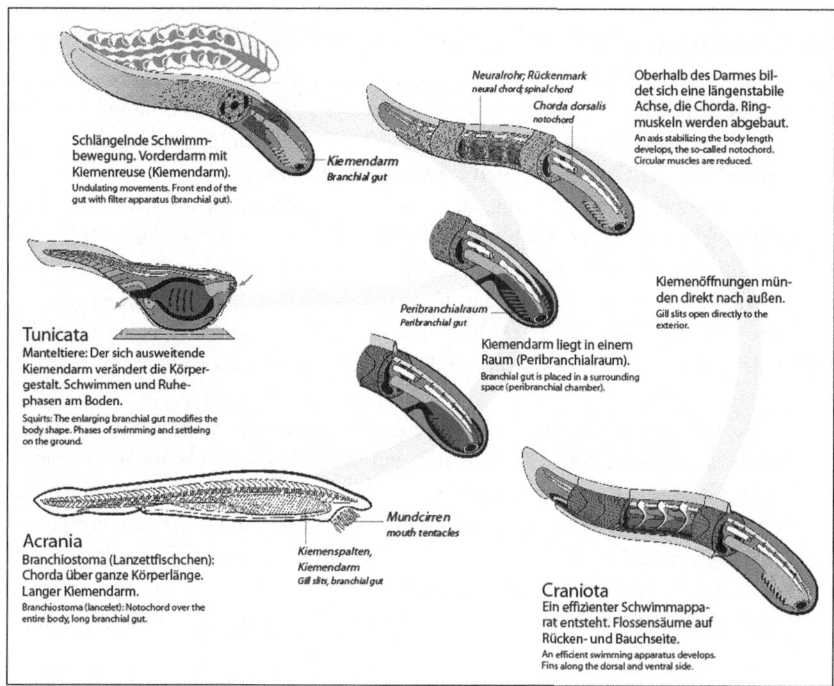

Abb. 14.1 Übersichtsdarstellung zur Rekonstruktion von Tunicata-, Acrania- und Craniota-Konstruktionen, die den methodischen Anfang repräsentieren. Zu diesen letzten Postsequenten repräsentieren die jeweils zur linken Seite stehenden Konstruktionen die jeweiligen Antesequenten, als deren letzter auf der linken Seite eine hypothetische „Chordatenkonstruktion" erscheint, die schon über einen ausgebildeten Branchialapparat verfügt. Weitere Formen können integriert werden wie etwa die nach Ausbildung des Peribranchialapparates abzweigenden Enteropneusten, schließlich auch Echinodermen. (Gezeichnet von A. Siebel-Stelzner, mit freundlicher Genehmigung der Morphisto GmbH; © Morphisto GmbH)

Konstruktionen und *nicht* mit Lebewesen zu tun haben, durch die erst die Bildung der Vergleichstypen einer wissenschaftlich kontrollierbaren Transformation möglich ist. Damit lösen wir uns einerseits von den Einschränkungen lebensweltlicher Bestimmungen (s. Kap. 11 und 12), andererseits ergibt sich nun das Problem, dass die dargestellten Transformationen „interpretiert" werden müssen:[23] Schon die Darstellung von Lebewesen als Konstruktionen erbringt nicht notwendig „ein-eindeutige" Zuordnungen, sondern häufig „mehr-eindeutige".[24] Folgen wir der *Als-ob-Logik* unserer evolutionären Rekonstruktionen, dann sind die resultierenden Reihen oder Felder von Antesequenten/Postsequenten eben nicht solche von Lebewesen, sondern methodisch erzeugte Abstraktionen, gleichsam die bildhafte Wiedergabe der „Bedingungen der Möglichkeit" der Transformationen von Konstruktionstypen ineinander – nach Maßgabe der jeweils in die Strukturierung der in diese Typen eingehenden beschreibungssprachlichen Mittel.

Da wir vom Anfang methodisch nach den möglichen Vorläufern zurückfragten, kann die Rekonstruktion als eine Art transformatives „Retro-Engineering" betrachtet werden – was wir als *retrodiktiv* bezeichnen können (s. Gutmann 2002). Dieses Retro-Engineering gibt umgekehrt die Möglichkeit einer Eindeutung der resultierenden Konstruktion als *mögliche Lebewesen*, eine Operation, die wir als „Reverse Engineering" bezeichnen können: Gegeben sind uns ja gerade keine rezenten Lebensformen, sondern nur „Bauanweisungen" für organismische Konstruktionen. Durch die Investition von rezent-biologischem Wissen lassen sich aber immerhin „Vorstellungen" solcher nichtrezenter Formen erzeugen: Wir betrachten gleichsam das Vergangene mit dem am Gegenwärtigen geübten Blick.

14.9   Die logischen Elemente der Narration

Die Narration, von der nun die Rede sein soll, ist keine einfache Umkehr der Rekonstruktion – das zeigen schon die sowohl mit der Rekonstruktion selbst wie die mit dem Reverse Engineering angezeigten Unbestimmtheiten. Gleichwohl ist es angemessen, von einer Umkehrung der *Bericht*reihenfolge zu sprechen – denn genau dies geschieht mit der Darstellung der Rekonstruktionsergebnisse in

---

[23]Wird dies übersehen, stellt sich der von Whitehead (1967) angezeigte Kategorienfehler der „fallacy of misplaced concreteness" ein. *Abstrakta* kann man nicht sehen, ganz gleich, wie lebendig die Bilder sind, die man zur Illustration nutzt.

[24]Damit ist keineswegs die Zuordnung von Lebewesen zu Konstruktionen im methodischen Anfang infrage gestellt – weil diese präparativ kontrolliert wird (s. oben).

der Form eines nun *zeitlich* verstandenen Naturvorgangs. Obzwar diese Darstellung den Eindruck erweckt, als hätte der – rekonstruierende – Wissenschaftler den berichteten Vorgängen persönlich beigewohnt, handelt es sich um ein komplexes praktisches wie semantisches Geschehen. Denn bei solchen Darstellungen sind nicht nur die in die Rekonstruktion eingehenden *methodischen* Momente zu berücksichtigen, sondern auch solche, welche die Narration selbst betreffen und die wir wieder zusammenfassend als Konsistenz- und Kohärenzforderungen bezeichnen wollen. Wir haben es also bezogen auf die analoge Forderung an organismische Konstruktionen nun mit Kohärenz und Konsistenz dritter Ordnung, zu tun.

Die Narration stellt danach den Zusammenhang der Rekonstruktion als Ursprungserzählung dar – beginnend *nun* mit dem *zeitlichen* Früher hin zum *zeitlichen* Später, deren Konsistenz nur sichergestellt werden kann, wenn die einzelnen funktionalen Strukturzusammenhänge jeweils konsistent und kohärent innerhalb der dargestellten Reihe sind. Jedoch wird daneben *zusätzliches* Wissen investiert, etwa paläoökologischer, geologischer, astronomischer, aber auch geophysikalischer und geochemischer Natur. Die Funktion dieses Wissens besteht in der *Plausibilisierung* der Rekonstruktionsresultate, für die einerseits dieselben Konsistenz- und Kohärenzforderungen gelten wie für die Rekonstruktion, wobei die weiteren in die Narration eingehenden Daten ihrerseits konsistent und kohärent auf die Reihe „passen" müssen. Insofern kommt der Narration also eine wissenschaftlich *ausgezeichnete* Stellung zu – die es zwar im Grundsatz auch bei funktionalen Argumenten gibt, nämlich als „Um-zu-Erzählungen", die dort aber stärker der direkten experimentellen und messenden Kontrolle unterliegen.

Diese besondere Form der narrativen Konstruktion rechtfertigt es, evolutionäre Darstellungen als *hypothetische Rekonstruktion* zu verstehen – und zwar in einem doppelten Sinne, nämlich hinsichtlich der *Existenz* der in den methodischen Anfang eingehenden Beschreibungen der Erklärungsziele (also der *Explananda*), für die jeweiligen rekonstruktiven Reihen oder Felder, aber auch für das weitere, nicht direkt auf die Rekonstruktion bezogene wissenschaftliche *Wissen,* das z. B. auf die Umgebungsbedingungen, Umweltinteraktionen etc. abzielt.

Oben hatten wir zunächst nur einseitig eine Asymmetrie zwischen evolutionsbiologischen und funktionsbiologischen Aussagen identifiziert. Dieses Verhältnis lässt sich nun präzisieren – der Form nach so, wie wir es am Beispiel der Metaphernexplikation dargestellt hatten. Zwar ist der methodische Anfang eben ein Anfang, und von diesem her bezieht die Rekonstruktion ihre – anfängliche – Geltung, doch stellt erst die vollzogene und in narrative Form gebrachte Rekonstruktion eine *Reihe* her, bezüglich derer der Anfang als ein solcher ausgezeichnet werden kann. Indem damit das Zweite – als Früheres – für das Erste (als Späteres) bestimmt wurde, verliert das jetzt Spätere seine Funktion als Anfang. Es wird durch das Frühere (das zunächst Spätere) zu einem bloßen „Nach-dem-A", und insofern rückt das jetzt Frühere in die Reihe ein. Damit ist der Anfang im wörtlichen Sinne aufgehoben:

1. Er ist tatsächlich *verschwunden* – denn wir würden es ja keinesfalls verteidigen, in der rezenten Lebewelt im evolutionären Sinne eine *Ursache* der früheren zu sehen.
2. Er ist zugleich *transformiert* – und zwar wiederum wörtlich, denn das, was im Anfang stand, erweist sich jetzt als ein durch Transformation aus einem Früheren *Hervorgegangenes*.
3. Er ist zudem *erhalten,* denn das Frühere ist ein solches bezüglich eines Späteren – und wird dies auch wesentlich bleiben, selbst wenn wir aus *anderen* Datensätzen weitere Hinweise auf die „Richtigkeit" der Transformationsüberlegungen erhalten haben.

Diese Aufhebung ist zugleich der Ausweis der Möglichkeit, das Gegenwärtige zu einem wirklichen Abkömmling des Vergangenen zu machen, ohne es *lediglich* als dessen Ausfaltung zu reduzieren; es ist nun ein *Verstehbares,* weil es sich verhält wie dem Begriff nach, κατὰ τὸν λόγον.

14.10 Das Problem der Notwendigkeit und Möglichkeit von Evolution

Die Frage nach der Notwendigkeit von Evolution bildet einen Fokus der philosophischen Auseinandersetzung – wobei neben methodischen Problemen der Auflösung teleologischer Urteile auch jene der Reduktion von Lebewesen auf physikochemische Beschreibungen relevant sind (exemplarisch Nagel 2014). Unabhängig von der Berechtigung solcher Kritik am evolutionären Denken – und hier insbesondere an bestimmten Formen des Darwinismus – scheint aber schon der Gegenstand der Kritik selbst unklar, welche sich nämlich auf bestimmte Varianten von *Evolutionstheorien,* gewisse *evolutionsbiologische* Vermutungen oder die *Form* lebenswissenschaftlicher Forschung überhaupt beziehen kann. Diese Unbestimmtheit hat ihren Grund in der Nivellierung von Evolutions*theorie* und *-biologie* und lässt sich in der argumentativen Struktur gut an einer Auseinandersetzung innerhalb der Evolutionsbiologie (!) demonstrieren, die unseren Überlegungen folgend aber als *evolutionstheoretische* verstanden werden sollte.

Der Ausgangspunkt war eine These von Gould (1989), die im Zusammenhang seiner Interpretation der Burgess-Shale-Fauna als Gedankenexperiment entwickelt wurde. Die Reste dieser Fauna repräsentieren den Übergang vom Präkambrium zum Kambrium (ca. 530 Mio. Jahre), der kurz nach der „cambrian explosion" stattfand, in der die ersten multizellulären Organismen auftraten. Das Besondere der Burgess-Shale-Fossilien liegt darin, dass es sich um Reste von „Weichtier"[25]-Formen handelt, wobei die Darstellung der Lebensformen mit erheblichen technischen, aber auch interpretatorischen Schwierigkeiten verbunden ist. Die von Gould zu einigen der fossilen Formen entwickelten Thesen zielen darauf ab, dass es sich um Vertreter von später nicht mehr auftretenden Bauplänen gehandelt hätte (exemplarisch *Hallucigenia*). Wir wollen die spezifischen methodischen Probleme, die diese Deutung mit sich brachte, nicht weiter verhandeln (dazu einige Hinweise bei Weingarten und Gutmann 1995). Hier ist nur die *Schlussfolgerung* wichtig, die Gould in Form des Gedankenexperiments vorstellt: Man könne den evolutionären Verlauf des Lebens mit einem Aufnahmeband vergleichen, das die jeweiligen Reste der vergangenen Lebensformen repräsentiere. Werde dieses zurückgesetzt und neu abgespielt, dann würde Evolution einen neuen, jedenfalls aber nicht vorhersehbaren Verlauf nehmen:

> I believe that the reconstructed Burgess fauna, interpreted by the theme of replaying life's tape, offers powerful support for this different view of life: any replay of the tape would lead evolution down a pathway radically different from the road actually taken (Gould 1989, S. 51).

Dieser These trat u. a. Morris entgegen mit dem Hinweis auf die Universalität von Konvergenzphänomenen, etwa die ubiquitäre Nutzung von DNA, auf die mehrfache Entstehung der C_4-Photosynthese, der Arthropodisierung, der Tracheen, Eusozialität (Morris 2003, S. 284 ff.). Die Beispiele lassen sich leicht vermehren, verweisen aber gleichermaßen auf *Constraints,* welche die Zahl der verfügbaren „building blocks" klein erscheinen lassen (Morris 2003, S. 287), was Morris zur Formulierung von *funktionalen* Pfaden der evolutionären Transformation führt:

> If this is correct then it suggests that an exploration of how evolution "navigates" to particular functional solutions may provide the basis for a more general theory of biology (…). In essence, this approach posits the existence of something analogous

---

[25]Dieser Ausdruck ist vorwissenschaftlich zu verstehen – Mollusken bilden nur eines der vertretenen *Phyla*.

to "attractors" (…), by which evolutionary trajectories are channelled towards stable nodes of functionality (…) (Morris 2003, S. 309).

Die These der Kontingenz steht jener der Constraints direkt gegenüber – mit entsprechenden inhaltlichen Konsequenzen, die wir auf sich beruhen lassen können. Methodologisch ist für uns lediglich eine *Gemeinsamkeit* beider Thesen relevant, die Tatsache nämlich, dass es sich – im Sinne unserer Unterscheidung oben – um *evolutionsbiologische* Aussagen handelt, aus denen aber direkte *evolutionstheoretische* Folgen abgeleitet werden. Denn die Fragen, *ob* es Konvergenz in verschiedenen Transformationslinien gegeben habe, *welche* Beziehungen diese miteinander aufweisen, ob es sich tatsächlich um *dieselben* Lösungen handelt oder nicht, sind *biologische* und im engeren Sinne *evolutionsbiologische* Probleme, die auf dem Boden *empirischer* Forschung und der dafür relevanten Methodologie gelöst werden müssen.[26] Als solche weisen sie zwar *methodische,* aber keine relevanten *philosophischen* Aspekte auf, denn die Beurteilung der Wahrscheinlichkeit für die Wiederkehr desselben Transformationsschrittes (als Ausdruck eines solchen funktionalen Constraints) ist von den investierten Daten, Modellen und Annahmen abhängig. Damit bezieht sich der Modalausdruck „notwendig" nicht auf Evolution, sondern lediglich auf die „Evolution von P" und mithin auf die „Rekonstruktion der Transformation von A zu P".

Soll aber „Evolution" als *notwendig* – oder eben *kontingent* – bezeichnet werden, so ist damit eine *evolutionstheoretische* Frage gestellt, die in genauer Weise unabhängig ist von der Antwort auf die Frage nach der Notwendigkeit der Transformation von A zu P. Nun ist der Referent nämlich der „natürliche Verlauf" selbst, und mithin hängt es von dessen Status ab, wie wir diesen Verlauf modal charakterisieren. Versteht man diesen als Tatsache, so wie einleitend vorgestellt, dann wird es wiederum von den Daten, Modellen und Annahmen abhängen, ob wir ihn als notwendig auffassen. Allerdings wäre jetzt ein Übergang von einer Situation gemeint, in welcher der Satz gilt „Es gibt keine Evolution" zu einer solchen, in welcher der Satz gilt „Es gibt Evolution". In der Tat *kann auch dafür* argumentiert werden, etwa mit Verweis auf das Vorliegen von Systemen, welche „Replikation, Mutation und Evolution" zeigen und mithin „evolutionsfähig" sind (Ebeling und Feistel 1986, S. 382; Eigen und Schuster 1979).

Schon die Tatsache aber, dass „Evolution" selbst das Resultat des Vorgangs ist, der dann auch konsequenterweise zum Gegenstand physikalischer und chemischer

---

[26]Morris (2002, S. 286 f.) weist u. a. auf das Problem der *verlässlichen* Phylogenesen hin, die als Standard für die Rekonstruktion von Konvergenzen zu fordern sind.

Spekulationen wird, die sich auf „präbiotische" Zustände beziehen,[27] zeigt, dass es sich dabei eben *nicht* um eine *evolutionsbiologische* These handelt, die den Verlauf selbst zum *Explanandum* hätte, sodass das *Explanans* nicht durch die *Evolutionsbiologie* bereitgestellt werden *kann*. Wird hingegen ein solches Wissen als verfügbar angenommen – wobei wieder mehrere durchaus konkurrierende Ansätze vorliegen –, dann gilt jedenfalls, dass der Verlauf als möglich oder notwendig *bezüglich* dieses Wissens dargestellt wird – unter Annahme seiner Existenz. Genauer gesagt: Evolution *als natürlicher* Verlauf ist ein *möglich* notwendiges Geschehen, was heißt, dass bezüglich eines expliziten Wissens (das nicht evolutionsbiologischer Natur ist) für die Notwendigkeit des Verlaufs argumentiert werden könnte.

Allerdings gilt dies nur, wenn das *Explanandum* schon gegeben ist – der Begriff „Evolution" – was uns letztlich genau zu unserer hier vorgestellten Konzeption von Evolution als hypothetischem Rekonstrukt führt, dessen methodischer Anfang *normativ* auf die existierende Lebewelt bezogen ist. Wenn wir diese als Resultat eines Transformationsvorganges verstehen, ist die Möglichkeit von Evolution also *begrifflich* schon gegeben – und wir werden damit sagen, dass Evolution ein notwendig *möglicher* Verlauf sei. Die Iteration der modalen Rede beruht darauf, dass der hier gesetzte Begriff von *Evolution* „als Naturvorgang" *notwendigerweise* die *Möglichkeit* seiner Existenz impliziert, denn diese ist ja durch die Formulierung sichergestellt, dass die rezente Lebewelt als Resultat der Transformation aufzufassen ist. Das nach Maßgabe der vorgestellten methodischen Anfänge des evolutionsbiologischen Forschens erarbeitete Wissen kann *dann* zu dem Resultat von *möglichen* notwendigen Transformationen führen – und genau solche bilden den *faktischen* Hintergrund der Kontroverse von Morris und Gould.

Doch ist mit der Charakterisierung von Evolution als hypothetischem Rekonstrukt zugleich auch die *Form* der Darstellung als *Retrodiktion* gegeben. Das heißt, dass wir uns auf etwas als Resultat eines Vorgangs „in der Vergangenheit" beziehen – und genau dies ist ein Moment dessen, was wir als „Historizität" von Evolution bezeichnen können – genauer des *Begriffs* von Evolution. Insofern dies zutrifft, kann Evolution keine Tatsache sein – so wenig, wie dies für „Geschichte" gilt. Sie könnte aber als *Sachverhalt* gelten, der durch Sätze einer bestimmten

---

[27]Dass diese regelmäßig unter dem Titel der präbiotischen Evolution geführt werden, ist nicht nur ein sprachlicher, sondern ein begrifflicher Lapsus. Dieser hat seinen Ursprung in der Auszeichnung der Physik als grundlegender wissenschaftlicher Beschreibungsebene aller Phänomene – unabhängig von der Beteuerung des „nicht-reduktivistischen" Arguments (Ebeling und Feistel 1986).

Form dargestellt wird – nämlich u. a. retrodiktive. Damit ist Evolution weder eine Tatsache noch eine „bloße" Theorie – die Darstellung des Verlaufes referiert aber auf beides in der vorgestellten Form.

Insofern diese Rekonstruktion zutrifft, stellt die Vermutung, Evolution könne ihrerseits zum Gegenstand der handelnden Gestaltung werden (etwa durch den Menschen, der damit gleichsam zum Autor der eigenen Natur würde), eine bloße begriffliche Verwirrung dar. Denn so wenig, wie Geschichte „gemacht" werden kann – im Sinne eines herstellenden Handelns –, so wenig gilt dies dann für Evolution. Vielmehr ist das Geschehen *als vollzogenes* die Bedingung der Möglichkeit, Transformationen zur Darstellung zu bringen.

14.11 Evolution des Lebens oder lebendiger Einheiten?

Zum Abschluss sei auf eine milde Lesart des Sinnkriteriums von Dobzhansky eingegangen, die sich ergibt, wenn die Verklammerung funktionaler und evolutionärer Strukturierungen von Lebendigseiendem so aufgefasst würde, als ob das „Zusammenpassen" der funktionalen Strukturierungen (das also, was wir als bionome Kohärenz und Konsistenz bestimmt hatten) einen Hinweis enthielte auf die *Entstehungsbedingungen* dieses Zusammenpassens. Soll dies nun nicht zu einer der naheliegenden kreationistischen oder physikotheologischen Behauptungen führen, dann kann der Hinweis in dem Sinne verstanden werden, dass die Entstehung „des Lebens" die weitere Entfaltung wenn nicht *festlegt,* so doch wesentlich bestimmt; – die Constraintkonzeption, die Morris im Zusammenhang der Konvergenzbeschreibungen verfolgt, wäre *eine mögliche* Darstellung dieser Bestimmung. Wir hätten es also mit einem Übergang von einer Situation zu tun, die charakterisiert werden kann durch den Satz „Es gibt kein Leben" zu einer solchen, für die der Satz gilt „Es gibt Leben".

Gesetzt den Fall, es ist mit „Leben" nichts weiter gemeint als die Tatsache, dass lebendigseiende Gegenstände *vorliegen,* so gilt das von uns bisher Entwickelte. Wir können dann nämlich einen methodischen Anfang voraussetzen und Reihen bzw. Felder rekonstruieren. Dieser Vorgang kann selbstverständlich iteriert werden, d. h., wir können bei jedem Antesequenten, auf den wir uns beim Vergleich von Formen beziehen, nach dessen Antesequenten fragen und so fort. Es ist dann aber klar, dass die Existenz von Lebendigseiendem schon vorausgesetzt wird und wir „nur" innerhalb dessen nach Antesequenten fragen. Eine Abbruchregel, die uns den „Letzten" (also zeitlich Ersten) dieser Reihe angäbe, können wir allerdings nicht formulieren, wir würden vielmehr immer die Möglichkeit der Fortsetzung konzedieren – im Rahmen des physikalisch Sinnvollen.[28]

Ist dies aber nicht gemeint, sondern soll beantwortet werden, *auf welche Weise* denn das erste Lebendigseiende überhaupt in die Existenz trat, so ändert sich die Situation grundlegend. Denn damit besteht der Auftrag darin, die *faktischen* Bedingungen zu bestimmen, die *tatsächlich* vorlagen, als „das Leben" – im Sinne von das „erste Lebendigseiende" entstand. Dies führt uns zu den gesetzlichen Zusammenhängen, die bekannt sein müssen, damit wir überhaupt von der Entstehung von Leben sprechen können. Die im gegebenen Fall diskutierten Varianten reichen von den Oparin-Koazervaten über die Fox-Proteinoide bzw. Mikrosphären bis hin zu den viel diskutierten Hyperzyklen (Ebeling und Feistel 1986, S. 364 ff.; im Detail Eigen und Schuster 1979). Fügt man noch jene Thesen hinzu, welche die Bedeutung von reduzierenden Oberflächen in den Vordergrund stellen, dann sind sowohl Szenarien angesprochen, die auf *sessile* wie auf *vagile* Vorformen „des Lebens" abzielen (Wächtershäuser 1988).

Auch wenn eine gewisse Übereinstimmung der Epochalisierung solcher Übergänge vorliegt, wie etwa in eine chemische Evolution, eine Phase der Selbstorganisation von Biopolymeren und die eigentliche darwinsche Evolution (Ebeling und Feistel 1986, S. 366 ff.), finden sich doch bei der Charakterisierung dieser Epochen erhebliche Unterschiede im Detail. So lässt sich sowohl annehmen, dass die Bildung erster Molekülsysteme noch ohne im engeren Sinne evolutionäre Tendenzen stattfindet oder deren eben schon bedarf (Eigen und Schuster 1979; de Duve 1994). Auch der Status der Entwicklung eines „Codes" kann unterschiedlich beurteilt werden, etwa im Zusammenhang mit der Reproduktion der „selbstorganisierenden" Molekülsysteme des Energiestoffwechsels. Schließlich steht auch die feinere Struktur der Abfolge von Entwicklungsschritten infrage, ob etwa zunächst eine Proteinwelt, dann eine RNA- und schließlich eine DNA-Welt anzunehmen sei, bevor die eigentliche zelluläre und schließlich die morphogenetische Phase der Entwicklung einsetzte (Ebeling und Feistel 1986, S. 366 ff.).

Lassen wir dies und die Debatte über weitere mögliche Zwischenschritte, Vorformen etc. beiseite und betrachten nur die *Form* der Aussagen zum genannten Übergang, so gilt – wie bei jeder Erklärung – dass die Beschreibung des *Explanandums* unser *verfügbares* Wissen über Leben voraussetzt, und zwar in den Formen des Lebendigseienden. Daraus folgt aber, dass wir auch das Lebendigsein

---

[28]Es handelte sich also ebenfalls um ein Prinzip – hier der evolutionären Rekonstruktion – das dem der kausalen und der funktionalen Betrachtung zur Seite träte (s. Kap. 9 und 11).

lediglich in seiner „vollen" Form kennen, über die wir den Ausdruck „Leben" eingeführt hatten; wir wissen also nicht nur, *dass* Lebendigseiendes über Metabolismus, Motorik, Sensorik, Reproduktion und Entwicklung etc. verfügt, sondern wir kennen auch die *Formen,* in denen dies auftritt. Ganz unabhängig davon, dass wir „Mimal Cells" zu konstruieren in der Lage sind (s. Kap. 13) und zudem *verschiedene* Zusammenstellungen bionomer Leistungen kennen, die eben nicht kanonisch sein müssen, so gilt doch, dass diese den Begriff bestimmen, von dem wir auf der Suche nach Vorläufern *ausgehen.* Auch wenn es keinesfalls unmöglich ist, solche Stadien zu konzipieren (einige Beispiele hatten wir angeführt), so folgt daraus *nicht,* dass ihre Erscheinungen dieselbe Form aufweisen müssen wie die in unsere methodischen Anfänge eingehenden. Das heißt, es könnte schon der Versuch, diese *via* Selektion und Anpassung zu modellieren, ein echter Anachronismus sein.

Abgesehen davon gilt in jedem Fall, dass es sich gerade nicht um *Selbstorganisation* „des Lebens" handeln kann – und zwar weil der Referent des Reflexivs noch gar nicht vorliegt (s. Kap. 12). Demzufolge kann „von selbst" hier nicht mehr bedeuten, als dass Umsetzungsreaktionen so aneinander gekoppelt gedacht sind, dass Produkte, die notwendig sind, um zu belebten Gegenständen überzugehen, auch tatsächlich bereitgestellt werden *können* (s. etwa Ebeling und Feistel 1986). Schließlich ist auch in dieser Rede von der Entstehung des Lebens eine letzte Erwartung trügerisch, das Lebendigseiende als ein *numerisch* Eines zum Ausgang der Differenzierung der Formen des Lebendigseienden überhaupt zu nehmen. Vielmehr könnte der Übergang zur Verbindung von Eines- und Einsseiendem ein relativ später Vorgang sein, der durch die Entstehung von Lebendigseiendem nicht impliziert wird.

Der Mensch als Gegenstand evolutionärer Transformation   15

Wenn wir „den" Menschen als evolutions*biologischen* Gegenstand bestimmen, dann scheint sich die begriffliche Situation gegenüber den bisher dargestellten evolutionsbiologischen Beschreibungen nicht zu verändern. Es ist die Frage gestellt nach einem Lebewesen neben anderen, mit entsprechender taxonomischer und systematischer Zugehörigkeit zum *Regnum animalium*. Über dieses lassen sich zahlreiche *biologische* Aussagen treffen, so wie etwa über *Pacifastacus leniusculus* oder *Pan troglodytes* – in der von uns als grundlegend verstandenen Form lebenswissenschaftlichen Wissens, jener der funktionalen Strukturierung.

Dabei ergeben sich naheliegende Schwierigkeiten mit der direkten experimentellen Handhabung im Vergleich zu anderen Lebewesen, sodass vor allem das weitreichende medizinische Wissen über Anatomie und Physiologie angeführt werden kann, das dieselbe Form hat, wie lebenswissenschaftliches, obgleich es häufig situativen Ursprungs ist. Hinzu kommen üblicherweise indirekte Inferenzen, die sich z. B. an „evolutionär nahestehenden Formen" orientieren – man denke exemplarisch an die verhaltensbiologischen Studien bei nichtmenschlichen Primaten (Tomasello 2006). Auch Resultate, die an Modellorganismen gewonnen wurden, finden hier Verwendung, wobei Homologievermutungen zugrunde liegen, deren Zutreffen die Adäquatheit der Übertragung auf *Homo sapiens* bestimmt.

Auf diese Weise sind jedenfalls *biologische* Beschreibungen von Menschen als *Homo sapiens* verfügbar, und mithin ist in *derselben* Form wie bei nichtmenschlichen Lebewesen auch die Formulierung evolutionsbiologischer Aussagen möglich. Damit gelten dieselben methodischen Besonderheiten, die wir oben allgemein entwickelt hatten, denn nun ist auch hier im ersten Schritt ein *methodischer Anfang* zu gewinnen, von dem ausgehend das jeweilige *Explanandum* seine Beschreibung erfährt. Aber genau darin liegt auch die *Besonderheit* „des Menschen" als Gegenstand der Lebenswissenschaften, ist dieser doch *zugleich* jenes

© Springer Fachmedien Wiesbaden GmbH 2017   361
M. Gutmann, *Leben und Form*, Anthropologie – Technikphilosophie –
Gesellschaft, DOI 10.1007/978-3-658-17438-5_15

Wesen, welches Wissenschaften betreibend von „sich" lebenswissenschaftliche Beschreibungen anfertigt und diese u. a. für evolutionäre Rekonstruktionen nutzt. In den methodischen Anfang geht also der *Begriff* des Menschen ein – *insofern* er ein Mensch ist, *sich* damit auf sich selbst als Gegenstand des *Verstehens* und *Begreifens* bezieht:

> Das Dasein ist ein Seiendes, das nicht nur unter anderem Seienden vorkommt. Es ist vielmehr dadurch ontisch ausgezeichnet, daß es diesem Seienden in seinem Sein *um* dieses Sein selbst geht. Zu dieser Seinsverfassung des Daseins gehört aber dann, daß es in seinem Sein zu diesem Sein ein Seinsverhältnis hat. Und dies wiederum besagt: Dasein versteht sich in irgendeiner Weise und Ausdrücklichkeit in seinem Sein. Diesem Seienden eignet, daß mit und durch sein Sein dieses ihm selbst erschlossen ist. *Seinsverständnis ist selber eine Seinsbestimmtheit des Daseins* (Heidegger 1993, S. 12).

Dass Dasein „sich selbst versteht" in seinem Verhältnis zum Sein, bezeichnet – hier in ontologischer Perspektive – die *Selbstbezüglichkeit* des Tuns des Einzelnen und damit die Besonderung des Allgemeinen des Einzelnen in der Tätigkeit. Der Mensch ist daher nicht einfach nur eines unter anderen – was er notwendig immer *auch* ist. Gemäß dem oben für die Satzformen Entwickelten kann für den Menschen das Verhältnis von Allgemeinem und Besonderem auf zwei Weisen verstanden werden:

1. In der Ansprache als theoretisches „Dieses" ist die *Form* des Lebendigseins von *Homo sapiens* nicht grundlegend unterschieden von der anderer Lebensformen. Die Besonderung vollzieht sich in der allgemeinen Form der *Tätigkeit* der Lebensform *Homo sapiens;* die einzelnen Menschen treten als Exemplare auf, wobei sie das „Menschsein" gemeinsam haben. Das Allgemeine tritt als verständiges Allgemeines auf, sodass die Eigenschaften der Lebensform die Gesamtheit der Eigenschaften sind, welche realisiert werden *können*. Die Möglichkeit etwa der Ausbildung von Sprache, Vernunft oder zweier Beine sind als Eigenschaften realisiert in den jeweiligen Einzelnen – und dies sind Merkmale oder funktionale Strukturen im lebenswissenschaftlichen Sinn.

2. Das Menschsein lässt sich aber auch als „Ein-Mensch-Sein" *dieses* Menschen verstehen – wobei dann die Besonderung in der Form der Tätigkeit stattfindet, welche Menschen „als solche" bestimmen (s. Kap. 6 und 7). Sie haben dann das Ein-Mensch-Sein mit anderen Menschen gemeinsam, wobei das Allgemeine übergreift, nämlich in der Tätigkeit selber, in welcher sie sich als je *dieser* Mensch individuieren. Damit wird z. B. die „Eigenschaft", Sprache haben zu können, zu der Form, in der dieser Mensch sich als *ein* Mensch zu sich und

anderen verhält: Das Sprachehaben wird zum Eine-Sprache-Sprechen (dazu im Detail Gutmann 2012).

Diese Differenzierung ähnelt auf den ersten Blick jener Entgegensetzung von „biotischer" und „kultureller" Transformation, die Cassirer mit Blick auf die kulturelle Reproduktionsform des Menschen anführt:

> Man hat mit Recht hervorgehoben, daß es vielleicht keinen einzelnen Akt des Sprechens gibt, der nicht irgendwie „die" Sprache beeinflußte. Aus unzähligen solchen Akten, die in gleicher Richtung wirken, können sich bedeutsame Änderungen des Sprachgebrauchs, können sich lautliche Verschiebungen oder formale Wandlungen ergeben. Das liegt daran, daß die Menschheit sich in ihrer Sprache, ihrer Kunst, in allen ihren Kulturformen gewissermaßen einen neuen Körper geschaffen hat, der allen gemeinsam zugehört. Der Einzelmensch als solcher kann individuelle Fertigkeiten, die er sich im Laufe des Lebens erworben, freilich nicht fortpflanzen. Sie haften am physischen „Soma", das nicht vererbbar ist. Aber was er in seinem Werk aus sich herausstellt, was sprachlich ausgedrückt, was bildlich oder plastisch dargestellt ist, das ist der Sprache oder der Kunst „einverleibt" und dauert durch sie fort. Dieser Prozeß ist es, der die bloße Umbildung, die sich im Kreise des organischen Werdens vollzieht, von der Bildung der Menschheit unterscheidet (Cassirer 1993, S. 127).

Die Differenz verläuft hier aber zwischen der Form des *Lebens* im „organischen Werden" einerseits, dem auch das *Soma* des Menschen als *eines* Einzelnen zugehöre und dem *Werk* – hier der Sprache, in der sich das Allgemeine selber darstelle. Nur dieses Letztere erlaube echte Bildung und Entwicklung, während das Erstere lediglich „Umbildung" zulasse. Versteht man diese Unterscheidung vollständig disjunkt, dann lässt sich zwar das Besonderssein des Menschen verteidigen – es gälte dann gleichsam definitorisch. Jedoch wäre einerseits der *Zusammenhang* beider Bestimmungen nicht mehr zu verstehen, wie sich andererseits sogleich die Frage stellt, *woher* denn dieses Besondere stamme – wenn nicht aus der Natur selber.

Diese Form der Differenzbildung evoziert eine weitere Schwierigkeit, weil nämlich nun der Mensch als rein Einzelner *lediglich* in der Form des Exemplars erscheint: Das Allgemeine rückt gleichsam reinlich auf die Seite des Überindividuellen – hier der Sprache –, sodass der Einzelne *als solcher* nicht mehr anders gedacht werden kann denn als (theoretisches) Eines-von-Diesen (s. Vorwort).

Ersichtlich lässt sich schon auf der Ebene dieser Differenzierung eine Entscheidung treffen, die methodisch grundlegende Folgen hat. Beharrt man nämlich auf dem Übergriff der ersten Redeform, dann wird das einheitsbildende Maß dasjenige, das „den" Menschen nur als Eines-von-diesen auffasst – und mithin wird auch sein Menschsein nur eine Form des Lebendigseins unter anderen sein. Der relevante Unterschied besteht in der *Form* des Lebens, die im Falle von *Homo sapiens* u. a. normative Aneignungsvorgänge[1] kennt; diese aber würden unversehens zu bloßen Fällen des Natürlichen.

Cassirer (1972, S. 23 ff.) drückt diesen Gedanken dadurch aus, dass er „den" Menschen durch das Hinzutreten einer neuen, symbolischen Verbindung charakterisiert, die zwischen Rezeptor- und Effektor-System trete und über die Tiere nicht oder nicht im gleichen Umfange verfügten.[2] Die Art und Weise seines Sich-zu-sich-Verhaltens kommt nur in dieser Form des Verhältnisses von Allgemeinem zum Besonderen vor – *der* Mensch ist eben dann einerseits nur ein *Exemplar* eines Allgemeinen, welches dies andererseits nur *neben* anderen Exemplaren von *Allgemeinen* ist, von denen es so viele geben mag, wie sich Typen von Lebensformen *biologisch* bilden lassen. Dies ist natürlich zulässig, und es ist in dieser Form auch für nichtmenschliche Lebewesen einschlägig. Auch hier können wir nämlich auf die Einzelnen als einfache Realisierungen von Möglichkeiten des jeweiligen Allgemeinen referieren, und das differenzbildende Moment bestünde dann nur im Unterschied der jeweiligen Lebensformen.

Die eigentümlichen Schwierigkeiten aber, die in dieser Ansprache das Menschsein im Sinne eines theoretischen Dieses mit sich bringt, haben wir schon bei Sellars und Brandom kennengelernt – dort in der allgemeineren Form, in der uns „begriffliche" Wesen vorgeführt wurden durch gewisse, ihnen eigene Formen der festen Disposition auf Reize – hier sprachlicher Art – zu reagieren, nämlich u. a. durch Fordern und Geben von Gründen. Diese Disposition ist im besten Sinne des Wortes eine Anlage – und als solche eine Eigenschaft, die „dem" Menschen zukommt, in genau dem Sinn, in welchem dem Papageien die Disposition zukommt, durch „Das ist rot" auf rote Gegenstände zu reagieren.

---

[1]Diese haben wir hier nicht entwickelt, sondern nur den Anfang ihrer Darstellung in der Form praktischer Sätze bestimmt (s. Kap. 7). Hegel (1989, S. 346 ff.) gibt eine systematische Darstellung solcher rechtlicher Aneignungsverhältnisse im „System der Bedürfnisse".

[2]Diese Erweiterung des Funktionskreismodells von Uexküll erzeugt genau besehen grundlegende methodische Probleme, zumal auch diese Erweiterung ausdrücklich im Zusammenhang der „Anpassung an die Umgebung" verbleiben soll.

15.1 Die Differenz im Begriff

Die *begrifflichen* Schwierigkeiten, die aus dieser Nivellierung der beiden Redeformen von Eigenschaften resultieren, lassen sich exemplarisch an dem kantischen Bemühen beobachten, das Problem der Freiheit im Zusammenhang des
Naturproblems zu verhandeln. Die Freiheit bietet sich unmittelbar an, weil sie
vermutlich jene menschliche „Eigenschaft" ist, welche am leichtesten als immanent normativ verstanden werden kann – also auch die prägnanteste Abgrenzung
zum nur Biotischen zeigt.

Zur Darstellung der systematischen Schwierigkeiten, die sich aus der Nivellierung ergeben, kehren wir wieder zu Kant und dessen Bestimmung von Naturzwecken zurück. Wir hatten dabei gesehen, dass Kant durch sein Verständnis von
Lebewesen gezwungen wurde, ihnen besondere Kräfte zuzusprechen – wobei es
nur ein biologiehistorisches und als solches nicht relevantes Faktum ist, dass er
mit der bildenden Kraft ein Angebot aus dem zeitgenössischen Diskurs aufnimmt.
Methodisch wichtig ist die *ausschließende* Gegenüberstellung beider Kraftfor-
men, der bloß physikalischen und eben jener lebendigen.[3] Es resultiert daraus die
Unmöglichkeit sogar einer nur *analogischen* Behandlung des Organischen:

> Genau zu reden hat also die Organisation der Natur nichts Analogisches mit irgend
> einer Kausalität, die wir kennen. Schönheit der Natur, weil sie den Gegenständen
> nur in Beziehung auf die Reflexion über die äußere Anschauung derselben, mithin
> nur der Form der Oberfläche wegen beigelegt wird, kann mit Recht ein Analogon
> der Kunst genannt werden. Aber innere Naturvollkommenheit, *wie sie diejenigen*
> Dinge besitzen, *welche* nur als Naturzwecke möglich sind und darum organisierte
> Wesen heißen, *ist* nach keiner Analogie irgend eines uns bekannten physischen, d.i.
> Naturvermögens, ja, da wir selbst zur Natur im weitesten Verstande gehören, selbst
> nicht einmal durch eine genau angemessene Analogie mit menschlicher Kunst denk-
> bar und erklärlich (Kant 1983a, S. 323).

Die Besonderheit der Darstellung des Menschen als eines Wesens, das Naturgegenstände durch den Begriff des Naturzweckes *intelligibel* werden lässt und
zugleich sich selber als ein *intelligibler* Naturgegenstand auffasst, ist hier von

---

[3]Diese Form der Entgegensetzung dürfte auch für die argumentativen Schwierigkeiten
verantwortlich sein, die sich in Menkes (2008) Versuch der logischen Entwicklung des
Kraftbegriffes ergeben. Wenn die physikalische Bestimmung zur einfach nur anderen jener
dunklen Kräfte wird, deren Relevanz für das künstlerische Tun dargestellt werden soll,
dann bleibt eben nichts anderes, als eine Sorte derselben *bloß* metaphorisch als Kräfte verstehen zu können – zum Versuch einer spekulativen Behandlung s. das Kapitel „Kraft und
Verstand" in Hegels *Phänomenologie des Geistes*.

Bedeutung. Denn diese Besonderheit zeigt sich im Rahmen der kantischen Natur-
auffassung gerade an der Reflexion auf den „letzten Zweck der Natur" mit Blick
auf die „Anlagen", welche von Natur aus „dem" Menschen gegeben seien:

> Als das einzige Wesen auf Erden, *welches* Verstand, mithin ein Vermögen hat, sich
> selbst willkürlich Zwecke zu setzen, ist er zwar betitelter Herr der Natur, und, wenn
> man diese als ein teleologisches System ansieht, seiner Bestimmung nach der letzte
> Zweck der Natur; aber immer nur bedingt, nämlich daß er es verstehe und den Wil-
> len habe, dieser und ihm selbst eine solche Zweckbeziehung zu geben, die unabhän-
> gig von der Natur sich selbst *genug*, mithin Endzweck, sein könne, der aber in der
> Natur gar nicht gesucht werden muß (Kant 1983a, S. 389).

Indem der Mensch die Form des Naturzweckseins als Resultat der reflektierenden Weise erkennt, in der *für ihn* Natur *intelligibel* wird, bestimmt er zugleich
auch *sich* in der Form der *eingedeuteten* Zweckmäßigkeit. Dies hat die zunächst
paradox anmutende Folge, dass das, was er als *seine* Anlage betrachten *soll, nicht*
in der Natur selber gefunden werden kann – weil es von der *Form* abhängig ist,
in welcher der Mensch sich auf die Realisierung *seiner* Anlagen *als* Naturwesen
bezieht. Diese Beziehung liegt aber *logisch* schon der Darstellung von Natur als
naturzwecklicher Zusammenhang im reflektierenden Urteilen *zugrunde*. Natur
erscheint dann als „vorbereitend" (Kant 1983a, S. 389), indem sie dem Menschen
„die Materie aller seiner Zwecke auf Erden" liefere, die erst durch ihn selber zur
Vollendung komme. Diese Vollendung des Seins als eines Naturwesens, insofern
es Vernunft hat, sei aber nichts anderes als Freiheit:

> Es bleibt also von allen seinen [des Menschen, MG] Zwecken in der Natur nur die
> formale, subjektive Bedingung, nämlich der Tauglichkeit: sich selbst überhaupt
> Zwecke zu setzen, und (unabhängig von der Natur in seiner Zweckbestimmung)
> die Natur den Maximen seiner freien Zwecke überhaupt angemessen, als Mittel, zu
> gebrauchen, übrig, was die Natur, in Absicht auf den Endzweck, der außer ihr liegt,
> ausrichten, und welches also als ihr letzter Zweck angesehen werden kann. Die Her-
> vorbringung der Tauglichkeit eines vernünftigen Wesens zu beliebigen Zwecken
> überhaupt (folglich in seiner Freiheit) ist die Kultur. Also kann nur die Kultur der
> letzte Zweck sein, den man der Natur in Ansehung der Menschengattung beizule-
> gen Ursache hat (nicht seine eigene Glückseligkeit auf Erden, oder gar bloß das vor-
> nehmste Werkzeug zu sein, Ordnung und Einhelligkeit in der vernunftlosen Natur
> außer ihm zu stiften) (Kant 1983a, S. 389 f.).

Die höchstentwickelte Kultur als *Form* menschlicher Freiheit läge dann in der
„bürgerlichen Gesellschaft", genauer in ihrer weltbürgerlichen Realisierung (Kant
1983a, S. 391). Unabhängig von der besonderen Form dieses Schlusses wollen wir
hier nur auf die Selbstbezüglichkeit achten, die in der *Realisierung* der Vernunft

als gerade jenem Vermögen gesucht werden kann, das in der *Erkenntnis* des Naturzwecklichen die Grundlagen für die Einsicht in die Möglichkeit eines Gottesbeweises erbringt – oder erbringen soll (inklusive aller Versicherungen, diesen nur in praktischer Hinsicht anzutreten; z. B. Kant 1983a, S. 407, 411). In dieser Rede von der Anlage tritt der Begriff „Freiheit" – und damit zugleich auch die als Gegensatz fungierende Natur – nämlich in *zwei* Bedeutungen auf, deren eigentümliche Dialektik von Kant hier aber nicht entwickelt wird:[4]

1. Zunächst ist sie eine *natürliche* Disposition, die zwar von anderen Anlagen unterschieden wird, wie dem Tragen eines Pelzes oder dem Besitz von Klauen und Zähnen, die aber „als Anlage" dieselbe ist wie eben diese. Das wäre der Ausdruck „Freiheit" in der Figur N(N/F)[5], in welcher Natur das Allgemeine ist. Diese Figur erweist Freiheit als Tatsache – in einer erweiterten Form (Kant 1983a, S. 435), insofern sie eine *Anlage* des Wesens Mensch als *Naturwesen* ist. Nun kann selbstverständlich dieses Vermögen in seiner Ausübung – oder die Anlage in ihrer Realisierung – als jenes verstanden werden, *demgemäß* normative Festlegungen erfolgen (sogar in einem starken Sinne). Jedoch treten *diese* normativen Festlegungen ebenfalls nur in der Form des *Natürlichen* auf – als Ausweis der Nutzung des Vermögens. Damit sind die Regeln, wenn sie denn als Nutzung des Vermögens verstanden werden können, nicht als Resultat von Freiheit im *normativen* Sinne *in Kraft:* Nur ihre *Darstellung* kann als adäquat oder inadäquat beurteilt werden.

2. Während also die Naturanlage „Freiheit" dem Begriff entsprechend (κατὰ τὸν λόγον) die Bestimmung des Menschen darstellt, der als ζῷον λόγον ἔχον eben jenes Wesen ist, das Sprache hat und insofern auch das Vermögen, normative Strukturen zu etablieren und ihnen zu folgen, ist die zweite Bestimmung eine solche, die auf die Setzung des Normativen selbst abzielt – μετὰ λόγου, in der Figur F(F/N). Diese zweite Verwendung des Ausdrucks Freiheit bezeichnet nun gerade das Normative selber – das Ausdruck nicht nur des Folgens, sondern des Befolgens (und Setzens) von Regeln ist. Für diese tritt Natur ebenfalls auf, aber nicht als *empirische* Bestimmung, sondern als eine solche der Vernunft.

Gezeigt werden müsste nun allerdings, dass die zweite Verwendung des Ausdrucks aus der ersten *folgt* – nur dann könnte die *Feststellung* von Freiheit als

---

[4]Was zu einem kompatibilistischen Verständnis von Freiheit und Natur führt.

[5]Mit „N" für Natur und „F" für Freiheit.

Naturvermögen und ggf. dessen faktische Realisierung zugleich auch *implizieren,* dass die durch diese gesetzten Regeln *gelten sollen.* Damit die Realisierung der Vernunft in diesem Fall „begründet" werden kann, greift Kant auf eine schon von Aristoteles her bekannte Metaregel zurück:

> Nun finden wir aber in der Welt zwar Zwecke: und die physische Teleologie stellt sie in solchem Maße dar, daß, wenn wir der Vernunft gemäß urteilen, wir zum Prinzip der Nachforschung der Natur zuletzt anzunehmen Grund haben, daß in der Natur gar nichts ohne Zweck sei; allein den Endzweck der Natur suchen wir in ihr selbst vergeblich (Kant 1983a, S. 417).

Dieser Metaregel, dass in der Natur nichts ohne Zweck sei, tritt eine zweite an die Seite, welche die besondere Form der Realisierung von Naturanlagen bestimmt und die zeitgenössischer Darstellung entsprechend der Fassung des Anlagebegriffs geschuldet ist:

> Alle Naturanlagen eines Geschöpfes sind bestimmt, sich einmal vollständig und zweckmäßig auszuwickeln. Bei allen Tieren bestätigt dieses die äußere sowohl, als innere oder zergliedernde, Beobachtung. Ein Organ, das nicht gebraucht werden soll, eine Anordnung, die ihren Zweck nicht erreicht, ist ein Widerspruch in der teleologischen Naturlehre. Denn, wenn wir von jenem Grundsatze abgehen, so haben wir nicht mehr eine gesetzmäßige, sondern eine zwecklos spielende Natur; und das trostlose Ungefähr tritt an die Stelle des Leitfadens der Vernunft (Kant 1983c, S. 35).

Dies ist eine Ergänzung insofern, als sie das *Vorliegen* der Anlagenpläne selber als *methodische* Notwendigkeit versteht, durch deren jeweilige Realisierung die *empirisch* beobachtbaren Unterschiede von Naturwesen zu erklären sind – wie etwa Kant den Versuch unternimmt, die unterschiedlichen „Rassen" durch Variation eines Anlagentypus zu bestimmen (Kant 1983b). Bemerkenswert ist, dass erst mit dieser zweiten Regel für *alle* Anlagen eine vollständige Entfaltung sichergestellt wird, gemäß deren jeweiligem Begriff.

Der *Begriff* der Freiheit in *dieser* Form *entbehrt* aber des maßgebenden Normativen – es ist ja nur *eine* Anlage *neben* anderen, wiewohl die für das Vernunftwesen Mensch möglicherweise auszeichnende. Dies gilt jedenfalls dann, wenn das Individuum lediglich *subsumtiv* unter die Rubrik der Vernunftwesen gebracht wird – es regiert dann die Logik des verständigen Allgemeinen, wie bei allen anderen Naturwesen *in dieser* Beschreibung.

Der Wechsel in die zweite Figur verdeutlicht die Differenz sowohl im Begriff der *Freiheit* wie im Begriff der *Natur.* Denn während die Unterscheidung im ersten Fall innerhalb des *Natürlichen* vollzogen wird, fällt sie hier innerhalb der *Freiheit.*

Wenn „Kultur" (unter Bedingungen) zur *Form* der Entfaltung von Freiheit wird, dann ist das, was *als Natur* auftritt, nun seinerseits eine *Anlage,* die in der Freiheit zur Entfaltung kommt. Der Übergang zum freiheitlichen Wesen ist damit als Übergang *innerhalb* des Normativen, von der Möglichkeit zu dessen Wirklichkeit zu denken.

Wir sind in beiden Formen der Bestimmung des Verhältnisses von Freiheit und Natur mit zwei Formen der *Aneignung* von Natur konfrontiert, die nicht einfach auseinander hervorgehen. Denn die Aneignung von Freiheit in der Stellung als Naturwesen kann nur in der Form der Entfaltung *natürlicher* Anlagen geschehen; entsprechend verbleibt auch die Aneignung von Natur – unerheblich ob der eigenen oder jener von anderen – in genau dieser Form, in der das Normative seinerseits nur ein *Moment* der Entfaltung der Anlage bedeutet. Hingegen erfolgt die Aneignung als ein freies Wesen, sowohl der eigenen als auch der Natur anderer, in der Form der Freiheit, d. h. in der Form des Normativen.[6]

Das Dilemma der Konstruktion wird sichtbar, wenn man nach den Bedingungen der Möglichkeit dieses Wissens fragt und dabei etwa die folgende Antwort erhält:

> Die Natur hat gewollt: daß der Mensch alles, was über die mechanische Anordnung seines tierischen Daseins geht, gänzlich aus sich selbst herausbringe, und keiner anderen Glückseligkeit, oder Vollkommenheit, teilhaftig werde, als die er sich selbst, frei von Instinkt, durch eigene Vernunft, verschafft hat. Die Natur tut nämlich nichts überflüssig, und ist im Gebrauche der Mittel zu ihren Zwecken nicht verschwenderisch. Da sie dem Menschen Vernunft und darauf sich gründende Freiheit des Willens gab: so war das schon eine klare Anzeige ihrer Absicht in Ansehung seiner Ausstattung (Kant 1983c, S. 36).

Nun stellt sich die Frage nach dem Status des Satzes. Handelte es sich um einen *theoretischen* Satz, so wäre das resultierende Verhältnis von Einzelnem und Allgemeinem wieder ein solches wie bei jedem theoretischen Dieses – wie oben dargestellt. Offen bliebe dabei gleichwohl die Frage nach dessen *Geltung* – und hier ergeben sich jene beiden Deutungsmöglichkeiten, die wir an den beiden Verwendungen von „Freiheit" und „Natur" explizierten. Denn entweder ist es seinerseits schon der *Eindeutung* des Naturzwecklichen zu verdanken – wir wären dann also „immer schon" *innerhalb* der transzendentalen Rekonstruktion der natürlichen Urteilskraft, ohne dass wir den *Anfang* benennen könnten, von dem her dieses möglich wird. Oder wir haben es einfach mit *empirischen* Feststellungen zu tun,

---

[6]Auf diese Weise wäre auch das habermassche Anliegen zu verstehen, dass nämlich der Mensch sich in Form der Rechtlichkeit vergesellschafte.

nämlich über die Art und Weise, *wie sich* bei Naturwesen Anlagen realisieren – beim Menschen wie beim Biber gleichermaßen, nur je nach „Gattung" unterschieden. Dann wäre zwar eine Bestimmung des Anfangs möglich, nämlich dort, wo menschliches Wesen „als Teil der Natur" auftritt; dieses hätte aber zur *normativen* Form seiner selbst keine *begriffliche* Verbindung mehr, wie oben gesehen. Im Resultat hat dies zur Folge, dass Freiheit in beiden Fällen als „unbegründet" erscheint – es ist für sie kein Grund mehr angebbar.

Zwischen beiden Verwendungen gibt es mithin keine *begriffliche* Verbindung als mittels jener beiden Metaregeln.[7] Wir wollen die Auflösung dieser Paradoxie hier nur andeuten, denn sie dürfte sich wesentlich dadurch einstellen, dass der Gegensatz von Natur und Freiheit als ein solcher von zwei Gegenständen oder Relaten ist, die zueinander in ein Verhältnis *gesetzt* werden.

Versteht man hingegen die Differenz von Natur und Freiheit in der Form des *übergreifenden* Allgemeinen, dann ist die *Darstellung* der Natur als des Anderen der Freiheit eine Selbstunterscheidung *an der Freiheit*. Indem nun der Mensch sich zu sich selbst *als* wissenschaftlicher Gegenstand verhält, sich als wissenschaftlichen Gegenstand zur Darstellung bringt, *versteht er sich selbst* – und zwar auf zwei Weisen:

- Zum einen – *objektiv* – versteht er, was *Homo sapiens* ist, als biologisches Wesen. In dieser Form ereignet sich dieselbe Aufhebung des Anfangs, wie dies bei allen Erklärungen der Fall war, indem nämlich „der Mensch" als eine – immerhin notwendig *mögliche* Lebensform erscheint – unter, neben oder mit anderen.
- Zugleich aber versteht er sich – *subjektiv* – als den, der Wissenschaft betreibt, mithin die Welt vernünftig organisiert.

Genau auf dieses Moment macht Heidegger aufmerksam, wenn auch in der Form von Seinsverhältnissen (s. oben). Damit aber wird die Natur*geschichte* gerade keine Erzählung des Inhalts, wie aus einem Wesen, von dem gilt, dass es keine Vernunft habe, ein Wesen wurde, von dem gilt, dass es Vernunft habe. Vielmehr ist die *Darstellung* der Geschichte der Natur, in welche der Mensch gehört, nichts anderes als die Form seiner wissenschaftlichen *Selbstbestimmung*.

Wir wollen die besonderen Zwecke, für die Kant diese Überlegungen mobilisiert, nicht weiter verfolgen – lassen wir aber den Gottesbeweis beiseite, dann verbleibt der Hinweis, den Kant auf eine Funktion des Menschen gibt,

---

[7]Damit liegt epistemisch dieselbe Situation vor, wie bei Brandoms Unterscheidung von begrifflichen und nichtbegrifflichen Wesen (s. Kap. 3).

und die er – *explanatorisch* – als unzureichend ansieht: die Erzwingung von Ordnung. Diese aber ist bestimmt durch den *Begriff* desjenigen Wesens, dessen „Teil-der-Natur-Sein" zu *verstehen* ist – womit die Ordnung der Natur wesentlich zu der seiner selber *als Naturwesen* wird.

15.2   In der Natur ist in der Geschichte

Dass der Mensch ein Teil der Natur sei, stand auch für Kant nicht infrage – so wenig wie für Brandom, Sellars, Tugendhat oder Thompson. Gleichwohl ist damit aber noch nicht gesagt, wie die mereologische Rede aufzulösen sei. Folgen wir unseren Überlegungen zur Differenz praktischer und theoretischer Sätze, dann können wir immerhin auf die zwei Formen verweisen, in denen sich das Verhältnis von Allgemeinem und Besonderem darstellen lässt – mit jeweils erheblichen Folgen für das Verständnis dessen, als *was* das Lebendigseiende angesprochen wird.

Wenn wir die „Naturgeschichte" des Menschen erzählen, dann kann dies also auf zwei Weisen geschehen, deren eine sich an den formalen wie materialen Vorgaben orientiert, die wir oben für Rekonstruktion und Narration evolutionärer Transformationen entwickelt haben – womit die jeweiligen „Geschichten" sich nach Maßgabe der jeweiligen Gegenstandsbeschreibungen, Erhaltungs- und Transformationsprinzipien unterscheiden. Der Mensch als biologisches Wesen ist damit eine – *notwendig* mögliche – Form des Menschen.

Die methodischen Folgen dieses Bezugs können zumindest angedeutet werden für die Erstellung von *Szenarien,* in denen die Darstellung der evolutionären Transformation zum „anatomisch modernen" Menschen erfolgt. Die Beschreibung der Rekonstruktionsziele bildet nämlich auch hier den ersten Schritt – wie bei jeder anderen evolutionären Rekonstruktion. Von diesen her werden die Antesequenten ermittelt, deren Darstellung aber in der Form von Ursprungserzählungen *qua* konsistenter und kohärenter Szenarien gegenläufig erfolgt.

Die Gegenläufigkeit von dem *uns bekannteren* (der entfalteten menschlichen Lebensform) zu dem *der Sache nach bekannteren* (in der Form evolutionär sich transformierenden biologischen Lebensform *Homo sapiens*) lässt sich den Abb. 15.1 und 15.2 entnehmen (zu Details s. Gutmann et al. 2010a).

Das Schema in Abb. 15.1 ist beginnend mit dem oberen linken Bildteil zu lesen. Dabei wird – von rechts nach links – mit der gegebenen Situation des modernen Menschen begonnen („rezente Verhältnisse"). Dies inkludiert alle dessen Eigenschaften, Fähigkeiten und Fertigkeiten in „dichter" Beschreibung. Nach Abschluss der Gegenstandskonstitution liegt eine *organismische* Beschreibung vor, die den

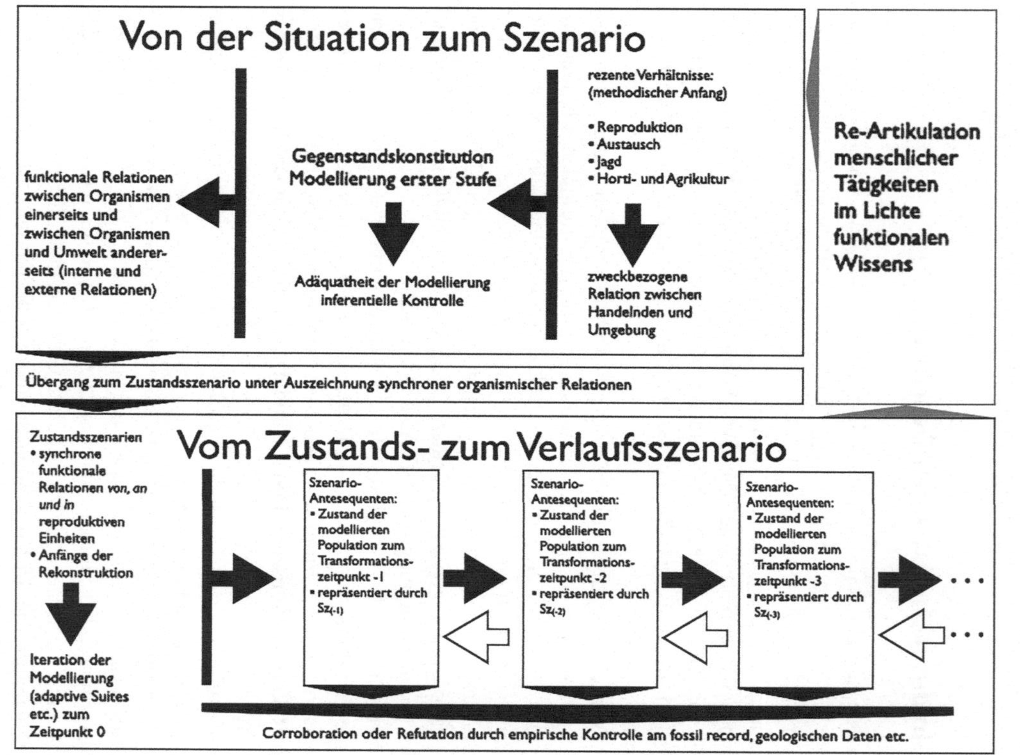

Abb. 15.1 Übersichtsdarstellung zur Struktur von Szenarien. Diese dienen der multifaktoriellen Rekonstruktion von evolutionären Antesequenten von *Homo sapiens*. (Verändert nach Gutmann et al. 2010a; mit freundlicher Genehmigung des Verlages). Weitere Erläuterungen s. Text

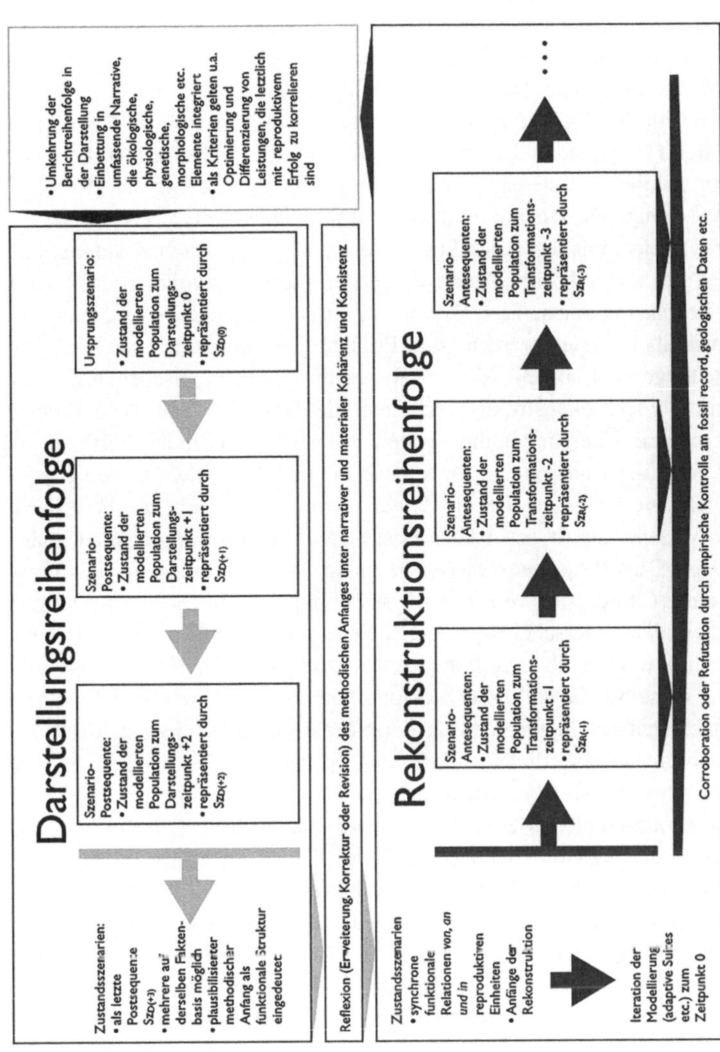

Abb. 15.2 Übersichtsdarstellung der Umkehrung von Rekonstruktions- und Berichtsreihenfolge. Es schließt sich Reflexion der Resultate, mögliche Revision des methodischen Anfanges und erneute Rekonstruktion an. (Verändert nach Gutmann et al. 2010a; mit freundlicher Genehmigung des Verlages). Weitere Erläuterungen s. Text

Übergang in Zustandsszenarien wiedergibt. Der Wechsel in den unteren Bildlauf beschreibt von links nach rechts den Übergang von Zustandsszenarien in Verlaufsszenarien. Die eigentliche Rekonstruktion bezieht sich also auf die Zustandsszenarien, die den methodischen Anfang biologisch strukturieren und erfolgt zu den Vorläufern – von links nach rechts –, die Eindeutung im Sinne eines Ursprungsberichtes von rechts nach links. Die zweite Abbildung ist von links unten zu lesen. Hier ist nun erneut die Rekonstruktion dargestellt wie in Abb. 15.1, also von links nach rechts. Beim Übergang in die obere Zeile, der von rechts erfolgt, kommt es zur „Blickumkehr", wobei nun die eigentliche „biologische" Eindeutung der Modellrekonstruktionen erfolgt. Die Ursprungserzählung erfolgt in der ersten Zeile von rechts nach links und erreicht mit der letzten Postsequenten den methodischen Anfang. Mit dem Einholen des methodischen Anfanges können die Rekonstruktionsergebnisse mit anderen Rekonstruktionen, die z. B. auf anderen Datensätzen basieren, integriert und gegebenenfalls korrigiert werden (zum Problem der „Korrektur" solcher komplexer Darstellungen s. Kap. 13). Mit der Reflexion des methodischen Anfanges kann die Iteration der Rekonstruktion erfolgen, die demselben Schema gehorcht, und die hier mit dem Übergang in die zweite Zeile nach rechts zu lesen ist.

In dieser Form der Darstellung gibt es auch in anderer Hinsicht keinen Unterschied zu nicht menschlichen Lebensformen, nämlich insofern als die *Eigenschaften* des Wesens, als dessen letzter Postsequent *Homo sapiens* gelten mag, durch den *Begriff* des Postsequenten *gegeben* sind. Damit ist gemeint, dass etwa der Erwerb einer Chorda sich vom Erwerb des opponierbaren Daumens oder der Sprachfähigkeit nicht unterscheidet, insofern diese gleichermaßen Merkmale oder funktionale Strukturen sind – wie komplex auch immer (dazu Kap. 11 und 13). Trifft dies zu, ist selbst die Kulturentwicklung von *Homo sapiens*, einschließlich seines Geschichtehabens, in genau dieser Form der Rede dar- und vorstellbar.

Eine – allerdings wesentliche – Differenz ergibt sich aber, wenn wir den methodischen Anfang selbst bedenken, der mit dieser Darstellung fixiert wurde, und der die Evolution des Menschen zu einer notwendig *möglichen* werden ließ. Mit diesem Anfang ist nämlich zugleich der *Begriff* des Menschen als eines Wesen gesetzt, welches u. a. Evolutionsbiologie betreibt und „sich" als deren Gegenstand *bestimmt*. Die Form dieser Individuation hatten wir oben von der sprachlogischen Seite untersucht, welche sich in der Form des übergreifenden Allgemeinen vollzog. Ist die Individuation an die Form der Tätigkeit gebunden, die den Menschen als solchen bestimmt, dann ist die Aussage, dass der Mensch ein Wesen sei, das „Geschichte habe", anders aufzufassen.

Wird die Rede von Naturgeschichte als ein Moment in der Entwicklung der Form menschlichen Lebens verstanden, dann muss „Geschichte" etwas signifikant anderes bedeuten als die Referenz auf Merkmale oder funktionale Strukturen innerhalb der evolutionsbiologischen Darstellung – die logische Form jedenfalls muss jener des übergreifenden Allgemeinen folgen. Einen Hinweis gewinnen wir aus einer Bemerkung von König zur Deutung des diltheyschen Diktums durch Misch, dass der Mensch, was er sei, aus der Geschichte erfahre; hierzu stellt König mit Misch fest:

> „Auch dieser Satz ist nicht als eine rein diskursive Feststellung zu verstehen, so daß das Gemeinte in der Aussage voll aufgehoben und rein aus ihr zu entnehmen wäre, sondern als ein Ausspruch, der nach der Art einer ‚evozierenden‘ Formulierung auf die Sache, hier also das Verfahren des geschichtlichen Verstehens, zurückweist.“ Hingegen würde Misch einen Satz wie „welche Nummer ein Fernsprechteilnehmer hat, erfährt man im allgemeinen aus dem amtlichen Telephonbuch“ wahrscheinlich als eine rein diskursive Feststellung ansehen (König 1967, S. 223).

Die genauere Explikation der von Misch getroffenen Unterscheidung zwischen rein diskursiver und evozierender Bestimmung können wir auf sich beruhen lassen – sie lässt sich in gewissen Aspekten durch diejenige von modifizierender und determinierender Prädikation wiedergeben (s. Kap. 6). Danach wäre die – sprachlich mögliche – Deutung, dass das Geschichtehaben eine Eigenschaft „des“ Menschen darstelle, ein Missverständnis der Sachlage. Denn dies scheint zu implizieren, es gäbe zunächst ein als Mensch ausweisbares Wesen, dem es dann auch noch zukomme, Geschichte zu haben – neben anderen möglichen Eigenschaften. Hingegen zielt die Deutung als *modale* Bestimmung darauf ab, dass „der Mensch“ *als solcher* in der Form des geschichtlichen Wesens existiere. König hat dem im Zusammenhang der Klärung des Vergangenseins als Seinsmodus eine eigene Analyse gewidmet, auf die hier verwiesen sei (König 1937). Für unseren Zusammenhang ist nur entscheidend, dass sich das Menschsein nicht anders ausweisen und bestimmen lässt denn als *geschichtliches*.

Wenn wir nun unterstellen, dass das „Haben von Geschichte“ in der von uns erweiterten Form praktischer Sätze aufgefasst werden kann, so wird dies die Darstellung des Menschen als eines Wesens sein, das sich selbst „in der Geschichte“ *darstellt*: *Indem* die Darstellung von Geschichte erfolgt, ergreift sich „der Mensch“ – und zwar als jenes Wesen, das sich als ein *geschichtliches begreift*.

Ganz anders ist die Situation im Fall evolutionärer Transformation: Hier ist das „Haben von Geschichte“ in der Form theoretischer Sätze darzustellen, in der zwar „der Mensch“ ebenfalls als Resultat verstanden wird – aber eben als ein solches, welches sich, insofern es Natur*geschichte* „hat“, nicht *als* Wesen ein anderes Wesen ist. Er rückt „sich“ damit in die Reihe der anderen Lebewesen und tritt neben sie, in genau dem Sinne, in dem zugleich gilt, dass diese *keine* geschichtlichen Wesen sind, also nicht aus der Geschichte erfahren, was sie sind.

Damit können wir nun auch die Phrase auflösen, der Mensch sei selber „ein Teil der Natur". Dieses „Teilsein" lässt sich ebenfalls nach beiden Satzformen aussagen – wobei methodisch nur jenes in praktischen Sätzen *hier* relevant ist. Die Rede von Natur wird so aufzufassen sein, dass der Ausdruck Natur ein *Moment* dessen bildet, was es heißt, von sich als geschichtliches Wesen zu *wissen*. Da das „Geschichtehaben" hier als übergreifende *Form* zu verstehen ist, also – wie im Falle des Lebendigseins – nicht als Eigenschaft, sondern als Form des Lebens, bedeutet das „Teil-der-Natur-Sein" dieses Wesens, die *Bestimmung* zu einem Geschichtehabenden *als natürliches* Wesen zu thematisieren.

Diese Differenz lässt sich nivellieren – in dem Maße nämlich, in dem das Naturwesensein des Menschseins vom Geschichtehaben abgetrennt wird. Dann erst erscheint Geschichte z. B. als Fortsetzung von Evolution, und mithin ist dann das Teil-der-Natur-Sein des Menschen *dasselbe,* was in der Rede von der Anlage zur Freiheit angesprochen ist. Wenn hingegen das „Teil-der-Natur-Sein" des Menschen auf den Menschen als ein Wesen abzielte, das als *dieser* Mensch das Ein-Mensch-Sein mit anderen gemeinsam hätte, dann wäre das Natur*geschichte*haben eine Form der Selbstdarstellung des Menschen in der jederzeit möglich notwendigen Rede, das Menschsein mit anderen gemeinsam zu haben.

In dem Maße, in dem die Rekonstruktion der Evolution[8] des *Menschen* angewiesen ist auf die Darstellung des *Begriffs* des Menschen als jenes Wesen, das, was es ist, aus der Geschichte erfährt, wird die *Naturgeschichte* dieses Wesens zu einem Aspekt seines Seins als ein geschichtliches Wesen. Mithin ist „der Mensch" tatsächlich im Wortsinne das Wesen, das, indem es sich „von sich entfernt", zu sich kommt (König 1994c). Der Mensch ist das Wesen, von dem gilt, dass es sich selbst versteht – auch in der Form evolutionärer Ursprungserzählungen.

---

[8]Diese ist nicht einfach identisch mit Naturgeschichte, noch stellt sie einfach deren seit der darwinistischen Revolution modernisierten Kern dar. Sie ist aber ein notwendig mögliches Rekonstrukt *innerhalb* des naturhistorischen Narrativs.

Literatur

Ahrendt H (1996) Vita acitva. Piper, München

Alexander von Aphrodisias (2001) On Aristotle Topics 1. Bloomsbury, London (Übers Ophuijsen JMV)

Aristoteles (1936) Nicomachean Ethics. Harvard University Press, Cambridge (Übers Rackham R)

Aristoteles (1938) De interpretatione. Harvard University Press, Cambridge (Übers Cooke HP)

Aristoteles (1942) De generatione animalium. Harvard University Press, Cambridge (Übers Peck AL)

Aristoteles (1960a) Analytica posteriora. Harvard University Press, Cambridge (Hrsg/Übers Tredennick H)

Aristoteles (1960b) Topica. Harvard University Press, Cambridge (Hrsg/Übers Tredennick H)

Aristoteles (1961a) De motu animalium. Harvard University Press, Cambridge (Hrsg/Übers Peck AL)

Aristoteles (1961b) De partibus animalium. Harvard University Press, Cambridge (Hrsg/Übers Peck AL)

Aristoteles, Historia animalium. Bd I–III, (1965) (Hrsg/Übers Peck AL), Bd IV–VI, (1970) (Hrsg/Übers Peck AL), Bd VII–X, (1991) (Hrsg/Übers Balme DM). Harvard University Press, Cambridge

Aristoteles (1980) Metaphysik. Meiner, Hamburg (Hrsg/Übers Seidl H)

Aristoteles (1987) Physik: 2 Bd. Meiner, Hamburg (Hrsg/Übers Zekl HG)

Aristoteles (1995) De anima. Meiner, Hamburg (Hrsg/Übers Seidl H)

Aristoteles (2006) Rhetoric. Harvard University Press, Cambridge (Hrsg/Übers Freese JH)

Ax P (1984) Das phylogenetische System. Fischer, Stuttgart

Balme DM (1987a) The place of biology in Aristotle's philosophy. In: Gotthelf A, Lennox JG (Hrsg) Philosophical issues in Aristotle's biology. Cambridge University Press, Cambridge, S 9–20

Balme DM (1987b) Aristotle's Biology was not Essentialist. In: Gotthelf A, Lennox JG (Hrsg) Philosophical issues in Aristotle's biology. Cambridge University Press, Cambridge, S 291–301

© Springer Fachmedien Wiesbaden GmbH 2017

M. Gutmann, *Leben und Form,* Anthropologie – Technikphilosophie – Gesellschaft, DOI 10.1007/978-3-658-17438-5

Barrangou R, Birmingham A, Wiemann S, Beijersbergen RL, Hornung V, Brabant Smith Av (2015) Advances in CRISPR-CAS9 genome engineering: lessons learned from RNA interference. Nucleic Acids Res 43(7):3407–3419

Barth C (2011) Brandoms Expressivismus und die Konzeptualisierung impliziter Gehalte. In: Barth C, Sturm H (Hrsg) Robert Brandoms expressive Vernunft. Mentis, Paderborn, S 175–208

Benner SA (2003) Synthetic biology: act natural. Nat 421(6919):118

Benner SA, Sismour AM (2005) Synthetic biology. Nat Rev Gen 6:533–534

Bertalanffy L von (1969) General system theory. Braziller, New York

Bhutkar A (2005) Synthetic biology: navigating the challenges ahead. J Biolaw Bus 8:19–29

Bock WJ (1988) The nature of explanations in morphology. Am Zool 28:205–215

Bock WJ (1989) Organisms as functional machines: a connectivity explanation. Am Zool 29:1119–1132

Bock W, Wahlert G von (1965) Adaptation and the form-function-complex. Evolution 19:269–299

Boerries M, Eils R, Busch H (2012) Systems biology. In: Meyers R (Hrsg) Systems biology. Wiley-Blackwell, Weinheim, S 1–31

Bohr N (1987) Licht und Leben. In: Küppers B-O (Hrsg) Leben = Physik + Chemie? Piper, München, S 35–48

Boogerd FC, Bruggman FJ, Hofmeyer J-HS, Westerhoff HV (2007a) Introduction. In: Dieselben (Hrsg) Systems biology: philosophical foundations. Elsevier, Amsterdam, S 3–20

Boogerd FC, Bruggman FJ, Hofmeyer J-HS, Westerhoff HV (2007b) Afterthoughts as foundations for systems biology. In: Boogerd FC, Bruggman FJ, Hofmeyer J-HS, Westerhoff HV (Hrsg) Systems biology: philosophical foundations. Elsevier, Amsterdam, S 321–337

Borelli GA (1989) On the movement of animals. Springer, Berlin (Übers Maquet P)

Brandom RB (1994) Making it explicit. Harvard University Press, Cambridge

Brandom RB (2001) Begründen und Begreifen. Eine Einführung in den Inferentialismus. Suhrkamp, Frankfurt

Breidbach O (2014) Die Antike. Geschichte der Naturwissenschaften, Bd 1. Springer, Berlin

Briggs DEG, Crowther PR (Hrsg) (1990) Palaeobiology – A synthesis. Blackwell, London

Brinkmann K (1979) Aristoteles' allgemeine und spezielle Metaphysik. De Gruyter, Berlin

Buddensiek F (2006) Die Einheit des Individuums. De Gruyter, Berlin

Cassirer E (1972) Essay on man. Yale University Press, New Haven

Cassirer E (1980) Substanzbegriff und Funktionsbegriff. Wissenschaftliche Buchgesellschaft, Darmstadt

Cassirer E (1985) Form und Technik. In: Orth EW, Krois JM (Hrsg) Symbol, Technik, Sprache. Meiner, Hamburg, S 39–90

Cassirer E (1993) Die »Tragödie der Kultur«. In: Cassirer E (Hrsg) Zur Logik der Kulturwissenschaften: fünf Studien. Wissenschaftliche Buchgesellschaft, Darmstadt, S 103–127

Cheung T (2009) Der Baum im Baum Modellkörper, reproduktive Systeme und die Differenz zwischen Lebendigem und Unlebendigem bei Kant und Bonnet. In: Onnasch E-O (Hrsg) Kants Philosophie der Natur. De Gruyter, Berlin, S 25–50

Cooper JM (1987) Hypothetical necessity and natural teleology. In: Gotthelf A, Lennox JG (Hrsg) Philosophical Issues in Aristotle's Biology. Cambridge University Press, Cambridge, 243–274

Crick F (1966) Of molecules and men. University of Washington Press, Washington

Darwin C (1896) The variation of animals and plants under domestication, Bd 2. AMS, New York

Darwin C (1897) Origin of species, Bd 2. AMS, New York

Davidson D (1978) What metaphors mean. In: Sacks S (Hrsg) On metaphor. University of Chicago Press, Chicago, S 29–45

De Duve C (1994) Ursprung des Lebens. Spektrum, Heidelberg

Demosthenes (1930) Orations. Harvard University Press, Cambridge (Übers Vince JH)

Deplazes A, Huppenbauer M (2009) Synthetic organisms and living machines. Positioning the products of synthetic biology at the borderline between living and non-living matter. Syst Synth Biol 3:55–63

Deplazes A, Ganguli-Mitra A, Biller-Andorno B (2009) The ethics of synthetic biology: outlining the agenda. In: Schmidt M, Kelle A, Ganguli-Mitra A, Vriend H de (Hrsg) Synthetic biology. Springer, Berlin, S 65–80

Descartes R (1972) Meditationen über die Grundlagen der Philosophie mit sämtlichen Einwänden und Erwiderungen. Meiner, Hamburg

Dingler H (1928) Das Experiment – Sein Wesen und seine Geschichte. Reinhardt, München

Dionysius of Halicarnassus (1939) Roman antiquities, Bd 3 und 4. Harvard University Press, Cambridge (Übers Cary E)

Dobzhansky T (1964) Biology, molecular and organismic. Am Zool 4:443–452

Doyle A, McGarry MP, Lee NA et al (2012) The construction of transgenic and gene knockout/knockin mouse models of human disease. Transgenic Res 21:327–349

Dreyfus HL (1992) What computers still can't do. Harper, New York

Drüe H, Gethmann-Seifert A, Hackenseh C, Jaeschke W, Neuser W, Schnädelbach H (2000) Hegels Enzyklopädie der philosophischen Wissenschaften (1830). Suhrkamp, Frankfurt

Ebeling W, Feistel R (1986) Physik der Selbstorganisation und Evolution. Akademie, Berlin

Ebert D (2005) How to catch the Red Queen? In: Ridley M (Hrsg) Narrow roads of gene land. The collected papers of W.D. Hamilton, Bd 3. Oxford University Press, Oxford, S 189–194

Ebert D, Hamilton WD (2005) Sex against virulence: the coevolution of parasitic diseases. In: Ridley M (Hrsg) Narrow roads of gene land. The collected papers of W.D. Hamilton, Bd 3. Oxford University Press, Oxford, S 195–204

Eckert R (1986) Tierphysiologie. Thieme, Stuttgart

Eigen M, Schuster P (1979) The hypercycle. Springer, Berlin

Eldredge N, Gould SJ (1972) Punctuated equilibria: an alternative to phyletic gradualism. In: Schopf TJM (Hrsg) Models in paleobiology. Freeman, Cooper & Co, San Francisco, S 82–115

Eliasmith C, Stewart TC, Choo X, Bekolay T, DeWolf T, Tang Y, Rasmussen D (2012) A large-scale model of the functioning brain. Science 338:1202–1205

Fiedler W (1978) Analogiemodelle bei Aristoteles. In: Flashar H, Görgemanns H, Kullmann W (Hrsg) Studien zu antiken Philosophie, Bd 9. Grüner, Amsterdam

Finley MI (1980) Die antike Wirtschaft. dtv, München

Finley MI (1985) Die Sklaverei in der Antike. Fischer, Frankfurt a. M.

Frege G (1986a) Über Begriff und Gegenstand. In: Frege G, Funktion, Begriff, Bedeutung. Vandenhoeck & Ruprecht, Göttingen, S 66–80

Frege G (1986b) Über die wissenschaftliche Berechtigung einer Begriffsschrift. In: Frege G, Funktion, Begriff, Bedeutung. Vandenhoeck & Ruprecht, Göttingen, S 91–97

Frege G (1986c) Über Sinn und Bedeutung. In: Frege G, Funktion, Begriff, Bedeutung. Vandenhoeck & Ruprecht, Göttingen, S 40–65

Frege G (1988) Die Grundlagen der Arithmetik. Meiner, Hamburg

Frege G (1990) Schriften zur Logik und Sprachphilosophie. Meiner, Hamburg

Fuentes A (2016) The extended evolutionary synthesis, ethnography, and the human niche. Toward an integrated anthropology. Curr Anthropol 57(S13):S13–S26

Furth M (1987) Aristotle's biological universe: an overview. In: Gotthelf A, Lennox JG (Hrsg) Philosophical issues in Aristotle's biology. Cambridge University Press, Cambridge, S 21–52

Gill ML (1989) Aristotle on substance. Princeton University Press, Princeton

Goethe JW von (1988) Die Metamorphose der Pflanzen. In: Goethe JW von (Hrsg) Naturwissenschaftliche Schriften I. Werke, Hamburger Ausgabe, Bd 13. dtv, München, S 53–168

Goodwin B (1994) Der Leopard, der seine Flecken verliert. Piper, München

Gould SJ (1970) Evolutionary paleontology and the science of form. Earth Sci Rev 6:77–119

Gould SJ (1989) Wonderful life. Norton, New York

Gould SJ (2002) The structure of evolutionary theory. Harvard University Press, Cambridge

Greene M (1974) The understanding of nature. Reidel, Dordrecht

Gudo M, Gutmann M, Syed T (2007) Ana- und Kladogenese, Mikro- und Makroevolution – Einige Ausführungen zum Problem der Benennung. Denisia 20:23–36

Gutmann M (1996) Die Evolutionstheorie und ihr Gegenstand – Beitrag der methodischen Philosophie zu einer konstruktiven Theorie der Evolution. VWB, Berlin

Gutmann M (2002) Aspects of crustacean evolution. The relevance of morphology for evolutionary reconstruction. Concepts of functional, engineering and constructional morphology: biomechanical approaches on fossil and recent organisms. Senckenbergiana Lethaea 82:237–266

Gutmann M (2004) Metapher und Bild. Zur tätigkeitstheoretischen Deutung von Gegenständen mittlerer Eigentlichkeit. In: Blasche S, Gutmann M, Weingarten M (Hrsg) Repraesentatio mundi – Bilder als Ausdruck und Aufschluss menschlicher Weltverhältnisse. Bielefeld, Transcript, S 221–266

Gutmann M (2012) Sterben als Verlassen einer Lebensform? In: Esser AM, Schäfer GW (Hrsg) Welchen Tod stirbt der Mensch? Campus, Frankfurt, S 71–90

Gutmann M (2014) Lebewesen verstehen. Deutsche Zeitschrift für Philosophie 62:90–107

Gutmann M, Hertler C (1999) Modell und Metapher. Exemplarische Rekonstruktionen zum Hydraulikmodell und seinem Mißverständnis. Jahrbuch für Geschichte und Theorie der Biologie 6:43–76

Gutmann M, Janich P (1998) Species as cultural kinds. Towards a culturalist theory of rational taxonomy. Theor Biosci 117:237–288

Gutmann M, Janich P (2002) Methodologische Grundlagen der Biodiversität. In: Janich P, Gutmann M, Prieß K (Hrsg) Biodiversität – Wissenschaftliche Grundlagen und gesellschaftliche Relevanz. Springer, Berlin, S 281–353

Gutmann M, Rathgeber B (2010) Zur Leistung und Funktion von Metaphern. In: Bölker M, Gutmann M, Hesse W (Hrsg) Menschenbilder und Metaphern im Informationszeitalter. LIT, Münster, S 13–44

Gutmann M, Rathgeber B (2011) Wissenschaft als vermitteltes Selbstverhältnis. In: Dalfertz IU, Hunziker A (Hrsg) Seinkönnen. Mohr, Tübingen, S 95–130

Gutmann M, Rathgeber B (2015) Anthropologie und hermeneutische Logik. In: Köchy K, Michelini F (Hrsg) Zwischen den Kulturen. Alber, Freiburg, S 243–272

Gutmann M, Syed T (2012) Warum „kritische Evolutionstheorie"? In: Elbe I, Zunke C (Hrsg) Oldenburger Jahrbuch für Philosophie. Oldenburg, BIS, S 33–62

Gutmann M, Syed T (2013) *De vermis mysteriis* – Zoologie, Evolution und das Problem des Außenseiters. In: Schultz L et al (Hrsg) Gesellschaft braucht Wissenschaft – Wissenschaft braucht Gesellschaft. Verhandlungen der Gesellschaft Deutscher Naturforscher und Ärzte, 127. Versammlung, S 229–242

Gutmann M, Syed T (2014) Warum sich Form nicht sehen läßt. In: Baumann C, Müller J, Stricker R (Hrsg) Philosophie der Praxis und die Praxis der Philosophie. Westfälisches Dampfboot, Münster, S 99–125

Gutmann M, Weingarten M (1999) Gibt es eine Darwinsche Theorie? Überlegungen zur Rekonstruktion von Theorie-Typen. In: Brömer R, Hoßfeld U, Rupke NA (Hrsg) Evolutionsbiologie von Darwin bis heute. VWB, Berlin, S 105–130

Gutmann M, Hertler C, Schrenk F (2010a) Der Mensch als Gegenstand der Paläoanthropologie und das Problem der Szenarien. In: Gerhardt V, Nida-Rümelin J (Hrsg) Evolution in Natur und Kultur. De Gruyter, Berlin, S 135–162

Gutmann M, Rathgeber B, Syed T (2010b) Warum vertrauen wir auf Wissenschaften? In: Maring M (Hrsg) Vertrauen – Zwischen sozialem Kitt und der Senkung von Transaktionskosten. Schriftenreihe des Zentrums für Technik- und Wirtschaftsethik, Bd 3. Universitätsverlag Karlsruhe, Karlsruhe, S 45–70

Gutmann WF (1966) Coelomgliederung, Myomerie und die Frage der Vertebraten-Antezedenten. Z Zool Syst Evolutionsforsch 4:13–56

Gutmann WF (1967) Die Entstehung des Coeloms und seine phylogenetische Abwandlung im Deuterostomier-Stamm. Zool Anz 179:109–131

Gutmann WF (1972) Die Hydroskelett-Theorie. Aufs Red Senckenb Naturf Ges 21:1–91

Gutmann WF (1973) Diskussions-Beitrag zur Coelom-Problematik: Versuch einer Widerlegung der Oligomerie-(Trimerie) Theorie. Das Archicoelomaten-Problem. Aufs Red Senckenb Naturf Ges 22:51–101

Gutmann WF (1995) Die Evolution hydraulischer Konstruktionen. Kramer, Frankfurt a. M.

Gutmann WF, Bonik K (1981) Kritische Evolutionstheorie. Gerstenberg, Hildesheim

Hanekamp G (1997) Protochemie: vom Stoff zur Valenz. Königshausen & Neumann, Würzburg

Hartmann D (1993) Naturwissenschaftliche Theorien. BI, Mannheim

Hartmann D (1998) Philosophische Grundlagen der Psychologie. Wissenschaftliche Buchgesellschaft, Darmstadt

Hegel GWF (1983) Enzyklopädie der philosophischen Wissenschaften, Bd 2. Suhrkamp, Frankfurt

Hegel GWF (1985) Phänomenologie des Geistes. Suhrkamp, Frankfurt

Hegel GWF (1986a) Wissenschaft der Logik II. In: Hegel GWF (Hrsg) Werke, Bd 6. Suhrkamp, Frankfurt

Hegel GWF (1986b) Enzyklopädie der philosophischen Wissenschaften, Bd 1. Suhrkamp, Frankfurt

Hegel GWF (1989) Grundlinien der Philosophie des Rechts. Suhrkamp, Frankfurt

Heidegger M (1993) Sein und Zeit. Niemeyer, Tübingen

Heinemann G (2016) Soma Organikon. Zum ontologischen Sinn des Werkzeugvergleichs bei Aristoteles. In: Töpfer G, Michelini F (Hrsg) Organismus. Alber, München, S 63–80

Heisenberg W (1987) Das organische Leben. In: Küppers B-O (Hrsg) Leben = Physik + Chemie? Piper, München, S 49–72

Hejl PM (1992) Die zwei Seiten der Eigengesetzlichkeit. Zur Konstruktion natürlicher Sozialsysteme und zum Problem ihrer Regelung. In: Schmidt SJ (Hrsg) Kognition und Gesellschaft. Suhrkamp, Frankfurt, S 167–213

Hennig W (1980) Grundzüge einer Theorie der phylogenetischen Systematik. Otto Koetz Science, Königsstein/Taunus

Herkner B (1989) Die Entwicklung der saltatorischen Bipedie bei Säugetieren innerhalb der Tetrapodenevolution. Cour Forsch Inst Senckenberg, Frankfurt a. M.

Hertler C (2001) Morphologische Methoden in der Evolutionsforschung. VWB, Berlin

Herzberg S (2007) Wahrnehmung und Wissen bei Aristoteles. De Gruyter, Berlin

Hesse W, Müller D, Ruß A (2010) Information in der Informatik – Über Auslegungen und Verwendungen des Begriffs. In: Bölker M, Gutmann M, Hesse W (Hrsg) Menschenbilder und Metaphern im Informationszeitalter. LIT, Münster, S 75–102

Hodgkin AL, Huxley AF (1952) A quantitative description of membrane current and its application to conduction and excitation in nerve. J Physiol 117:500–544

Hofmeyr J-HS (2007) The biochemical factory that autonomously fabricates itself: a systems biological view of the living cell. In: Boogerd FC, Bruggman FJ, Hofmeyer J-HS, Westerhoff HV (Hrsg) Systems biology: philosophical foundations. Elsevier, Amsterdam, S 217–242

Hubig C (2006) Die Kunst des Möglichen. Technikphilosophie als Reflexion der Medialität, Bd 2. Transcript, Bielefeld

Jahn I (1990) Grundzüge der Biologiegeschichte. UTB, Jena

Jammer M (1957) Concepts of force. Harvard University Press, Cambridge

Janich P (1980) Protophysik der Zeit. Suhrkamp, Frankfurt

Janich P (1988) Zeit, Bewegung, Handlung. In: Rudolph E (Hrsg) Studien zur Zeitabhandlung des Aristoteles. Klett-Cotta, Stuttgart, S 167–192

Janich P (1989) Euklids Erbe. Ist der Raum dreidimensional? Beck, München

Janich P (1994) Probleme der Bestimmung von Grundbegriffen der Chemie. In: Janich P (Hrsg) Philosophische Perspektiven der Chemie. BI, Mannheim, S 11–26

Janich P (1997) Das Experiment in der Biologie. Theor Biosci 116:33–64

Janich P (2002) Mensch und Natur. Zur Revision eines Verhältnisses in Blick auf die Wissenschaften. Sitzungsberichte der Wissenschaftlichen Gesellschaft an der Johann Wolfgang Goethe-Universität Frankfurt am Main, Bd XL, Nr 2. Steiner, Wiesbaden

Janich P (2006) Was ist Information? Suhrkamp, Frankfurt

Janich P (2011) Emergenz – Lückenbüssergottheit für Natur- und Geisteswissenschaft. Sitzungsberichte der wissenschaftlichen Gesellschaft an der Johann Wolfgang Goethe-Universität Frankfurt am Main, Bd XLIX. Steiner, Stuttgart

Janich P, Weingarten M (1999) Wissenschaftstheorie der Biologie. UTB, München

Kant I (1983a) Kritik der Urteilskraft. In: Weischedel W (Hrsg) Werkausgabe, Bd 10. Suhrkamp, Frankfurt

Kant I (1983b) Von den verschiedenen Rassen der Menschen. In: Weischedel W (Hrsg) Werkausgabe, Bd 11. Suhrkamp, Frankfurt, S 11–30

Kant I (1983c) Idee zu einer allgemeinen Geschichte in weltbürgerlicher Absicht. In: Weischedel W (Hrsg) Werkausgabe, Bd 11. Suhrkamp, Frankfurt, S 33–50

Kant I (1987) Kritik der reinen Vernunft. In: Weischedel W (Hrsg) Werkausgabe, Bd 3 und 4. Suhrkamp, Frankfurt

Kauffman SA (1993) The origins of order. Oxford University Press, New York

Keller EF (2007) The disappearance of function from „Self-Organizing Systems". In: Boogerd FC, Bruggman FJ, Hofmeyer J-HS, Westerhoff HV (Hrsg) Systems biology: philosophical foundations. Elsevier, Amsterdam, S 303–318

Kemmerling A (2004) Freges Begriffslehre, ohne ihr angebliches Paradoxon. In: Siebel M (Hrsg) Semantik und Ontologie. Ontos, Frankfurt, S 39–62

Kitano H (2002) Computational systems biology. Nature 420:206–210

Klipp E, Liebermeister W, Wierling C, Kowald A, Lehrach H, Herwig R (2009) Systems biology – a textbook. Wiley-VCH, Weinheim

Klipp E, Libermeister W, Kowald A (2016) Systems biology – a textbook. Wiley-VCH, Weinheim

Köchy K (2012) Was ist Synthetische Biologie? In: Köchy K, Hümpel A (Hrsg) Synthetische Biologie. Wissenschaftlicher Verlag, Dornburg, S 33–50

König J (1937) Sein und Denken. Studien im Grenzgebiet von Logik, Ontologie und Sprachphilosophie. Niemeyer, Halle

König J (1967) Georg Misch als Philosoph Nachrichten der Akademie der Wissenschaften in Göttingen, Nr 7. Vandenhoeck & Ruprecht, Göttingen

König J (1978a) Über einen neuen ontologischen Beweis des Satzes von der Notwendigkeit alles Geschehens. In: Patzig G (Hrsg) Vorträge und Aufsätze. Alber, Freiburg, S 62–121

König J (1978b) Einige Bemerkungen über den formalen Charakter des Unterschiedes von Ding und Eigenschaft. In: Patzig G (Hrsg) Vorträge und Aufsätze. Alber, Freiburg, S 338–367

König, J (1978c) Die Natur der ästhetischen Wirkung. In: Patzig G (Hrsg) Vorträge und Aufsätze. Alber, Freiburg, S 256–337

König J (1978d) Das System von Leibniz. In: Patzig G (Hrsg) Vorträge und Aufsätze. Alber, Freiburg, S 27–61

König J (1978e) Bemerkungen über den Begriff der Ursache. In: Patzig G (Hrsg) Vorträge und Aufsätze. Alber, Freiburg, S 122–255

König J (1994a) Bemerkungen zur Metapher. In: Dahms G (Hrsg) Kleine Schriften. Alber, Freiburg, S 156–176

König J (1994b) Der logische Unterschied theoretischer und praktischer Sätze und seine philosophische Bedeutung. Alber, Freiburg

König J (1994c) Probleme des Begriffs der Entwicklung. In: Dahms G (Hrsg) Kleine Schriften. Alber, Freiburg, S 222–244

König J (2002) Einführung in das Studium des Aristoteles. Alber, Freiburg

König J (2005) Der logische Unterschied theoretischer und praktischer Sätze und seine philosophische Bedeutung. In: Weingarten M (Hrsg) Eine „andere" Hermeneutik. Bielefeld, Transcript, S 119–197

Kosman A (2013) The activity of being. Harvard University Press, Cambridge

Koutroufinis SA (1996) Selbstorganisation ohne Selbst. Pharus, Berlin

Krohs U (2004) Eine Theorie biologischer Theorien. Springer, Berlin

Kück U (Hrsg) (2005) Praktikum der Molekulargenetik. Springer, Berlin

Kullmann W (1979) Die Teleologie in der aristotelischen Biologie. Sitzungsberichte der Heidelberger Akademie der Wissenschaften, Philosophisch-historische Klasse. Winter, Heidelberg

Kutschera U (2001) Evolutionsbiologie. Eine allgemeine Einführung. Parey, Berlin

Laland KN, Uller T, Feldman MW, Sterelny K, Muller GB, Moczek A, Jablonka E, Odling-Smee J (2015) The extended evolutionary synthesis: its structure, assumptions and predictions. Proc R Soc B 282:1019

Lange R (1999) Experimentalwissenschaft Biologie. Königshausen & Neumann, Würzburg

Laubichler MD, Renn J (2015) Extended evolution: a conceptual framework for integrating regulatory networks and niche construction. J Exp Zool (Mol Dev Evol) 324B:565–577

Lauder GV (1995) On the inference of function from structure. In: Thomason J (Hrsg) Functional morphology in vertebrate paleontology. Cambridge University Press, Cambridge, S 1–18

Lauder GV (1998) Historical biology and the problem of design. In: Allen C, Bekoff M, Lauder G (Hrsg) Nature's purposes. MIT Press, Cambridge, S 507–518

Lee D-W, Lee SJ (2016) Microbial platform cells for synthetic biology. In: Glieder A, Kubicek CP, Mattanovich D, Wiltschi B, Sauer M (Hrsg) Synthetic biology. Springer, Berlin, S 229–254

Leibenguth F (1982) Züchtungsgenetik. Thieme, Stuttgart

Leibniz GW (1966) Die Monadologie. In: Cassirer E (Hrsg) Hauptschriften zur Grundlegung der Philosophie, Bd 2. Meiner, Hamburg, S 435–456

Levins R, Lewontin R (1985) The organism as the subject and object of evolution. In: Dieselben (Hrsg) The dialectical biologist. Harvard University Press, Cambridge, S 85–108

Lewin B (1994) Genes V. Oxford University Press, New York

Lloyd GER (1987) Empirical research in Aristotle's biology. In: Gotthelf A, Lennox JG (Hrsg) Philosophical issues in Aristotle's biology. Cambridge University Press, Cambridge, S 53–64

Lorenzen P (1969) Methodisches Denken. In: Lorenzen P (Hrsg) Methodisches Denken. Suhrkamp, Frankfurt, S 24–59

Lorenzen P (1987) Lehrbuch der konstruktiven Wissenschaftstheorie. BI, Mannheim

Lovelock J (1995) Das Gaia-Prinzip. Insel, Frankfurt

Lucian (1959) Hermotimus. Works, Bd VI. Harvard University Press, Cambridge (Übers Kilburn K)

Luhmann N (1994) Soziale Systeme. Suhrkamp, Frankfurt

Lysias (1930a) Against Simon. The orations of Lysias. Harvard University Press, Cambridge (Übers Lamb WRM)

Lysias (1930b) Defence against a charge of subverting the democracy. The orations of Lysias. Harvard University Press, Cambridge (Übers Lamb WRM)

Lysias (1930c) Against Agoratus. The orations of Lysias. Harvard University Press, Cambridge (Übers Lamb WRM)

Maier A (1952a) Die Ursache der Fallbewegung. In: Maier A, (Hrsg) An der Grenze von Scholastik und Naturwissenschaft. Edizioni di Storia e Letteratura, Rom, S 143–182

Maier A (1952b) Die Fallbeschleunigung. In: Maier A, (Hrsg) An der Grenze von Scholastik und Naturwissenschaft. Edizioni di Storia e Letteratura, Rom, S 183–218

Maier A (1952c) Der freie Fall im Vakuum. In: Maier A, (Hrsg) An der Grenze von Scholastik und Naturwissenschaft. Edizioni di Storia e Letteratura, Rom, S 219–256

Maier A (1958) Das Wesen des Impetus. In: Maier A (Hrsg) Zwischen Philosophie und Mechanik. Edizioni di Storia e Letteratura, Rom, S 341–372

Margulis L, Sagan D (1999) Leben. Vom Ursprung zur Vielfalt. Spektrum, Heidelberg

Maturana HR (1988) Kognition. In: Schmidt SJ (Hrsg) Der Diskurs des Radikalen Konstruktivismus. Suhrkamp, Frankfurt, S 89–118

Mayr E (1984) Die Entwicklung der biologischen Gedankenwelt. Springer, Berlin

Mayr E (1997) This is biology. Belknap, Cambridge

Menke C (2008) Kraft. Suhrkamp, Frankfurt

Meyer MF (2016) Organ und Organismus in der aristotelischen Biologie. In: Töpfer G, Michelini F (Hrsg) Organismus. Alber, München, S 37–62

Meyers R (Hrsg) (2012) Systems biology: advances in molecular biology and medicine. Wiley-Blackwell, Weinheim

Misch G (1967) Lebensphilosophie und Phänomenologie. Wissenschaftliche Buchgesellschaft, Darmstadt

Misch G (1994) Der Aufbau der Logik auf dem Boden der Philosophie des Lebens. Alber, Freiburg

Mittelstraß J (1974) Die Prädikation und die Wiederkehr des Gleichen. In: Mittelstraß J (Hrsg) Die Möglichkeit von Wissenschaft. Suhrkamp, Frankfurt, S 145–157

Moreno A (2007) A systemic approach to the origin of biological organization. In: Boogerd FC, Bruggman FJ, Hofmeyer J-HS, Westerhoff HV (Hrsg) Systems biology: philosophical foundations. Elsevier, Amsterdam, S 243–268

Morris CS (2003) Life's solution. Cambridge University Press, Cambridge

Moss L (2003) What genes can't do. Bradford, Cambridge

Müller J (2014) Was ist praktisch an „praktischen Sätzen"? In: Baumann C, Müller J, Stricker R (Hrsg) Philosophie der Praxis und Praxis der Philosophie. Westfälisches Dampfboot, Münster, S 51–70

Müller-Wille S (1999) Botanik und weltweiter Handel. VWB, Berlin

Nagel E (1979) The structure of science. Hackett, Cambridge

Nagel T (2014) Geist und Kosmos. Suhrkamp, Berlin

Newton I (1952) Mathematical principles of natural philosophy. Encyclopaedia Britannica, Chicago

Nick P, Bergfeld R, Schäfer E, Schopfer P (1990) Unilateral reorientation of microtubules at the outer epidermal wall during photo- and gravitropic curvature of maize coleoptiles and sunflower hypocotyls. Planta 181:162–168

Oeser E (1987) Evolutionäre Wissenschaftstheorie. In: Lüttersfeld B (Hrsg) Transzendentale oder evolutionäre Erkenntnistheorie. Wissenschaftliche Buchgesellschaft, Darmstadt, S 51–63

Otto F (1977) Das Konstruktionssystem Pneu. In: Institut für leichte Flächentragwerke Stuttgart (Hrsg) IL 9 Pneus in Natur und Technik. Institut für leichte Flächentragwerke Stuttgart, Stuttgart, S 23–47

Otto F (1979) Wachsende und sich teilende Pneus. In: Institut für leichte Flächentragwerke Stuttgart (Hrsg) IL 19 Wachsende und sich teilende Pneus. Institut für leichte Flächentragwerke Stuttgart, Stuttgart, S 22–97

Oyama S, Griffiths PE, Gray RD (Hrsg) (2001) Cycles of contingency: developmental systems and evolution. MIT Press, Cambridge

Page DM, Holmes EC (1998) Molecular evolution. Blackwell, London

Peters DS (1985) Erneut vorgestellt: Das „Ökonomieprinzip". In: Organismus und Selektion – Probleme der Evolutionsbiologie. Aufs Red Senckenb Naturf Ges 35:143–154

Peters DS, Gutmann WF (1971) Über die Lesrichtung von Merkmals- und Konstruktions-Reihen. Z Zool Syst Evolutionsforsch 9:237–263

Platon (1977a) Apologie. In: Eigler G (Hrsg) Werke in acht Bänden, Bd 2. Wissenschaftliche Buchgesellschaft, Darmstadt

Platon (1977b) Kriton. In: Eigler G (Hrsg) Werke in acht Bänden, Bd 2. Wissenschaftliche Buchgesellschaft, Darmstadt

Plessner H (1975) Die Stufen des Organischen und der Mensch (1928). De Gruyter, Berlin

Plutarch (1986) Demosthenes and Cicero, Bd VII. Harvard University Press, Cambridge (Übers Perrin B)

Polybius (2011) The histories, Bd 9–15. Harvard University Press, Cambridge (Übers Paton WR)

Porr B (2002) Systemtheorie und Naturwissenschaft. Deutscher Universitätsverlag, Wiesbaden

Potjans TC, Diesmann M (2014) The cell-type specific cortical microcircuit: relating structure and activity in a full-scale spiking network model. Cerebral Cortex 24:785–806

Prigogine I (1985) Vom Sein zum Werden. Piper, München

Prigogine I, Stengers I (1990) Dialog mit der Natur. Piper, München

Rayner MD (1965) A reinvestigation of the segmentation of the crayfish abdomen and thorax, based on a study of the deep flexor muscles and their relation to the skeleton and innervation. J Morph 116:389–412

Rayner MD, Wiersma CAG (1964) Functional aspects of the anatomy of the main thoracic and abdominal flexor musculature of the Crayfish Procambarus clarkii (Girard). Am Zool 4:285

Rayner MD, Wiersma CGA (1967) Mechanisms of the crayfish tail flic. Nature 213:1231–1232

Remane A (1952) Die Grundlagen des natürlichen Systems, der vergleichenden Anatomie und der Phylogenetik. Koeltz, Königstein

Richter G (1982) Stoffwechselphysiologie der Pflanzen. Thieme, Stuttgart

Rippel O (1989) Unterwegs zum Anfang. dtv, München

Rieppel O (1999) Einführung in die computergestützte Kladistik. Pfeil, München

Rosen R (1991) Life itself. Columbia University Press, New York

Rudwick MJS (1998) The inference of function from structure in fossils. In: Allen C, Bekoff M, Lauder G (Hrsg) Nature's purposes. MIT Press, Cambridge, S 101–116

Ryle G (1997) Der Begriff des Geistes. Reclam, Stuttgart

Schmidt-Kittler N, Vogel K (Hrsg) (1991) Constructional morphology and evolution. Springer, Berlin

Schneider HJ (1970) Historische und systematische Untersuchungen zur Abstraktion. Inaugural-Dissertation der philosophischen Fakultät der Friedrich-Alexander-Universität Erlangen-Nürnberg (Unveröffentlicht)

Schopenhauer A (1977) Über Religion. Parerga und Paralipomena, Werkausgabe, Bd X. Diogenes, Zürich, S 359–434

Schrödinger E (1989) Was ist Leben? Piper, München

Searle J (1979) Expression and meaning. Cambridge University Press, Cambridge

Sellars W (1963) Philosophy and the scientific image of man. Science, perception and reality. Ridgeview, Atascadero, S 1–40

Sellars W (1980a) Inference and meaning. In: Sicha J (Hrsg) Pure pragmatics and possible worlds. Early essays of Wilfrid Sellars. Ridgeview, Atascadero, S 261–286

Sellars W (1980b) Language, rules and behaviour. In: Sicha J (Hrsg) Pure pragmatics and possible worlds. Early essays of Wilfrid Sellars. Ridgeview, Atascadero, S 129–156

Sellars W (1980c) A semantical solution of the mind-body-problem. In: Sicha J (Hrsg) Pure pragmatics and possible worlds. Early essays of Wilfrid Sellars. Ridgeview, Atascadero, S 219–256

Shuwen Z, Ken-Tye Y, Indrajit R, Xuan-Quyen D, Xia Y, Feng L (2011) A review on functionalized gold nanoparticles for biosensing applications. Plasmonics 6:491–506

Siewing R (1982) Der Verlauf der Evolution im Tierreich. In: Siewing R (Hrsg) Evolution. Fischer, Stuttgart, S 171–198

Siewing R (Hrsg) (1985) Lehrbuch der Zoologie: Bd 2. Systematik. Fischer, Stuttgart

Sober E (1988) Reconstructing the past. MIT Press, Cambridge

Sophocles (1994) Antigone. Works, Bd II. Harvard University Press, Cambridge (Übers Lloyd-Jones H)

Steinfath H (1991) Selbständigkeit und Einfachheit. Hain, Frankfurt a. M.

Stephan A (2007) Emergenz. Mentis, Paderborn

Stephan KE, Friston KJ (2012) System models for inference on mechanisms of neuronal dynamics. In: Meyers R (Hrsg) Systems biology. Wiley-Blackwell, Weinheim, S 505–538

Strasburger E, Noll F, Schenck H, Schimper AFW (1983) Lehrbuch der Botanik, 32. Aufl. Fischer, Stuttgart

Stryer L (1988) Biochemistry. Freemann, New York

Syed T, Gudo M, Gutmann M (2007) Die neue Großphylogenie des Tierreiches: Dilemma oder Fortschritt? Denisia 20:295–312

Syed T, Bölker M, Gutmann M (2010) Existiert „genetische Information"? In: Bölker M, Gutmann M, Hesse W (Hrsg) Menschenbilder und Metaphern im Informationszeitalter. LIT, Münster, S 155–180

Thompson D'Arcy (1983) Über Wachstum und Form. Suhrkamp, Frankfurt

Thompson M (2008) Life and action. Harvard University Press, Cambridge

Tomasello M (2006) Die kulturelle Entwicklung des menschlichen Denkens. Suhrkamp, Frankfurt

Tugendhat E (1987) Einführung in die sprachanalytische Philosophie. Suhrkamp, Frankfurt

Tugendhat E (1992a) Heideggers Seinsfrage. In: Philosophische Aufsätze. Suhrkamp, Frankfurt, S 108–135

Tugendhat E (1992b) Habermas on Communicative Action. In: Philosophische Aufsätze. Suhrkamp, Frankfurt, S 433–440

Tugendhat E (1992c) Sprache und Ethik. In: Philosophische Aufsätze. Suhrkamp, Frankfurt, S 275–314

Tugendhat E (1992d) Zum Begriff und zur Begründung von Moral. In: Philosophische Aufsätze. Suhrkamp, Frankfurt, S 315–333

Tugendhat E (1992e) Rezension: Wolfgang Wieland: Die aristotelische Physik. Philosophische Aufsätze. Suhrkamp, Frankfurt, S 385–401

Tugendhat E (1995) Vorlesung über Ethik. Suhrkamp, Frankfurt

Tugendhat E (2003) Egozentrizität und Mystik. Beck, München

Turing AM (1952) The chemical basis of morphogenesis. Philosoph Trans Royal Soc Lond, Ser B, Biological Sci 237:37–72

Uexküll J von (1973) Theoretische Biologie. Suhrkamp, Frankfurt

Van Hove B, Love AM, Ajikumar PK, De Mey M (2016) Programming biology: expanding the toolset for the engineering of transcription. In: Glieder A, Kubicek CP, Mattanovich D, Wiltschi B, Sauer M (Hrsg) Synthetic biology. Springer, Berlin, S 1–64

VanBuren V (2012) Principles and applications of embryogenomics. In: Meyers R (Hrsg) Systems biology. Wiley-Blackwell, Weinheim, S 54–84

Vashee S, Algire M, Montague MG (2012) Synthetic biology: implications and uses. In: Meyers R (Hrsg) Systems biology. Wiley-Blackwell, Weinheim, S 654–684

Vogel K (1985) „Punctuated Equilibria" und Interselektion. Organismus und Selektion – Probleme der Evolutionsbiologie. Aufs Red Senckenb Naturf Ges 35:93–106

Wächtershäuser (1988) Before enzymes and templates: theory of surface metabolism. Microb Rev 52:452–484

Wägele J-W (2000) Grundlagen der phylogenetischen Systematik. Pfeil, München

Wagner GP (1995) The biological role of homologues: a building block hypothesis. N Jb Geol Paläont Abh 195(1–3):279–288

Wagner GP (2014) Homology, genes, and evolutionary innovation. Princeton University Press, Princeton

Wagner GP, Laubichler MD (2001) Character identification: the role of the organism. In: Wagner GP (Hrsg) The character concept in evolutionary biology. Academic Press, San Diego, S 1–10

Webster G, Goodwin BC (1982) The origin of species: a structuralist approach. J Social Biol Struct 5:15–47

Webster G, Goodwin BC (1996) Form and transformation. Cambridge University Press, Cambridge

Weingarten M (1992) Organismuslehre und Evolutionstheorie. Kovac, Hamburg

Weingarten M (1993) Organismen – Objekte oder Subjekte der Evolution? Wissenschaftliche Buchgesellschaft, Darmstadt

Weingarten M (2003) Wahrnehmen: Bd 9. Bibliothek dialektischer Grundbegriffe. Transcript, Bielefeld

Weingarten M, Gutmann M (1995) Ein gescheiterter Bestseller? Bemerkungen zu Gould und seinen Kritikern. Nat Mus 125:271–280

Westheide W, Rieger R (Hrsg) (1996) Spezielle Zoologie: Bd 1. Einzeller und Wirbellose Tiere. Fischer, Stuttgart

Westerhoff HV, Kell DB (2007) The methodologies of systems biology. In: Boogerd FC, Bruggman FJ, Hofmeyer J-HS, Westerhoff HV (Hrsg) Systems biology: philosophical foundations. Elsevier, Amsterdam, S 23–70

Whitehead AN (1967) Science and the modern world. Macmillan, New York

Wieland W (1962) Die aristotelische Physik. Vandenhoeck, Göttingen

Wittgenstein L (1971) Philosophische Untersuchungen. Suhrkamp, Frankfurt

Woodbridge FJE (1965) Aristotle's vision of nature. Columbia University Press, New York

Wright S (1931) Evolution in Mendelian populations. Genetics 16:97–159

Wright S (1984a) The roles of mutation inbreeding, crossbreeding and selection in evolution. In: Brandon RN, Burian RM (Hrsg) Genes, organisms, populations. MIT Press, Cambridge, S 29–39

Wright S (1984b) Theories of group selection. In: Brandon RN, Burian RM (Hrsg) Genes, organisms, populations. MIT Press, Cambridge, S 40–41
Wright S (1984c) Inbreeding in animals: differentiation and depression. In: Evolution and the genetics of populations, Bd 3. University of Chicago Press, Chicago S 44–96
Wright S (1984d) Variability under inbreeding and crossbreeding. In: Evolution and the genetics of populations, Bd 3. University of Chicago Press, Chicago S 97–137
Wright S (1984e) Artificial selection with insects. In: Evolution and the genetics of populations, Bd 3. University of Chicago Press, Chicago S 235–288
Wright S (1984f) Natural selection in the Laboratory. In: Evolution and the genetics of populations, Bd 3. University of Chicago Press, Chicago S 289–345
Young BA (1993) On the necessity of an archetypal concept in morphology: with special reference to the concepts of „Structure" and „Homology". Biol Philos 8:225–248

Sachverzeichnis

© Springer Fachmedien Wiesbaden GmbH 2017

391

M. Gutmann, *Leben und Form*, Anthropologie − Technikphilosophie −
Gesellschaft, DOI 10.1007/978-3-658-17438-5